U0085303

增訂五版

財務報表分析

ANALYSIS OF FINANCIAL STATEMENTS

李祖培　著

三民書局

國家圖書館出版品預行編目資料

財務報表分析 / 李祖培著. ——增訂五版三刷. ——臺北市: 三民, 2011
面; 公分
參考書目: 面
ISBN 978-957-14-4622-6 (平裝)
1. 財務報表

495.4 95017443

© 財務報表分析

著作人 李祖培
發行人 劉振強
著作財產權人 三民書局股份有限公司
發行所 三民書局股份有限公司
地址 臺北市復興北路386號
電話 (02)25006600
郵撥帳號 0009998-5
門市部 (復北店)臺北市復興北路386號
(重南店)臺北市重慶南路一段61號

出版日期 初版一刷 1984年10月
增訂五版一刷 2007年9月
增訂五版三刷 2011年3月
編號 S 560950
行政院新聞局登記證局版臺業字第〇二〇〇號

ISBN 978-957-14-4622-6 (平裝)

http://www.sanmin.com.tw 三民網路書店
※本書如有缺頁、破損或裝訂錯誤,請寄回本公司更換。

增訂五版序

本次增訂的內容，在理論的結構方面，目前仍無很大的變動，所以未作修改或調整；而是在以實務的應用為導向方面，對各項法規的修訂情形，作了比較詳細的陳列，使得能夠真正配合實務的用途。其中：

行政院金融監督管理委員會於民國 94 年 9 月修正發布的「證券發行人財務報告編製準則」內容和附表，甚有參考價值，本次一併列入。

主要行業財務比率與臺灣地區主要行業財務比率，財團法人金融聯合徵信中心已發行民國 94 年版各項比率，比以前該中心各年度所發行的提列方法更為詳細合理，已徵得該中心同意，引為本書研習參考資料。

中華民國各業利潤標準，增加 94 年度最新資料。

財團法人中華民國會計研究發展基金會所屬財務會計準則委員會以前所發布的「一般會計準則」，經該會歷年修訂，至民國 94 年 12 月最後修訂改為「財務會計觀念及財務報表之編製」，此項準則為所有財務會計編製報表的指導原則，甚有研習的價值，完整內容列於附錄中。

任何一本著作，難免閱讀者有不同的意見，或內容有殘缺遺漏的地方，尚祈計政先進，不吝賜教，是為幸甚。

李祖培　謹識

民國 96 年 8 月

增訂四版序

本書的論述，主要是以實務的應用為導向，所以，這次的修訂，是配合法令上的修改而作調整，至於理論的結構，目前仍無很大的變動，此次修訂的內容，大致包括：

1. 證券發行人財務報告編製準則部分條文加以修正。
2. 財務報表科目內容及格式的修訂。
3. 臺灣地區主要行業財務比率分析增加 92 年度最新資料。
4. 中華民國各業利潤標準採用 92 年度增加最新資料。
5. 中華民國會計研究發展基金會財務會計準則委員會對現金流量表財務活動修改為融資活動的內容說明。
6. 隨時間的推進，將所有會計資訊資料，一律修改至 92 年度為止。
7. 專門職業會計師考試歷年試題，增加 87 年度至 92 年度資料。

由於修訂時間短促，加以匆匆付梓，殘缺遺漏的地方，掛一漏萬，仍在所難免，尚祈訂政先進，不吝賜教，是為幸甚。

李祖培　謹識

民國 93 年 8 月於臺北

自序

財務報表分析，在會計學上，是發展比較晚近的學術。由於工商企業的演進，從小規模的經營，進入大規模的營運，自任意發展的形勢，步入利潤策劃的境界，為了適應事實的需要，此一學術，就隨時代的要求而顯得逐漸重要，諸如企業的管理、投資的憑藉、授信的依據和有關政策的決裁，在在都須藉財務報表分析，提供主要的參考資料。

本書此次的修訂，內容上作了很大的變動。美國會計界，對財務報表的分析，偏重於各項比率分析，國內情形，大致也是一樣，作者在這方面，增加了很多的份量。現金流量表的編製，成為國內外的熱門理論，這方面，作者也提供了最有系統而完整的介紹。運用資本來源與運用分析、現金流動分析，在其他財務報表分析著作中，未曾提出此項理論的介紹，但作者認為這種觀念，對初習財務報表分析的讀者，仍然非常重要，尤其對編製現金流量表的理論基礎，有很大的幫助，所以，作者仍保留原有的內容。

損益兩平點與利潤分析，美國會計界紛紛採用成本、數量與利潤分析 (Cost-volume-profit Analysis) 一詞，國內不少著作也同樣採用，作者認為成本、數量與利潤分析，其中缺少了一項銷貨（售價）重要因素，沒有收入（銷貨）只有成本和數量，不可能產生利潤，至少，在國人的觀念中，成本、數量與利潤分析，是一項不通的詞句，所以本書採用損益兩平點與利潤分析（國外也有若干著作採用）。

財務報表是根據會計資料所編製的報表，會計資料是根據商業活動所作成的記錄，而商業活動，隨時離不開政府的法令、企業的規章以及社會的慣例，本書編著時，處處都注意有關會計法令的配合和應用，凡是寫到有關法令應用的地方，都分別引述於有關事項內，使理論與實務，能夠相互一致，尤其在第七章，選用目前銀行公會聯合徵信中心發行的財務報表分析，使讀者進一步的認識現實，以俾將來從事實務時，能夠得心應手，這是在其他著作中，不容易得到的資料。

本書的參考資料，是以國內各專家著作為經，國外各名家作品為緯，再輔以作者自己的意見。取材盡量力求新穎，編排盡量作有系統的介紹，對於理論的闡釋，力求詳盡，對於實務的舉例，盡可能詳細列述。作者自認為本書是比較完整、具體而且有系統的一部著作，不論對於初習的學生、進修的讀者，以及實際從事會計工作的人士，都是比較容易接受的一部作品。

本書原名《財務報告分析》，自出版以來，深受讀者歡迎，由於教育部修訂課程標準，作者接受讀者要求，在民國73年全書除加以修正外，亦作部分增訂，並更名為《財務報表分析》。此次又作大幅度的增補與修訂，不管在理論與實務上，都較前完整而充實。不過，時間短促，匆匆付梓，殘缺遺漏的地方，掛一漏萬，仍在所難免，尚祈計政先進、專家、學者，不吝賜教，是為幸甚。

李祖培　謹識

民國79年10月於國立中興大學會計學系

目　次

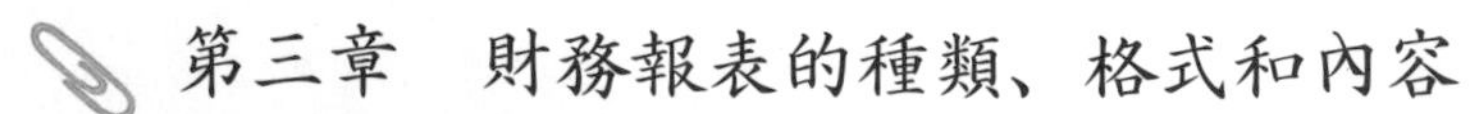

第四章　財務報表分析的方法

第五章　財務結構分析

第六章　償債能力分析

第七章　經營效能分析

第八章　獲利能力分析

第九章　比率分析的應用與實例

第十章　比較分析

第十一章　綜合比率分析

第十二章　現金流量表的編製與分析

第十三章 損益變動分析

第十四章 損益兩平點與利潤分析

第一章
財務報表分析的基本認識

客戶訂單收入與成本分析表

客戶訂單收入與成本分析表

業務員：
客戶P/O：

□含三個月以上客戶訂單

客戶訂單號碼	CO20020509020	訂購單位編號	000
客戶編號	0990	訂購單位名稱	板橋分公司
客戶名稱	怡心電信	產品品名	三民撥號密碼卡
產品編號	0012-990-002-211	產品數量	30000
產品單位	張	總金額	360000
單價	12		

收入資訊

原出貨發票資料

出貨單號碼	出貨日期	交貨數量	銷售金額	銷項稅額	銷貨發票金額
PI20020509019	2002/05/25	20000	240000	12000	252000
PI20020509020	2002/05/27	10000	120000	6000	126000
		0	0	0	0

新出貨發票資料

出貨單號碼	出貨日期	交貨數量	銷售金額	銷項稅額	銷貨發票金額
			0	0	0

退貨（折讓）資料

退貨(折讓)單號碼	退貨(折讓)日期	退貨(折讓)金額	銷項稅額
PR20020509015	2002/05/30	950	48
		0	0

第一節
財務報表分析的意義

財務報表分析 (Analysis of Financial Statement)，又稱為解釋 (Interpretation)，是指企業在年終結算後所編製的財務報表 (Financial Statement)，加以尋求其財務狀況的現象，和比較其營業利弊的得失。

所謂財務報表，根據我國財務會計準則第一號公報規定，是包括：①資產負債表 (Balance Sheet)，②損益表 (Income Statement)，③現金流量表 (Cash Flow Statement)，④業主權益變動表 (Statement of Changes in Owner's Equity) 等報表。按企業在年終編製財務報表的目的，對內在於明示財產增減變化的情形，藉以提供改善管理方法和決定營業政策的參考；對外在於明示財務現值的確數，藉以謀求企業信用的鞏固和擴展營業的誘力。但是，從財務報表的數字，只能瞭解財務狀況和營業結果的概括情形，如果不作進一步的分析，則無從瞭解其詳細實況，換句話說，企業在年終編製財務報表後，應作：

1. 尋求財務狀況的現象

所謂財務狀況，一般來說，是指企業在資產負債表上所表示的償債能力和投資財力。譬如企業的償債能力，如果流動資產 (Current Assets) 多，而流動負債（Current Liabilities，又稱短期負債 Short-term Liabilities）少，則企業的償債能力就很強，償債能力強，就表示企業的財務情形好；相反的，如果流動資產少，而流動負債多，則企業的償債能力就很弱，甚或沒有償債能力，如果償債能力弱，就表示企業的財務情形不好。至於企業的投資財力，如果固定資產 (Fixed Assets) 多，而長期負債 (Long-term Liabilities) 少，則企業的投資財力就很雄厚，投資財力雄厚，就表示企業的財務情形好，如果固定資產少，而長期負債多，則業主是靠借債來經營企業，借債經營企業，則表示企業的投資財力就很薄弱，投資財力薄弱，就表示企業的財務情形不好。要瞭解上述這種情形，必須分析資產和負債間的關係，才可以透視企業的一般端倪。

2. 比較營業利弊的得失

所謂營業利弊，一般來說，是指企業在這一營業期間內所經營業務的營業情

形如何。譬如某一企業獲得的營業盈餘 (Operating Income)，如果業主所投入的資本多，而獲得盈餘多，並不足以表示營業成績的良好；假使業主所投入的資本少，而獲得盈餘多時，才足以表示此一企業的營業成績，有良好的績效。又如果要瞭解這種經營的績效，就必須分析業主權益 (Owner's Equity) 和純益 (Net Income) 間相互的關係。再如有甲乙兩公司在年終的營業盈餘數額相同，而甲公司的資本（股東權益）加倍於乙公司的資本，則甲公司的營業成績，不如乙公司的營業成績。要瞭解兩個公司營業成績的好壞，就必須比較兩公司資本對純益的比例。

基於上述情形，可以知道財務報表的分析，實在是瞭解企業財務狀況和營業情形的重要關鍵，換句話說，也就是所謂財務報表分析的真正意義。

第二節 財務報表的種類

依照我國會計研究發展基金會，財務會計準則第一號公報，一般公認會計原則第六十五條規定：財務報表之內容，包括下列各表：

⑴資產負債表。

⑵損益表。

⑶業主（股東）權益變動表。

⑷現金流量表。

此項規定，並經會計師公會全國聯合會財務會計委員會於民國 71 年 7 月公布實施在案。

根據我國商業會計法第二十八條規定：財務報表包括下列各種：

⑴資產負債表。

⑵損益表。

⑶現金流量表。

⑷業主權益變動表或累積盈虧變動表或盈虧撥補表。

⑸得視實際需要，另編各科目明細表及成本計算表。

依照我國公司法第二二八條規定：每屆營業年度終了，董事會應編製下列各項表冊，於股東常會開會三十日前交監察人查核：

⑴營業報告書。

⑵財務報表。

⑶盈餘分派或虧損撥補之議案。

根據證券發行人財務報告編製準則第四條規定，財務報告應包括：

⑴資產負債表。

⑵損益表。

⑶股東權益變動表。

⑷現金流量表。

⑸附註或附表。

根據上述各項法規有關規定，主要的報表是指：①資產負債表，②損益表，③業主權益變動表，④現金流量表。在財務報表分析中，主要是對資產負債表加以分析，以便瞭解此一企業的財務狀況；對損益表加以分析，以便瞭解此一企業的營業結果。至於現金流量表，完全是比較資產負債表和比較損益表的補充分析(Supplementary Analysis)。因此，財務報表的種類，在報表分析中，大多數都是指資產負債表和損益表而言。不過，現金流量表，因其重要性不同，仍作充分介紹。

美國會計師協會（American Institute of Certified Public Accountants，簡稱AICPA）、原則委員會（Accounting Principles Board，簡稱 APB）在 1987 年發表第九十五號公報，規定年終結算後，須編製下列各表：

⑴資產負債表。

⑵損益表。

⑶保留盈餘表。

⑷現金流量表。

第三節 編製財務報表的基本假設、慣例和原則

一、編製財務報表的基本假設 (Basic Assumption)

財務報表分析的時候，必須注意下列幾個基本假設來加以分析，否則，對於

會計記錄的資料，無法充分利用，甚至還可能導致錯誤的結論。一般來說，基本的假設，計有下列各點：

1. 繼續營業 (Going Concern)

會計的主要目的，在於計算損益，計算損益時，一個企業的收益和費用，往往牽涉兩個年度以上，為了準確計算損益起見，這些收益和費用，應該劃分會計**期間** (Accounting Period) 來逐期加以計算。可是，企業成立以後，它的存續期限究竟有多久，除少數例外，很難加以預測。為了會計上計算損益的需要，會計人員應假設企業的經營，是繼續不斷，永無休止。這種假設，非但符合投資人的希求，更重要的，乃是會計處理的主要前提，即使企業的生命行將結束，各項財產勢必清算變賣，在企業未實行解散清算以前，還是要假設繼續營業，否則，許多會計上公認的法則，將無法運用，許多傳統的方法，也無從實施。例如某企業購入機器 1 部，成本價值是 $200,000，假設使用期限為 5 年，5 年後殘餘價值為 $20,000，按平均法（直線法 Straight-line Method）計算折舊，則每年應分攤成本費用 $36,000。這一處理，無形中是假設企業是繼續營業，機器可以使用 5 年。相反的，如果企業經營到第 3 年底，因受到某種壓力的影響，即告結束，而將機器出售，假設計賣得價款 $80,000，則前 3 年每年的折舊應提 $40,000。但企業在未來的那一年結束？資產的剩餘價值有多少？這些因素，會計人員在所不問，一切的處理，都應以企業繼續營業為前提。當然，假設有了變更，日後另作適當的調整，那是另外的問題。

美國會計界部分學者改稱為**繼續營業假設** (Going-concern Assumption)。

2. 幣值不變 (Stable Dollar)

企業對於一切的交易，都以法定貨幣作為其記帳的本位，記帳時，假設幣值不變。例如美國的美元，我國目前所使用的新臺幣。在各種衡量中，以數字表達單位的名稱很多，例如計重量的斤，量長度的尺，計算貨幣本位的元，前兩者表示的標準，不論經歷的時間多久，它的本質都是不變，唯有表示貨幣本位的元，往往由於購買力的不同而影響其幣值。例如在第二次世界大戰以前，每元購入的財產和第二次世界大戰後的實值相比較，自不能等量齊觀。假設戰前用 $100,000 購入的房屋，到戰後可以值 $200,000，這是說明戰後貨幣的購買力，降低了 100%，在貨幣的實質上雖然有了很大的差異，但會計的記錄上，則仍以幣值不變為假設。當然，會計人員並不否認幣值變動的事實，有時也作帳面上幣值漲落的調整，但為了避免經常更改的混亂，在貨幣購買力波動有限的情形下，往往是作為價值不變來處理。

美國有些會計人士對於幣值不變的假設頗不同意，而主張未為大眾所接受的觀念，即主張在記帳列表時，把不同購買力貨幣都化為現時的價值。這種主張，雖然換算後的財務報表，其表示貨幣金額是統一，而且有相同的購買力，但未為大多數會計人員所接受。不過，近年來已有將幣值購買力的變更，用補充列表的方式，加以說明，倒形成了一種新的趨勢。

美國會計界部分學者對幣值不變的假設，認為幣值是不斷的在貶值，理論已經受到動搖，紛紛以**貨幣衡量單位的假設** (Money-measuring Unit Assumption) 來代替此一假設。不過，會計上以貨幣作為衡量的單位，任何使用貨幣的國家，都是如此，這是已成不可否認的事實。因此，此一主張是否正確，值得研究。

二、編製財務報表的基本慣例 (Basic Convention)

下列幾個基本慣例，在會計上是最基本的一般通則，在分析財務報表時應加以注意，這些通則，在我國有關法律，曾作明確的規定。通常一般慣例，計有下列各點：

1. 企業個體 (Business Entity)

近代企業組織，不論是獨資、合夥或公司組織，站在會計的立場，其本身都是獨立的營業個體，個體和業主分立。換句話說，凡是各種企業組織的會計，都和企業主人的私人財務會計分開，企業和業主間的營業行為或財務往來，在會計上都視同與他人往來無異，不能混為一體。相同的，假設業主有經營兩個以上的企業，例如甲商店與乙商店，A 公司與 B 公司，彼此之間的資產和負債，收益和費用，都不能合併計算，一定要按企業的個體來分別處理，否則，無法瞭解各個企業的狀況和盈虧，就各個企業的會計資料來說，也失去了它的意義而毫無作用。雖然法律上對於經營的企業和投資企業的業主可以視為一體，但是，就會計立場來說，必須加以區分。

美國會計界部分學者將此一慣例，改稱為**個體假設** (Specific-separate Entity Assumption)。

2. 會計期間 (Fiscal Period)

會計期間，又稱為**會計年度**。企業所採用的會計年度，通常都是採用**曆年制**，

自每年 1 月 1 日至 12 月 31 日，每在會計期間屆滿，都應辦理結帳，編製決算財務報表。不過，目前我國實務上，為了配合所得稅的暫繳申報和結算申報，每年在 6 月和 12 月各分別編製半年財務報表，這種會計期間的劃分，仍然還是採用曆年制。在營業上有特殊情形，或者有季節性營業的企業，依照我國商業會計法的規定，經過呈請主管官署核准者，得不受曆年制的限制。

會計期間的劃分，主要是便於計算損益和編製財務報表，因為有很多固定資產的折舊和折耗、預計費用的攤銷、壞帳費用的提列、銷貨成本的劃分等都必須有合理的截止時間，如果企業的經營一直延綿下去，不劃分時間來處理和結算，無法瞭解究竟是發生盈餘或虧損，外界要求提供財務報表，也會無法辦到。

美國會計界部分學者將會計期間或會計年度，用**會計期間假設** (Fiscal Period Assumption) 一詞來代替。

3.資本支出與收益支出的劃分 (Expenditures Chargeable to Assets & Those Chargeable to Expenses)

一個企業的支出，通常有兩種性質：一種是支出的結果，可以獲得資產或增加其價值，這種支出，一般稱為**資本支出**。另一種是支出的結果，雖然能夠獲得某種有價物，或者是提供勞務與物品使用，但其目的是為了獲得未來的收益，這種支出，一般稱為**收益支出**或**費用支出**。這兩種不同的支出，必須嚴格加以區分，否則，將來所編製的資產負債表，不足以代表這個企業的財務狀況，所編製的損益表，也不能計算出正確的損益。例如某企業購入沙發一套，計 $20,000，照一般慣例是應記入資產帳戶器具 (Furniture & Fixtures) 帳戶內，如果記入費用帳戶辦公用品 (Office Supplies) 帳戶內，則該企業在年終所計算的純益要少 $20,000，而資產負債表內所列的資產也作同額的減少。相反的，如果將費用支出列作資本支出，錯誤就正好相反。

對於記入資產帳戶的支出，在繼續營業前提下，劃分年度計算損益時，這些資產價值的遞減逐年轉移 (Transformation) 於成本或費用帳戶內，一般稱為**資本轉嫁**，例如機器的折舊、預付廣告費的攤銷。至於記入費用帳戶的支出，一般有費用成本和損失成本兩種，前者如製造成本和銷貨成本，後者如攤銷營業費用，這些支出，也因逐年結算損益而於收入項下列減，通常稱為**成本消耗** (Expiration)。

上述資本支出與費用支出，資本轉嫁與成本消耗是必須加以區分的。

美國會計界部分學者以**重要性** (Materiality) 來代替此一慣例的名詞，或者劃

分為限制原則 (Modifying Principle) 之內。亦即企業規定一最小金額，凡低於此一金額的支出，即使按理論列為資本支出，但也列為費用支出，因為這種支出，對財務報表的正確性，影響不大。

4. 收益與費用相配合 (Matching Revenues & Expenses)

企業的最終目的，是在於營利，營利時通常是以銷售商品或提供勞務來謀求收益，同時，為了獲得利益，也必須支付種種費用。所謂收益與費用相配合，就是將應由某一期負擔的費用，在該期應該收益的項下來減除，換句話說，凡是屬於前期或後期的收益和費用，在計算本期損益時，應予剔除。這種配合的方法一般是遵循下述原則來處理：

(1)當期的費用，在當期收益項下抵銷數計算損益。

(2)如果收益要遞延，則因獲得此項收益所支付的費用，也要遞延。

(3)如果費用要遞延，則因支出此項費用所產生的收益，也要遞延。

由於企業的生命，已作永續不斷的假設，為了適應事實的需要，所以有會計期間的劃分。會計期間一經劃定，收益與費用即須按期分別計算，不容稍有參差。由此可見，繼續營業和會計期間，對收益與費用相配合的慣例，是相輔相成且相互為用。

美國會計界部分學者將收益與費用相配合，分成為收益實現假設（Revenue Recognition Assumption，或收入原則 Revenue Principle）和配合假設（Matching Assumption，或配合原則 The Matching Principle）兩項。事實上，收益的認定和收益與費用相配合，並不需要假設，理應如此。

5. 充分表達 (Full Disclosure)

財務報表的編製，務求充分表達其事實，以便閱讀報表者，能夠徹底瞭解一切的實際情形。但傳統的表達方式，有時格於形式與習慣，不能充分顯露。為了事實的需要，所以必須輔以括弧 (Parenthetical Comments)、附註 (Footnotes) 或附表 (Additional Statement) 的方式，加以補充說明。有時同是一件事實，或者同一個數字，往往由於環境的不同，基礎的差別和方法的不等，而代表的內容就大異其趣。因此，必須另作補充的說明，才能真正表明事實。通常應加補充說明的事項，諸如：處理方法與一般會計原則不一致，由數種可行的方法中所選用的方法，處理方法變更而發生的影響，記帳基礎，外幣換算的匯率，受法律或契約約束的事項，資本結構的變更，鉅額債務的舉借，重要資產的增購、處分、質押、轉讓或

租借，營業外投資的增減，無形資產的獲得與消減，重大災害的發生，訴訟案件的進行與終結，以及企業組織、制度、法令和政策上的重大改革等等，凡是財務報表上未能列示，或雖經列示而仍嫌不夠明顯的事實，都應作補充說明，以便讀者能夠充分瞭解事實的真相。

三、編製財務報表的基本原則 (Basic Principles)

企業在年終編製財務報表時，必須遵循下述幾個原則，因此，當分析財務報告時，更應注意這些原則，否則，分析結果所獲得的結論，就毫無意義了。通常一般應遵循的原則，計有下列幾點：

1.客觀原則 (Objectivity)

會計人員對於記載一切會計記錄，不能憑一時的喜好或幻想，必須要有適當的事實憑證，假設一項資產只因經理的觀點，認為其價值遠超過其成本，而將此項資產價值的金額，加以竄改，這就完全失去了客觀性，所以，財務報表上所記載的每一項資產、負債和業主權益的金額，必須有充分而適當的憑證。會計記錄採用憑證，可以從主觀的論斷，進入客觀的事實，雖然，憑證也可能並不是記載帳目的直接證據，有時還要加以引申或推論，不過，在會計人員的心目中，憑證乃最客觀，最不受個人意見或論斷所左右的證據。

在會計工作中，不可能全無論斷或意見之類的證據，不過，同一事實，無論如何不能以意見或論斷的證據而推翻客觀的證據，會計人員應選取足以證明其分錄的憑證而揚棄對於分錄不夠客觀的一切判斷，財務報表上所表示的各項金額，是需要這種事實的認可，否則，將嚴重損害財務報表的真實性，這一點，在編製財務報表時，是值得注意的。

2.保守原則 (Conservatism)

保守原則，有時稱為**穩健主義**或稱為**保守主義**，是指會計人員在計算損益時，應持穩健的態度。所謂穩健態度，也就是說：「勿計尚未實現的利益，而應考慮可能發生的損失。」例如一般會計工作人員，對於存貨跌價損失的提列，寧可提列而不願不列就是此一事例。

財務報告之所以採取保守原則，是因為一般專家學者，都認為此乃是會計上一項超越其他原則的原則。他們的理由，認為：

⑴編製財務報表之應採取保守原則，比其他問題更為重要。

⑵一份保守原則的財務報表，對於任何目的所需的財務報表，都算是良好的報表。

⑶只要是編製財務報表採取保守原則，其所產生的結果，自然沒有不恰當的地方。

不過，美國會計界部分學者對這一原則，有逐漸發生懷疑的態度，會計人員實際體念到如果過分堅守保守原則，對於財務報表方面可能發生不正確和反保守的結果，例如以固定資產的折舊來說，多提折舊列作費用攤銷，看起來是保守的，但是純益是不正確的，固定資產的使用年限也發生了差別。因此，過分採取保守原則而使編製的財務報表不足以正確的表示此一企業的財務狀況和營業情形，則此種保守原則，也並非是一種上策。

3.一致原則 (Consistency)

一致原則又稱為**一貫政策**，會計上對於各類事物的處理，並沒有一套獨一無二的規則，例如固定資產的計算折舊，就有很多不同的方法，又如計算利息，有的計算第一天利息而不計算最後一天利息，但也有算尾不算頭的，會計人員通常是按實際的情況而選取其最適宜的方法，方法如果一經選定，為了容易比較營業利弊的得失，為了藉以改進管理和經營的方針，對於這些方法，就應年復一年，始終一貫的實施下去。否則，如果會計人員對於某些資產或費用的處理方法，時加變更，雖然所用的方法都是可以採用，但是連續各年度的財務報表，將無從比較。例如折舊方法變更後，純益將隨之變更，於是閱讀報表的人誤以為收益情況有所改變，而實際上這種純益的增減，乃是由於會計方法的變更所致。因此，財務報表內容的一貫性，是非常重要的。

會計方法的一致原則，並不是經採用後就絕對一成不變，如果會計人員所使用的新方法，確能很適當而正確的反映此一企業的財務狀況和營業情形，這種新的方法，也不妨加以採用，不過，在所編製的財務報表上，最好加以附註說明。

4.成本原則 (Cost Principle)

成本原則，通常又稱為**歷史成本原則**，是指一切資產的獲得，記帳時，都以交易發生日的歷史成本，作為入帳基礎，所謂成本原則，是**指實際成本而言，折扣並不包括在內**。對於負債的記錄，因為將來負有支付資產或勞務的義務，所以，通常也採用歷史成本作為評價的基礎。至於業主權益，其價值附著於資產的剩餘（資產－負債)，由於資產和負債都是採用歷史成本，當然也不例外。

目前，美國會計界部分學者主張採用現時售價評價法 (Current Selling-price Valuation)，是和歷史成本原則採相反的態度，他們主張資產、負債和業主權益的評價，一律採用現時售價評估，這種主張，很值得考量和懷疑。

美國會計界部分學者紛紛使用**歷史成本假設** (Historical-cost Assumption) 來代替歷史成本原則。

第四節 財務報表的揭露

資產負債表的揭露 (Disclosion)，雖然不是財務報表分析的內容，但是，對編製財務報表的要件來說，確是一件非常重要的事項，上節所述充分表達，就是財務報表揭露的方法。依照原先財務會計準則第一號公報規定：下列各事項，應以附註方式加以揭露：

⑴重要會計政策之彙總說明。

⑵會計變動之理由及對於財務報表之影響。

⑶債權人對於特定資產之權利。

⑷重大之承諾事項及或有負債。

⑸盈餘分配所受之限制。

⑹有關業主權益之重大事項。

⑺重大之期後事項。

⑻其他為避免使用者之誤解，或有助於財務報表之公正表達，所必須說明之事項。

不過，在行政院金融監督管理委員會民國 94 年 9 月 27 日修正公告（金管證字 0940004294 號令）的財務報表編製準則內，則改為財務報表之附註，規定揭露下列事項（九十八條）：

⑴重要會計政策。

⑵財務會計準則公報規定應揭露之資訊。

⑶為允當表達所須額外提供之資訊。

但此項規定，過於籠統，不夠詳盡。

第五節 財務報表分析的內容

財務報表分析，最早起源於美國銀行界對借款人有無償債能力的調查，後來，才慢慢普及於各種類型的企業。至於一般商業買賣雙方信用的調查，完全是賣主在賒售商品以前，為了瞭解該項貨款是否能夠按期收回，常向買主要求提出該企業的財務報表，以便加以研究斷定其有無償債能力。但企業最初所提出的財務報表，只是資產負債表一種而已，因為當時一般企業對於損益表都不願對外公開，直到工商日益發達，會計學術比較進步後，才漸漸由提供資產負債表而增加到損益表兩種。由於會計學術的進步，以及工商企業管理的需要，由被動的接受信用調查，現在又進入企業本身主動分析財務報表的境界。換句話說，現在比較具有規模的企業，往往為了檢討過去營業利弊的得失，為了改進未來的營業政策，為了改善企業管理的方法，為了謀求企業更大的營業利益，主動的，將年終編製的財務報表，加以分析。不過，現在一般所謂財務報表的分析，是指對資產負債表和損益表而言，至於其分析的內容，通常是循下列幾個途徑：

1. 比率分析 (Proportional Analysis)

比率分析，是對財務報表中各個項目間的關係和作用加以分析。

2. 比較分析 (Comparative Analysis)

比較分析，是對財務報表中，以某一帳戶或某類帳戶，與上期財務報表中某一帳戶或某類帳戶，作雙方增減比較的分析。

3. 現金流量分析 (Cash-flow Analysis)

現金流量分析，是補充瞭解現金在財務上的活動情形，研討現金在會計期間內的變化，用以說明現金在這一會計期間增減變化的原因和結果。現金流量表的編製，就是屬於現金流量分析的一種。

4. 損益變動分析 (Variation of Profit & Loss Analysis)

損益變動分析，也可以說是屬於營業分析 (Operating Analysis) 的一種，主要是尋求損益變動原因和結果的分析。

5. 損益兩平分析 (Break-even Analysis)

損益兩平分析，又稱為盈虧兩平分析，是研討售價、成本、數量和利潤四者間的平衡關係，著重於求出兩平點 (Break-even Point)，在某種情形下將發生盈餘，在某種情形下將發生虧損，並以簡明的兩平圖 (Break-even Chart) 來表達其間關係的一種分析。

6. 物價水準變動分析 (Analysis of Price-level Changes)

物價水準變動分析，是對會計基本假設「幣值不變」(Stable Dollar) 原理，持一種不同意見的分析，歷年來，因為受到各種因素的影響，各國物價都在相繼上漲，發生貨幣購買力不同的結果，形成對財務報表一種新的分析。

一、問答題

1. 試述財務報表分析的意義。
2. 所謂財務報表，應包含那幾種報表？
3. 財務報表分析的方法，要循那些方法來分析，才比較完整？試略述之。
4. 財務報表揭露的內容通常包含那些？
5. 資本支出與收益支出（費用支出）有何區別？
6. 略述編製財務報表的基本慣例。
7. 試說明編製財務報表的基本原則。
8. 試略述編製財務報表的基本假設。

二、選擇題

（ ） 1. 將預付租金列為當期的租金費用處理，是違反了 (A)穩健原則 (B)收益費用配合原則 (C)成本原則 (D)一致性原則。

（ ） 2. 固定資產按取得成本加以記錄，有關其後之市價波動，會計上並不記錄，是因配合 (A)會計期間慣例 (B)歷史成本原則 (C)企業個體慣例 (D)以上皆是。

（ ） 3. 編製資產負債表時，資產的排列須按流動及固定性質作適當的分類，是依據 (A)繼續經營假設 (B)貨幣評量假設 (C)重要性原則 (D)配合原則。

（ ） 4. 公司通常可選擇不同的公認會計方法，財務報表使用者從何處可得知其採用的方法？ (A)會計師的簽證報告 (B)財務報表的附註 (C)管理當局對經營成果及財務狀況的討論 (D)獨立的財務分析，例如工商時報提供的四季報。

（ ） 5. 財務報表的附註通常不包括 (A)本益比變動的說明 (B)會計方法的彙總 (C)重大或有損失的揭露 (D)被質押或擔保特定負債之資產的認定。

（ ） 6. 會計上使用的衡量單位，會計人員作何假設？ (A)企業繼續經營 (B)會計期間 (C)收入與費用配合 (D)幣值不變。

（ ） 7. 營業用機器設備業已漲價，按現值提列折舊，則違背那一會計原則？ (A)成本原則 (B)穩健原則 (C)收入實現原則 (D)配合原則。

（ ） 8. 估計可使用 10 年之鋼釘，於購入年度列入當年費用，此一會計處理，是應用 (A)成本假設 (B)重要性原則 (C)配合原則 (D)穩健原則。

( ) 9.成本或市價孰低法所反映的會計原則主要是指下列那一項？ (A)繼續經營假設 (B)保守穩健原則 (C)成本原則 (D)幣值不變假設。

( ) 10.新近購入的固定資產按 25 年提列折舊係基於 (A)收入費用配合原則 (B)重要性原則 (C)繼續經營原則 (D)一貫性原則。

( ) 11.一有可能發生而金額無法合理估計的或有負債，在財務報表中應如何表達？ (A)記錄為一負債 (B)於財務報表附註中揭露 (C)不需報導負債，亦不需揭露 (D)以上皆非。

( ) 12.基本上，負債的衡量和下列那一原則是一致的？ (A)收入認列原則 (B)成本原則 (C)配合原則 (D)以上皆非。

( ) 13.那一項會計原則支持壞帳的處理應採用備抵法，認列壞帳費用？ (A)成本原則 (B)保守穩健原則 (C)配合原則 (D)繼續經營假設。

( ) 14.甲公司將機器大修理的費用，全數列為修理費，問此會計處理方法，與下列那一原則相抵觸？ (A)充分揭露原則 (B)收入費用配合原則 (C)穩健原則 (D)一致性原則。

( ) 15.固定資產不以淨變現價值列帳係因 (A)成本原則 (B)繼續經營慣例 (C)穩健原則 (D)收入與成本配合原則。

( ) 16.證券投資信託業之基金所購入之上市股票應按何方法評價？ (A)成本法 (B)市價法 (C)成本或市價孰低法 (D)權益法。

( ) 17.基本財務報表有 (A)二種 (B)三種 (C)四種 (D)五種。

( ) 18. FASB 是指 (A)美國會計師協會 (B)美國會計學會 (C)美國會計原則委員會 (D)美國財務會計準則委員會。

( ) 19.在財務報表中各期間所得稅分配，以下列何項會計原則作最佳的判斷？ (A)客觀性 (B)實現性 (C)穩健性 (D)配合性。

( ) 20.財務會計之目的在於提供下列那一項資料？ (A)提供內部決策人決策所需之資料 (B)提供外部決策人決策所需之資料 (C)提供政府機關課稅及會計師查帳所需之資料 (D)以上均是。

( ) 21.靜態報表是指 (A)資產負債表 (B)盈餘分配表 (C)損益表 (D)財務狀況變動表。

( ) 22.根據收益原則的觀念，收益應在何時加以認列？ (A)收到現金時 (B)賺得時 (C)月底時 (D)付所得稅時。

( ) 23.為達「充分表達」原則，可採何方式加強？ (A)附註 (B)括弧 (C)附表 (D)以上皆是。

( ) 24.請問於賒銷時，應於何時認列銷貨？ (A)收到銷貨訂單時 (B)貨運交客戶時 (C)所有權移轉時 (D)收現時。

( ) 25.會計期間劃分之目的在於 (A)有助分工合作 (B)便於計算損益 (C)防止內部舞弊 (D)反映幣值漲落。

( ) 26.欲知公司折舊是採何種方法，可閱讀年報的 (A)財務報表附註 (B)資產負債表 (C)會計師簽證報告 (D)致股東書。

( ) 27.下列何者需在財務報表附註中揭露？ (A)重要客戶可能倒閉的風險 (B)估計所得稅負債 (C)擔任其他公司負債的保證 (D)產業不景氣的衝擊。

( ) 28.上市公司財務報告中不包括下列何項資訊？ (A)財報附註 (B)致股東書 (C)股價與成交量 (D)總經理薪資。

( ) 29.那一項會計原則支持壞帳的認列應採用備抵法？ (A)成本原則 (B)配合原則 (C)保守穩健原則 (D)繼續經營假設。

( ) 30.何謂攸關性？ (A)在使用決策影響力前提供資訊給決策人 (B)具有改變決策的能力 (C)確保資訊免於錯誤 (D)以上皆非。

( ) 31.何者為會計資訊應具備的主要品質？ (A)比較性及一致性 (B)重要性及時效性 (C)攸關性及可靠性 (D)以上皆是。

(選擇題資料：參考歷屆證券商業務員考試試題)

三、綜合題

1. 下面有一組為一般公認會計原則與慣例，另一組為常見的會計實務，請將每一會計實務所根據的會計原則或慣例，在所留的空格中填入。

會計原則與慣例：

①企業個體慣例 ( )

②繼續經營慣例 ( )

③貨幣評價慣例 ( )

④會計期間慣例 ( )

⑤成本原則 ( )

⑥收益實現原則 ( )

⑦配合原則 ( )

⑧充分揭露原則 ( )

⑨穩健原則 ( )

⑩行業特性原則 ( )

會計實務：

(1)股東借錢給公司，公司列記股東往來。

(2)會計記錄通常根據實際成本價格入帳。

(3)固定資產提列折舊。

(4)售後服務成本在銷貨時預估入帳。

(5)銷貨發生時才承認損益。

(6)預計損失而不預計收益。

(7)通常按年編製財務報表。

(8)保險公司的有價證券投資按市價評價。

(9)財務報表除列示金額外，另用括弧或附註方式註明評價方法及補充資料。

(10)固定資產的評價不以清算價值來表示。

(11)所有交易均按貨幣金額入帳。

(12)採用成本或市價孰低法評價。

2. 試說明下述各項所符合之會計慣例、原則與觀念。

(1)財務報表通常以 1 年為期。

(2)向外購買的商譽才可入帳，自行發展的商譽不可入帳。

(3)永祥公司將改進服務品質的成本記為資產，隨著服務的收入逐漸轉為損益表中的費用。

(4)所有重要到足以影響使用者決策的資訊都列示於財務報表中。

(5)股東本身的資產及負債應不包含於公司的資產及負債中。

(6)存貨以成本或市價孰低法評價。

(7)報表通常不以清算價值評價。

(8)為使公司不同年度的財務報表可以互相比較，只有當經濟環境改變時，慣用的會計實務才可改變。

3. 試說明下列會計交易或處理是依據那項原則或假設?

(1)廠房設備須提列折舊。

(2)所有足以重要到影響使用者決策的資訊都列示於報表中。

(3)有價證券以成本或市價孰低法評價。

(4)財務報表通常在固定期間提出（通常為 1 年，半年，或 1 季）。

(5)公司提供期中財務報表。

(6)財務報表通常把許多不同行業子公司的財務資料與母公司彙總，以合併報表表達。

(7)一旦公司使用直線法提列折舊就不改變成其他方法提列。

(8)公司以前取得的財產，不因物價上漲而調高其入帳成本。

4. 試說明下列交易的會計處理，依據那項原則或假設？

⑴購買機器運費，需記入機器帳戶，不記作運費。

⑵支付業主自用電費，需記作業主往來，不列作水電費。

⑶固定資產在報表上以成本列帳，不表示變現價值。

⑷期末存貨市價上漲，帳上不列作利益。

⑸銷貨退回列入銷貨退回帳戶，不借記銷貨帳戶。

⑹購入削鉛筆刀，實務上以費用列帳，不作資產處理。

⑺應收帳款期末估計壞帳損失，作調整分錄。

5. 試說明下列事項是依據那些原則或假設？

⑴採用成本或市價孰低法記投資價值。

⑵購買機器的運費，須記入機器帳戶，不記作運費。

⑶支付業主自用電燈費，須記作業主提存，不記電費。

⑷固定資產在資產負債表上須保持成本，不表示清算價值。

⑸期末存貨市價上漲，只能在資產負債表中括弧說明，不能記作利益。

⑹銷貨退回須記入銷貨退回帳戶，不直接借記銷貨帳戶。

⑺購入削鉛筆刀，實務上都以費用列帳，不作固定資產處理。

⑻應收帳款期末估計壞帳損失。

6. 試說明永興公司下列各項會計處理違反那些會計原則？對本期損益有何影響（高估或低估多少)？

⑴商品的市價為每件 $10，該公司經討價還價結果，以每件 $7 購入 10,000 件，共付價款 $70,000，存貨仍按每件 $10，計 $100,000 入帳，另外承認 $30,000 之收益。

⑵購入機器 1 部，成本 $200,000，估計耐用年限 10 年，無殘值。該公司按 20 年，用直線法（平均法）提折舊。

⑶年底修理機器的費用 $2,000，列為機器設備成本。

⑷估計售後服務成本 $1,000 未入帳。

7. 試就下列每一項目，指出其是否違反會計原則或基本假定（指明為何一原則或假設)？如有違反，應如何作改正分錄？（假設公司尚未結帳）

⑴期初購買數個削鉛筆機，總成本 $600，公司將其記為資產，並已依 6 年提列折舊。

⑵ 7 月 1 日以 $80,000 購入機器 1 部，機器當時市價為 $100,000，入帳分錄為借記機器 $100,000，貸記現金 $80,000 及購買機器利得 $20,000，公司尚未提列折舊。（該機器可用 8 年，請以直線法提列折舊）

⑶估計本年度所出售之商品，將於未來發生保證服務成本 $40,000，公司對此未作任何

分錄，而該項商品銷貨收入已於本年承認。

(4) 9 月 1 日與客戶簽訂 $200,000 銷售合約，公司借記應收帳款 $200,000，貸記銷貨收入 $200,000 予以入帳。

(5)公司有土地一塊，帳上仍依其原始成本 $60,000 列示，而其目前市價因一般物價水準的上升，已由 $100,000 再增為 $110,000，公司對此未作任何調整分錄。

8. 正隆商行 X5 年度損益表如下：

收入	$400,000
費用	250,000
淨利	$150,000

經審核該公司會計記錄後發現如下：

(1)正隆商行係李正隆設立之獨資商行。

(2)收入計有：

出售商品收入	$250,000
場地出租收入	150,000
合　計	$400,000

(3)費用計有：

商品銷貨成本	$180,000
場地維護費用	60,000
李正隆個人生活費用	10,000
合　計	$250,000

(4)正隆商行是以出售商品及出租場地為營業範圍。

試求：①正隆商行的損益表編製過程中，違反了什麼會計上的慣例或原則？

②編製一份正確的損益表。

第二章
財務報表分析的目的

客戶訂單收入與成本分析表

客戶訂單收入與成本分析表

業務員：
客戶P/O：

□含三個月以上客戶訂單

客戶訂單號碼	CO20020509020	訂購單位編號	000
客戶編號	0990	訂購單位名稱	板橋分公司
客戶名稱	怡心電信	產品品名	三民叙號密碼卡
產品編號	0012-990-002-211	產品數量	30000
產品單位	張	總金額	360000
單價	12		

收入資訊

原出貨發票資料

出貨單號碼	出貨日期	交貨數量	銷售金額	銷項稅額	銷貨發票金額
PI20020509019	2002/05/25	20000	240000	12000	252000 GH5
PI20020509020	2002/05/27	10000	120000	6000	126000 GH6
		0	0	0	0

新出貨發票資料

出貨單號碼	出貨日期	交貨數量	銷售金額	銷項稅額	銷貨發票金額
		0	0	0	0

退貨（折讓）資料

退貨(折讓)單號碼	退貨(折讓)日期	退貨(折讓)金額	銷項稅額
PR20020509015	2002/05/30	950	48
		0	0

財務報表分析的作用，一般來說是檢討過去，瞭解現在和策劃將來，但嚴格來說，各人的立場有異，而對報表分析的目的，當然不同，茲就使用報表者不同立場，說明其分析目的如下：

第一節 管理當局的目的

財務報表分析的用意，在於檢討過去經營績效，瞭解目前財務狀況和營業結果，評估將來發展的趨勢，以俾提供企業管理當局，作為擬具發展的方案，藉以用作決策的依據。

發展方案決定以後，再用以作為控制與管理的準繩，也就是說，此乃管理當局對財務報表分析的最終目的。

第二節 經理人員的目的

企業的經營，往往由於資金沒有適當的調度，或者由於人為的因素，而使營業的情形，發生種種不良的現象，這種現象，如果不對財務報表內所列的資產、負債和損益項目，分別加以比較和分析，則其所潛伏的病態，很不容易發現。所謂企業的病態 (A Business Ailments)，就是指企業經理人員對營業資金週轉不靈、信用調查未及注意等原因，以致發生種種不良的現象，這種現象，任何企業都在所難免。大體來說，一般企業最容易發生的病態，計有下列各點：

1. 資產方面

①現金及銀行存款太少。

②應收帳款太多。

③存貨過多或太少。

④固定資產過多。

⑤資產估價過低或過高。

⑥業外投資過多。

2.負債方面

①流動負債太多。

②長期負債太多。

3.業主權益方面

①資本不足或過多。

②提存盈餘過多或太少。

4.收益方面

①銷貨數量過少。

②其他收益太少。

5.費用方面

①銷貨成本過高。

②製造成本過高。

③推銷費用過大。

④管理費用過大。

⑤其他費用太多。

上述情形，係一般企業的病態，但有時因企業的組織不同或時間因素的差異，而其發生的現象，並不完全視為病態。例如固定資產過多，如果是販賣業，可以說是不好的現象，如果是發生於製造業，並不視為病態，因為製造業的各項設備，必須較販賣業為多，製造業的固定資產多，是表示設備良好，乃是一種良好的現象，所以不能視為病態。又如存貨過多，如果是在物價上漲，企業不願多售商品的情形下，存貨過多，也不算是一種病態。所以，在經理人員分析財務報表對企業病態的檢查，應該因時、因事、因企業的不同而予以判斷。

第三節 投資者的目的

投資者，包括股東和債權人，他們對投資所能獲得的股息，對放款所能收取的本息，都非常關心。

就股東的立場來說，他們分析財務報表可以瞭解投資於資產方面，除了負債與責任外，進一步可以估計目前財務狀況和企業經營的獲利能力，以尋求其投資的獲利能力和償債能力。

就債權人的立場來說，長期貸款給企業，一方面關心本金的安全，一方面關心利息的獲得，他們分析財務報表資料，可以瞭解資產價值超過負債的金額，當期盈餘超過利息的倍數很大時，就可認定足以保障其貸款本息的安全。

第四節 收購與合併者的目的

收購公司或合併公司，擬收購或合併被收購或被合併公司時，對其整體經濟價值，必須加以評價，此種評價的目的，主要是希望確定被收購公司的經濟價值，以便作出合理的談判措施，因為財務報表分析，是確定經濟價值與評估各合併對象最寶貴的策略。

收購或合併公司人分析的目的，很多方面和權益投資人的目的相類似，但唯一不同的，是收購公司或合併公司必須考慮到對方的無形資產，以及負債的實際情形，以便確定其未來的政策。

第五節 財務稽核者的目的

財務稽核者對財務報表分析的立場，是對公司提出的報表，表示其公正性與營業結果的意見。因此，財務稽核的基本目的，就是盡可能確保公司提出的財務報表，編列沒有錯誤，沒有違反會計基本慣例，沒有人為舞弊的因素存在。如果有這些情事存在，財務稽核者沒有檢查出來，勢將影響財務報表的公正性，甚至使整個財務報表不符合一般公認的會計原則。

財務報表分析、趨勢分析和比率變動分析，是最重要的稽核工具，因為這些分析，可以補充其程序與效率測驗等稽核技術的不足。而這些分析之所以有這種

功能，是因為錯誤與違反會計慣例，不論出自何處，都會影響各種財務營運和財務結構的關係，而查核與分析這種關係的改變，就可把錯誤和違反會計慣例的情形找出來。再者，財務報表分析的過程中，本來就需要財務稽核人員去瞭解和掌握各種稽核工作所需要的證據。

財務報表分析，雖然是財務稽核工作的一部分，但財務報表分析工作，最好是在財務稽核工作一開始就進行，因為這種分析，往往能揭露最重要且最有問題的地方，待至稽核工作結束時，財務報表分析，也就可以用來全盤檢查整個財務報表的合理性。

第六節 其他利益單位的目的

財務報表分析，可以用來滿足有關使用人或單位的要求，例如國稅局可以用財務報表分析的工作來核算企業應該繳納的稅額，同時查核其申報的稅額是否合理。各級政府管理單位，也可以用財務報表分析的工作來執行其監督和制訂費率的依據。

有關工會，也可以財務報表分析的工作，去評估企業的財務報表，用以進行有關問題的談判。律師也可以用財務報表分析的技術，去推動他們所進行的調查工作。至於經濟研究人員，更可以用財務報表分析的工作，去瞭解從事研究的有關問題。

此外，企業的客戶大眾，也可以用財務報表分析的技術，研判供應商的獲利能力、資本報酬率，以及其他需要瞭解的事項。

總之，財務報表分析的目的，因使用人的立場、需要和看法的不同而有異，有關人員依不同的目標，決定其從事分析的進行，以便達到其決策有關的需要。分析時，先探討財務報表分析與會計結構間的關係，再瞭解分析程序與技術間的關係，然後探討財務報表分析的目的及達成目標的方法，這樣，就可獲得圓滿的答案。

習題

一、問答題

1. 財務報表分析之一般目的為何?
2. 財務報表分析對內部管理者而言，有何用處?
3. 短期債權人及長期債權人分析財務報表有何用處?
4. 政府機構分析企業財務報表有何用處?
5. 財務報表在分析上有那些限制?
6. 財務報表使用者中，為何投資人（權益投資人）的資訊需求最迫切?
7. 會計師在利用財務報表分析時，對其查核工作（審計工作）有何用途?

二、選擇題

( ) 1. 會計的使用者依其與企業之關係可分為兩大類 (A)內部使用者與外部使用者 (B)主管人員與幕僚人員 (C)專業人員與兼職人員 (D)以上皆非。

( ) 2. 會計資訊的使用者分為內部使用者及外部使用者，下列何者屬於內部使用者? (A)政府 (B)投資人 (C)生產經理 (D)銀行。

( ) 3. 財務分析方法與技術的第一步驟為 (A)檢閱查帳報告 (B)研讀會計政策及說明 (C)查閱附註與附表 (D)進行比率分析與比較報表。

( ) 4. 下列何者最關心公司的每股盈餘及每股股利? (A)特別股股東 (B)普通股股東 (C)主管機關 (D)債權人。

( ) 5. 財務報表分析，依分析報表主體分類有 (A)內部分析與外部分析 (B)動態分析與靜態分析 (C)內部分析與靜態分析 (D)外部分析與動態分析。

( ) 6. 財務報表分析可幫助使用者 (A)評估公司過去的經營績效 (B)投資決策的制定 (C)授信決策的考量 (D)以上皆是。

( ) 7. 財務報表分析之主要目的在於 (A)使用未來資料預測未來 (B)評估管理當局的責任 (C)使用歷史資料預測未來 (D)比較企業規模大小。

( ) 8. 財務報表分析較不能評估企業的 (A)過去績效 (B)未來潛力 (C)現況 (D)過去風險。

( ) 9. 提供期中財務報告之目的為 (A)提供更即時之資訊 (B)取代年度財務報告 (C)供國稅局查帳 (D)減少資訊提供成本。

（選擇題資料：參考歷屆證券商業務員考試試題）

第三章

財務報表的種類、格式和內容

客戶訂單收入與成本分析表

業務員：

客戶P/O：

□含三個月以上客戶訂單

客戶訂單號碼	CO20020509020	訂購單位編號	000
客戶編號	0990	訂購單位名稱	板橋分公司
客戶名稱	怡心電信	產品品名	三民較號密碼卡
產品編號	0012-990-002-211	產品數量	30000
產品單位	張	總金額	360000
單價	12		

收入資訊

原出貨發票資料

出貨單號碼	出貨日期	交貨數量	銷售金額	銷項稅額	銷貨發票金額	銷貨
PI20020509019	2002/05/25	20000	240000	12000	252000	GH55
PI20020509020	2002/05/27	10000	120000	6000	126000	GH6
		0	0	0	0	

新出貨發票資料

出貨單號碼	出貨日期	交貨數量	銷售金額	銷項稅額	銷貨發票金額
			0	0	0

退貨（折讓）資料

退貨(折讓)單號碼	退貨(折讓)日期	退貨(折讓)金額	銷項稅額
PR20020509015	2002/05/30	950	48
		0	0

第一節 財務報表的種類

依照財務會計準則第一號公報，一般公認會計原則第六十五條規定：財務報表之內容，包括下列各表及其附註：

⑴資產負債表。

⑵損益表。

⑶業主（股東）權益變動表。

⑷現金流量表。

在業主權益變動較少之事業，得以保留盈餘表（或累積虧損表）取代前項之業主權益變動表，並得將損益表及保留盈餘表（或累積虧損表），合併為損益及保留盈餘表（或損益及累積虧損表）。

上述規定，雖然有四種主要報表，但站在財務報表分析的立場來說，真正要分析的，是指資產負債表和損益表，至於現金流量表與業主權益變動表，在股票上市公司比較重要，一般小型公司就比較不重要，不過，本書仍然作適當的分析介紹。

第二節 財務報表的格式

一、資產負債表的格式 (Balance Sheet Form)

資產負債表的格式，通常有帳戶式 (Account Form) 和報告式 (Report Form) 二種，在通常情形下，一般都採用帳戶式，茲將兩者格式列示如下：

1. 帳戶式資產負債表

永利股份有限公司
資產負債表
民國 X5 年 12 月 31 日

帳戶名稱		金額		帳戶名稱	金額	
		小計	合計		小計	合計
資產				負債		
流動資產				流動負債		
現金		$220,000		應付票據	$135,500	
有價證券		162,500		應付帳款	119,000	
應收票據		80,000		短期借款	57,500	$ 312,000
應收帳款	$109,250			長期負債		
減：備抵壞帳	1,750	107,500		抵押借款	$200,000	
存貨 (12/31)		247,000		公司債	500,000	700,000
預付保險費		90,000	$ 907,000	其他負債		
固定資產				存入保證金	$ 37,500	
土地		$250,000		代收款	12,500	50,000
房屋	$520,000			負債總額		$1,062,000
減：累計折舊	50,000	470,000		股東權益		
機器設備	$300,000			股本		
減：累計折舊	50,000	250,000		普通股	$750,000	
廠房	$375,000			特別股	500,000	
減：累計折舊	37,500	337,500		資本公積	27,500	
運輸設備	$212,500			累積盈餘	20,000	
減：累計折舊	70,000	142,500	1,450,000	本期純益	135,000	
其他資產				股東權益總額		$1,432,500
存出保證金		$125,000				
暫付款		12,500	137,500			
資產總額			$2,494,500	負債與股東權益總額		$2,494,500

財務報表分析中，對證券發行人（股票上市公司）的財務報表，必須經會計師簽證，較具分析的意義。茲將行政院金融監督管理委員會發布的「證券發行人財務報告編製準則」內規定的資產負債表格式，列示如下，供作參考：

×××公司

尺寸：長×寬

(386×272) MM

（格式一）

資產負債表

中華民國　　年　月　日及　　年　月　日

單位：新臺幣千元

資產		年月日		年月日		負債及股東權益	年月日		年月日	
代碼	會計科目	金額	%	金額	%	會計科目	金額	%	金額	%
	流動資產					流動負債				
	現金及約當現金					短期借款				
	公平價值變動列入損益之金融資產—流動					應付短期票券				
	備供出售金融資產—流動					公平價值變動列入損益之金融負債—流動				
	持有至到期日金融資產—流動					避險之衍生性金融負債—流動				
	避險之衍生性金融資產—流動					以成本衡量之金融負債—流動				
	以成本衡量之金融資產—流動					特別股負債—流動				
	無活絡市場之債券投資—流動					應付票據				
	應收票據					應付帳款				
	應收帳款					應付所得稅				
	其他應收款					其他應付款				
	其他金融資產—流動					其他金融負債—流動				
	存貨					預收款項				
	在建工程					預收工程款				
	減：預收工程款					減：在建工程				
	預付款項					應計產品保證負債—流動				
	遞延所得稅資產—流動					遞延所得稅負債—流動				
	待處分長期股權投資					應付租賃款—流動				
	××××					××××				
	其他流動資產					其他流動負債				
	基金及投資					長期負債				
	公平價值變動列入損益之金融資產—非流動					公平價值變動列入損益之金融負債—非流動				
	備供出售金融資產—非流動					避險之衍生性金融負債—非流動				
	持有至到期日金融資產—非流動					以成本衡量之金融負債—非流動				
	避險之衍生性金融資產—非流動					應付公司債				
	以成本衡量之金融資產—非流動					長期借款				
	無活絡市場之債券投資—非流動					應付租賃款—非流動				
	償債基金					特別股負債—非流動				
	採權益法之長期股權投資（淨額）					其他金融負債—非流動				
						××××				
						其他負債				
						應計退休金負債				
						存入保證金				
						遞延所得稅負債—非流動				
						××××				

	其他金融資產—非流動					負債總計				
	××××									
	固定資產淨額					股本				
	土地					普通股				
	房屋（建築物）					特別股				
	⋮					資本公積				
						資本公積—發行股票溢價				
	無形資產					資本公積—庫藏股票交易				
	商標權					資本公積—受領股東贈與				
	專利權					資本公積—員工認股權				
	遞延退休金成本					資本公積—認股權(註三)				
	××××					××××				
	其他資產					保留盈餘				
	存出保證金					法定盈餘公積				
	遞延所得稅資產—非流動					特別盈餘公積				
	××××					未分配盈餘（或待彌補虧損）				
						股東權益其他項目				
						金融商品未實現損益				
						累積換算調整數				
						未認列為退休金成本之淨損失				
						庫藏股票				
						股東權益總計				
	資產總計					負債及股東權益總計				

負責人：　　　　　　　　經理人：　　　　　　　　主辦會計：

註一：備抵壞帳應以附註列示明細。
註二：會計科目代碼應以本會發布之一般行業及金融保險業會計科目代碼列示。
註三：係指發行人發行可轉換公司債屬權益之部分。

2.報告式資產負債表

報告式資產負債表，一般企業較少採用，為了使讀者瞭解起見，亦列示如下，供作參考：

永利股份有限公司
資產負債表
民國 X5 年 12 月 31 日

帳戶名稱		金額	
		小計	合計
資產			
流動資產			
現金		$220,000	
有價證券		162,500	
應收票據		80,000	
應收帳款	$109,250		
減：備抵壞帳	1,750	107,500	
存貨 (12/31)		247,000	
預付保險費		90,000	$ 907,000
固定資產			
土地		$250,000	
房屋	$520,000		
減：累計折舊	50,000	470,000	
機器設備	$300,000		
減：累計折舊	50,000	250,000	
廠房	$375,000		
減：累計折舊	37,500	337,500	
運輸設備	$212,500		
減：累計折舊	70,000	142,500	1,450,000
其他資產			
存出保證金		$125,000	
暫付款		12,500	137,500
資產總額			$2,494,500
負債			
流動負債			
應付票據		$135,500	
應付帳款		119,000	
短期借款		57,500	$ 312,000
長期負債			
抵押借款		$200,000	
公司債		500,000	700,000
其他負債			
存入保證金		$ 37,500	

代收款	12,500	50,000
負債總額		$1,062,000
股東權益		
股本		
普通股	$750,000	
特別股	500,000	
資本公積	27,500	
累積盈餘	20,000	
本期純益	135,000	
股東權益總額		$1,432,500
負債與股東權益總額		$2,494,500

二、損益表的格式 (Income Statement Form)

損益表的格式，通常有報告式和帳戶式二種，在通常情形下，一般都採用報告式，茲將二者格式，列示如下：

1. 報告式損益表

報告式損益表，編製時有採多階式 (Multiple-step Form) 和單階式 (Single-step Form) 兩種，但一般都採用多階式，本章編製時，採用多階式損益表。茲列述如下：

永利股份有限公司

損益表

民國 X5 年 1 月 1 日至 12 月 31 日

帳戶名稱	金額		
	小計	合計	總額
銷貨收入			
銷貨總額		$2,191,000	
減：銷貨退回	$ 50,000		
銷貨折讓	13,500	63,500	
銷貨淨額			$2,127,500
銷貨成本			
存貨 (1/1)		$ 211,250	

加：進貨	$1,774,000		
進貨運費	38,500	1,812,500	
減：進貨退出	$ 73,500		
進貨折讓	11,500	85,000	
存貨 (12/31)		236,750	
銷貨成本			1,702,000
銷貨毛利			$ 425,500
營業費用			
銷貨費用		$ 6,500	
職員薪金		88,500	
廣告費		6,250	
保險費		8,875	
壞帳費用		5,375	
文具用品		2,125	
水電費		3,000	
郵電費		1,000	
房屋折舊		25,000	
機器設備折舊		25,000	
廠房折舊		18,750	
運輸設備折舊		35,000	225,375
營業純益			$ 200,125
非營業收益			
佣金收入		$ 14,675	
利息收入		1,450	16,125
非營業費用			
利息費用		$ 81,250	(81,250)
稅前純益			$ 135,000

財務報表分析中，對證券發行人（股票上市公司）的財務報表，必須經會計師簽證，較具分析的意義。茲將證券發行人財務報告編製準則內規定的損益表格式，列示如下，供作參考：

×××公司
損益表
中華民國　　年及　　年　月　日至　月　日

（格式四）　　　　單位：新臺幣千元

代碼	項　目	本期			上期		
		小　計	合　計	%	小　計	合　計	%
	營業收入						
	銷貨收入						
	減：銷貨退回及折讓						
	銷貨淨額						
	勞務收入						
	××××						
	營業成本						
	銷貨成本						
	勞務成本						
	××××						
	營業毛利（銷貨毛利）						
	營業費用						
	研究發展費用						
	推銷費用						
	管理及總務費用						
	營業利益（營業損失）						
	營業外收入及利益						
	利息收入						
	金融資產評價利益						
	金融負債評價利益						
	採權益法認列之投資收益						
	兌換利益						
	處分固定資產利益						
	處分投資利益						
	減損迴轉利益						
	××××						
	營業外費用及損失						
	利息費用						
	負債性特別股股息（註六）						
	金融資產評價損失						
	金融負債評價損失						
	採權益法認列之投資損失						
	兌換損失						
	處分固定資產損失						
	處分投資損失						
	減損損失						
	××××						
	繼續營業部門稅前淨利（淨損）						
	所得稅費用（利益）						

	繼續營業部門淨利（淨損） 停業部門損益 　停業前營業損益（減除所得稅 $×××或加計所得稅節省數 $×××後之淨額） 　處分損益（減除所得稅 $ ×××或加計所得稅節省數 $×××後之淨額） 列計非常損益及會計原則變動之累積影響數前淨利（淨損） 非常損益（減除所得稅 $ ×××或加計所得稅節省數 $ ×××後之淨額） 會計原則變動之累積影響數（減除所得稅 $ ×××或加計所得稅節省數 $×××後之淨額） 本期淨利（淨損） 普通股每股盈餘 　繼續營業部門淨利（淨損） 　停業部門淨利（淨損） 　非常損益 　會計原則變動之累積影響數 本期淨利（淨損）						

負責人：　　　　　　　　經理人：　　　　　　　　主辦會計：

註一：利息收入及利息費用不得互抵，應分別列示。

註二：金融資產評價損益、金融負債評價損益、採用權益法認列之投資損益、兌換損益及處分投資損益得分別將其利益及損失互抵，如其淨額為利益則列為營業外收入及利益；如為損失則列為營業外費用及損失。

註三：處分固定資產之利益及損失，不得互抵，應分別列示。

註四：普通股每股盈餘以新臺幣元為單位。複雜資本結構之公司應揭露基本每股盈餘及稀釋每股盈餘。

註五：會計科目代碼應依本會發布之一般行業及金融保險業會計科目代碼列示。

註六：係指符合財務會計準則第三十六號公報規定應列為費用之特別股股息。

註七：營業收入、營業成本、營業費用、營業外收入及利益、營業外費用及損失等科目之詳細項目得由公司依重大性原則決定是否須單獨列示。

2.帳戶式損益表

帳戶式損益表，一般企業較少採用，為了使讀者瞭解起見，以前述永利股份有限公司資料為例，列示如下，供作參考：

永利股份有限公司

損益表

民國 X5 年 1 月 1 日至 12 月 31 日

帳戶名稱	金額		帳戶名稱	金額	
	小計	合計		小計	合計
銷貨成本			銷貨收入		
存貨 (1/1)	$ 211,250		銷貨總額	$2,191,000	
加：進貨 $1,774,000			減：銷貨退回	500,000	
進貨運費 38,500	1,812,500		銷貨折讓	13,500	
減：進貨退出 $ 73,500			銷貨淨額		$2,127,500
進貨折讓 11,500	85,000				
存貨 (12/31)	236,750				
銷貨成本		$1,702,000			
銷貨毛利		425,500			
		$2,127,500			$2,127,500
營業費用			營業收入		
銷貨運費	$ 6,500		銷貨毛利		$ 425,500
職員薪金	88,500				
廣告費	6,250				
保險費	8,875				
壞帳費用	5,375				
文具用品	2,125				
水電費	3,000				
郵電費	1,000				
房屋折舊	25,000				
機器設備折舊	25,000				
廠房折舊	18,750				
運輸設備折舊	35,000				
營業費用		$ 225,375			
營業純益		200,125			
		$ 425,500			$ 425,500
			營業純益		$ 200,125
非營業費用			非營業收益		
利息費用		$ 81,250	佣金收入	$ 14,675	
			利息收入	1,450	16,125
稅前純益		$ 135,000			$ 135,000

第三節 財務報表的內容

一、資產負債表的內容

資產負債表帳戶的內容，一般分成下列各項，茲分述如下：

(一)資產 (Assets)

1.流動資產 (Current Assets)

隨時可以作為支付的工具，或短期內（最近決算日後 1 年以內）可以變成現金的資產，稱為流動資產。茲列舉如下：

(1)現金 (Cash)：凡是可作為交換媒介在市場流通的本位貨幣、輔幣，以及當地通用的地方貨幣、輔幣，都稱為現金。其他如即期支票、即期本票、即期匯票、銀行匯票等，也屬於現金項目，不過視為廣義的現金。會計學上的現金，是屬於廣義的現金。現金在報表分析中，占有很重要的地位。

(2)銀行存款 (Cash in Bank)：凡是存放在銀行，隨時可以提取的各種款項，都屬銀行存款。銀行存款也視為廣義現金的一部分。

(3)應收票據 (Notes Receivable)：凡是由於銷貨或供給勞務所取得且有流通性的收款票據，都屬於應收票據。

(4)應收帳款 (Accounts Receivable)：凡是由於銷貨或供給勞務而發生的應收未收款項，對顧客所取得的債權，都屬於應收帳款。應收帳款在報表分析時，常採用淨額，亦即應收帳款減去備抵壞帳後的餘額來列計。

(5)備抵壞帳 (Allowance for Bad Debts)：又稱備抵呆帳，凡是準備用來抵銷應收票據和應收帳款到期無法收回而致損失的款額，屬於備抵壞帳。備抵壞帳是屬於應收帳款的抵銷帳戶 (Contra Account)，或稱為應收帳款的評價帳戶 (Valuation Account)，也稱為應收帳款的附帶帳戶 (Auxiliary Accounts)。

(6)應收收益 (Accrued Incomes)：凡是屬於本期的收益而尚未收到的利息、房租、佣金等，都屬於應收收益。

⑺交易目的證券投資：凡是以賺取價差，經常買賣的有價證券投資，包括投資於股票或債券。

⑻存貨 (Inventory)：又稱為商品盤存。凡是可提供銷售而尚未售完的商品，都是屬於存貨。年終結帳時盤存尚未售完的商品，稱為期末存貨 (Ending Inventory)，及至轉入下年度期初時，稱為期初存貨 (Beginning Inventory)。

⑼內部往來 (Internal Current Account)：凡是本機構各部 (Departments) 間的往來，或總分公司 (Home Office & Branches) 間的往來款項，都是屬於內部往來，但總分公司間的往來，也有分別用總公司往來和分公司往來二帳戶。在編製聯合報表時，此帳戶加以銷除。

⑽工廠往來 (Factory Current Account)：設有工廠的企業，除在工廠內另有成本記錄外，在公司普通分類帳戶內，往往設本帳戶以統馭其金額。在編製年終報表時，此帳戶加以銷除。

⑾零用金 (Petty Cash)：又名備用金，或稱為事務基金，係留存經辦事務人員手中，以備零星支付的款額。在年終編製財務報表時，可以轉回現金帳戶內。

2.遞延資產 (Deferred Assets)

部分預付費用和用品盤存，其預付和購存的目的，並不在於變現，而在於繼續使用，這種遞延時效和延長使用期間的資產，稱為遞延資產。茲列述如下：

⑴預付保險費 (Prepaid Insurance)：又稱為未消耗保險費 (Unexpired Insurance)。凡是企業向外保險預先支付的費用，稱為預付保險費。

⑵預付廣告費 (Prepaid Advertising)：又稱為未消耗廣告費 (Unexpired Advertising)。凡是企業謀求增加銷售商品而預先支付的宣傳費，屬於預付廣告費。

⑶預付利息 (Prepaid Interest)：凡是向銀行或他人借款而預先支付的利息，屬於本科目。

⑷預付房租 (Prepaid Rent)：凡是向他人租用房屋而預先支付的租金，為預付房租。

⑸預付佣金 (Prepaid Commission)：凡是委託外埠經紀人辦理購銷商品或其他事項而預先支付的經紀費用，為預付佣金。

⑹用品盤存 (Office Supplies Inventory)：凡在年終結帳時，期末盤點尚未用完

的各種文具紙張、煤油、煤炭等用品，稱為用品盤存。

3.固定資產 (Fixed Assets)

凡企業所購置的各種財產，其目的在於供給營業上繼續使用，並不在於買賣謀利，且財產使用的時效，比較具有永久性，或者具有長期性的投資和放款，不能在短期內變成現款的資產或債權，稱為固定資產，或稱為長期性資產 (Long-lived Assets)。茲列述如下：

(1)土地 (Land)：凡是提供企業在營業上或製造上所須使用的土地，屬本科目。

(2)房屋 (Buildings)：又稱為建築物，凡供營業上或其他用途使用的房屋，都屬於本科目。

(3)累計折舊—房屋：凡是房屋因歷年使用而減低其價值的部分，按年提出作為該期的費用，用以將來抵銷房屋的金額，屬本科目。本科目為房屋的抵銷帳戶，或稱為房屋的評價帳戶，也稱為房屋的附帶帳戶。

(4)機器設備 (Machinery & Equipment)：凡是供營業上或製造上使用的機器，都屬於本帳戶。

(5)累計折舊—機器設備：凡是機器設備因歷年使用而減低其價值的部分，按年提出作為該期的費用，用以將來抵銷機器設備的金額，屬於本科目。此科目是屬於機器設備的抵銷帳戶，或稱為機器設備的評價帳戶，也稱為機器設備的附帶帳戶。

(6)運輸設備 (Delivery Equipment)：凡是供營業上使用的運輸設備，例如車輛、船隻、道路棧埠等都稱為運輸設備。

(7)累計折舊—運輸設備：凡是運輸設備因歷年使用而減低其價值的部分，按年提出列為該期的費用，用以將來抵銷運輸設備的金額，屬本科目。本科目是屬於運輸設備的抵銷帳戶，或稱為運輸設備的評價帳戶，也稱為運輸設備的附帶帳戶。

(8)器具 (Furniture & Fixtures)：又稱為器具設備，或器具裝修，或生財器具。凡是供營業上使用的各種傢俱、櫥窗、辦公桌椅、營業櫃臺等，都屬本科目。美國學者常用辦公設備 (Office Equipment) 帳戶，其性質有一部分和本帳戶相同。

(9)累計折舊—器具：凡是器具設備因歷年使用而減低其價值部分，按年提出作為該期的費用，用以將來抵銷器具的金額，屬本科目。本科目是屬於器

具的抵銷帳戶，或稱為器具的評價帳戶，也稱為器具的附帶帳戶。

(10)未完工程 (Construction Work in Process)：凡是正在建造而未完成的建築物或工程，所支付該項工程的各種價款，屬於本科目。

(11)固定資產增值 (Appreciation of Fixed Assets)：凡是固定資產，因貨幣貶值，物價上漲，經重估價而發生的增值，其增加部分，不直接記入原資產帳戶的金額，可另設本帳戶記載。

4. 無形資產 (Intangible Assets)

企業經營進行中，由於經營良好，或獲得政府某種權力的保障，無形中自然產生一種特殊的價值，這種特殊的價值，雖無實際物質，但可以使企業獲得更大的利益，一般會計學者，將此項權益列成一類，稱為無形資產。茲列舉如下：

(1)商譽 (Good-will)：企業因信用卓著，出品精良，地點優越，營業良好，在在都足以提高企業的信譽，使企業獲得超額的利潤而無形中產生了一種價值，這種價值，即是商譽。

(2)商標權 (Trade-mark)：企業的產品，為使顧客容易識別起見，採用一種特別的記號，此種專門記號經政府註冊專門使用的權利，即為商標權。

(3)專利權 (Patent)：政府對於某種工業，因技術上的發明而給予發明人在一定年限內單獨製造或唯一經營此項產品的一種特權，稱為專利權。

(4)版權 (Copyright)：政府對於某項學術或美術著作物給予著作人專利發行的一種特權，這種特權轉讓給企業發行，即為版權，我國所得稅法中，稱為著作權。

(5)特許權 (Franchise)：特許權又稱為營業權，政府為謀社會公共利益給予個人或企業經營某種業務的特別權，為特許權。

(6)租賃權 (Leaseholds)：凡是由租賃所取得的資產使用權，稱為租賃權。本帳戶因為有資產的使用權，作者認為列入其他資產項內較妥，但美國會計學者一般都將此帳戶列入無形資產內。

5. 其他資產 (Other Assets)

凡是不屬於上述各類的資產，列為其他資產。茲列舉如下：

(1)未攤銷費用 (Unamortized Expenses)：企業支付鉅額的費用，如廣告費、保險費和購買無形資產等。這些費用，必須以後按年攤銷，業已支付而未攤銷的費用，可記入本帳戶內。

⑵非常損失 (Special Losses)：企業遭受不可抗力的天災人禍，而致發生損失，這種損失為數較大，須以後逐年攤銷的，屬本科目。

⑶存出保證金 (Guarantee Deposits)：凡是企業支付的各項抵押保證款項，屬本科目。

⑷暫付款 (Temporary Payments)：凡是付出的款項，屬於臨時性質，或一時尚未能確定適當科目記載的，列入本帳戶內。

⑸預付貨款 (Purchases Paid in Advance)：凡是購貨時預先支付的定金，屬本科目。

⑹雜項資產 (Miscellaneous Assets)：凡不屬於上述各項的資產，列入雜項資產。

㈡負債 (Liabilities)

1. 流動負債 (Current Liabilities)

流動負債，又稱為短期負債 (Short-term Liabilities)，是指企業所欠他人債款，在最近決算日後 1 年以內應行償還的債務。茲列述如下：

⑴銀行透支 (Bank Overdrafts)：凡是根據銀行存款契約，企業簽發支票取款數額，超過存款金額，銀行可予照付，其超過部分，即為銀行透支。

⑵應付票據 (Notes Payable)：凡是因營業行為對債權人簽發的短期付款期票，或債權人所出的匯票，經本公司承兌，到期負有清償債務的票據，稱為應付票據。

⑶應付帳款 (Accounts Payable)：凡是賒購商品，或因供給勞務對他人所負的債務，屬本帳戶。

⑷短期借款 (Short-term Loans)：凡是借款期限在 1 年以內應行償還的債務，稱為短期借款。

⑸應付費用 (Accrued Expense)：又稱為應計費用，或稱為應付未付費用。凡是歸本期負擔而尚未支付的利息、房租、薪金、保險費、廣告費、稅捐、運費、水電費等，屬本科目。

⑹應付股利 (Dividends Payable)：公司對股東已分派而尚未支付的股息，屬本科目。

⑺應付職工酬勞 (Employees Bonuses Payable)：公司為了酬謝員工 1 年來的辛

勞，從盈餘中撥出一部分作為酬勞之用，此項業已撥出而尚未支付的金額，為應付職工酬勞。

(8)應付董監事酬勞 (Remuneration to Directors & Supervisors)：董監事平日在公司為無給職，年終有盈餘時，撥出一部分盈餘作為酬勞之用。金額撥出應付而尚未支付的酬勞，為應付董監事酬勞。

2. 遞延負債 (Deferred Liabilities)

各項應歸下期收入的利益，但在本期內已預先收款，為遞延負債。茲列舉如下：

(1)預收利息 (Interest Collected in Advance)：凡是預收下年度放款的利息收入，屬本科目。

(2)預收房租 (Rent Collected in Advance)：凡是預收下年度房屋的租金收入，屬本科目。

(3)預收佣金 (Commission Collected in Advance)：尚未辦妥事情而預收的手續費收入，屬本科目。

3. 長期負債 (Long-term Liabilities)

長期負債，是指企業所欠他人債款，在最近決算日起，1 年以後應行償還的債務。茲列舉如下：

(1)長期借款 (Long-term Loans)：凡是償還期限在 1 年以上的信用借款，屬本科目。

(2)抵押借款 (Mortage Payable)：凡是以不動產作為擔保品，償還期限在 1 年以上的借款，屬本科目。

(3)公司債 (Bonds Payable)：凡屬股份有限公司組織的企業，依公司法規定所發行的債券，屬本科目。

4. 其他負債 (Other Liabilities)

凡不屬上述各類的負債，列為其他負債。茲列舉如下：

(1)暫收款 (Suspense Credits)：凡是收入的款項，尚未確定適當帳戶記載的，屬本科目。

(2)預收貨款 (Sales Received in Advance)：凡是銷售商品，預先收入的定金，屬本科目。預收貨款在勞務業改用預收定金 (Advance from Customers)。

(3)存入保證金 (Guarantee Deposits & Margins Received)：凡是繳存作為擔保的

款項，屬本科目。

(4)代收款 (Agency Receipts)：凡是代替其他商店、機關或個人收入的款項，不屬於本企業的，列入本科目。

(三)股東權益 (Stockholder's Equity)

(1)股本 (Capital Stock)：股份有限公司股東投資用股本帳戶記載，其他各類公司股東投資用資本帳記載。

(2)公積金 (Surplus)：凡是從純益中提存一部分款額不分派給各股東，作為日後彌補虧損、擴充營業或其他用途，用本科目記載。根據其資金來源性質和用途的不同，通常記入下列二帳戶內：

①法定公積 (Legal Surplus)：依照公司法第二三七條第一款規定，每年在營業盈餘中，提列十分之一作為公積金，稱為法定公積。

②特別公積 (Special Surplus)：依照公司法第二三七條第二款規定，公司得以章程的規定或股東會議的議決，在盈餘中提一部分金額作為公積，即為特別公積。

(3)盈餘準備 (Surplus Reserve)：凡是為了某種特殊用途而自盈餘中特別提出一部分金額，準備應用的，屬於盈餘準備。依其用途的不同，可以分成下列各項（本帳戶實務上有人用保留盈餘科目）：

①擴充營業準備 (Reserve for Extension)：公司為了準備將來擴大生產或擴展營業範圍，在盈餘中提存一部分金額，作為購置資產的準備。本科目和購買資產準備性質相同，可以互相交用。

②平均股利準備 (Reserve for Dividends)：公司為了平均各年度股利的利率，在獲利較少的年度，不夠分派股利，則在獲利較多的年度，在盈餘中提存一部分金額，作為平均他年的股利。

③償債基金準備 (Reserve for Sinking Fund)：股份有限公司依法發行公司債後，為了防止將來債券到期日無力一次償還，在未到期以前，每年在盈餘項下提存一部分金額，作為未來償還公司債的準備，即為償債基金準備。

④非常損失準備 (Reserve for Special Losses)：公司為了避免將來遭受損失而致停業，在有盈餘的年度內，提存部分金額，作為彌補損失，以便繼

續營業，提存時用本科目記載。

⑷累積盈餘 (Accumulated Surplus)：公司盈餘經分派或撥用以後，尚有餘額，不另作他用，即轉入本帳戶內。累積盈餘有時用未分配盈餘一詞，我國所得稅規定最多不得超過股本總額 50%（受獎勵公司可達 100%，高度精密技術或密集資本公司可達 200%）。美國會計界處理本帳戶與我國不同，美國係年終獲得的純益，直接轉入本帳戶，再將該期應支付的股息，從未分配盈餘中沖減，剩餘的餘額，轉入下期，也不受累積金額的限制。未分配盈餘，有用保留盈餘一詞。

⑸累積虧損 (Accumulated Loss)：公司歷年虧損經彌補後，仍有餘額未能彌補，記入本帳戶內，是屬於股東權益的減項。

⑹前期損益 (Net Income or Loss for Past Term)：凡是前期結轉的淨利或淨額，屬本科目。借方餘額，是表示前期的損失，貸方餘額，是表示前期的利益。

以上七帳戶，依照財務會計準則第一號公報，一般公認會計原則第三十五條規定，只採用股本、資本公積（包括⑵、⑶兩項）及保留盈餘三帳戶，作者認為用上述七帳戶來記載，比較詳盡。

二、損益表的內容

損益表的格式，一般分成單階式和多階式兩種，除買賣業和製造業採用多階式外，其他各業多採用單階式。單階式內容比較簡單，本書不予論述，至於多階式內容，則分成①銷貨損益，②營業損益，③本期損益三階段（如永利股份有限公司損益表），詳細內容，茲列述如下：

㈠收益 (Revenues)

1. 營業收益 (Operating Revenues)

⑴銷貨 (Sales)：又稱為銷貨收入，凡是銷售商品所取得的收入，記入本帳戶。

⑵銷貨退回 (Sales Returns)：凡是售出的商品，經買主退回本店的，屬本科目。銷貨退回為銷貨的抵銷帳戶或附帶帳戶。

⑶銷貨折讓 (Sales Allowance)：凡是銷貨尾數，經買主請求，給予讓免；或銷售商品，由於裝運不慎部分損壞，給予少數的折扣優待，都記入本帳戶內。銷貨折讓為銷貨的抵銷帳戶或附帶帳戶，但也有少數學者主張視為財務支

出，列入費用帳戶❶。

⑷業務收入 (Revenue)：不是以買賣商品獲得的收益，而是供給勞務獲得的報酬。例如以租賃為營業，以代辦或接受委託為營業的服務收入，用本帳戶記載。

2.非營業收益 (Non-operating Revenue)

⑴利息收入 (Interest)：又名財務收入。凡是存在銀行或貸放資金所得的利息報酬，屬本科目。

⑵佣金收入 (Commission Earned)：凡是對顧客服務所得的報酬，屬本科目。例如代理佣金，介紹費用收入等。

⑶房租收入 (Rental Earned)：又名租金收入，以房屋或倉庫供給他人使用，而發生的收入。

⑷投資收入 (Investment Earned)：凡是以資金投資於其他事業或買賣各種有價證券，如公債、股票、公司債以及票券等所發生的收益，屬本科目。

⑸出售資產收益 (Gains on Assets Sold)：凡是出售資產的價格，超過帳面價值部分的收益，屬本科目。

⑹商品盤盈 (Gain on Inventory)：凡在盤點商品存貨時，因平時進出秤量的偏差，或因商品溫度的高低不同，較原記帳面價值為多，其超出的部分，記入本帳戶。

⑺兌換收益 (Profit on Exchange)：凡是因兌換外國貨幣或因其他貨幣折算的溢額收入，屬本科目。

⑻其他收入 (Other Revenues)：凡是不屬於上列各項的收入，記入本帳戶內。

㈡費用 (Expenses)

1.營業費用 (Operating Expenses)

A.銷貨成本 (Cost of Goods Sold)：

⑴進貨 (Purchases)：又名購貨。凡是購入商品所支付的價款，屬本科目。

⑵進貨退出 (Purchases Returns)：凡是購入的商品，經退回賣主的，記入本帳戶。進貨退出為進貨的抵銷帳戶或附帶帳戶。

---

❶ 美國會計界用：銷貨退回與折讓 (Sales Returns & Allowances) 及銷貨折扣 (Sales Discount) 兩帳戶。

(3)進貨折讓 (Purchases Allowances)：凡是購入商品願意折讓的尾數，或賒購商品，賣主為裝運不慎優待損壞的折扣，屬本科目。本科目為進貨的抵銷帳戶或附帶帳戶，也有少數學者主張列入收益類帳戶❷。

(4)進貨運費 (Freight-in)：凡是購入商品時所支付的運費，應計入銷貨成本的費用，屬本科目。

B.推銷費用 (Selling Expenses)：推銷費用又稱為銷貨費用或銷售費用，推銷費用計有下列各項（目前美國會計界常用行銷費用 "Marketing Expenses" 一詞）：

(1)銷貨員薪金 (Seller's Salaries)：凡是推銷商品人員的薪津，屬本科目。

(2)銷貨佣金 (Seller's Commission)：或稱佣金支出，凡是因銷貨而支付的勞務報酬，屬本帳戶。

(3)廣告費 (Advertising)：凡是因希求增加銷售商品而支付的宣傳費，屬本科目。

(4)銷貨運費 (Freight-out)：凡是因運送商品而支付的費用，屬本科目。

(5)壞帳費用 (Bad Debts Expenses)：又稱為呆帳，凡是應收帳款和應收票據因債務人喪失償債能力，已不能收回的款額，記入本帳戶內。

(6)折舊 (Depreciation)：凡是用於經營業務使用的設備，如房屋、器具、機器、運輸設備等，因歷年使用而減低其價值的部分，按年提出列為該期的費用，稱為折舊。

(7)交際費 (Entertainments)：凡是營業上所必須的應酬和交際費，屬本科目。

(8)銷貨雜費 (Miscellaneous Expenses)：凡是因銷售商品而支付的其他費用，屬本科目。

C.管理費用 (Administrative Expenses)：

(1)薪金費用 (Salaries)：凡是企業所有員工的薪金和津貼，都記入本帳戶內。

(2)房租費用 (Rental Expenses)：凡是因營業而租房屋的租金支出，屬本科目。

(3)旅費 (Lodging Expenses)：職員赴外埠購買商品、推銷商品或接洽公務所支付的費用。

(4)文具用品 (Office Supplies)：凡是日常所用的文具印刷各種用品，都記入本帳戶。本科目又稱為文具印刷。

❷ 美國會計界用：進貨退出與折讓 (Purchases Returns & Allowances) 及進貨折扣 (Purchases Discounts) 兩帳戶。

⑸郵電費 (Postage, Telephone & Telegram)：凡是郵寄物品書信所耗費的郵費、電話費和電報費等，屬本科目。

⑹水電費 (Water & Electricity)：凡是自來水、電費等費用，屬本科目。

⑺保險費 (Insurance)：凡是房屋、器具、商品等保險的費用支出，屬本科目。

⑻稅捐 (Taxes)：凡是因營業上所支付的各種稅捐，如房屋稅、土地稅、營業稅、印花稅、貨物稅等，屬本帳戶。

⑼修繕費 (Repairs)：凡是房屋或其他固定資產的修理費，屬本科目。但固定資產鉅額的修理費，支出後足以增加其價值的，通常不列入本帳戶而增加該固定資產的成本價值，列作資本支出。

⑽職工福利 (Welfare Expenses)：凡是對企業職員、工人所支付的醫藥、撫卹、婚喪補助，或其他有關改善職工生活的費用，屬本科目。

⑾各項攤銷 (Miscellaneous Expenses Amortized)：凡是各項鉅額費用應按年攤銷的金額，如開辦費、各項無形資產的攤銷等，屬本科目。

⑿雜費 (Miscellaneous Expenses)：凡是不屬於上列各種費用的支出，記入本帳戶內。

2. 非營業費用 (Non-operating Expenses)

⑴利息費用 (Interest Expenses)：凡是發行公司債或借款所發生的利息支出，屬本科目。

⑵兌換損失 (Loss on Exchange)：凡是因兌換外幣或其他貨幣折算的折價支出，屬本科目。

⑶匯費支出 (Exchange Expense)：凡是因匯款而支出的費用，屬本科目。

⑷投資損失 (Loss of Investment)：凡是以資金投資於其他事業，或買賣有價證券，如公債、股票、公司債及票券等所發生的損失，屬本科目。

⑸出售資產損失 (Loss on Assets Sold)：凡是出售資產的價格低於帳面價值部分的損失，記入本帳戶內。

⑹商品盤損 (Shortage in Inventory)：凡在盤點商品存貨時，因平時進出秤量的偏差，或因商品濕度高低的不同，較原記帳價值為少，短少部分，記入本帳戶內。

⑺非常損失 (Special Expenses)：凡是因戰爭或其他不可抗力的天災人禍所遭遇的損失，這種損失，為數較小，歸由當年負擔的，屬本科目。

⑻其他費用 (Other Expenses)：凡不屬於上述各項費用的支出，記入本帳戶內。

第四節 金管會公告的財務報告編製準則內容

財務報告編製準則，對證券發行人（上市公司）編製財務報告，有非常大的幫助，而且必須遵守。本節就將行政院金融監督管理委員會於 94 年 9 月 27 日修正公告（金管證六字第 0940004294 號令公告）的財務報告編製準則內容和附表，列述如後：

證券發行人財務報告編製準則修正總說明

為配合財務會計準則公報第一號「財務會計觀念架構及財務報表之編製」之修正、財務會計準則公報第三十四號「金融商品之會計處理準則」及第三十六號「金融商品之表達與揭露」之發布，並考量我國財務報告、年報、公開說明書部分重複而產生資訊整合之需求，爰修正「證券發行人財務報告編製準則」（以下簡稱本準則），茲將修正重點分述如下：

一、配合財務會計準則公報第一號「財務會計觀念架構及財務報表之編製」之修正，爰修正「流動資產」、「流動負債」等會計科目之定義、明定資產負債表應列示「其他金融負債」科目。（修正條文第七條第三項第一款及第八條第三項第一款）

二、配合財務會計準則公報第三十四號「金融商品之會計處理準則」及第三十六號公報「金融商品之表達與揭露」之發布，爰酌作下列修正：

㈠資產負債表會計科目：

1. 資產科目：刪除「短期投資」科目，分別於流動及非流動資產項下增訂「公平價值變動列入損益之金融資產」、「備供出售金融資產」、「持有至到期日金融資產」、「避險之衍生性金融資產」、「以成本衡量之金融資產」、「無活絡市場之債券投資」等會計科目，並明定金融資產達一定標準者應於資產負債表上單獨列示。（修正條文第七條第三項）

2. 負債科目：分別於流動及非流動負債項下增訂「公平價值變動列入損益之金融負債」、「避險之衍生性金融負債」、「以成本衡量之金融負債」、「特別股負債」等會計科目，並明定金融負債達一定標準者應於資產負債表上單獨列示。（修正條文第八條第三項）

3.於股東權益項下增訂「金融商品未實現損益」。(修正條文第九條第一項第四款)

㈡損益表會計科目：於損益表之營業外收入及利益、費用及損失下增訂「金融資產評價損益」、「金融負債評價損益」、「負債性特別股股息」等科目。(修正條文第十條第一項第四款)

㈢財務報表附註：為配合第三十四號公報實施後可能造成列於相同科目有不同評價基礎，爰規定於附註中對財務報告所列金額應註明評價基礎並分別列示。(修正條文第十三條第一項第五款)

㈣財務報表及重要會計科目明細表格式之修正及增訂：

1.配合本次財務報表會計科目之修正，重新修訂「資產負債表」、「損益表」、「股東權益變動表」之編製格式，並增訂相關會計科目明細表。(修正條文第十七條及格式一至格式六)

2.為配合實務需要，爰增列公司得依重大性原則決定資產、負債及股東權益重要會計科目明細表是否須單獨列示。(修正條文第十七條第二項)

三、經參採外界建議與美國財務報告之揭露規範，整合財務報告與年報資訊，爰刪除其他揭露事項及會計師複核意見。(刪除第四章第十八條至第二十二條之一)

四、會計原則變動係屬企業之重要財務資訊，為即時揭露本資訊，爰增訂企業會計原則變動申請本會核准後應公告預計會計原則變動累積影響數、會計師複核意見及實際會計原則變動累積影響數，並參酌證券交易法施行細則第六條重行公告財務報告之標準，對會計原則變動累積影響數之實際數應洽請簽證會計師出具合理性意見之標準作適度修正。(修正條文第六條)

五、配合財務會計準則公報第二十三號「期中財務報表之表達與揭露」及修正後之財務會計準則公報第五號「長期股權投資會計處理準則」以控制力作判斷標準，對具控制力之子公司亦須按季以權益法認列投資損益，爰修正相關規定。(修正條文第十八條第二項)

證券發行人財務報告編製準則修正條文

第一章　總　則

第一條　本準則依證券交易法(以下簡稱本法)第十四條第二項規定訂定之。

第二條　證券發行人(以下簡稱發行人)應依其會計事務之性質、業務實際情形與發展及管理上之需要，釐訂其會計制度。

前項會計制度之內容，應依發行人所營業務之性質，分別訂定下列項目：

一、總說明。

二、帳簿組織系統圖。

三、會計科目、會計憑證、會計簿籍與會計報表之說明與用法。

四、普通會計事務處理程序。

五、成本會計事務處理程序。

六、銷貨、採購、收款。

七、付款與倉儲管理辦法。

八、其他依行政院金融監督管理委員會（以下簡稱本會）規定之項目。

第三條　發行人財務報告之編製，應依本準則及有關法令辦理之，其未規定者，依一般公認會計原則辦理。

第四條　財務報告指財務報表、重要會計科目明細表及其他依本準則規定有助於使用人決策之揭露事項及說明。

財務報表應包括資產負債表、損益表、股東權益變動表、現金流量表及其附註或附表。

前項主要報表及其附註，除新成立之事業或本會另有規定者外，應採兩期對照方式編製，並由發行人之負責人、經理人及主辦會計人員就主要報表逐頁簽名或蓋章。

第五條　財務報告之內容應能允當表達發行人之財務狀況、經營結果及現金流量，並不致誤導利害關係人之判斷與決策。

財務報告有違反本準則或其他有關規定，經本會查核通知調整者，應予調整更正。調整金額達本會規定標準時，並應將更正後之財務報告重行公告；公告時應註明本會通知調整理由、項目及金額。

第六條　發行人有會計變動者，應依下列規定辦理：

一、會計原則變動：

(一)若有正當理由而須改變會計原則者，應於預定改用新會計原則之前一年底，將原採用及擬改用會計原則之原因與理論依據、新會計原則較原採會計原則為佳之具體事證，及改用新會計原則之預計會計原則變動累積影響數等內容，洽請簽證會計師就合理性逐項分析並出具複核意見，作成議案提報董事會決議通過後，申請本會核准。經本會核准後發行人應公告改用新會計原則之預計會計原則變動累積影響數及簽證會計師之複核意見。

(二)如有財務會計準則公報第八號第十二段所定，會計原則變動累積影響數因事實困難無法決定之情形，應將原採用及擬改用會計原則之原因與理論依據、新會計原則較原採會計原則為佳之具體事證、及累積影響數無法計算之原因等內容，洽請簽證會計師就合理性逐項分析出具複核意見，並對變更會計原則年度查核意見之影響表示意見後，依前揭程序規定辦理。

㈢除前目無法計算會計原則變動之累積影響數者外，應於改用新會計原則年度開始後二個月內，計算會計原則變動之實際累積影響數，提報董事會後公告並報本會備查；若會計原則變動累積影響數之實際數與原預計數差異達一千萬元以上者，且達前一年度營業收入淨額百分之一或實收資本額百分之五以上者，應就差異分析原因並洽請簽證會計師出具合理性意見，併同公告並申報本會。

㈣發行人有第二目情形者，於開始適用新會計原則年度中所編製之第一季、半年度、第三季及年度財務報告，應於附註揭露採用新會計原則對各該期間損益之影響。

㈤除新購資產採用新會計原則處理，得免依前開各目規定辦理外，其餘會計原則變動若未依規定事先報經核准即行採用者，採用新會計原則變動當年度之財務報告應予重編，俟補申報核准後之次一年度始得適用新會計原則。

二、會計估計事項中有關折舊性、折耗性資產耐用年限及無形資產效益期間之變動，應比照前款第一目、第四目及第五目有關規定辦理。

第二章 財務報表

第一節 資產負債表

第七條 資產應作適當之分類。流動資產與非流動資產應予以劃分。但特殊行業不宜按流動性質劃分者，不在此限。

資產預期於資產負債表日後十二個月內回收之總金額，及超過十二個月後回收之總金額，應分別在財務報表表達或附註揭露。

資產負債表之資產科目分類及其帳項內涵與應加註明事項如下：

一、流動資產：企業因營業所產生之資產，預期將於企業之正常營業週期中變現、消耗或意圖出售者；主要為交易目的而持有之資產；預期於資產負債表日後十二個月內將變現之資產；現金或約當現金，但不包括於資產負債表日後逾十二個月用以交換、清償負債或受有其他限制者。

㈠現金及約當現金：係庫存現金、銀行存款與零星支出之週轉金及隨時可轉換成定額現金且即將到期而其利率變動對其價值影響甚少之短期且具高度流動性之投資。

非活期之銀行存款，應分項列報，其到期日在一年以後者，應加註明；已指定用途或支用受有約束者，如擴充設備及償債基金等，不得列入現金之內。

定期存款（含可轉讓定存單）提供債務作質者，若所擔保之債務為長期負債，應改列為其他資產；若所擔保者為流動負債則改列為其他流動資產，並附註

說明擔保之事實。作為存出保證金者，應依其長短期之性質，分別列為流動資產或其他資產。

補償性存款如因短期借款而發生者，仍列為流動資產，但應於附註中說明；若係因長期負債而發生者，則應列為其他資產或長期投資，不得列為流動資產。

(二)公平價值變動列入損益之金融資產－流動：係指具下列條件之一者：

1. 交易目的金融資產。
2. 除依避險會計指定為被避險項目外，原始認列時被指定以公平價值衡量且公平價值變動認列為損益之金融資產。

下列金融商品應分類為交易目的金融資產：

1. 其取得主要目的為短期內出售。
2. 其屬合併管理之一組可辨認金融商品投資組合之部分，且有證據顯示近期該組實際上為短期獲利之操作模式。
3. 除被指定且為有效避險工具外之衍生性金融資產。

公平價值變動列入損益之金融資產應按公平價值衡量。股票及存託憑證於證券交易所上市或於財團法人中華民國證券櫃檯買賣中心(以下簡稱櫃買中心)櫃檯買賣之公平價值係指資產負債表日之收盤價。開放型基金之公平價值係指資產負債表日該基金淨資產價值。

本準則所稱櫃買中心櫃檯買賣之股票不含依櫃買中心證券商營業處所買賣興櫃股票審查準則第五條規定核准在證券商營業處所買賣之公開發行公司股票(以下簡稱興櫃股票)。

公平價值變動列入損益之金融資產應依流動性區分為流動與非流動，非流動者應改列基金及投資項下之公平價值變動列入損益之金融資產－非流動。

(三)備供出售金融資產－流動：係非衍生性金融資產且符合下列條件之一者：

1. 被指定為備供出售者。
2. 非屬下列金融資產者：
   (1)公平價值變動列入損益之金融資產。
   (2)持有至到期日金融資產。
   (3)以成本衡量之金融資產。
   (4)無活絡市場之債券投資。
   (5)應收款。

備供出售金融資產應依其流動性區分為流動與非流動，非流動者應改列基金及投資項下之備供出售金融資產－非流動。

備供出售金融資產應按公平價值衡量。股票及存託憑證於證券交易所上市或於櫃買中心櫃檯買賣之公平價值係指資產負債表日之收盤價。開放型基金之公平價值係指資產負債表日該基金淨資產價值。

㈣避險之衍生性金融資產－流動：係依避險會計指定且為有效避險工具之衍生性金融資產，應以公平價值衡量，並應依流動性區分為流動與非流動，非流動者應改列基金及投資項下之避險之衍生性金融資產－非流動。

㈤以成本衡量之金融資產－流動：係持有下列股票且未具重大影響力或與該等股票連動且以該等股票交割之衍生性商品：

1. 未於證券交易所上市或未於櫃買中心櫃檯買賣之股票。
2. 興櫃股票。

以成本衡量之金融資產應依流動性區分為流動與非流動，非流動者應改列基金及投資項下之以成本衡量之金融資產－非流動。

㈥無活絡市場之債券投資－流動：係無活絡市場之公開報價，且具固定或可決定收取金額之債券投資，且同時符合下列條件者：

1. 未指定為以公平價值衡量且公平價值變動認列為損益。
2. 未指定為備供出售。

無活絡市場之債券投資應以攤銷後成本衡量。並依流動性區分為流動與非流動，非流動者應改列基金及投資項下之無活絡市場之債券投資－非流動。

㈦應收票據：係應收之各種票據。

應收票據應按設算利率計算其公平價值。但一年期以內之應收票據，其公平價值與到期值差異不大且其交易量頻繁者，得不以公平價值評價。

應收票據業經貼現或轉讓者，應予扣除並加註明。

因營業而發生之應收票據，應與非因營業而發生之其他應收票據分別列示。

金額重大之應收關係人票據，應單獨列示。

提供擔保之票據，應於附註中說明。

應收票據業已確定無法收回者，應予轉銷。

結算時應評估應收票據無法收現之金額，提列適當之備抵壞帳。

㈧應收帳款：係因出售商品或勞務而發生之債權。

應收帳款應按設算利率計算其公平價值。但一年期以內之應收帳款，其公平價值與到期值差異不大且其交易量頻繁者，得不以公平價值評價。

金額重大之應收關係人帳款，應單獨列示。

應收帳款業已確定無法收回者，應予轉銷。

結算時應評估應收帳款無法收現之金額，提列適當之備抵壞帳。

分期付款銷貨之未實現利息收入，應列為應收帳款之減項。款項收回期間超過一年部分，並應附註說明各年度預期收回之金額。

設定擔保應收帳款應於附註中揭露。

應收帳款包括長期工程合約金額者，應於資產負債表中或財務報表附註列示已開立帳單之應收帳款中屬於工程保留款部分。該保留款之預期收回期間如超過一年者，並應附註說明各年預期收回之金額。

㈨其他應收款：係不屬於應收票據、應收帳款之其他應收款項。

結算時應評估其他應收款無法收回之金額，提列適當之備抵壞帳。

其他應收款中超過流動資產合計金額百分之五者，應按其性質或對象分別列示。

備抵壞帳應分別列為應收票據、應收帳款及其他應收款之減項。各該科目如為更明細之劃分者，備抵壞帳亦比照分別列示。

㈩其他金融資產－流動：係金融資產未於資產負債表單獨列示者，應列為其他金融資產，並依其流動性區分為流動與非流動，非流動者應改列基金及投資項下其他金融資產－非流動。

流動資產項下金融資產金額達流動資產合計金額百分之五者，應於資產負債表上單獨列示。

⑾存貨：係備供正常營業出售之製成品或商品，或正在生產中之在製品，將於加工完成後出售者，或將直接、間接用於生產供出售之商品（或勞務）之材料或物料。

存貨之評價及表達，應依財務會計準則公報第十號規定辦理。

存貨若有瑕疵、損壞或陳廢等，致其價值顯著減低者，應以淨變現價值為評價基礎。

存貨有提供作質、擔保或由債權人監視使用等情事，應予註明。

建設公司委託他人建屋預售，若符合下列所有條件者，得適用完工比例法認列售屋利益：

1. 工程之進行已逾籌劃階段，亦即工程之設計、規劃、承包、整地均已完成，工程之建造可隨時進行。
2. 預售契約總額已達估計工程總成本。
3. 買方支付之價款已達契約總價款百分之十五。

4.應收契約款之收現性可合理估計。

5.履行合約所須投入工程總成本與期末完工程度均可合理估計。

6.歸屬於售屋契約之成本可合理辨認。

建設公司如係購買他人之在建房地，接續投入建造出售者，應採用全部完工法認列售屋利益。

建設公司委託他人興建之在建工程，因承攬人具有法定抵押權，建設公司不得將此工程與預收工程款互相抵銷。

㈩在建工程：係企業承建之長期工程合約在建造期間所發生之工程成本及所認列之損益。

長期工程合約損益之認列及表達，應依財務會計準則公報第十一號規定辦理。

㈫預付款項：係包括預付費用及預付購料款等。

因購置固定資產而依約預付之款項及備供營業使用之未完工程營造款，應列入固定資產項下，不得列為預付款項。

㈬待處分長期股權投資：係預計於資產負債表日後十二個月內出售對子公司之股權投資。

㈭其他流動資產：係不能歸屬於以上各類之流動資產。以上各類流動資產，除現金及其他金融資產—流動外，其金額未超過流動資產合計金額百分之五者，得併入其他流動資產內。

二、基金及投資：係各類特種基金及因經常業務目的而為長期性之投資。基金及投資項下金融資產金額達基金及投資合計金額百分之五者，應於資產負債表上單獨列示。

㈠持有至到期日金融資產—非流動：係具有固定或可決定之收取金額及固定到期日，且公司有積極意圖及能力持有至到期日之非衍生性金融資產。持有至到期日金融資產應以攤銷後成本衡量。於一年內到期之持有至到期日投資應改列為流動資產下之持有至到期日投資—流動。

㈡基金：係為特定用途所提存之資產，如償債基金、改良及擴充基金、意外損失準備基金等。

基金提存所根據之議案及辦法，應予註明。

依職工福利金條例所提撥之福利金，應列為費用。

㈢長期投資：係為謀取控制權或其他財產權益，以達其營業目的所為之長期投資，如投資其他企業之股票、投資不動產等。

長期投資應註明評價基礎，並依其性質分別列示。

採權益法之長期股權投資之評價及表達，應依財務會計準則公報第五號規定辦理。

依權益法認列投資損益時，被投資公司編製之財務報表若未符合我國一般公認會計原則，應先按一般公認會計原則調整後，再據以認列投資損益。若被投資公司有下列情形之一者，被投資公司之財務報表應經會計師依照「會計師查核簽證財務報表規則」與一般公認審計準則之規定辦理查核：

1. 實收資本額達新臺幣三千萬元以上。
2. 營業收入達新臺幣五千萬元以上，或達發行人營業收入百分之十以上。

長期投資有提供作質，或受有約束、限制等情事者，應予註明。

三、固定資產：係為供營業上使用，且使用年限在一年以上，非以出售為目的之有形資產。

固定資產中土地、折舊性資產及折耗性資產，應分別列示。固定資產項下資產金額達固定資產合計金額百分之五者，應於資產負債表上單獨列示。

固定資產應按照取得或建造時之成本入帳。但購買預售屋及以現金增資款購置固定資產之利息不得予以資本化。閒置之固定資產，應按其淨公平價值或帳面價值之較低者轉列其他資產。若耐用年限屆滿仍繼續使用者，並應就殘值繼續提列折舊。

承租資產之認列及表達，應依財務會計準則公報第二號規定辦理。

承租之資產若屬營業租賃性質者，在租賃標的物上所為之改良，稱為租賃權益改良，應列於固定資產項下。

固定資產應註明評價基礎，如經過重估者，應列明重估價日期及增減金額，並將取得成本及重估增值分別列示。土地因重估增值所提列之土地增值準備，應列為長期負債。經重估價之固定資產，自重估基準日翌日起，其折舊之計提，均以重估價值為基礎。

除土地外，固定資產應於估計使用或開採年限內，以合理而有系統之方法，按期提列折舊或折耗，並依其性質轉作各期費用或間接製造成本，不得間斷或減列。

固定資產之累計折舊、累計減損或折耗，應列為固定資產之減項。

租賃權益改良應按其估計耐用年限或租賃期間之較短者，以合理而有系統之方法提列折舊，並依其性質轉作各期費用或間接製造成本，不得間斷或減列。

折舊性資產應註明折舊之計算方法。

固定資產有提供保證、抵押或設定典權等情形者，應予註明。

四、無形資產：係無實體存在而有經濟價值之資產，包括專利權、著作權、特許權、商標權及商譽等。無形資產項下資產金額達無形資產合計金額百分之五者，應於資產負債表上單獨列示。

向外購買之無形資產，應按實際成本入帳。

自行發展之無形資產，其屬不能明確辨認者，如商譽，不得入帳；其屬能明確辨認者，如專利權，僅可將申請登記之費用，作為專利權成本。

研究發展支出應於發生時列為費用。但發展期間支出符合下列所有條件者，得予資本化：

㈠該產品或技術（流程）已達技術可行性。

㈡公司意圖完成與使用或出售該產品或技術（流程）。

㈢公司有能力使用或出售該產品或技術（流程）。

㈣該產品或技術（流程）已有明確市場；若該產品或技術（流程）非供出售而係供作內部使用，則應已具可用性。

㈤具充足之技術、財務及其他資源以完成發展計劃並使用或出售該產品或技術（流程）。

㈥於發展期間所投入該產品或技術（流程）之成本可以可靠衡量。

資本化之金額不得超過預計未來可回收淨收益之折現值（即未來預期之收入減除再發生之研究發展費用、生產成本及銷管費用後之折現值）。

購買或開發以供出售、出租、或以其他方式行銷之電腦軟體，在建立技術可行性以前所發生之成本一律作為研究發展費用。自建立技術可行性至完成產品母版所發生之成本均應資本化。自產品母版拷貝軟體、文件、訓練教材等成本均屬存貨成本。

所謂建立技術可行性，係指完成詳細程式設計或操作模型，即為確定產品能按設計之規格生產所必須之各項規劃、設計、編碼及測試工作均已完成時，技術可行性才算建立。資本化之電腦軟體成本應個別攤銷。每年之攤銷比率係以該產品（軟體）本期收益對該產品本期及以後各期總收益之比率，與按該產品之剩餘耐用年限採直線法計算之攤銷率，兩者之較大者為準。

電腦軟體成本應於資產負債表日按「未攤銷成本與可回收金額孰低」評價。

創業期間資產評價及損益認列與表達，應依財務會計準則公報第十九號規定辦理。

無形資產應註明評價基礎。

五、其他資產：係不能歸屬於以上各類之資產，且收回或變現期限在一年或一個營業週期以上者，如存出保證金、長期應收票據及其他什項資產等。

長期應收票據及其他長期應收款項應按設算利率計算其公平價值。

催收款項金額重大者，應單獨列示並註明催收情形及提列備抵呆帳數額。

其他資產金額超過資產總額百分之五，應按其性質分別列示。

發行人取得之土地如以他人名義為所有權登記者，應附註揭露其原因，並註明保全措施。

發行人持有金融資產如供債務作質者，應依所擔保債務之流動性區分分別列為流動及非流動資產。作為存出保證金者，應依其流動性列為流動資產及非流動資產。

第八條　負債應作適當之分類。流動負債與非流動負債應予以劃分。但特殊行業不宜按流動性質劃分者，不在此限。

負債預期於資產負債表日後十二個月內償付之總金額，及超過十二個月後償付之總金額，應分別在財務報表表達或附註揭露。

資產負債表之負債科目分類及其帳項內涵與應加註明事項如下：

一、流動負債：企業因營業而發生之債務，預期將於企業正常營業週期中清償者；主要為交易目的而發生之負債；須於資產負債表日後十二個月內清償之負債；企業不得無條件延期至資產負債表日後逾十二個月清償之負債。

㈠短期借款：係包括向銀行短期借入之款項、透支及其他短期借款。短期借款應依借款種類註明借款性質、保證情形及利率區間，如有提供擔保品者，應註明擔保品名稱及帳面價值。

向金融機構、股東、員工、關係人及其他個人或機構之借入款項，應分別註明。

㈡應付短期票券：係為自貨幣市場獲取資金，而委託金融機構發行之短期票券，包括應付商業本票及銀行承兌匯票等。

應付短期票券應按現值評價，應付短期票券折價應列為應付短期票券之減項。

應付短期票券應註明保證、承兌機構及利率，如有提供擔保品者，應註明擔保品名稱及帳面價值。

㈢公平價值變動列入損益之金融負債—流動：係指具下列條件之一者：

1. 交易目的金融負債。

2. 除依避險會計指定為被避險項目外，原始認列時被指定以公平價值衡量且公平價值變動認列為損益之金融負債。

下列金融商品應分類為交易目的金融負債：

1. 其發生主要目的為短期內再買回。
2. 其屬合併管理之一組可辨認金融商品投資組合之部分，且有證據顯示近期該組實際上為短期獲利之操作模式。
3. 除被指定且為有效避險工具外之衍生性金融負債。

公平價值變動列入損益之金融負債應按公平價值衡量。屬股票及存託憑證於證券交易所上市或於櫃買中心櫃檯買賣者，其公平價值係指資產負債表日之收盤價。並應依流動性區分為流動與非流動，非流動者應改列長期負債項下公平價值變動列入損益之金融負債－非流動。

(四)避險之衍生性金融負債－流動：係依避險會計指定且為有效避險工具之衍生性金融負債，應以公平價值衡量，並應依被避險項目之流動性區分為流動與非流動，非流動者應改列長期負債項下避險之衍生性金融負債－非流動。

(五)以成本衡量之金融負債－流動：係與未於證券交易所上市或未於櫃買中心櫃檯買賣之股票，或與櫃股票連動並以該等股票交割之衍生性商品負債。應依流動性區分為流動與非流動，非流動者應改列長期負債項下以成本衡量之金融負債－非流動。

(六)應付票據：係應付之各種票據。

應付票據應按現值評價。但因營業而發生，且到期日在一年以內者，得按面值評價。

因營業而發生與非因營業而發生之應付票據，應分別列示。

金額重大之應付銀行、關係人票據，應單獨列示。

已提供擔保品之應付票據，應註明擔保品名稱及帳面價值。

存出保證用之票據，於保證之責任終止時可收回註銷者，得不列為流動負債，但應於財務報表附註中說明保證之性質及金額。

(七)應付帳款：係因賒購原物料、商品或勞務所發生之債務。

應付帳款應按現值評價。但到期日在一年以內者，得按帳載金額評價。

因營業而發生之應付帳款，應與非因營業而發生之其他應付款項分別列示。

金額重大之應付關係人款項，應單獨列示。

已提供擔保品之應付帳款，應註明擔保品名稱及帳面價值。

(八)其他應付款：係不屬於應付票據、應付帳款之其他應付款項，如應付稅捐、薪工及股利等。

經股東會決議通過之應付股息紅利，如已確定分派辦法及預定支付日期者，應加以揭露。

每期結算損益時，根據課稅所得計算之預計應納所得稅，應列為流動負債。

其他應付款中超過流動負債合計金額百分之五者，應按其性質或對象分別列示。

㈨其他金融負債一流動：係未於資產負債表單獨列示之金融負債，應列為其他金融負債，並依其流動性區分為流動與非流動，非流動者應改列長期負債項下其他金融負債一非流動。

流動負債項下金融負債金額達流動負債合計金額百分之五者，應於資產負債表上單獨列示。

企業對資產負債表日後十二個月內到期之金融負債若於資產負債表日後，始完成長期性之再融資或展期者，仍應列為流動負債。

㈩預收款項：係預為收納之各種款項，如預收銷售產品或提供勞務之預收定金等。預收款項應按主要類別分列，其有特別約定事項者並應註明。

㈩㈠其他流動負債：係不能歸屬於以上各類之流動負債。以上各類流動負債，金額未超過流動負債合計金額百分之五者，得併入其他流動負債內。

二、長期負債：係到期日在資產負債表日後十二個月以上之負債，包括應付公司債、長期借款、長期應付票據及長期應付款等。長期負債項下金融負債金額達長期負債合計金額百分之五者，應於資產負債表上單獨列示。

㈠應付公司債（含海外公司債）：係發行人發行之債券。

發行債券須於附註內註明核定總額、利率、到期日、擔保品名稱、帳面價值、發行地區及其他有關約定限制條款等。如所發行之債券為轉換公司債者，並應註明轉換辦法及已轉換金額。

應付公司債之溢價、折價為應付公司債之評價科目，應列為應付公司債之加項或減項，並按合理而有系統之方法，於債券流通期間內加以攤銷，作為利息費用之調整項目。

㈡長期借款：係包括長期銀行借款及其他長期借款或分期償付之借款等。長期借款應註明其內容、到期日、利率、擔保品名稱、帳面價值及其他約定重要限制條款。

長期借款以外幣或按外幣兌換率折算償還者，應註明外幣名稱及金額。

向股東、員工及關係人借入之長期款項，應分別註明。

長期應付票據及其他長期應付款項應按現值評價。

㈢特別股負債一非流動：係發行符合財務會計準則第三十六號公報規定具金融

負債性質之特別股。

特別股負債應依流動性區分為流動與非流動，流動者應改列特別股負債一流動。

三、其他負債：係不能歸屬於以上各類之負債，如存入保證金及其他什項負債等。其他負債金額超過負債總額百分之五者，應按其性質分別列示。

金融負債於資產負債表日後十二個月內到期者，如原始借款合約期間超過十二個月，且企業意圖長期性再融資及在資產負債表日前已完成長期性之再融資或展期，或基於目前之融資合約有裁決能力將金融資產再融資或展期至資產負債表日後逾十二個月，應列為非流動負債，並應於財務報表附註揭露其金額及事實。

金融負債如違反借款合約特定條件，致依約須即期予以清償，該負債應列為流動負債。但如於資產負債表日前經債權人同意不予追究，並展期至資產負債表日後逾十二個月，且於展期期間企業有能力改正違約情況，債權人亦不得要求立即清償資產者，則列為非流動負債。

第九條　資產負債表之股東權益科目分類及其帳項內涵與應加註明事項如下：

一、股本：係股東對發行人所投入之資本，並向公司登記主管機關申請登記者。但不包括符合負債性質之特別股。

股本之種類、每股面額、額定股數、已發行股數及特別條件等，均應註明。

發行可轉換特別股及海外存託憑證者，應揭露發行地區、發行及轉換辦法、已轉換金額及特別條件。

庫藏股票應按成本法處理，列為股東權益減項，並註明股數。

二、資本公積：係指發行人發行金融商品之權益組成要素及發行人與股東間之股本交易所產生之溢價，通常包括超過票面金額發行股票溢價、受領贈與之所得及其他依一般公認會計原則所產生者等。資本公積應按其性質分別列示，其用途受限制者，應附註揭露受限制情形。

三、保留盈餘（或累積虧損）：係由營業結果所產生之權益，包括法定盈餘公積、特別盈餘公積及未分配盈餘（或待彌補虧損）等。

㈠法定盈餘公積：係依公司法之規定應提撥定額之公積。

㈡特別盈餘公積：係因有關法令、契約、章程之規定或股東會決議由盈餘提撥之公積。

㈢未分配盈餘（或待彌補虧損）：係尚未分配亦未經指撥之盈餘（未經彌補之虧損為待彌補虧損）。

㈣盈餘分配或虧損彌補，應俟股東大會決議後方可列帳，但有盈餘分配或虧損彌補之議案者，應在當期財務報表附註中註明。

四、股東權益其他項目：係指造成股東權益增加或減少之其他項目，通常包括未實現重估增值、金融商品未實現損益、未認列為退休金成本之淨損失、換算調整數及庫藏股票等。

第二節　損益表

第十條　損益表之科目結構及其帳項內涵與應加註明事項如下：

一、營業收入：係本期內因經常營業活動而銷售商品或提供勞務等所獲得之收入，包括銷貨收入、勞務收入等。營業收入之認列應依財務會計準則公報第三十二號規定辦理。

銷售商品、加工收入、修造收入及勞務收入等，應分別註明。

銷貨退回及折讓，應列為銷貨收入之減項。

二、營業成本：係本期內因經常營業活動而銷售商品或提供勞務等所應負擔之成本，包括銷貨成本、勞務成本等。

進貨退回及折讓，應自進貨成本減除。

三、營業費用：係本期內因銷售商品或提供勞務所應負擔之費用，包括研究發展支出、推銷費用、管理及總務費用。但營業成本及營業費用不能分別列示者，得合併為營業費用。

四、營業外收入及利益、費用及損失：係本期內非因經常營業活動所發生之收入及費用，包括利息收入、利息費用、負債性特別股股息、金融資產評價損益、金融負債評價損益、採用權益法認列之投資損益、兌換損益、處分固定資產損益、處分投資損益、減損損失及減損迴轉利益等。利息收入及利息費用應分別列示；金融資產評價損益、金融負債評價損益、採用權益法認列之投資損益、兌換損益及處分投資損益得以其淨額列示。

五、繼續營業部門損益：係前列四款之淨額，應分別列示稅前損益、所得稅費用（利益）與稅後損益。

六、停業部門損益：係本期內處分或決定處分重要部門所發生之損益，包括當期停業前營業損益及處分損益。處分損益應於決定處分日加以衡量，如有損失應立即認列，如有利益則應俟實現時始得認列。

七、非常損益：係性質特殊且非經常發生之項目。例如因新頒法規禁止營業或外國政府之沒收而發生之損失。

非常損益應單獨列示，不得分年攤提。

八、會計原則變動之累積影響數應單獨列示於非常損益項目之後。

九、本期淨利（或淨損）：係本會計期間之盈餘（或虧損），係前列四款之淨額。

十、每股盈餘之計算及表達，應依財務會計準則公報第二十四號規定辦理。

十一、所得稅分攤及表達方式，應依財務會計準則公報第二十二號規定辦理。

費用及損失除財務會計準則公報另有規定者外，應依功能別表達，但用人、折舊、折耗及攤銷等費用應予以揭露。（格式八）

第三節　股東權益變動表

第十一條　股東權益變動表為表示股東權益組成項目變動情形之報告，應列明股本、資本公積、保留盈餘（或累積虧損）、股東權益其他調整項目之期初餘額；本期增減項目與金額；期末餘額等資料。

保留盈餘部分之內容如下：

一、期初餘額。

二、前期損益調整項目。前期損益項目在計算、記錄與認定上，以及會計原則與方法之採用上發生錯誤，而為更正者。

三、本期淨利或淨損。

四、提列法定盈餘公積特別盈餘公積及分派股利等項目。

五、期末餘額。

前期損益調整、不列入當期損益而直接列於股東權益項下之未實現損益項目（如換算調整數）及資本公積變動等項目所生之所得稅費用（利益）應直接列入各該項目，以淨額列示。

第四節　現金流量表

第十二條　現金流量表係以現金及約當現金流入與流出，彙總說明企業於特定期間之營業、投資及融資活動，其編製應依財務會計準則公報第十七號規定辦理。

第五節　附　註

第十三條　財務報告為期詳盡表達財務狀況、經營結果及現金流量之資訊，對下列事項應加註釋：

一、公司沿革及業務範圍說明。

二、聲明財務報表依照本準則、有關法令（法令名稱）及一般公認會計原則編製。

三、重要會計政策之彙總說明及衡量基礎。

四、會計處理因特殊原因變更而影響前後各期財務資料之比較者，應註明變更之理由與對財務報表之影響。

五、財務報告所列金額，金融商品或其他有註明評價基礎之必要者，應予註明。

六、財務報告所列各科目，如受有法令、契約或其他約束之限制者，應註明其情形與時效及有關事項。

七、資產與負債區分流動與非流動之分類標準。

八、重大之承諾事項及或有負債。

九、資本結構之變動。

十、長短期債款之舉借。

十一、主要資產之添置、擴充、營建、租賃、廢棄、閒置、出售、轉讓或長期出租。

十二、對其他事業之主要投資。

十三、與關係人之重大交易事項。

十四、重大災害損失。

十五、接受他人資助之研究發展計畫及其金額。

十六、重要訴訟案件之進行或終結。

十七、重要契約之簽訂、完成、撤銷或失效。

十八、員工退休金相關資訊。

十九、部門別財務資訊。

二十、大陸投資資訊。

二十一、投資衍生性商品相關資訊。

二十二、私募有價證券者，應揭露其種類、發行時間及金額。

二十三、重要組織之調整及管理制度之重大改革。

二十四、因政府法令變更而發生之重大影響。

二十五、其他為避免使用者之誤解，或有助於財務報告之公正表達所必須說明之事項。

第十四條　財務報告對於資產負債表日至財務報告提出日間所發生之下列期後事項，應加註釋：

一、資本結構之變動。

二、鉅額長短期債款之舉借。

三、主要資產之添置、擴充、營建、租賃、廢棄、閒置、出售、質押、轉讓或長期出租。

四、生產能量之重大變動。

五、產銷政策之重大變動。

六、對其他事業之主要投資。

七、重大災害損失。

八、重要訴訟案件之進行或終結。

九、重要契約之簽訂、完成、撤銷或失效。

十、 重要組織之調整及管理制度之重大改革。

十一、因政府法令變更而發生之重大影響。

十二、其他足以影響今後財務狀況、經營結果及現金流量之重要事故或措施。

第十五條 財務報表附註應揭露本期有關下列事項之相關資訊:

一、重大交易事項相關資訊:

(一)資金貸與他人。

(二)為他人背書保證。

(三)期末持有有價證券情形。

(四)累積買進或賣出同一有價證券之金額達新臺幣一億元或實收資本額百分之二十以上。

(五)取得不動產之金額達新臺幣一億元或實收資本額百分之二十以上。

(六)處分不動產之金額達新臺幣一億元或實收資本額百分之二十以上。

(七)與關係人進、銷貨之金額達新臺幣一億元或實收資本額百分之二十以上。

(八)應收關係人款項達新臺幣一億元或實收資本額百分之二十以上。

(九)從事衍生性商品交易。

發行人如屬金融業、保險業、證券業等,且營業登記之主要營業項目包括資金貸與他人、背書保證及買賣有價證券者,有關資金貸與他人、背書保證及買賣短期投資、營業證券及債券、避險帳戶有價證券等交易資訊之揭露,得免適用第一目至第四目之規定。

二、轉投資事業相關資訊:

(一)對被投資公司直接或間接具有重大影響力或控制力者,應揭露其名稱、所在地區、主要營業項目、原始投資金額、期末持股情形、本期損益及認列之投資損益。

(二)對被投資公司直接或間接具有控制力者,須再揭露被投資公司從事前款第一目至第九目交易之相關資訊。

發行人直接或間接控制之被投資公司,如屬金融業、保險業及證券業者,得比照前款規定辦理。

三、大陸投資資訊:

(一)大陸被投資公司名稱、主要營業項目、實收資本額、投資方式、資金匯出入情形、持股比例、投資損益、期末投資帳面價值、已匯回投資損益及赴大陸地區投資限額。

㈡與大陸被投資公司直接或間接經由第三地區所發生下列之重大交易事項，暨其價格、付款條件、未實現損益：

1. 進貨金額及百分比與相關應付款項之期末餘額及百分比。
2. 銷貨金額及百分比與相關應收款項之期末餘額及百分比。
3. 財產交易金額及其所產生之損益數額。
4. 票據背書保證或提供擔保品之期末餘額及其目的。
5. 資金融通之最高餘額、期末餘額、利率區間及當期利息總額。
6. 其他對當期損益或財務狀況有重大影響之交易事項，如勞務之提供或收受等。

前述第一款至第六款交易之金額或餘額達發行人各該項交易金額總額或餘額百分之十以上者應單獨列示，其餘得加總後彙列之。

㈢發行人對大陸被投資公司採權益法認列投資損益或編製合併報表時，應依據被投資公司經與我國會計師事務所有合作關係之國際性事務所查核簽證之財務報告認列或編製。但編製期中合併財務報表時，得依據被投資公司經與我國會計師事務所有合作關係之國際性事務所核閱之財務報告認列或編製。

第十六條　發行人應依財務會計準則公報第六號規定，充分揭露關係人交易資訊，於判斷交易對象是否為關係人時，除注意其法律形式外，亦須考慮其實質關係。具有下列情形之一者，除能證明不具控制能力或重大影響力者外，應視為實質關係人，須依照財務會計準則公報第六號規定，於財務報表附註揭露有關資訊：

一、公司法第六章之一所稱之關係企業及其董事、監察人與經理人。

二、與發行人受同一總管理處管轄之公司或機構及其董事、監察人與經理人。

三、總管理處經理以上之人員。

四、發行人對外發布或刊印之資料中，列為關係企業之公司或機構。

第六節　財務報表及重要會計科目明細表名稱

第十七條　財務報表及重要會計科目明細表之名稱如下：（格式附後）

一、資產負債表。（格式一）

二、資產、負債及股東權益科目明細表：

㈠現金及約當現金明細表。（格式二之一）

㈡公平價值變動列入損益之金融資產－流動明細表。（格式二之二）

㈢備供出售金融資產—流動明細表。（格式二之三）
㈣避險之衍生性金融資產—流動明細表。（格式二之四）
㈤以成本衡量之金融資產—流動明細表。（格式二之五）
㈥無活絡市場之債券投資—流動明細表。（格式二之六）
㈦應收票據明細表。（格式二之七）
㈧應收帳款明細表。（格式二之八）
㈨其他應收款明細表。（格式二之九）
㈩存貨明細表。（格式二之十）
⑪在建工程明細表。（格式二之十一）
⑫預付款項明細表。（格式二之十二）
⑬待處分長期股權投資明細表。（格式二之十三）
⑭其他流動資產明細表。（格式二之十四）
⑮公平價值變動列入損益之金融資產—非流動變動明細表。（格式二之十五）
⑯備供出售金融資產—非流動變動明細表。（格式二之十六）
⑰持有至到期日金融資產變動明細表。（格式二之十七）
⑱避險之衍生性金融資產—非流動變動明細表。（格式二之十八）
⑲以成本衡量之金融資產—非流動變動明細表。（格式二之十九）
⑳無活絡市場之債券投資—非流動變動明細表。（格式二之二十）
㉑基金變動明細表。（格式二之二十一）
㉒採權益法之長期股權投資變動明細表。（格式二之二十二）
㉓採權益法之長期股權投資累計減損變動明細表。（格式二之二十三）
㉔其他長期投資變動明細表。（格式二之二十四）
㉕固定資產變動明細表。（格式二之二十五）
㉖固定資產累計折舊變動明細表。（格式二之二十六）
㉗固定資產累計減損變動明細表。（格式二之二十七）
㉘無形資產變動明細表。（格式二之二十八）
㉙其他資產明細表。（格式二之二十九）
㉚短期借款明細表。（格式三之一）
㉛應付短期票券明細表。（格式三之二）
㉜公平價值變動列入損益之金融負債明細表。（格式三之三）
㉝避險之衍生性金融負債—流動明細表。（格式三之四）
㉞以成本衡量之金融負債—流動明細表。（格式三之五）

㈤應付票據明細表。(格式三之六)

㈥應付帳款明細表。(格式三之七)

㈦預收款項明細表。(格式三之八)

㈧預收工程款明細表。(格式三之九)

㈨其他應付款明細表。(格式三之十)

㈩其他流動負債明細表。(格式三之十一)

㈪應付公司債明細表。(格式三之十二)

㈫長期借款明細表。(格式三之十三)

㈬特別股負債明細表。(格式三之十四)

㈭其他負債明細表。(格式三之十五)

三、損益表。(格式四)

四、損益科目明細表:

㈠營業收入明細表。(格式五之一)

㈡營業成本明細表。(格式五之二)

㈢推銷費用明細表。(格式五之三)

㈣管理及總務費用明細表。(格式五之四)

㈤營業外收入及利益、費用及損失明細表。(格式五之五)

五、股東權益變動表。(格式六)

六、現金流量表。(格式七)

前項第二款所列資產、負債及股東權益科目明細表，公司得依重大性原則決定是否須單獨列示。

第三章　期中報告及特殊行業之財務報告

第十八條　發行人編製期中財務報告，應依第二章及財務會計準則公報第二十三號之規定辦理。

編製季報時，得免編製股東權益變動表及重要會計科目明細表。除本會另有規定者外，並得免編製第一季及第三季合併財務報表。

第十九條　特殊行業之會計科目與財務報告之編排，得從其目的事業主管機關之規定，其未規定而性質上無法適用本準則者，報經本會核准後得依行業特性為之，但資產負債之評價及損益之取決，仍應依本準則及一般公認會計原則之規定辦理。

第四章　合併財務報表及關係企業財務報表

第二十條　發行人編製合併財務報表應依財務會計準則公報第七號規定辦理。

合併財務報表附註除應將母公司及子公司之附註納入外，並應揭露下列事項:

一、母公司與子公司及各子公司間之業務關係及重要交易往來情形及金額。(格式九)

二、子公司持有母公司股份者，應分別列明子公司名稱、持有股數、金額及原因。

第二章及第三章之規定，於編製合併財務報表準用之，除本會另有規定者外，得免編製重要會計科目明細表。

第二十一條　發行人除經本會核准者外，應編製關係企業合併財務報表。

第二十二條　關係企業合併財務報表之編製及表達，應依本會所訂「關係企業合併營業報告書關係企業合併財務報表及關係報告書編製準則」規定辦理。

第五章　附　則

第二十三條　發行人依本法第三十六條規定申報之財務報告及相關附件，應分別裝訂成冊且於財務報告封面右上角刊印普通股股票代碼，並製作申報書，相關書件除申報本會外，應同時抄送財團法人中華民國證券暨期貨市場發展基金會，供公眾閱覽，股票已於證券交易所上市者，並應抄送臺灣證券交易所股份有限公司及中華民國證券商業同業公會；於證券商營業處所買賣者，並應抄送櫃買中心及中華民國證券商業同業公會。

發行人依第六條規定申報之書件，亦應依前項規定抄送相關單位。

第二十四條　本準則自中華民國九十五年一月一日施行。

「證券發行人財務報告編製準則」內規定財務報表格式

1.附表七格式——現金流量表：

現金流量表

中華民國　　年及　　年　月　日至　月　日

單位：新臺幣千元

項　目	本　期		上　期	
	小計	合計	小計	合計
營業活動之現金流量：				
本期淨利（淨損）				
調整項目：				
壞帳費用				
折舊費用				
專利權攤銷				
依權益法認列投資收入超過當年度現金股利收現部分				
出售資產利益（損失）				
應收票據增加（減少）				
應收帳款增加（減少）				

存貨增加（減少）				
預付費用增加（減少）				
應付帳款增加（減少）				
應付費用增加（減少）				
應付利息增加（減少）				
應付所得稅增加（減少）				
遞延所得稅負債增加（減少）				
營業活動之淨現金流入（流出）				
投資活動之現金流量：				
出售設備				
購買土地及房屋				
投資活動之淨現金流入（流出）				
理財活動之現金流量：				
發放現金股利				
購買庫藏股票				
現金增資				
理財活動之淨現金流入（流出）				
匯率影響數：				
本期現金及約當現金增加（減少）數				
期初現金及約當現金餘額				
期末現金及約當現金餘額				
現金流量資訊之補充揭露：				
本期支付利息（不含資本化利息）				
本期支付所得稅				
不影響現金流量之投資及理財活動：				
一年內到期之長期負債				
可轉換公司債轉換成股本				
僅有部分現金收付之投資及理財活動：				
土　地				
房　屋				
合　計				
減：長期應付票據				
支付現金				

負責人：　　　　　　　　經理人：　　　　　　　　主辦會計：

（本例示係採間接法報導營業活動之現金流量，如採直接法報導時，參閱財務會計準則公報第十七號之格式。）

2.附表六格式——股東權益變動表：

股東權益變動表

中華民國　　年　月　日至　月　日

單位：新臺幣千元

項　目	股本	資本公積	保留盈餘			庫藏股票	權益調整		合計
			法定盈餘公積	特別盈餘公積	未分配盈餘		金融商品未實現損益	累積換算調整數	
民國×年1月1日餘額									
前期損益調整									
民國×年1月1日調整後餘額									
×年度盈餘指撥及分配									
法定盈餘公積									
特別盈餘公積									
現金股利									
股票股利									
董監酬勞									
員工紅利									
其他資本公積變動									
因合併而產生者									
因受領贈與產生者									
⋮									
×年度淨利（淨損）									
現金增資									
資本公積轉增資									
備供出售金融資產未實現損益之變動									
現金流量避險未實現損益之變動									
其他									
國外營運機構淨投資避險之變動（註）									
外幣財務報表換算所產生兌換差額之變動（註）									
購入及處分庫藏股票									
民國×年12月31日餘額									
⋮									
（次年度同上）									
⋮									

負責人：　　　　經理人：　　　　主辦會計：

註：列為累積換算調整數之變動項目。

上述財務報告編製準則，適用於一般證券發行人（上市公司），但行政院於民國93年7月成立行政院金融監督管理委員會以後，又增訂了①公司制證券交易所財務報告編製準則，②公司制期貨交易所財務報告編製準則，③公開發行票券金融公司財務報告編製準則，④公開發行銀行財務報告編製準則，⑤公開發行票券金融公司財務報告編製準則等五項準則，此五項準則，請參閱證券暨期貨法令判解查詢系統（http://www.selaw.com.tw/new.asp）。

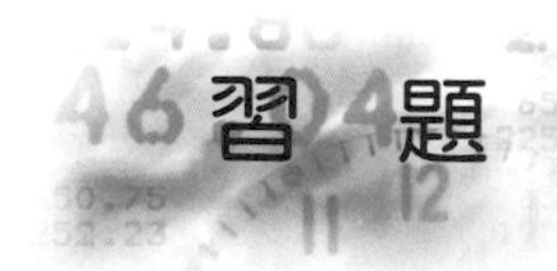

習題

一、問答題

1. 財務報表的種類主要有那幾種？
2. 資產負債表和損益表的格式有那些？通常採用那種格式？
3. 負債通常分為那三大類？試說明之。
4. 試略述資產的定義。
5. 負債的定義為何？試略述之。
6. 何謂業主權益？試略述之。
7. 何謂流動資產？通常包括那些會計科目？
8. 何謂收益 (Revenue)？試略述之。
9. 何謂費用 (Expense)？試略述之。
10. 何謂利得 (Gain)？試略述之。
11. 何謂損失 (Loss)？試略述之。
12. 基金與現金有何不同？試略述之。
13. 資本公積、法定盈餘公積、特別盈餘公積三者有何不同？試略述之。

二、選擇題

(　) 1. 預計將在一年或一個營業循環期間內到期之公司債及長期借款應列入資產負債表中之 (A)長期負債 (B)短期負債 (C)固定負債 (D)股東權益 項內。

(　) 2. 資產重估增值應列入 (A)法定盈餘公積 (B)特別盈餘 (C)累積盈餘 (D)資本公積。

(　) 3. 無形資產 (A)沒有實體 (B)必須提列折耗 (C)不含商譽 (D)以上皆非。

(　) 4. 若一公司出售營運資產所得的價款等於帳面價值，則該公司應記錄 (A)利得 (B)損失 (C)沒有任何利得或損失 (D)無法由上述資料中得知。

(　) 5. 表示企業在某一特定日的財務狀況者，為 (A)損益表 (B)股東權益變動表 (C)現金流量表 (D)資產負債表。

(　) 6. 表示企業在某一特定期間之營業情形及經營成果者，為 (A)損益表 (B)股東權益變動表 (C)現金流量表 (D)資產負債表。

(　) 7. 前期損益調整應列在 (A)損益表 (B)股東權益變動表 (C)現金流量表 (D)資產

負債表　中。

(　) 8.(A)外幣兌換損益　(B)重大災害損失　(C)罷工損失　(D)處分企業某一部門之損益以上那一種損失或損益為非常損益?

(　) 9.償債基金在資產負債表上應列為　(A)投資與基金　(B)長期負債　(C)流動負債　(D)業主權益。

(　) 10.若公司債是以折價出售，則資產負債表上每年的長期負債有何變化?　(A)沒有改變　(B)逐年增加　(C)逐年減少　(D)視市場利率的變動走向而定。

(　) 11.現金流量表的「現金」是指　(A)銀行存款　(B)庫存現金及銀行存款　(C)庫存現金、銀行存款及約當現金　(D)庫存現金、銀行存款、約當現金及短期有價證券。

(　) 12.可贖回 (Callable) 公司債　(A)可由債券持有人於到期前要求清償　(B)可由債券持有人轉換為普通股　(C)提前清償的權利在於債券的發行人　(D)以上皆是。

(　) 13.應付公司債在資產負債表上通常是列在　(A)長期負債　(B)流動負債　(C)投資與基金　(D)其他資產。

(　) 14.發行公司債的公司在攤銷公司債溢價時，有何影響?　(A)增加利息費用　(B)減少利息費用　(C)對利息費用沒有影響　(D)以上皆非。

(　) 15.資產增值準備是屬於　(A)資產附加科目　(B)資產抵銷科目　(C)股東權益科目　(D)以上皆非。

(　) 16.建設公司以現金購入供建屋使用之土地，應列　(A)存貨　(B)長期股權投資　(C)固定資產　(D)其他資產。

(　) 17.同上題，其流動比率　(A)不變　(B)減少　(C)增加　(D)不一定。

(　) 18.建設公司購入自用辦公大樓一棟，其土地應列為　(A)存貨　(B)長期股權投資　(C)固定資產　(D)其他資產。

(　) 19.林肯建設對林肯大郡受災戶的損失賠償為　(A)預付費用　(B)營業費用　(C)銷貨成本　(D)非常損失。

(　) 20.何者不是非常損益項目應具備之條件?　(A)性質特殊　(B)不常發生　(C)管理當局意願　(D)以上皆非。

(　) 21.何者不屬於資本公積?　(A)股本溢價　(B)資產重估增值　(C)股利收入　(D)接受捐贈。

(　) 22.何者不是會計原則變動?　(A)存貨評價方法變更　(B)折舊方法變更　(C)折耗方法變更　(D)增加備抵呆帳比率。

（選擇題資料：參考歷屆證券商業務員考試試題）

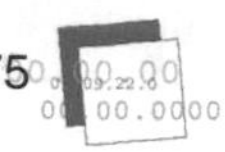

三、綜合題

1. 設下列為永成公司民國 X5 年 12 月 31 日結帳時各帳戶餘額，試根據此項餘額，選擇有關帳戶編製該公司多階式損益表。

進貨	$129,310	進貨退出	$ 3,605
銷貨	190,140	壞帳損失	2,587
保險費	300	文具用品	4,900
備抵壞帳	5,890	存貨 (12/31)	45,000
銷貨退回	2,450	租金收入	6,375
銷貨折讓	3,770	修理費	1,745
職工薪金	19,800	應收利息	200
進貨折讓	2,140	存貨 (1/1)	44,400
利息收入	810	銷貨運費	1,455
房屋折舊	2,500	郵電費	960
資本主往來	1,500	應付房租	1,800

2. 下列各帳戶，屬於那一類（注意其性質）帳戶？試列述之。

①商品盤存	②用品盤存	③商品盤盈
④商品盤損	⑤備抵壞帳	⑥累計房屋折舊
⑦進貨退出	⑧銷貨折讓	⑨開辦費
⑩存出保證金	⑪預收貨款	⑫銀行透支
⑬未發股本	⑭捐贈盈餘	⑮特別公積
⑯非常損失準備	⑰累積虧損	⑱壞帳損失
⑲各項攤銷	⑳非常損失	

3. 永祥公司民國 X5 年 12 月 31 日結帳後之相關科目資料如下：

應付帳款	$ 20,000
法定公積	100,000
償債基金	280,000
預付保險費	80,000
預收租金收入	10,000
應收票據	25,000
累計辦公設備折舊	100,000
長期股權投資	220,000
持有至到期日債券投資	100,000
現金	100,000

公司債折價	5,000
應收帳款	200,000
土地	600,000
辦公設備	300,000
存貨	225,000
特別股股本	200,000
應付公司債	900,000
保留盈餘	175,000
專利權	70,000
普通股股本	800,000
存出保證金	10,000
普通股溢價	400,000

試求：編製該公司詳細分類之資產負債表。

4. 永利公司成立於民國 X4 年 1 月 1 日，該公司之會計人員因經驗不足，其所編製的民國 X5 年度之損益表如下：

銷貨淨額		$250,000
銷貨成本		
進貨	$150,000	
期末存貨	60,000	210,000
毛利		$ 40,000
營業費用		20,000
稅前純益		$ 20,000
所得稅		(5,000)
本期純益		$ 15,000

補充資料：

(1)民國 X4 年期末存貨 $100,000。

(2)所得稅稅率 25%。

試求：編製該公司民國 X5 年度正確的損益表。

5. 永華公司民國 X5 年的資料如下：

(1)稅前營業淨利 $1,000,000，所得稅稅率 25%。

(2)流通在外股票 250,000 股，依流通在外股票宣告股利 $50,000。

(3)公司火災損失 $50,000（稅前），此項損失性質特殊且不常發生。

(4)該公司 X5 年以 $25,000（稅前）了結一訟案，此款迄未列帳。

⑸ X5 年出售一部分長期證券，獲得稅前利益 $75,000。

⑹公司對於存貨計價方法，由平均法改為先進先出法，此項會計變更使當年度稅前淨利增加 $75,000。

⑺ X5 年間，出售一營業部門發生稅前損失 $225,000，另出售報廢資產之稅前損失 $150,000。

試求：編製該公司符合一般公認會計原則之損益表。

6. 設下列為永安公司民國 X5 年 12 月 31 日資產負債表各帳戶餘額如下：

帳　戶	餘　額
預付費用	$ 16,920
土地	114,680
應付票據（3 年期）	56,400
應收票據（2 年期）	145,700
應收帳款	109,040
存貨 (12/31)	68,620
累計房屋折舊	197,400
專利權	43,240
設備	269,780
公司債溢價	13,160
應付帳款	83,660
股本溢價	161,680
備抵壞帳	15,040
應付公司債（5 年期）	216,200
房屋	548,960
償債基金	47,000
客戶長期預付款	22,560
現金	28,200
累計設備折舊	91,180
累積盈餘	191,760
特別股（面值 $10）	174,840
應付薪資	13,160
普通股（面值 $10）	119,380
應付所得稅	35,720

試求：編製該公司民國 X5 年底之資產負債表。

7. 設下列為永泰公司民國 X5 年 12 月 31 日各帳戶餘額：

土地	$ 350,000
應收帳款	630,000
應付帳款	770,000
存貨 (12/31)	1,214,500
應付所得稅	574,000
應付薪資	91,000
應付票據（2 年期）	595,000
短期有價證券投資	525,000
現金	490,000
預付保險費	84,000
建築物	3,500,000
應付公司債折價	105,000
股權投資—立達公司	1,015,000
庫藏股票（成本）	171,500
應付公司債（5 年期）	1,155,000
備抵壞帳	49,000
特別股溢價	98,000
普通股（面值 $10）	875,000
累計建築物折舊	1,400,000
特別股（面值 $10）	420,000
普通股溢價	511,000
保留盈餘	1,319,500
退休金準備	227,500

根據上列資料，編製該公司民國 X5 年 12 月 31 日資產負債表。

8. 設永昌公司民國 X5 年 12 月 31 日之資產負債表如下：

永昌公司
資產負債表
民國 X5 年 12 月 31 日

流動資產		流動負債	
存貨 (12/31)	$ 225,000	應付帳款	$ 202,500
應收帳款	217,500	備抵壞帳	30,000
應收票據	435,000	應付薪金	37,500
現金	56,250	應付稅捐	93,750
庫藏股票（成本）	123,750	長期負債	
固定資產		公司債（3 年期）	412,500
土地	228,750	預收租金（3 個月）	33,750

用品盤存	22,500	股東權益	
房屋及設備	1,110,000	保留盈餘	682,500
無形資產		累計房屋及設備折舊	345,000
專利權	138,750	股本溢價	352,500
預付保險費（6 個月）	45,000	普通股（面值 $10）	450,000
公司債折價	37,500		
資產總額	$2,640,000	負債及股東權益總額	$2,640,000

上表中分類有若干錯誤，試將永昌公司資料，重編一正確的資產負債表。

9. 下列為永生公司民國 X5 年度有關帳戶資料：

銷貨收入	$300,000
利息費用	3,000
研究發展成本	25,000
出售固定資產利益	40,000
銷貨成本	220,000
所得稅	17,400
利息收入	5,000
清償債務利益（稅後）	5,400
銷管費用	10,000

試求：(1)編製單階式損益表。

(2)編製多階式損益表。

(3)那一種格式較好？試說明之。

10. 永興公司 X5 年 12 月 31 日資產負債表之相關資料如下：

流動資產	$ 450,000
其他資產	810,000
流動負債	110,000
其他負債	100,000
股本（含保留盈餘）	1,050,000

經分析後，得知下列資料：

(1)流動資產：

現金	$100,000
應收票據	120,000
應收帳款	80,000
存貨	150,000
	$450,000

⑵其他資產：

設備（成本 $1,000,000）	$800,000
預付明年 1 月交貨之定金	5,000
自行發展商譽	5,000
	$810,000

⑶流動負債：

應付薪資	$ 12,000
應付所得稅	78,000
應付帳款	20,000
	$110,000

⑷其他負債：

（購買設備貸款，每年償還 $20,000 到民國 X9 年底）	$100,000

⑸股本：

普通股（30,000 股，每股面額 $10，市價 $20）	$ 600,000
保留盈餘	450,000
	$1,050,000

試求：編製該公司適當分類之報告式資產負債表。

11. 設高會計師為永興股份有限公司簽證民國 82 年度所得稅時，發現下列各項目有不正確的地方：

	80 年度	81 年度	82 年度
期末純益	$920,000	$1,380,000	$2,760,000
82 年度結帳後發現錯誤：			
⑴期末存貨少計（低估）		345,000	

⑵備抵壞帳多列			103,500
⑶預付房租誤作房租費用	115,000		
⑷器具設備折舊少提		57,500	
⑸債券溢價漏列攤銷		23,000	
⑹漏記應收利息			34,500

上述各項錯誤牽涉前後年度損益，試根據上述資料，代高會計師辦理下列事項：

①作 82 年度結帳後應有的更正分錄（不需要者加以說明即可）。

②按年列表計算各年正確的純益。

（83 年會計師檢覈試題）

12.設下列為永利股份有限公司民國 81 年度財務報表：

⑴損益表：

永利股份有限公司
損益表
民國 81 年 1 月 1 日至 12 月 31 日

銷貨	$1,250,000
減：銷貨成本	1,000,000
銷貨毛利	$ 250,000
減：營業費用	75,000
營業純益	$ 175,000
減：非營業費用	15,000
本期純益	$ 160,000

⑵資產負債表：

永利股份有限公司
資產負債表
民國 81 年 12 月 31 日

資　　產		負債與股東權益	
銀行存款	$ 190,000	應付帳款	$ 130,000
應收票據	130,000	應付票據	100,000
應收帳款（淨額）	150,000	抵押借款	175,000
存貨 (12/31)	200,000	股本（每股 $10）	500,000
土地	160,000	資本公積	30,000
房屋（淨額）	240,000	本期純益	160,000
其他資產	25,000		
合　計	$1,095,000	合　計	$1,095,000

該公司委任李會計師簽證81年度財務報表，經會計師審查有關憑證及帳簿後，計發現下列各點錯誤：

⑴交運代銷商商品成本 $120,000，已計入期末存貨內，但其中有成本 $45,000 的商品，業已於年底出售，貨款並已收到。

⑵銷售國外商品一筆，成本為 $105,000，已於 12 月 23 日運出，此項商品，係 C.I.F. (Cost, Insurance, and Freight) 付款條件在途運輸的銷貨，商品所有權尚未轉移，但會計部門已記借應收帳款貸銷貨 $140,000。

⑶年度終了前，曾有銷貨一筆，售價 $60,000，成本為 $44,400 正在準備運送中，年終盤點存貨時，已計入期末存貨內，會計部門未入帳。

⑷年度終了前向國外訂購商品一批，成本為 $144,000，此項商品，係 F.O.B. (Free on Board) 付款條件在途運輸的進貨，對方已於 12 月 20 日運出，會計部門未曾入帳。

試根據上述資料，代李會計師作：

①必要的調整分錄。

②重編調整後的財務報表。

(83 年會計師檢覈試題)

第四章
財務報表分析的方法

客戶訂單收入與成本分析表

客戶訂單收入與成本分析表

業務員：
客戶P/O：

□ 含三個月以上客戶訂單

客戶訂單號碼	CO20020509020	訂購單位編號	000
客戶編號	0990	訂購單位名稱	板橋分公司
客戶名稱	怡心電信	產品品名	三民帳號密碼卡
產品編號	0012-990-002-211	產品數量	30000
產品單位	張	總金額	360000
單價	12		

收入資訊

原出貨發票資料

出貨單號碼	出貨日期	交貨數量	銷售金額	銷項稅額	銷貨發票金額	
PI20020509019	2002/05/25	20000	240000	12000	252000	GH55
PI20020509020	2002/05/27	10000	120000	6000	126000	GH6
		0	0	0	0	

新出貨發票資料

出貨單號碼	出貨日期	交貨數量	銷售金額	銷項稅額	銷貨發票金額
		0	0	0	0

退貨（折讓）資料

退貨(折讓)單號碼	退貨(折讓)日期	退貨(折讓)金額	銷項稅額
PR20020509015	2002/05/30	950	48
		0	0

第一節 財務報表分析的步驟

財務報表分析的目的，主要在於評估企業的財務狀況，衡量企業的經營績效，以及觀察企業的發展趨勢，俾以提供決策者擬訂重要決策依據。因此，在財務報表分析時，必須採取下列各步驟：

1.確定報表分析的目的

在未分析報表之前，須先確定分析的目的，例如究竟是要瞭解此一企業的償債能力？還是投資財力？抑或是獲利能力？還是普遍都要瞭解？必須事先確定其分析的目的。

2.搜集有關重要財務資訊

在分析財務報表時，重要的財務資訊，計有下列各種：

(1)主要財務報表：依照我國財務會計準則第一號公報，一般公認會計原則第六十五條規定：財務報表之內容，包括下列各表及附註：①資產負債表，②損益表，③業主（股東）權益變動表，④現金流量表。

我國商業會計法、公司法及證券發行人財務報告編製準則，都是以上述四表為範疇。

(2)以前年度（至少 3 年）比較資產負債表和損益表：以前年度的比較資產負債表和損益表，對當年度財務報表的分析，有很大的實際作用或參考價值。

(3)會計師查帳報告書：會計師查帳報告書，未必是絕對正確，但其在報告書內所表示的意見，有參考價值，會計師一般所表示的意見，計有：

①無保留意見：所謂無保留意見 (Unqualified Opinion)，是指該報表依照一般公認會計原則編製，並合乎前後一致原則；公平表達該企業財務狀況和營業情形；合乎充分表達要求。

②保留意見：所謂保留意見 (Qualified Opinion)，是指未能符合無保留意見時，會計師應以「除外」或「限於」言詞來表示其保留意見。

③相反意見：所謂相反意見 (Adverse Opinion)，是指企業所編製的財務報表，無法公平表達，或具有重大的「除外」狀況時，會計師應表示相反

的意見。

④拒絕意見：所謂拒絕意見 (Disclaimer of Opinion)，是指查帳人員不能獲得充分證據或者無法持有可信賴證據，因而無法作成某種結論時，會計師應拒絕表示意見。

⑷會計政策：我國財務會計準則第十五號公報第一條規定：本公報係訂定企業編製財務報表之重要會計政策之揭露準則。第六條並規定：企業宜於財務報表附註中揭露各項重要交易或事項所採用之會計政策。除揭露重要交易或事項之認列與衡量基礎外，尚宜依其他財務會計準則公報（含解釋）之規定適當揭露。

美國會計原則委員會，亦於 1972 年發表第二十二號公報，說明：「企業個體所採用的會計政策 (Accounting Policies)，對財務報表使用者具有其重要性。財務報表對外發表的目的，在於遵守一般公認的會計原則，用以公正表達一企業的財務狀況、財務狀況變動及經營成果時，有關該企業所採取的各項重要會計政策，必須包括在財務報表內，並成為該項財務報表整體的一部分。」❶

3.著手分析財務報表

依照既定目的，根據搜集的有關資料，一一將有關項目加以分析，以俾提供管理與決策當局，作為參考的資料。

第二節 財務報表分析的方法

財務報表分析的方法，通常用比率分析和比較分析二種，茲分述如下：

一、比率分析

㈠比率分析的意義

比率分析 (Ratio Analysis)，又稱為直線分析 (Vertical Analysis)，是對財務報表中各個項目間的關係和作用加以分析。這種分析，通常採用下列兩種方式：

❶ Disclosure of Accounting Policies, APB Opinion No. 22, par. 8, April 1972.

⑴某一資產帳戶金額與資產總額間關係的分析，或者是某一負債帳戶金額與資產總額間關係的分析，或者是某一負債帳戶金額與負債及資本總額關係的分析。例如商品存貨與資產總額的比率，就是表示這種關係分析的一例，這種關係的分析，通常用百分數來表示，例如永利股份有限公司資產負債表內，存貨占資產總額的 9.9% ($\frac{247,000}{2,494,500} = 0.099$)。這種分析，因為是同一各有關帳戶的金額，對資產總額或負債和資本總額，作成百分數的分析，所以又稱為直線分析。

⑵某一帳戶與他一帳戶，或某類帳戶與他類帳戶關係的分析。例如流動資產與流動負債關係的分析。這種關係的分析，通常是採用比率 (Ratio) 來表示，例如永利股份有限公司資產負債表內，流動資產與流動負債的比率為 2.90 : 1 ($\frac{907,000}{312,000}$)，這是一種比率的分析，它的意義，就是說有 $4.86 的流動資產，可以償還 $1 的流動負債。

㈡比率分析的種類

財務報表分析時，所採用的比率種類很多，但普通一般常用的，計有下列幾種：

1.綜合比率分析 (Component Ratios Analysis)

綜合比率分析，又名共同比率分析，是以財務報表內所列各個項目，對於全部項目所作的百分數來分析。分析時，將資產負債表和損益表的各個項目作成比率加以分析，這也就是上面所述同一金額欄各有關帳戶的金額，對資產總額或負債和業主權益總額，作成百分數的分析。換句話說，就是直線分析。

2.個別比率分析 (Salient Ratios Analysis)

個別比率分析，又名特定比率分析，是以財務報表內所列各項，擇其重要而互有關係的，求出其相互關係的比率來分析，這種比率分析，傳統上分為：

⑴財務狀況分析：財務狀況分析，是以資產負債表中所列的各項目，分別求出其相互關係的比率來分析，因為資產負債表是表示編製日財務狀況的報表，屬於靜止狀態，所以又稱為靜態比率分析 (Static Ratios Analysis)，是用來分析一企業的財務狀況。

(2)營業情形分析：營業情形分析，是以損益表內所列各項目，分別求出其相互關係的比率來分析。因為損益表是表示企業經營期間的成績和效能，屬於活動狀態，所以又稱為動態比率分析 (Dynamic Ratios Analysis)，是用來分析一企業的營業情形。

(3)經營效能分析：經營效能分析，是以資產負債表和損益表內有相關的各項目，作某種極有價值的比率分析。這種相關的比率分析，是用來分析一企業的經營效能，例如測驗收款方法的效率，測驗進貨和銷貨控制的效率，測驗財務活動的效率等。這種比率分析，既不屬於資產負債表比率分析，也不屬於損益表比率分析，所以又稱為補充比率分析或增補比率分析 (Supplementary Ratios Analysis)。

本書為了配合實務上對財務報表分析的需要，將財務報表分析，分成：①財務結構分析，②償債能力分析，③經營效能分析，④獲利能力分析四項比率分析來研討。

二、比較分析

(一)比較分析的意義

比較分析 (Comparative Analysis)，又稱為趨勢分析 (Trend Analysis)，是對企業的資產負債表和損益表，上下年度各個有關項目，作增減變化的比較，以判斷此一企業的演變趨勢。因為分析的方法，完全是採用比較的方式，所以稱為比較分析法。在分析的過程中，是要明瞭此一企業的財務狀況和營業情形，幾年來究竟是有所改善進步，抑或是有所衰落退步，其目的在於澈底觀察其演變趨勢，所以又稱為趨勢分析法。

(二)比較分析的方法

比較分析的方法，是在年終結算後，編製比較財務報表。所謂比較財務報表，就是編製比較資產負債表和比較損益表，將此一企業連續數年的財務狀況和營業情形，作一增減變化的列示，以瞭解其真正發展的趨勢。因為比率分析，只對財務報表作片段的分析，很難得到繼續經營的優劣得失，比較分析就可補救此一缺失。

三、綜合比率分析

(一)綜合比率分析的意義

綜合比率分析，又名共同比率分析，是以財務報表內所列各個項目，對於全部項目所作的百分數來分析。分析時，將資產負債表和損益表的各個項目，分別作成比率加以分析。

綜合比率分析，通常是將兩個以上同性質公司的金額，加以對照分析，藉以瞭解其財務狀況和營業成績的優劣，或者是同一公司上下年度的金額，加以對照分析，藉以比較其財務狀況和營業成績的優劣。

(二)綜合比率分析的方法

綜合比率分析的方法，分**資產負債表綜合比率分析**和**損益表綜合比率分析**，資產負債表的綜合比率分析，分析時，借方是以表內比較重要的項目，對於資產總額作成百分數來分析；貸方則以表內比較重要的項目，對於負債和業主權益總額作成百分數來分析。

至於損益表的綜合比率分析，是以各重要項目對於銷貨淨額的百分數來分析，其所以用銷貨淨額作為損益表內一切百分數的基數，因為企業主要收益來源是靠銷貨；又因為企業的一切成本和費用，都是由銷貨所得的收益來支付。

第三節 財務報表分析的六大骨幹

美國會計學者 Leopold A. Bernstein，在他所著的《財務報表分析》中❷，就報表分析提出六大骨幹 (Six Major Building Block) 的主張，這六大骨幹，和我國實務上對財務報表分析的四大結構，有異曲同工的相同點，我國實務上財務報表分析的四大結構留待以後介紹，茲將 Bernstein 所主張的六大骨幹，列述如下：

❷ Leopold A. Bernstein, *Financial Statement Analysis, Theory, Application & Interpretation*, chapter 23, p. 749, 1989, fourth edition, IR win Homewood Illinois 60430.

1.短期流動性

短期流動性分析 (Analysis of Short-term Liquidity)，是包括：①流動比率分析，②應收帳款週轉率，③存貨週轉率等項目。

2.現金流量

現金流量分析 (Analysis of Cash Flow)，分成兩項主要目的：①分析現金流量表，評估長期現金流量情形（例如長期償債能力）以及確認現金流量的型態。②藉由短期現金流量預測，去補充評估短期流動性所採用的靜態衡量。

3.資本結構和長期償債能力

資本結構和長期償債能力分析 (Analysis of Capital Structure and Long-term Solvency)，是檢討其資本結構所隱含的風險，瞭解負債對權益比率的穩定性。

4.投資報酬率

投資報酬率分析 (Analysis of Investment)，是包括：①總資產報酬率 (Return on Average Total Assets)，②權益報酬率 (Return on Equity)，③長期負債與權益報酬率 (Return on Long-term Liabilities & Equity)，④財務槓桿指數 (Financial Leverage Index)，⑤權益成長率 (Equity Growth Rate)。

5.資產運用效率

資產運用效率分析 (Analysis of Asset Utilization)，是包括：①銷貨對現金（包括約當現金）比率，②銷貨對應收帳款比率，③銷貨對存貨比率，④銷貨對運用資本比率，⑤銷貨對固定資產比率，⑥銷貨對其他資產比率，⑦銷貨對資產總額比率。

6.經營績效

經營績效分析 (Analysis of Operating Performance)，是包括：①銷貨毛利率，②營業純益率。

以上六大骨幹的各種比率分析，在以後比率分析中，將會一一討論。

第四節
我國實務上財務報表分析的架構

我國實務上財務報表分析的架構，在民國 73 年以前，由財政部證券管理委員會與臺灣證券交易所，就股票上市公司的財務報表，作四大結構的分析。自民國74年以後，由臺北市銀行公會聯合徵信中心，就臺灣地區較具規模的企業，編製《中華民國臺灣地區主要行業財務比率》，此項財務比率，也是承襲以前證管會對上市公司財務報表分析的四大結構。茲將該項財務報表分析的四大結構，列述如下：

1.財務結構

財務結構分析，包括：①固定資產與資產總額比率，②淨值（業主權益）與資產總額比率，③固定資產與淨值比率，④固定資產與長期資金（淨值＋長期負債）比率。

2.償債能力

償債能力分析，包括：①流動比率，②速動比率。

3.經營效能

經營效能分析，包括：①營業收入與應收帳款比率，②營業成本與存貨比率，③營業收入與固定資產比率，④營業收入與資產總額比率，⑤營業收入與淨值比率。

4.獲利能力

獲利能力分析，包括：①營業毛利與營業收入比率，②營業利益與營業收入比率，③營業利益－利息費用與營業收入比率，④稅前損益與營業收入比率，⑤稅前損益與淨值比率，⑥稅前損益與資產總額比率。

本書為了配合實務起見，以下分別用：①財務結構分析，②償債能力分析，③經營效能分析，④獲利能力分析四章來介紹比率分析。

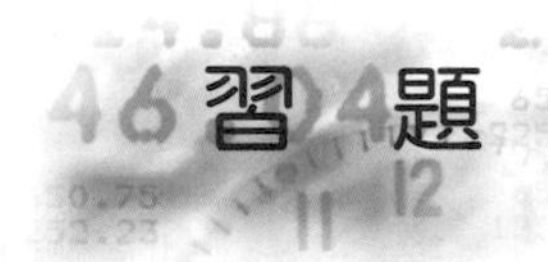

習題

一、問答題

1. 財務報表分析時，應採取那些步驟？試列述之。
2. 分析財務報表之前，必須先確定其分析的目的，通常有那些目的？試列述之。
3. 在分析財務報表時，必須搜集重要的財務資訊，試問，財務資訊包括那些？試列述之。
4. 財務報表分析的方法通常採用那二種？
5. 財務報表分析時，所採用的比率種類很多，但一般常用的有那些？
6. 會計師查帳報告，對財務報表分析，有很重要的參考價值，試問，通常會計師在查帳報告書內，有那些意見加以表示？
7. 何謂無保留意見？試說明其意義。
8. 何謂保留意見？試說明其意義。
9. 何謂相反意見？試說明其意義。
10. 何謂拒絕意見？試說明其意義。
11. 美國財務報表分析的六大骨幹，是指那六大骨幹？試列述之。
12. 我國實務上，財務報表分析的架構如何？試列述之。

二、選擇題

(　) 1. 如壞帳與應收帳款之比較，以觀察壞帳率，係 (A)同一報表相關科目之比較 (B)同一報表相關類別之比較 (C)不同報表相關科目之比較 (D)不同報表科目類別之比較。

(　) 2. 在趨勢分析中，通常用百分數來表示各項目升降的程度，其所應用之百分數有那些基期？ (A)固定基期 (B)變動基期 (C)平均基期 (D)以上皆是。

(　) 3. 如銷貨成本與存貨比較，以視存貨週轉之效率，係 (A)不同報表相關科目之比較 (B)不同報表相關類別之比較 (C)同一報表相關科目之比較 (D)同一報表相關類別之比較。

(　) 4. 如流動資產與流動負債之比較，以定企業之短期償債能力，係 (A)同一報表相關類別之比較 (B)同一報表相關科目之比較 (C)不同報表相關科目之比較 (D)不同報表相關類別之比較。

(　) 5. 利用企業過去一系列的財務狀況與營業情形排列比較，以推敲未來的趨勢，此

屬於 (A)比例分析 (B)同型表分析 (C)趨勢分析。

( ) 6.損益表之同型報表，應以何種項目作為100%？ (A)營業收入總額 (B)營業收入淨額 (C)營業毛利 (D)稅前純益。

( ) 7.凡兩期以上連續多期會計報告之比較，其比較基礎有 (A)二種 (B)三種 (C)四種 (D)只有一種。

( ) 8.將財務報表中同一項目，用百分比來表示其在不同時間所產生的變化稱為 (A)縱的分析 (B)橫的分析 (C)比率分析 (D)比較分析。

( ) 9.比率分析有時候必須與同業平均比率相比較，計算平均比率通常有那些方法？ (A)算術平均法 (B)綜合平均法 (C)中位數法 (D)以上皆是。

( ) 10.比率分析又稱 (A)直線分析 (B)結構分析 (C)趨勢分析 (D)以上皆是。

( ) 11.計算各期有關項目與基期之百分比關係，係屬何種分析？ (A)比較分析 (B)結構分析 (C)趨勢分析 (D)比率分析。

( ) 12.資產負債表之同型報表，應以何項目作為100%？ (A)流動資產總額 (B)資產總額 (C)負債總額 (D)業主權益總額。

( ) 13.並列兩期的絕對金額，直接觀察每一項目之增減者，稱為 (A)比值比較 (B)絕對數字增減金額比較 (C)絕對數字比較 (D)同型比較。

( ) 14.編製共同比損益表時 (A)每個損益表項目以淨利的百分比表示 (B)每個損益表項目以基期金額的百分比表示 (C)每個損益表項目以銷貨淨額的百分比表示 (D)當季損益表項目的金額和以前年度同一季的相對金額比較。

( ) 15.財務報表之結構分析是為 (A)比較財務報表分析 (B)同型表分析 (C)效率分析 (D)趨勢分析。

( ) 16.比率分析最大用途是分析 (A)關聯性 (B)趨勢 (C)差異 (D)原因。

( ) 17.會計師的簽證報告 (A)代表其對客戶財報品質的認可 (B)根據一般公認會計原則簽發 (C)敘述客戶財報是否公允表達 (D)提供經理人員攸關決策之資訊。

（選擇題資料：參考歷屆證券商業務員考試試題）

第五章

財務結構分析

客戶訂單收入與成本分析表

客戶訂單收入與成本分析表

業務員：

客戶P/O：

□含三個月以上客戶訂單

客戶訂單號碼	CO20020509020	訂購單位編號	000
客戶編號	0990	訂購單位名稱	板橋分公司
客戶名稱	怡心電信	產品品名	三民帳號密碼卡
產品編號	0012-990-002-211	產品數量	30000
產品單位	張	總金額	360000
單價	12		

收入資訊

原出貨發票資料

出貨單號碼	出貨日期	交貨數量	銷售金額	銷項稅額	銷貨發票金額	銷[illegible]
PI20020509019	2002/05/25	20000	240000	12000	252000	GH5[illegible]
PI20020509020	2002/05/27	10000	120000	6000	126000	GH6[illegible]
		0	0	0	0	

新出貨發票資料

出貨單號碼	出貨日期	交貨數量	銷售金額	銷項稅額	銷貨發票金額
		0	0	0	

退貨（折讓）資料

退貨(折讓)單號碼	退貨(折讓)日期	退貨(折讓)金額	銷項稅額
PR20020509015	2002/05/30	950	48
		0	0

第一節 財務結構分析的意義

所謂財務結構分析 (Analysis of Financial Structure)，是分析此一企業財務結構的情形。一個企業在年終編製的財務報表，其資產、負債和業主權益，是表示財務狀況良好與否，從其列示的各項目，可以分別尋求其相互間的關係，例如固定資產占資產總額比率的多少，固定資產占業主權益比率的多少，固定資產占長期負債比率的多少，業主權益占資產總額比率的多少，負債占資產總額比率的多少等，這些比率分析的結果，都可以具體的瞭解其良窳現象。

財務結構分析，是屬於資產負債表內個別比率的分析，所以又稱為特定比率分析，分析時，將資產負債表內所列的各項目，選擇其重要而互有特殊關係的，尋求其相互關係的比率來分析，所以，在分析時要分下列四個層次來敘述：①比率的名稱，②分析的目的，③分析的方法，④分析的結論。

許多著作中，祇注意前面三項的敘述，往往忽略分析的結論。其實，分析的結論最為重要，如果分析後不作結論，就等於沒有分析。本書以下的各項比率分析，都循這四個步驟來敘述。

第二節 財務結構分析的項目

財務結構分析，是屬於資產負債表內的特定比率分析，比較重要的項目，計有下列各項比率：

一、固定資產與資產總額比率 (Fixed Assets to Total Assets Ratio)

固定資產與資產總額比率，是表示企業固定資產占資產總額的成數，用來觀

察此一企業在固定資產方面，有沒有呆滯資金的現象，如果固定資產所占的比率高，表示有呆滯資金的情形，有呆滯資金表示經理人員對理財上有不妥善的地方。相反的，如果固定資產所占的比率低，則表示沒有呆滯資金，沒有呆滯資金，就表示理財方面，有了適當的良好措施。此一比率，對買賣業來說，不宜過高，對於製造業來說，即使偏高，也無所謂，因為製造業的設備要多於買賣業。

固定資產與資產總額比率計算的方法，是固定資產 ÷ 資產總額，例如前述永利股份有限公司的固定資產是 \$1,450,000，資產總額是 \$2,494,500，兩者的比率是表示固定資產所占的成數有沒有呆滯資金的現象。根據比例的公式，則永利公司固定資產與資產總額的比率為：

$$\frac{\text{固定資產}}{\text{資產總額}} = \frac{\$1,450,000}{\$2,494,500} = 58\%$$

上述永利股份有限公司固定資產與資產總額比率為 58%，這就是說，每有 \$1 的資產，就有 \$0.58 的固定資產，此一比率如果對買賣業來說，就有偏高的情形，因為買賣業的設備愈少愈好，否則將資金呆滯於固定資產，企業的理財就有問題了。如果是製造業，就不算高，因為製造業的設備要多，一個企業有充分的設備，是良好的現象。

二、固定資產與股東權益總額比率 (Fixed Assets to Total Stockholder's Equity Ratio)

固定資產與股東權益總額（期初）比率，又稱為固定資產與資本比率 (Fixed Assets to Capital Ratio)，是表示企業投資於固定資產占股東權益總額的成數有多少。如果固定資產占股東權益總額的成數多，表示資金有呆滯的現象，甚或有負債購買固定資產的現象；如果固定資產占股東權益總額的成數少，則表示可以作為日常運用的資金充裕。因為從固定資產與股東權益總額的比率中，可以瞭解企業投資於固定資產的數額，也可以測定其可供經常營業的數額。按企業投資人所投入的資本總額，主要是用於經營商品業務，其次才用於購買企業所必須的設備，例如房屋、器具等固定資產。如果購買固定資產的數額大，日常經營商品的資金就少，如果購買固定資產的數額小，則日常經營商品的資金就多。所以從這一比率的分析，可以瞭解企業對資本運用的情形。

固定資產與股東權益總額比率計算的方法，是固定資產 ÷ 股東權益總額，例如前述永利股份有限公司的固定資產是 $1,450,000，股東權益總額（期初）是 $1,277,500，兩者的比率，是表示企業對資本運用的情形。根據比例的公式，則永利股份有限公司固定資產與股東權益總額的比率為：

$$\frac{\text{固定資產}}{\text{股東權益總額}} = \frac{\$1,450,000}{\$1,297,500} = 112\%$$

根據上述比率，可以瞭解兩點情形：①永利股份有限公司的固定資產，有部分運用長期負債購買，②資本總額 $0.89 占固定資產 $1，可供運用的資本並不多。因為這一比率，雖然是求算固定資產對股東權益總額的比率，而其實質，則在於求算運用資本占資本總額的成數。所以，上述永利公司的固定資產，似乎有購買過多的現象。不過，這是適用於買賣業的情形，如果是製造業，則又另當別論。

三、固定資產與長期負債比率 (Fixed Assets to Long-term Liabilities Ratio)

固定資產與長期負債比率，是瞭解企業的投資財力雄厚不雄厚，換句話說，企業對於長期債權人提供安全保障的程度如何。如果此一比率高，表示業主的投資財力很雄厚，對長期債權人提供了適當的保障；如果此一比率低，就表示業主的投資財力薄弱。投資財力薄弱，對長期債權人就失去了安全的保障。固定資產與長期負債比率，對於製造業測定業主的投資財力，非常重要。

固定資產與長期負債比率應該在那種程度下，算是良好的現象？根據美國金融家林肯先生 (Lincoln, Edmond Earle) 的意見，他認為：穩健的金融家，對於一般企業所發行的公司債，每需 3 倍價值的固定資產為其擔保，才認為適當。目前，我國銀行界對於抵押放款，多為抵押品價值的五成至六成。根據這些事實，固定資產與長期負債比率，以 3:1 或 2:1 就表示投資財力雄厚，如果是 1:1 就表示還有償還債務的能力，若小於 1:1 的比率，則企業對長期債權人的債務，就失去了保障。

固定資產與長期負債比率計算的方法，是固定資產 ÷ 長期負債，例如前述永利公司的固定資產是 $1,450,000，長期負債是 $700,000，兩者的比率表示企業的投資財力雄厚與否。根據比例的公式，則永利公司固定資產與長期負債的比率為：

$$\frac{\text{固定資產}}{\text{長期負債}}=\frac{\$1,450,000}{\$700,000}=207\%$$

上述永利股份有限公司固定資產與長期負債比率為 207%，這就是說，有 $2.07的固定資產，保障 $1 的長期負債，這一企業的投資財力，是相當良好。

四、固定資產與長期資金比率 (Fixed Assets to Long-term Capital Ratio)

固定資產與長期資金比率，是表示企業投資於固定資產設備上，對股東投資和長期負債的總額，所占比率的大小。目前企業界，常常以此比率來測定其資本結構的程度。如果此一比率高，表示資本結構良好，如果此一比率低，則表示資本結構不好。

在另一方面，對企業的經營來說，是瞭解投資於固定資產設備的資金來源如何，如果投資於設備的資金來源，是由長期資金而來，財務部門就不必經常調度資金，如果投資於設備的資金來源，是由短期資金而來，則財務部門就必須不斷應付調度資金，在這種情況下，經營就很吃力。

固定資產與長期資金比率計算的方法，是固定資產 ÷ 長期資金 (股東權益 + 長期負債)，例如前述永利股份有限公司的固定資產淨額是 $1,450,000，長期資金是 $1,997,500 ($1,297,500 + $700,000)，兩者的比率是表示企業資本結構的良好與否。根據比例的公式，則永利股份有限公司固定資產與長期資金的比率為：

$$\frac{\text{固定資產}}{\text{長期資金}}=\frac{\text{固定資產}}{\text{股東權益}+\text{長期負債}}=\frac{\$1,450,000}{\$1,297,500+\$700,000}=73\%$$

上述永利股份有限公司固定資產與長期資金比率為 73%，這就是說，每有 $0.73的固定資產，就有 $1 的長期資金，這樣的資本結構，應是良好的穩定情形。不過，此一比率應該在什麼程度下，才算是良好的情形呢？一般來說，要看企業的性質來判斷，如果是屬於買賣業的話，就不必過高，因為買賣業需要較多運用資本 (Working Capital)，毋須將大量資金，呆滯於固定資產設備上；如果是屬於製造業的話，比率偏高也不是壞的現象，因為製造業需要較多的設備，設備良好，可以提高生產效率，比率即使偏高，仍然是一種良好的現象。

五、股東權益與資產總額比率 (Stockholder's Equity to Total Assets Ratio)

企業的資產總額，其資金來源，一方面是由股東投入，取之於股東；一方面是由於賒帳、短期借款或長期借款，取之於債權人。**股東權益與資產總額比率**，是表示股東投入資金占資產總額比率的成數，如果此一比率高，是表示負債占資產總額比率低；如果此一比率低，是表示負債占資產總額比率高。前者是表示企業的財務結構良好，後者是表示企業的財務結構不好，如果財務結構不好，將會影響公司的經營。

股東權益與資產總額比率計算的方法，是股東權益 ÷ 資產總額，例如前述永利股份有限公司的股東權益總額為 \$1,297,500，資產總額為 \$2,494,500，兩者的比率是表示公司的財務結構良好與否。根據比例的公式，則永利股份有限公司的股東權益與資產總額比率為：

$$\frac{\text{股東權益}}{\text{資產總額}} = \frac{\$1,297,500}{\$2,494,500} = 52\%$$

上述永利股份有限公司股東權益與資產總額比率為 52%，這一比率，是表示有 \$0.52 的股東權益，就有 \$1 的資產，也就是說，股東投資的資產，超過企業的負債，對債權人有相當的保障，這樣的財務結構，算是良好。

六、負債總額與資產總額比率 (Total Liabilities to Total Assets Ratio)

負債總額與資產總額比率，又稱為負債比率 (Debt Ratio)，是瞭解負債總額 (Total Liabilities) 占資產總額 (Total Assets) 的成數，表示企業的投資財力是否良好。依照會計的基本方程式，資產 = 負債 + 業主權益，如果負債占資產總額的比例高，則業主權益占資產的比率就低；相反的，如果負債占資產總額的比率低，則業主權益占資產總額的比率就高。前者是表示業主的投資較少，後者是表示業主的投資較多。如果業主投資少，對債權人提供的保障就較弱，這種情形，業主的投資財力當然不好；如果業主投資多，對債權人提供的保障就較強，這種情形，業主的投資財力，就算良好。

負債總額與資產總額比率計算的方法，是負債總額 ÷ 資產總額，例如前述永利股份有限公司的負債總額為 \$1,062,000，資產總額為 \$2,494,500，兩者的比率，是表示股東的投資財力良好與否。根據比例的公式，則永利股份有限公司的負債比率為：

$$\frac{\text{負債總額}}{\text{資產總額}}=\frac{\$1{,}062{,}000}{\$2{,}494{,}500}=43\%$$

上述永利股份有限公司負債總額與資產總額的比率為 43%，這就是說，每有 \$0.43 的負債，就有 \$1 的資產，這種情形，也就是說，股東的投資，超過公司的負債，對債權人的保障，相當不錯，亦即股東的投資情形，算是良好。

七、股東權益總額與負債總額比率 (Total Stockholder's Equities to Total Liabilities Ratio)

企業經營業務，資金的來源分為二方面：一方面是以投入資本的方式，取之於業主；一方面是以賒帳、短期借款或長期借款的方式，取之於外界的債權人。**股東權益總額與負債總額比率**，是表示股東所提供的資金，對外界債權人所提供的資金的比率。如果股東權益總額對負債總額的比率高，就表示企業的財務狀況良好；如果股東權益總額對於負債總額的比率低，則表示企業的財務狀況不好，這是一般通則。但這一比率，在某種情形下，現象並不完全如此。站在債權人的立場來說，股東權益總額對負債總額的比率愈高，則其情況愈好。因為企業在發生財務困難而致解散清算的時候，必須先清償債權人的負債，而後才能發還股東的資本。所以，在債權人蒙受損失以前，股東必須先損失其投入的資本。這一較高的比率，意思就是表示企業有大部分的資本數額，來保障債權人的權益。

然而，站在股東的立場來說，股東權益總額對於負債總額的比率過高，未必是良好的現象。因為一個企業的經營人，對於資金要善於籌措，而且善於運用。如果企業能夠以低利借款，用以經營業務，以致增加營業收益，其借款的利率，若能低於資產總額的淨利百分數，則股東就可以得到較優厚的利潤報酬率，而增加其收益。像這種較低的股東權益總額與負債總額比率，就投資的收益率來說，也許是一種較好的現象。但這一比率，不能太低，如果太低，就很危險。例如假設企業在業務衰落不景氣的時期，就會發生資金短少，受到外界債權人的壓力，勢將引起企業的不利。所以，大多數企業，是以股東權益總額較高為宜，極少數會有負債總額超過股東權益總額的。

股東權益總額與負債總額比率計算的方法，是股東權益總額 ÷ 負債總額，例如前述永利股份有限公司的股東權益總額是 \$1,297,500，負債總額是 \$1,062,000，兩者的比率是表示每元負債，合資本若干元，用來瞭解企業的財務狀況如何。根據比例的公式，則永利股份有限公司股東權益總額與負債總額的比率為：

$$\frac{\text{股東權益總額}}{\text{負債總額}} = \frac{\$1,297,500}{\$1,062,000} = 122\%$$

這一比率，就是說每負債 \$1，就有資本 \$1.22。換句話說，股東投資 \$1.22，就有負債 \$1，由於該公司尚有 \$907,000 的流動資產，而流動負債只有 \$312,000，一般來說，永利股份有限公司的財務狀況，算是良好。

八、股東權益與長期負債比率 (Stockholder's Equity to Long-term Liability Ratio)

股東權益與長期負債比率，同樣可以用來分析股東權益與銀行長期借款比率，用以表示股東所提供的資金，對外界債權人所提供資金的比率，分析企業財務結構的情形，表達對長期債權人提供債權保障的程度。如果股東權益對長期負債比率高，就表示公司的財務結構良好；如果股東權益對長期負債比率低，就表示公司的財務結構不好，這是一般通則。此一比率，與前述股東權益與負債總額比率，有相同啟示作用。不過，上述負債總額是包括流動負債和長期負債，本比率只是指長期負債而已。

股東權益與長期負債比率計算的方法，是股東權益總額 ÷ 長期負債，例如前述永利股份有限公司的股東權益總額是 \$1,297,500，長期負債是 \$700,000，兩者的比率是表示每元長期負債，合資本若干元，用來瞭解企業的財務結構如何。根據比例的公式，則永利股份有限公司股東權益總額與長期負債的比率為：

$$\frac{\text{股東權益總額}}{\text{長期負債}} = \frac{\$1,297,500}{\$700,000} = 185\%$$

這一比率，就是說每長期負債 $1，就有資本 $1.85。換句話說，股東投資 $1.85，就有負債 $1，一般來說，永利股份有限公司的財務結構，算是良好。

九、運用資本與資產總額比率 (Working Capital to Total Assets Ratio)

運用資本與資產總額比率，是表示企業對於理財的適當與不適當。如果運用資本與資產總額的比率大，則表示企業的理財很適當，如果運用資本與資產總額的比率小，則表示企業的理財不妥當，假使理財不妥當，就有改進的必要。

運用資本與資產總額比率計算的方法，是運用資本 ÷ 資產總額，例如前述永利公司的運用資本是 $595,000（流動資產 $907,000 – 流動負債 $312,000），資產總額是 $2,494,500，兩者的比率，是表示企業理財的適當與不適當。根據比例的公式，則永利股份有限公司運用資本與資產總額的比率為：

$$\frac{\text{運用資本}}{\text{資產總額}} = \frac{\$595{,}000}{\$2{,}494{,}500} = 24\%$$

上述永利股份有限公司運用資本與資產總額比率為 24%，如果是屬於買賣業，略嫌偏低，如果是屬於製造業就較為適宜。因為構成此一比率低的因素有二：一是流動負債過多，一是固定資產過多，根據永利公司資產負債表所列的流動負債並不多，而是用於設備方面的資金過多；所以對買賣業來說並不適宜。固定資產多，將大部分資金呆滯於固定資產，這就是表示企業的理財不當。如果屬於製造業，企業的設備多一點，也算是一種好的現象。

十、長期銀行借款與股東權益比率 (Long-term Bank Loan to Stockholder's Equity Ratio)

長期銀行借款與股東權益比率，和股東權益與長期負債比率是一件事情的兩面，前者是分析長期銀行借款占股東權益的成數，而後者則是分析股東權益占長期負債的成數，兩者都是分析公司的財務結構和對債權人提供的保障。長期銀行借款與股東權益比率愈低愈好，如果比率愈低，就表示對銀行債權的保障愈高，而公司的財務結構愈好；相反的，如果比率愈高，就表示對銀行債權的保障較有問題，而公司的財務結構就愈差。

長期銀行借款與股東權益比率計算的方法，是長期銀行借款 ÷ 股東權益，例如前述永利股份有限公司的長期銀行借款是 $200,000（假設抵押借款是向銀行作抵押借款），股東權益總額是 $1,297,500，兩者的比率是表示公司對債權人銀行債權的保障和財務結構良好與否。根據比例的公式，則永利股份有限公司的長期銀行借款與股東權益比率為：

$$\frac{\text{長期銀行借款}}{\text{股東權益}}=\frac{\$200,000}{\$1,297,500}=15\%$$

上述永利股份有限公司長期銀行借款與股東權益的比率為 15%，這就是說，每有 $0.15 的長期銀行借款，就有 $1 的股東權益來保障其債權，這樣的財務結構，可以說是相當良好。

第三節
財務結構分析的檢討

財務結構分析，是將資產負債表中所列的各個項目，用比率方法，將其對財務結構有關的項目加以分析，這種分析，是屬於靜態分析 (Static Analysis)，分析時，要注意下列因素，才可以判斷其正確性：

⑴比率分析，是屬於兩個項目間關係的分析，這種分析，無法瞭解企業的全貌，尤其企業內在的因素，無法在比率中洞悉。

⑵分析時，要特別注意企業的性質，被分析的企業，究竟是買賣業、製造業、服務業或公用事業，必須因企業的性質不同，而作不同的分析結論。

⑶資產負債表所列金額，是在繼續營業情形下，以歷史成本為基礎，對於物價變動的現值觀念，不作調整，因而其分析的結論是否完全正確，值得注意。

習　題

一、問答題

1. 何謂財務結構分析？試說明之。
2. 財務結構分析的財務比率包括那些？
3. 何謂負債比率？其公式如何？代表意義為何？試說明之。
4. 何謂固定資產與資產總額比率？分析的目的為何？試說明之。
5. 何謂固定資產與股東權益比率？分析的目的為何？試說明之。
6. 固定資產與長期資金比率如何分析？試列述之。
7. 股東權益與資產總額比率如何分析？試列述之。
8. 負債總額與資產總額比率分析的目的為何？試說明之。
9. 股東權益與負債總額比率如何分析？試列述之。
10. 股東權益與長期負債比率分析的目的為何？試列述之。
11. 運用資本與資產總額比率分析的目的為何？試列述之。
12. 如何檢討財務結構分析方能正確？試列述之。

二、選擇題

(　) 1. 下列何者並非衡量企業財務結構的比率或指標？ (A)負債比率 (B)權益比率 (C)每股盈餘 (D)以上皆非。

(　) 2. 企業的自有資金比率愈高，表示 (A)債權人保障愈佳 (B)債權人保障愈差 (C)對債權人保障沒有差別 (D)企業的舉債程度高。

(　) 3. 衡量企業舉債程度的指標為 (A)存貨比率 (B)應收帳款週轉率 (C)股東權益比率 (D)負債比率。

(　) 4. 某企業的負債比率為 40.4%，則股東權益比率應為 (A) 20.2% (B) 80.8% (C) 59.6% (D) 70.1%。

(　) 5. 淨值即是 (A)資產總額減負債總額 (B)股東權益 (C)以上皆是 (D)以上皆非。

(　) 6. 一般分析企業之財務結構，必須由下列何種報表加以研判？ (A)資產負債表 (B)損益表 (C)保留盈餘表 (D)股東權益變動表。

(　) 7. 顯示企業總資產之來源與構成關係者為 (A)償債能力 (B)財務結構 (C)經營能力 (D)股東權益。

(　) 8. 負債比率等於 (A)負債 ÷ 股東權益 (B)負債 ÷ 資產總額 (C)負債 ÷ 長期資金 (D)負債 ÷ 固定資產。

(　) 9. 依正常理財之道，一個企業之淨值占其固定資產之比率應以 (A)高於 50% (B)低於 100% (C)高於 75% (D)高於 100% 較為妥適，合乎安全。

(　) 10. 固定資產與長期負債之比率，是代表長期債權獲得擔保之安全程度，這項比率你認為 (A) 50% (B) 100% (C) 150% (D) 200% 較為恰當。

(　) 11. 某公司的負債比率為 40.4%，股東權益比率為 59.6%，則表示負債占股東權益比率為若干? (A) 40.4% (B) 59.6% (C) 67.8% (D) 113.7%。

(　) 12. 長期資金對固定資產比率的計算公式為 (A)股東權益除以固定資產 (B)股東權益除以平均固定資產 (C)長期負債加股東權益除以固定資產 (D)負債總額加股東權益除以固定資產。

(　) 13. 下列何者可用來衡量長期償債能力? (A)速動比率 (B)應收帳款週轉率 (C)負債對總資產比率 (D)投資報酬率。

(　) 14. 設負債對股東權益之比率為 1:2。則負債比率等於 (A) 1:1.5 (B) 1:2 (C) 1:2.5 (D) 1:3。

(　) 15. 負債比率、股東權益比率、負債對股東權益比率都是用作 (A)資本結構分析 (B)獲利能力分析 (C)短期償債能力分析 (D)以上皆是。

(　) 16. 下列何項衡量企業之長期償債能力? (A)流動比率 (B)應收帳款週轉性 (C)負債權益比率 (D)資產週轉率。

（選擇題資料：參考歷屆證券商業務員考試試題）

三、綜合題

1. 下列為永生公司之簡明資產負債表：

永生公司
資產負債表
民國 X1 年 12 月 31 日

資　產	
現金	$ 63,000
應收帳款（淨額）	238,000
存貨	170,000
預付費用	7,000
土地、房屋及設備	390,000
其他資產	13,000
資產合計	$881,000

負債及股東權益	
應付帳款	$ 98,000
應付估計所得稅	18,000
其他流動負債	17,000
應付抵押公司債（7%，民國 X9 年到期）	150,000
特別股本（每股面值 $10，核准並發行 20,000 股）	100,000
普通股本（每股面值 $10，核准並發行 20,000 股，已發行並流通在外 10,000 股）	200,000
資本公積—發行普通股溢價	150,000
擴充廠房準備	50,000
保留盈餘	98,000
負債及股東權益合計	$881,000

試求：下列各項比率：

(1)固定資產與資產總額比率。

(2)固定資產與長期負債比率。

(3)固定資產與股東權益總額比率。

(4)固定資產與長期資金比率。

(5)負債比率。

(6)股東權益總額與負債總額比率。

2. 設下列為永華股份有限公司與永茂股份有限公司民國 X5 年 12 月 31 日資產負債表各帳戶餘額：

永華股份有限公司		永茂股份有限公司	
現金	$ 98,145	現金	$126,000
應收帳款	116,550	應收帳款	108,000
備抵壞帳	(5,872)	備抵壞帳	(5,400)
存貨 (12/31)	140,220	存貨 (12/31)	135,525
預付房租	–	預付房租	1,350
應收票據	67,500	應收票據	60,000
器具設備	90,000	器具設備	81,000
累計折舊	(25,200)	累計折舊	(20,700)
資產總額	$481,343	資產總額	$485,775
應付帳款	$ 56,220	應付帳款	$ 60,300
應付票據（短期）	57,540	應付票據（短期）	82,230
應付佣金	3,600	應付佣金	2,700
代收款	–	代收款	1,890

應付稅捐	10,800	應付稅捐	8,100
應付利息	630	應付利息	540
長期借款	45,000	長期借款	45,000
股本	225,000	股本	225,000
法定公積	18,000	法定公積	14,250
特別公積	22,500	特別公積	6,000
本期純益	42,053	本期純益	39,765
負債和股東權益總額	$481,343	負債和股東權益總額	$485,775

試根據上述二公司資料，分別分析下列各項比率，比較二公司財務狀況的優劣得失。

其比率：

(1)固定資產與資產總額比率。

(2)固定資產與長期負債比率。

(3)固定資產與股東權益總額比率。

(4)固定資產與長期資金比率。

(5)負債比率。

(6)股東權益總額與負債總額比率。

3. 試就下列各獨立交易事項，說明其對下列比率的影響。

①負債占總權益比率。

②負債比率。

③利息保障倍數。

交易事項：

(1)宣告及發放現金股利。

(2)宣告及發放股票股利。

(3)發行普通股。

(4)指定保留盈餘用途。

(5)抑減銷貨成本增加利益。

(6)償還長期借款。

(7)抵押借款以購買設備。

(8)可轉換公司債轉換成普通股。

(9)賒購商品。

(10)存貨盤盈。

註：$利息保障倍數=\frac{稅前淨利+利息費用}{利息費用}$

4. 下列交易每筆均視為獨立發生，試說明下列這些交易對①負債總額對權益總額比率，②長期負債對權益總額比率的影響。

而公司之相關財務資料如下：

短期負債	\$ 560,000
長期負債	\$ 800,000
股東權益總額	\$1,200,000

交易事項：

(1)收到應收帳款。

(2)折舊費用增加。

(3)以現金收回公司債。

(4)稅率提高。

(5)發行特別股。

(6)發行公司債。

(7)以較高的利息成本將一長期債券再融資。

(8)賒購存貨。

(9)可轉換公司債轉換成普通股。

5. 試說明下列各會計事項對以下各比率的影響。

①負債比率（原來為30%）。

②負債對股東權益比率（原來為43%）。

會計事項如下：

(1)宣布現金股利。

(2)帳列預付所得稅。

(3)資產重估增值，並按增值資產攤提折舊。

(4)借入長期借款購買設備。

(5)賒銷貨品，採永續盤存制，且售價高於成本。

6. 永大公司部分財務資料如下：

短期負債	\$1,250,000
長期負債	2,000,000
股東權益	3,000,000

稅前淨利	500,000
利息費用	100,000

請分析下列交易對下列比率的影響（每筆交易均獨立發生，沒有相關影響）。

①負債總額對股東權益比率。

②長期負債對股東權益比率。

③盈餘對固定支出的保障比率 $\left(=\dfrac{\text{稅前淨利}+\text{固定支出}}{\text{固定支出}}\right)$。

交易事項：

(1)折舊費用增加。

(2)收到應收帳款。

(3)賒購存貨。

(4)以現金收回公司債。

(5)發行公司債。

(6)發行特別股。

(7)提高稅率。

(8)以較高利息成本將債券再融資。

7. 永華公司與永茂公司經營的業務相似，二家公司民國 X5 年底之資產負債表部分資料如下：

	永華公司	永茂公司
流動負債	$ 30,000	$100,000
長期負債	70,000	300,000
股東權益		
普通股（面額 $5）	220,000	46,000
特別股（面額 $10）	100,000	20,000
資本公積	20,000	4,000
保留盈餘	60,000	30,000
稅後淨利（稅率 45%）	49,500	33,000

試求：(1)股東權益對資產總額比率。

(2)負債比率。

(3)股東權益總額與負債總額比率。

(4)總資產報酬率（二公司之負債利率均為 10%）。

(5)股東權益報酬率。

(6)評估二公司財務運用狀況。

註：$總資產報酬率 = \frac{稅後淨利 + 稅後利息費用}{總資產}$

$股東權益報酬率 = \frac{稅後淨利}{股東權益}$

8. 永發公司民國 66 年 12 月 31 日資產負債表內，流動項目中列有 67 年 1 月 31 日到期之 4 釐第一抵押公司債 $5,000,000。此項債券業經擬妥續展 (Refunding) 計畫，並經徵得債權人同意，於舊債券到期時調換新債券。

該公司所編製之資產負債表內所列各項比率，有如下幾項：

⑴流動比率 150%。

⑵$固定負債對固定資產之比率 = \frac{固定負債}{固定資產} = 40\%$。

⑶$股東權益對負債之比率 = \frac{股東權益}{負債總額} = 150\%$。

如將 4 釐公司債作合理之調整，則各項比率即將改觀，變為：

⑴流動比率 200%。

⑵固定負債對固定資產之比率 50%。

⑶股東權益對負債之比率無變動。

現悉該公司資產項下，包括流動資產、固定資產、及其他資產等三類。

求作：根據上列資料，試為該公司編製 66 年 12 月 31 日之簡明資產負債表。

(66 年會計師考試試題)

第六章

償債能力分析

客戶訂單收入與成本分析表

客戶訂單收入與成本分析表

業務員：

客戶P/O：

口含三個月以上客戶訂單

客戶訂單號碼	CO20020509020	訂購單位編號	000
客戶編號	0990	訂購單位名稱	板橋分公司
客戶名稱	怡心電信	產品品名	三民密號密碼卡
產品編號	0012-990-002-211	產品數量	30000
產品單位	張	總金額	360000
單價	12		

收入資訊

原出貨發票資料

出貨單號碼	出貨日期	交貨數量	銷售金額	銷項稅額	銷貨發票金額
PI20020509019	2002/05/25	20000	240000	12000	252000 GH5
PI20020509020	2002/05/27	10000	120000	6000	126000 GH6
		0	0	0	0

新出貨發票資料

出貨單號碼	出貨日期	交貨數量	銷售金額	銷項稅額	銷貨發票金額
		0	0	0	0

退貨（折讓）資料

退貨(折讓)單號碼	退貨(折讓)日期	退貨(折讓)金額	銷項稅額
PR20020509015	2002/05/30	950	48
		0	0

第一節 償債能力分析的意義

所謂償債能力分析 (Analysis of Liquidity Ratio) 是分析此一企業短期償債能力情形。提供短期資金給公司的業者，或者是賒售商品給公司的業者，對公司的短期償債能力，非常重視。如果公司具有良好的償債能力，則公司的經營就非常靈活。

償債能力分析，是屬於財務狀況分析的一部分，在財務狀況分析中，占有很重要的地位，在分析時，同樣要採取：①比率的名稱，②分析的目的，③分析的方法，④分析的結論四個層次來分析。

第二節 償債能力分析的項目

償債能力分析，是屬於資產負債表內的特定比率分析，比較重要的項目，計有下列各項比率：

一、流動比率 (Current Ratio)

流動資產，又稱為運用資產 (Working Assets)，是指經營業務時，最迅速的資金來源而言；流動負債 (Current Liabilities)，是指在最近的未來，必須清償的債務而言。流動資產對流動負債的比率，是表示此一企業的償債能力 (Debt-paying Ability)，這個比率，在會計上稱為流動比率，通常又稱為運用資本比率 (Working Capital Ratio)。因其為短期債權人密切注意債務清償的能力，所以又稱為清償比率 (Liquidity Ratio)，或稱為銀行界比率 (Banker's Ratio)。

流動比率計算的方法，是流動資產 ÷ 流動負債，例如前述永利股份有限公司的流動資產是 $907,000，流動負債是 $312,000，兩者的比率，是表示每 1 元的流動負債，有幾元的流動資產可以清償。根據比例的公式，則永利股份有限公司的

流動比率為:

$$\frac{流動資產}{流動負債}=\frac{\$907,000}{\$312,000}=291\%$$

這一比率的意思，就是表示 2.91 : 1；換句話說，流動資產是 2.91 而流動負債是 1；也就是說，流動資產有 $2.91，可以償還 $1 的流動負債。一般企業流動比率的測度，如果是 2 對 1 的比，就算是情形良好，永利公司有 2.91 : 1，情形當然更為良好。不過，近年來一般人士認為企業過分擁有流動資產，也並非合理現象，尤其是在通貨膨脹很劇烈的情形下，更不為然。

分析流動比率時，要密切注意那些項目應列入流動資產，那些項目不應列入流動資產，以便所求出來的比率，更趨於正確性，例如不能收回的應收票據和應收帳款，已經指定用途的現金、銀行存款和某種基金，都不應列入流動資產項下，來提高流動比率的不實。

上述永利股份有限公司的流動比率分析，在某種企業，可以說是適當；但對於其他企業，未必一定適合。現代一般財務報表分析家，認為只是憑流動比率分析，尚不夠詳細，因為流動資產究竟是包括那幾種？各種流動資產變為現金的速度情形如何？在應用流動比率分析的時候，都值得考慮，都應當加以明瞭。例如在某種企業，其流動資產超過流動負債很多倍，但在流動資產中有許多商品存貨，有的還有原料盤存、在製品盤存和製成品盤存等，這些存貨，變為現金的速度都很慢，不能及時用來償付流動負債。這種現象，如果用來分析流動比率，還是不能感到滿意的。

二、速變比率 (Quick Ratio) 或酸性測驗比率 (Acid Test Ratio)

速變比率，又稱為速動比率，或稱為酸性測驗比率，是指速變流動資產 (Quick Current Assets) 對流動負債的比率而言。這一比率，是測驗每元的流動負債，有幾元速變流動資產可以抵償。所謂速變流動資產，又稱為速動資產 (Quick Assets)，或稱為速變資產，是指現金、銀行存款、應收票據、應收帳款和以交易為目的的有價證券等而言，但不包括存貨在內。近年來，對預付費用也有學者主張不應包括在內。

速變比率，能夠達到 1:1 的比率就可以稱為合適。在流動比率超過 2: 1 的比率情形下，如果速變流動資產總額，等於或大於流動負債，就可以判斷這是一種良好的財務狀況；如果速變流動資產小於流動負債，則對於短期的償債能力就成問題，當然，這並不是良好的財務狀況。

速變比率計算的方法，是速變流動資產 ÷ 流動負債，例如前述永利股份有限公司的速動資產是 \$570,000（流動資產 \$907,000 － 存貨 \$247,000 － 預付保險費 \$90,000），流動負債是 \$312,000，兩者的比率是表示每 1 元的流動負債，有幾元的速動資產可以清償。根據比例的公式，則永利公司的速變比率為：

$$\frac{\text{速變流動資產}}{\text{流動負債}} = \frac{\$570{,}000}{\$312{,}000} = 180\%$$

上述速變比率的意思，就是 1.8:1，換句話說，速變流動資產是有 1.8，而流動負債是 1，這也就是說，速變流動資產有 \$1.8，可以償還 \$1 的流動負債。上面說過，如果速變流動資產大於流動負債，就可以判斷這是一種良好的財務狀況，那麼，永利股份有限公司的速變比率為 1.8，無疑的，算是一種良好的財務狀況。

三、現金比率 (Cash Ratio)

現金比率，通常包括兩項比率：①現金與流動資產總額比率，②現金與流動負債比率。由於現金的觀念擴大，一般在分析時，將變現能力強的有價證券等，列為約當現金 (Cash Equivalents)，一併加入分析。茲以前述永利股份有限公司資產負債表資料為例，分析如下：

1. 現金與流動資產總額比率

現金與流動資產總額比率，是瞭解現金（包括約當現金）占流動資產總額的成數，所占比率愈大，表示營業上不會因現金短少而致週轉不靈；所占比率愈小，表示營業上可能因現金短少而致週轉不靈。

現金比率計算的方法，是：（現金 + 約當現金）÷ 流動資產總額，例如前述永利股份有限公司的現金為 \$220,000，約當現金為 \$162,500，流動資產總額為 \$907,000，兩者的比率是表示每 1 元的流動資產，有幾元的現金可以立即作為支付的資產。根據比例的公式，則永利股份有限公司的現金比率為：

$$\frac{\text{現金 + 約當現金}}{\text{流動資產總額}} = \frac{\$220{,}000 + \$162{,}500}{\$907{,}000} = 42\%$$

上述現金比率的意思，就是表示 0.42:1，換句話說，有 $1 的流動資產，就有 $0.42 的現金，該公司現金（包括約當現金）占流動資產的 42%，表示可以用於支付的現金不少，這種情形，可以說是一種良好的財務狀況。

2.現金與流動負債比率

現金與流動負債比率，是瞭解現金（包括約當現金）占流動負債的比率大小，所占比率愈大，表示償債能力愈強；所占比率愈小，表示償債能力愈弱，償債能力弱的企業，就比較負擔不起風險。

現金比率計算的方法，是：（現金 + 約當現金）÷ 流動負債，例如前述永利股份有限公司的現金為 $220,000，約當現金為 $162,500，流動負債為 $312,000，兩者的比率是表示每元的流動負債，有幾元的現金可以用作立即償債的資產。根據比例的公式，則永利股份有限公司的現金比率為：

$$\frac{\text{現金 + 約當現金}}{\text{流動負債}} = \frac{\$220{,}000 + \$162{,}500}{\$312{,}000} = 123\%$$

上述現金比率的意思，就是表示 1.23:1，換句話說，有 $1.23 的現金（包括約當現金），去償還 $1 的短期負債，該公司這樣的財務狀況，可以說是非常良好。

四、運用資本與流動資產比率 (Working Capital to Current Assets Ratio)

所謂運用資本，是指流動資產總額減去流動負債後的餘額而言，如果以公式表示，則其公式：

$$\text{流動資產總額} - \text{流動負債} = \text{運用資本}$$

運用資本與流動資產比率，是表示企業對於資金週轉運用上，其靈活性的程度如何。如果流動資產總額減去流動負債後的數額大，是表示運用資本多，企業的運用資本多，則資金的運用，週轉靈活。相反的，流動資產總額減去流動負債後的數額小，則表示運用資本少，企業運用資本少，則資金週轉會覺得非常困難，幾有停頓擱淺的趨勢。

運用資本與流動資產比率計算的方法，是運用資本 ÷ 流動資產，例如前述永利公司的運用資本是 \$595,000（流動資產 \$907,000 – 流動負債 \$312,000），流動資產是 \$907,000，兩者的比率，是表示資金週轉運用的靈活性。根據比例的公式，則永利公司運用資本與流動資產比率為：

$$\frac{運用資本}{流動資產}=\frac{\$595,000}{\$907,000}=66\%$$

永利股份有限公司的運用資本與流動資產比率為 66%，這一比率，是表示永利公司的運用資本占流動資產的 66%，該公司的流動資產，本來已是很多，而運用資本又占流動資產的 66%，此一公司資金週轉的靈活性，程度很高，換句話說，其財務狀況，是很不錯的。

五、短期銀行借款與流動資產比率 (Short-term Bank Loan to Current Assets Ratio)

短期銀行借款與流動資產比率，和流動比率（流動資產與流動負債比率）同樣是分析企業的財務狀況，與流動比率是一件事情的兩面。短期銀行借款與流動資產比率，是分析銀行短期借款占流動資產的成數，而流動資產與流動負債比率，是分析流動資產占流動負債的成數，兩者都是分析企業財務狀況中的償債能力。不過，流動負債包括的範圍較廣，除了短期銀行借款外，尚有其他應付帳款、應付票據、以及應付費用等。短期銀行借款與流動資產比率，愈低愈好，如果比率愈低，就表示企業的償債能力愈高；如果比率愈高，就表示企業的償債能力愈低。

短期銀行借款與流動資產比率計算的方法，是短期銀行借款 ÷ 流動資產，例如前述永利股份有限公司的短期銀行借款是 \$57,500（假設短期借款是向銀行所借），流動資產總額是 \$907,000，兩者的比率是表示公司流動資產對銀行借款抵償能力的良好與否。根據比例的公式，則永利股份有限公司的短期銀行借款與流動資產的比率為：

$$\frac{短期銀行借款}{流動資產}=\frac{\$57,500}{\$907,000}=6\%$$

上述永利股份有限公司短期銀行借款與流動資產的比率為 6%，這就是說，每有 $0.06 的短期銀行借款，就有 $1 的流動資產可以用來償還其借款，這樣的償債能力，可以說是非常良好。

六、銀行借款與股東權益比率 (Bank Loan to Stockholder's Equity Ratio)

銀行借款與股東權益比率，和股東權益與負債總額比率，是一件事情的兩面，前者是分析銀行借款占股東權益的成數，而後者則是分析股東權益占負債總額的成數，兩者都是分析公司的財務情形和對債權人提供的保障。銀行借款與股東權益比率愈低愈好，如果比率愈低，就表示對銀行債務的償債能力愈高；相反的，如果比率愈高，就表示對銀行債務的償債能力愈差，此時，財務情形就表示有問題。

銀行借款與股東權益比率計算的方法，是銀行借款 ÷ 股東權益，例如前述永利股份有限公司的銀行借款是 $257,500（假設短期借款和抵押借款均為銀行借款），股東權益總額是 $1,297,500，兩者的比率，是表示公司對債權人銀行債權的償還能力。根據比例的公式，則永利股份有限公司的銀行借款與股東權益比率為：

$$\frac{\text{銀行借款}}{\text{股東權益}} = \frac{\$257,500}{\$1,297,500} = 20\%$$

上述永利股份有限公司銀行借款與股東權益的比率為 20%，這就是說，每有 $0.2 的銀行借款，就有 $1 的股東權益來保障其債權，這樣的財務結構，可以說是相當良好，這也就是說，永利公司的償債能力，非常良好。

第三節 償債能力分析的檢討

償債能力分析，是將資產負債表中所列的各個項目，用比率方法，將其對償債能力有關的項目加以分析，這種分析，是屬於靜態分析，分析時，要注意下列因素，才可以判斷其正確性：

⑴比率分析，是屬於兩個項目間關係的分析，這種分析，無法瞭解企業的全貌，尤其企業內在的問題，無法在比率中洞悉。

⑵在償債能力分析中，對企業的償債能力非常重視，因而對流動比率的分析仍嫌不足，進而要追求速變比率的大小。這種追求，在經濟很景氣，存貨出售沒有困難，或者企業對存貨的意願很高時，酸性測驗比率就毫無意義。

⑶銀行借款，包括長短期借款，都是屬於負債，分析時，要注意其所占比例成數的大小，否則，分析時就失去其正確性。

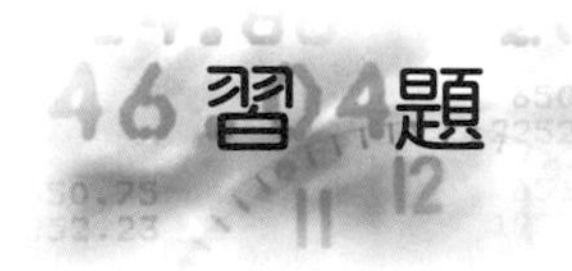

一、問答題

1.何謂償債能力分析？試說明之。

2.償債能力分析時，常會用那些財務比率指標？試說明之。

3.何謂流動分析？其分析的目的是什麼？試說明之。

4.何謂酸性測驗比率？一般而言該比率維持在多少是合適的？又該比率分析的目的何在？試說明之。

5.何謂運用資本？其計算公式如何？其代表意義又為何？試說明之。

6.何謂現金比率？其分析的目的為何？試說明之。

7.運用資本與流動資產比率分析的目的為何？試列述之。

8.短期銀行借款與流動資產比率分析的目的為何？試列述之。

9.銀行借款與股東權益比率如何分析？試列述之。

10.如何檢討償債能力分析方能正確？試列述之。

二、選擇題

(　) 1.某一公司的流動比率相當高，但其速變比率卻很低，這可能顯示 (A)公司的應收帳款相當大 (B)公司擁有大量的存貨 (C)公司的流動負債相當高 (D)公司的現金比率相當高。

(　) 2.流動比率是用來 (A)測驗企業獲利能力 (B)測驗企業經營效率 (C)計算營運資金 (D)測驗企業短期償債能力。

(　) 3.下列那一組比率可以協助公司評估短期償債能力？ (A)流動比率、本益比及速動比率 (B)流動比率、速動比率 (C)應收帳款週轉率、存貨週轉率及資產週轉率 (D)資產報酬率、每股盈餘及應收帳款週轉率。

(　) 4.發行 5 年期公司債券用來償還到期的銀行借款，將 (A)增加流動比率 (B)減少流動比率 (C)減少速動比率 (D)對流動比率、速動比率皆無影響。

(　) 5.出售閒置廠房，成本 $20,000，售價 $25,000，對營運資金及流動比率有何影響？ (A)前者增加，後者不變 (B)後者增加，前者不變 (C)二者皆不變 (D)二者皆增加。

(　) 6.下述那一種財務比率指標值，普通以 200% 為適宜，若低於 100% 表示其企業之償債能力薄弱，有遭受財務週轉困難之可能？ (A)流動負債與淨值 (B)固定資

產與淨值 (C)固定負債與營運資金 (D)流動資產與流動負債。

( ) 7.酸性測驗比率為衡量企業短期償債能力之比率，又稱為 (A)流動比率 (B)速動比率 (C)營運資金比率 (D)財務比率。

( ) 8.流動資產與流動負債如增加同一數額，則將使流動比率 (A)上升 (B)下降 (C)不變 (D)不一定。

( ) 9.出售庫藏股票若發生虧損時，它將使該企業之流動資產出現 (A)增加 (B)減少 (C)無影響 (D)不一定。

( ) 10.流動比率 2:1，下列情況何者將使流動比率減少？ (A)以現金支付應付帳款 $7,000 (B)出售土地 $100,000，獲現金 $107,000 (C)出售存貨 $100,000，獲現金 $107,000 (D)以現金 $100,000，償付長期應付票據。

( ) 11.假如丙公司將短期銀行借款轉換成長期抵押借款，則將發生何種結果？ (A)僅運用資本降低 (B)運用資本及流動比率均降低 (C)僅運用資本增加 (D)運用資本及流動比率均增加。

( ) 12.銀行人員審查公司之比較資產負債表及其相關資料，以便決定是否核准短期貸款時，下列何種比率最不具有重要性？ (A)流動比率 (B)速動比率 (C)存貨週轉率 (D)每股股利。

( ) 13.流動資產與流動負債同額減少，將使流動比率 (A)增加 (B)減少 (C)不變 (D)不一定。

( ) 14.流動比率，係 (A)長期償債能力分析 (B)短期償債能力分析 (C)獲利能力分析 (D)成長分析。

( ) 15.所謂速動資產，係 (A)包括存貨 (B)不包括存貨 (C)與流動資產相同 (D)不包括現金。

( ) 16.長期借款將於 1 年內到期，將 (A)增加流動比率 (B)減少速動比率 (C)減少流動比率 (D)流動比率、速動比率皆減少。

( ) 17.借預付費用（短期），貸現金，將 (A)增加流動比率 (B)減少流動比率 (C)減少速動比率 (D)流動比率、速動比率皆減少。

( ) 18.某公司的流動比率為 2，速動比率為 1，如速動資產為 $30,000，則流動資產為 (A) $30,000 (B) $45,000 (C) $60,000 (D) $90,000。

( ) 19.設流動比率為 2:1，速動比率為 1:1，如以部分現金償還應付帳款，則 (A)速動比率不變 (B)速動比率上升 (C)流動比率不變 (D)流動比率下降。

( ) 20.在 X5 年的財務報表編製完成後，發現當年的期末存貨高估 $15,000，則此項存貨記載的錯誤所造成的影響為 (A)流動資產高估，淨利低估 (B)流動資產低估，

淨利低估　(C)流動資產高估，淨利高估　(D)流動資產低估，淨利高估。

(　) 21.應收帳款收現將使　(A)流動比率增加，速動比率增加　(B)流動比率減少，速動比率減少　(C)流動比率不受影響，速動比率增加　(D)流動比率不受影響，速動比率不受影響。

(　) 22.假設支付現金股利前流動比率是 1.5，速動比率為 1.3，則現金股利的支付將使　(A)流動比率增加，速動比率增加　(B)流動比率減少，速動比率減少　(C)流動比率不受影響，速動比率不受影響　(D)流動比率增加，速動比率不受影響。

(　) 23.公司目前流動比率為 2.5，下列何項交易將使流動比率減少？　(A)償還一大筆流動負債　(B)將短期負債轉換成長期負債　(C)開具短期票據向銀行貸款　(D)宣告 10% 股票股利。

(　) 24.當某年度公司流動比率增加而速動比率卻減少，可能是因　(A)存貨增加　(B)應收帳款增加　(C)應收帳款減少　(D)存貨減少。

(　) 25.長期負債轉列短期負債將使　(A)負債總額減少　(B)流動比率減少　(C)速動比率增加　(D)負債總額增加。

(　) 26.何者與企業償還短期負債能力最攸關？　(A)存貨週轉率　(B)流動比率　(C)資產報酬率　(D)每股盈餘。

(　) 27.支付借款利息將　(A)減少本期純益率　(B)減少營業利益率　(C)減少毛利率　(D)減少流動比率。

(　) 28.收到應收票據本息將　(A)減少流動比率　(B)減少速動比率　(C)增加流動比率　(D)不影響流動比率及速動比率。

(　) 29.短期債權人比較不注重　(A)流動比率　(B)速動比率　(C)現金流量預測　(D)每股盈餘。

(　) 30.以現金購入中興票券 90 天到期之債券，將使流動資產　(A)減少　(B)不變　(C)增加　(D)不一定。

(　) 31.期末漏未估列應付利息影響　(A)淨利低估　(B)負債高估　(C)流動比率高估　(D)現金高估。

(　) 32.就短期債權人而言，下列那項資訊最不重要？　(A)營運資金　(B)應收帳款週轉率　(C)財務結構　(D)速動資產。

（選擇題資料：參考歷屆證券商業務員考試試題）

三、綜合題

1.永隆公司與永發公司民國 X5 年的流動資產及流動負債如下：

	永隆公司	永發公司
流動資產		
現金	$ 25,000	$ 10,000
應收帳款	300,000	200,000
應收票據	35,000	20,000
存貨	100,000	80,000
預付費用	40,000	90,000
流動資產總額	$500,000	$400,000
流動負債		
應付帳款	$200,000	$250,000
應付票據	50,000	50,000
流動負債總額	$250,000	$300,000

補充資料:

⑴永隆公司的應收票據內有 $5,000 無法收現，預付費用多列 $20,000。

⑵永發公司漏列應付帳款 $20,000。

⑶永隆公司用現金 $5,000 償付一筆應付帳款交易未入帳。

⑷永發公司現金中包括員工借支薪金借條二張，共 $2,500。

試求：①根據上列資料計算永隆公司及永發公司下列資料:

a.流動比率。

b.速動比率。

c.運用資本。

②分析二家公司的短期償債能力何者較優?

2.試根據下列資料，求算各有關項目。

⑴存貨 $60,000，流動負債 $120,000，速變比率為 2.5，求流動比率。

⑵速變比率為 2，存貨 $90,000，流動比率為 3.5，求流動負債。

⑶速變比率為 2.5，流動負債 $90,000，存貨 $30,000，求流動資產。

⑷流動比率為 3，速變比率為 1，流動負債 $120,000，求存貨金額。

3.下列二公司的償債能力，那一個比較雄厚? 試說明之。

項　目	甲公司	乙公司
流動資產	$525,000	$600,000
流動負債	345,000	420,000
流動資產淨額	$180,000	$180,000

4.請回答下列問題:

⑴

	甲公司	乙公司
流動比率	200%	135%
速動比率	70%	100%

假定不考慮其他因素，你認為那一公司的短期償債能力較強？簡單說明理由。

⑵試寫出負債比率的計算公式，並說明其用來測驗的目的。

⑶銷貨 $160,000，銷貨退回 $20,000，銷貨成本 $112,000，毛利 $28,000，試計算該公司同型百分率（共同比百分率）。

（71 年會計師考試試題）

5. 設下列為永成股份有限公司民國 X5 年 12 月 31 日資產負債表：

永成股份有限公司
資產負債表
民國 X5 年 12 月 31 日

資　產			負　債	
現金		$ 166,000	應付票據	$ 60,000
應收票據		110,000	應付帳款	620,000
應收帳款	$510,000		應付費用	20,000
減：備抵壞帳	10,000	500,000	公司債	350,000
暫付款		10,000	負債總額	$1,050,000
存貨 (12/31)		334,000	股東權益	
機器設備	$190,000		股本	$ 500,000
減：累計折舊	50,000	140,000	資本公積	30,000
房屋	$176,000		股東權益總額	$ 530,000
減：累計折舊	26,000	150,000		
土地		120,000		
專利權		50,000		
資產總額		$1,580,000	負債和股東權益總額	$1,580,000

試根據上述資料，分析下列各項比率：

⑴流動比率。

⑵速變比率。

⑶現金與流動資產比率。

⑷現金與流動負債比率。

⑸運用資本與流動資產比率。

⑹運用資本與資產總額比率。

⑺固定資產與資產總額比率。

⑻固定資產與長期負債比率。

⑼固定資產與業主權益總額比率。

⑽固定資產與長期資金比率。

⑾負債比率。

⑿業主權益總額與負債總額比率。

6. 永祥公司的流動比率為2，下列交易事項均獨立發生，試說明下列交易對①流動比率，②速動比率，③營運資金的影響。

交易事項如下：

⑴購買 $21,000 的 3 年保險。

⑵賣地取得現金 $246,000。

⑶向永發銀行借款 $18,750，同時開一張 90 天，8% 的期票給銀行。

⑷以現金 $95,000 支付應付帳款。

⑸宣告現金股利 $47,000。

⑹現金購買庫藏股票 $460,000。

⑺已報廢之存貨（價值 $3,000）被偷走。

⑻股東增資 $120,000。

⑼某客戶開給公司的支票 $2,250，因存款不足被銀行退票。

⑽確定 $30,000 的應收帳款無法收回。

7. 試決定下列交易對流動比率、速動比率、營運資金及負債比率（負債總額除以資產總額）的影響。每一項應單獨考慮。假設在各交易發生前流動比率為 1.5、速動比率為 0.8、負債比率為 50%，公司帳上有備抵壞帳餘額 $5,000。

以“↑”代表增加，“↓”代表減少，“–”代表不改變，“?”代表不一定。

	流動比率	速動比率	營運資金	負債比率
⑴賒購存貨 $100,000。				
⑵現金購貨 $80,000。				
⑶出售面值 $200,000 的機器，得款 $120,000。				
⑷自銀行取得短期貸款 $150,000。				
⑸發行長期公司債，得款 $300,000。				
⑹沖銷 $10,000 的應收帳款。				

⑺償還應付帳款 $20,000。

⑻購買短期有價證券 $30,000。

⑼宣布在 1 個月後發放 $20,000 的現金股利。

⑽發行 $500,000 的股票交換土地。

請依照上列之格式作答。

（79 年會計師考試試題）

8. 永信公司的各項交易如下，且各項交易均獨立發生，就各交易說明其對①流動比率，②速動比率，③營運資金的影響。（增加，減少，或無影響）

⑴賒購商品 $40,000，半數售出，售價照成本加倍。

⑵預付保險費。

⑶應收票據到期收到本息。

⑷實際發生壞帳損失（永信公司曾預提備抵壞帳）。

⑸期末作壞帳損失調整分錄。

⑹期末發行公司債用來購置廠房。

⑺宣布股票股利。

⑻宣布現金股利。

⑼支付應付帳款獲得 3% 的折扣。

9. 試根據下列資料，求算有關項目。

⑴速動比率為 3 : 1，存貨為 $225,000，流動比率為 4.5 : 1，試求流動負債金額。

⑵永利公司比較資產負債表上列有期初應付房租 $17,350，期末應付房租 $13,875，但損益表上所列房租費用為 $56,750。試求該公司為房租支出現金多少？

⑶根據下列資料，計算：

①由營業得來運用資本總額。

②由營業得來現金總額：

交易事項	運用資本增（減）額	現金增（減）額
現銷商品 $100,000		
現購商品 $18,000		
應付薪金增加 $15,000		
應收帳款增加 $20,000		
存貨減少 $30,000		

（76 年會計師考試試題）

10.永仁公司於下列交易發生前，有流動資產 $300,000，其流動比率為 2.4 : 1，酸性測驗比率為 1.5 : 1。

各交易事項如下：

⑴成本 $35,000 之有價證券，現售得 $20,000。

⑵成本 $25,000 之商品，現售得 $37,500。

⑶出售固定資產得款 $12,500，原帳面價值為 $15,000。

⑷應收帳款中有 $2,000 已無法收到，但已有提列備抵壞帳。

⑸宣告普通股股息，每股發放 $2，流通在外股數共計 12,500 股，每股面額 $10。

⑹支付股息（交易⑸之股息）。

⑺向銀行借款 $50,000，以廠房抵押，為期 5 年。

⑻向銀行借款 $25,000，為期 2 個月。

試求：①完成上述各交易之分錄。

②求出下列比率（完成上述交易後之比率）：

a.流動比率。

b.速動比率。

c.營運資金。

第七章
經營效能分析

客戶訂單收入與成本分析表

客戶訂單收入與成本分析表

業務員：
客戶P/O：

□含三個月以上客戶訂單

客戶訂單號碼	CO20020509020	訂購單位編號	000
客戶編號	0990	訂購單位名稱	板橋分公司
客戶名稱	怡心電信	產品品名	三民帳號密碼卡
產品編號	0012-990-002-211	產品數量	30000
產品單位	張	總金額	360000
單價	12		

收入資訊

原出貨發票資料

出貨單號碼	出貨日期	交貨數量	銷售金額	銷項稅額	銷貨發票金額	銷貨
PI20020509019	2002/05/25	20000	240000	12000	252000	GH55
PI20020509020	2002/05/27	10000	120000	6000	126000	GH66
		0	0	0	0	

新出貨發票資料

出貨單號碼	出貨日期	交貨數量	銷售金額	銷項稅額	銷貨發票金額
		0	0	0	0

退貨（折讓）資料

退貨(折讓)單號碼	退貨(折讓)日期	退貨(折讓)金額	銷項稅額
	2002/05/30	950	48
		0	0

第一節
經營效能分析的意義

經營效能分析 (Operating Efficient Analysis)，是屬於資產負債表和損益表聯合比率分析，這種分析，將資產負債表和損益表內相關的各個項目，作某種極有價值的比率分析，用來分析一企業的經營效能，例如測驗收款方法的效率，測驗進貨和銷貨控制的效率，測驗財務活動的效率，以及投資報酬的效率等。

由於這種比率分析，既不屬於資產負債表的財務狀況分析，也不純粹屬於損益表的營業情形分析，所以又稱為補充比率分析 (Supplement Ratio Analysis)。不過，這些項目的分析，對企業的經營，可以提供改進參考、營業決策、以及加強控制等管理功能，雖然屬於補充分析，嚴格來說，比財務狀況和營業情形分析，反而更重要。

經營效能分析，是屬於資產負債表和損益表聯合比率分析，所以分析的時候，仍然要分成：①比率的名稱，②分析的目的，③分析的方法，④分析的結論四個層次來分析。

第二節
經營效能分析的項目

經營效能分析，是屬於資產負債表和損益表內的聯合比率分析，比較重要的項目，計有下列各項比率：

一、平均存貨週轉比率 (Turnover of Average Inventory Ratio)

平均存貨週轉比率，又稱為商品週轉率 (Merchandise Turnover Ratio)，或稱為銷貨成本與平均存貨比率 (Cost of Goods Sold to Average Inventory Ratio)，也有稱為商品存貨週轉的次數，是用於測定營業期間商品存貨的銷售速度，藉以瞭解存貨控制的效能，如果此一比率高，表示商品銷售快速，對存貨的控制，發揮了高度的效能；相反的，如果此一比率低，則表示商品銷售緩慢，對存貨的控制，沒有發揮效能。這一速度或週轉次數的測定，以全年平均存貨為基礎，或以 1 月底存貨額與 12 月底存貨額相加，用 2 去除，所得的商數作為平均存貨；或以全年 12 個月底的存貨相加，以 12 去除所得的商數，作為平均存貨。用這種方法所求得的商品週轉次數，是指全部商品的平均數，並不是指某一種商品而言，這種平均存貨週轉比率（即商品週轉次數），在商情分析中，是一個極重要的比率。

平均存貨週轉比率計算的方法，是銷貨成本 ÷ 平均存貨，假設前述永利股份有限公司銷貨成本是 $1,702,000，平均存貨為 $224,000，兩者的比率，是表示營業期間商品存貨銷售速度的快慢，藉以測驗存貨控制的效能。根據比例的公式，則永利股份有限公司平均存貨的週轉比率為：

$$\frac{\text{銷貨成本}}{\text{平均存貨}}=\frac{\$1,702,000}{\$224,000}=760\%\ (7.6\text{ 次})$$

上述比率，意思是每購入商品 $7.60，就有存貨 $1，也就是說，平均存貨的週轉比率為 7.6 次，這一比率，對買賣業來說，似乎嫌低。

計算存貨週轉率，往往計算其每週轉一次平均所需要的時間，此一週轉的天數，稱為存貨週轉日數 (Inventory Turnover in Days)，其計算方法：

$$\text{存貨週轉日數}=\frac{360}{\text{平均存貨週轉率}}$$

上述永利股份有限公司的週轉率為 7.6 次，則其存貨週轉日數為：

$$\frac{360^{*}}{7.6\text{ 次}}=47\text{ 天}$$

*有的學者採用 365 天，作者認為仍以 360 天為妥。

永利股份有限公司平均週轉的日數為 47 天，如果是買賣業，就嫌緩慢；如果是製造業，就應該不錯了。

二、應收帳款週轉比率 (Turnover of Receivable Ratio)

應收帳款週轉比率，又稱為收款比率 (Collective Ratio)，是表示應收帳款在營業期間週轉的次數，藉以測驗企業的收款成效，通常企業發生賒售商品的程序是：應收帳款→現金→商品→應收帳款，商品賒售以後，一方是記載貸銷貨收入，一方是記載借應收帳款，這種應收帳款，也許可以收回，也許不能收回，欠帳的期間愈長，則不能收回而發生壞帳的可能性愈大。如果這一比率增加，表示收款的成效良好；如果這一比率減少，則表示收款的成效不好。收款成效不好，則呆滯資金在外，不能使資金加以靈活運用，而增加企業的風險。

應收帳款週轉率計算的方法，是銷貨淨額 ÷ 應收帳款，前述永利公司銷貨淨額是 $2,127,500，應收帳款是 $187,500（包括應收票據餘額 $80,000，應收帳款餘額 $107,500），兩者的比率，是表示應收帳款在營業期間週轉的次數，藉以測驗企業的收款成效。根據比例的公式，則永利公司應收帳款的週轉率為：

$$\frac{\text{銷貨淨額}}{\text{應收帳款}} = \frac{\$2,127,500}{\$187,500} = 1,135\% \text{（11.4 次）}$$

上述比率，意思是每銷貨 $11.4，就有 $1 的應收帳款尚未收回，另一方面，又表示應收帳款在營業期間週轉次數是 11.4 次。

此一次數，要和平均收款期 (Average Collective Period) 相比較，才可測驗到收款的成效。

平均收款期的計算方法，通常是：

$$\frac{\text{銷貨淨額}}{\text{全年日數}} = \frac{\$2,127,500}{360} = \$5,910 \text{（每天淨銷金額）}$$

$$\frac{\text{應收帳款}}{\text{每天淨銷金額}} = \frac{\$187,500}{\$5,910} = 31.7 \text{（平均收款期）}$$

*有的學者採用 365 天，作者認為仍以 360 天為妥。

永利公司平均收款期為 31.7 天，假設當時一般信用期為 30 天，則超過 1.7 天，如果當時一般信用期為 60 天，則提早 28.3 天，前面一種情形是收款成效欠佳，後面一種情形，是收款成效很好。

應收帳款週轉率，往往受到市場商業循環的影響而左右其比率的大小，一般來說，市場不景氣時，信用緊縮，貨物滯銷，應收帳款不斷增加，收款也較為困難，此時，應收帳款週轉率因而下降；市場繁榮時，信用擴張，貨物暢銷，應收

帳款不斷減少，收款也較為容易，此時，應收帳款週轉率因而趨大。這種客觀環境的影響，在分析應收帳款週轉率時，應特別加以注意。由於這一因素的影響，計算應收帳款週轉率時，如果以賒銷總額÷應收帳款，所得到的結論，也許更為正確。

三、營業循環 (Operating Cycle)

營業循環，是指企業投入現金，購買商品，出售以後，再收回現金，或者是投入現金，購買原料、人工與支付製造費用後製造產品，經過銷售程序而再收回現金，每完成一次營業程序所需的時間，在營業期間內，周而復始的運轉，稱為營業循環。根據營業的程序，列示營業循環如下：

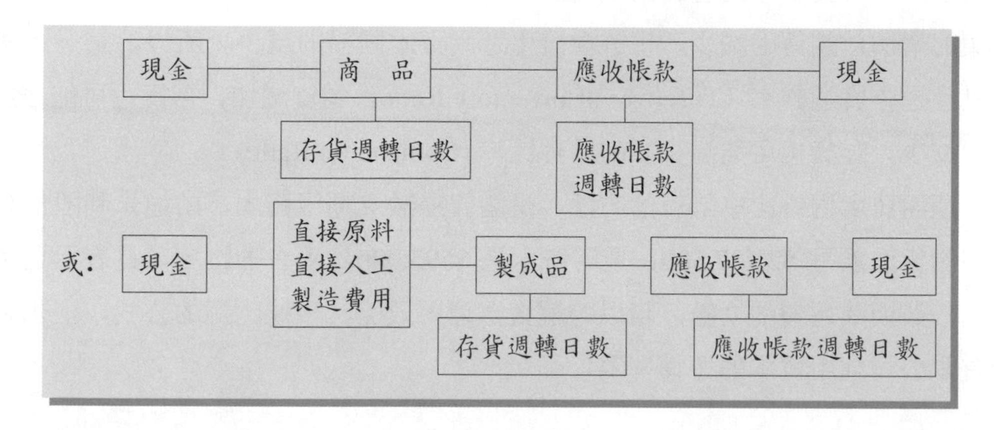

根據上述營業程序，則可列示營業循環如下。

營業循環＝存貨週轉日數＋應收帳款週轉日數

上述永利股份有限公司存貨的週轉日數為：

$$\frac{\$1,702,000}{\$224,000}=7.6\text{ 次}，\quad \frac{360\text{ 天}}{7.6\text{ 次}}=47\text{ 天}$$

應收帳款的週轉日數為：

$$\frac{\$2,127,500}{360}=\$5,910，\quad \frac{\$187,500}{\$5,910}=31.7\text{ 天}$$

因而其營業循環的日數，可以計算如下：

47 天 +31.7 天 = 78.7 天

永利股份有限公司的營業循環一次，要 78.7 天，每年循環 360 天 ÷78.7 天，等於 4.6 次（約計數），這種循環是屬於快速？還是緩慢？要看企業的性質而定，如果是買賣業，就太緩慢，如果是屬於製造業，應該不算很慢。不過，不論企業是屬於那一種性質，營業循環愈快愈好，因為循環愈快，愈可以增加企業的投資利潤。

四、運用資本週轉比率 (Turnover of Working Capital Ratio)

運用資本週轉比率，是表示一定的運用資本數額，經營一定的銷貨範圍，也就是說，運用資本每元在營業期間週轉的次數。銷貨的增加，也許需要運用資本同額的增加，銷貨的減少，也許會發生運用資本同額的減少。所以，這一比率，可以說是存貨週轉率（Turnover of Inventory Ratio，銷貨增加，存貨也可能增加，銷貨減少，存貨也可能減少）的同伴比率 (Companion Ratio)。

運用資本週轉比率計算的方法，是銷貨淨額 ÷ 運用資本，前述永利股份有限公司銷貨淨額是 \$2,127,500，運用資本是 \$595,000，兩者的比率，是表示運用資本在營業期間週轉的次數，藉以瞭解資金運用效能。根據比例的公式，則永利股份有限公司運用資本的週轉率為：

$$\frac{\text{銷貨淨額}}{\text{運用資本}} = \frac{\$2,127,500}{\$595,000} = 358\%\ (3.58\ \text{次})$$

永利股份有限公司的運用資本週轉率為 3.58 次，如果該公司係經營買賣業，可以說是太低了。

運用資本週轉率，通常一般來說，如果週轉率高，表示運用資本的使用效率大；如果週轉率低，表示運用資本的使用效率低。但此一比率往往會因流動項目內容的不同，而對所獲得的結論，情形相反。現在，就 A、B 兩公司的情形來加以分析，就可說明事實的真相。

	A 公司	B 公司
現金	\$ 40,000	\$ 16,000
應收票據	48,000	8,000

應收帳款	32,000	64,000
存貨	80,000	112,000
流動資產	$200,000	$200,000
流動負債	40,000	104,000
運用資本	$160,000	$ 96,000
銷貨	$400,000	$400,000
流動比率	500%	192%
運用資本週轉比率	250%	416%

上述 A、B 兩公司，A 公司的流動比率更高，償債能力較強，同時速變流動資產也更多，但運用資本週轉率為 2.5 次（即 250%）。B 公司的流動比率更低，償債能力更弱，同時速變流動資產也更少，但運用資本週轉率為 4.16 次（即 416%），如果根據上述解釋：週轉率高，表示運用資本的使用效率大；週轉率低，表示運用資本的使用效率小。則此一解釋的情形，就完全相反了，分析時應特別注意這一點。

五、銷貨淨額與固定資產比率 (Net Sales to Fixed Assets Ratio)

銷貨淨額與固定資產比率，是表示銷貨與營業設備（工廠設備）增減變化的關係，用以瞭解固定資產的增減，是否隨營業的擴張與否而作比例增減。一般來說，營業逐漸擴大，營業設備也作比例增加，如果營業未曾日益增大，而固定資產增加時，則有呆滯資金的現象；如果營業縮小，固定資產也作比率減少。這種比率的分析，如果是屬於買賣業，情形未必完全如此，萬一作比例增加，也未必是一種良好的現象，因為買賣業的營業設備，畢竟有限，但對於製造業來說，可能就要作比例的增加，即使作比例的增加，也是一種良好的現象。

分析銷貨淨額與固定資產比率的時候，最好以同一營業性質，營業資本相同的企業，作比較的分析，所得的結論，較為正確，或者同一企業，因歷年的增減比率分析，也比較更富有意義。

銷貨淨額與固定資產比率計算的方法，是銷貨淨額 ÷ 固定資產，前述永利股份有限公司銷貨淨額是 $2,127,500，固定資產是 $1,450,000，兩者的比率，是表示銷貨與營業設備增減變化的關係，用以瞭解固定資產的增減，是否隨營業的擴張與否而作比例增減。根據比例的公式，則永利股份有限公司銷貨淨額與固定資產的比率為：

$$\frac{\text{銷貨淨額}}{\text{固定資產}} = \frac{\$2,127,500}{\$1,450,000} = 147\%$$

上述比率，意思是每銷貨 $1.47 就有固定資產 $1，此一比率，對買賣業來說，有嫌過多的現象，因為買賣業是設備愈少，運轉資金（運用資本）愈多。但對製造業來說，可能是較為合理的現象。至於固定資產增減變化是否合理，就要和別的企業相比較，或者與同一企業上年度比較，才可得到圓滿的答案。

此一比率，從另外一個角度來看，也是表示固定資產的週轉率。週轉率大，是表示營業設備充分運用；週轉率小，是表示營業設備未發揮充分運用的功能。上述永利股份有限公司的銷貨淨額為 $2,127,500，固定資產為 $1,450,000，則其週轉率為：

$$\frac{\text{銷貨淨額}}{\text{固定資產}} = \frac{\$2,127,500}{\$1,450,000} = 147\% = 1.47\text{ 次}$$

固定資產的週轉率 1.47 次，可以說是太低了，換句話說，永利股份有限公司的固定資產週轉率只有 1.47 次，有浪費設備或閒置資產的因素存在，究竟為何，必需瞭解實情而後加以改善。

六、銷貨淨額與資產總額比率 (Net Sales to Total Assets Ratio)

銷貨淨額與資產總額比率，是表示銷貨淨額與資產總額的增減變化關係，瞭解資產總額在營業上的運用情形。如果比率高，是表示資產在營業上運用得宜；如果比率低，則表示資產在營業上運用不得宜。

銷貨淨額與資產總額比率計算的方法，是銷貨淨額 ÷ 資產總額，前述永利股份有限公司的銷貨淨額為 $2,127,500，資產總額為 $2,494,500，兩者的比率，是表示每元資產，有若干元的銷貨額。根據比例的公式，則永利股份有限公司銷貨淨額與資產總額的比率為：

$$\frac{\text{銷貨淨額}}{\text{資產總額}}=\frac{\$2{,}127{,}500}{\$2{,}494{,}500}=85\%$$

上述比率，意思是每銷貨 $0.85，就有資產 $1，反過來說，資產 $1.17，銷貨 $1，這樣的運轉率，實在是太低了，原因何在？必須找出實際缺點，加以改善。不過，此一比率的適用性，有待商榷，因為有若干資產項目，未必能運用到營業上。

七、期初股東權益週轉比率 (Turnover of Beginning Stockholder's Equities Ratio)

期初股東權益週轉比率，是表示期初股東權益在營業期間週轉的次數，藉以測驗企業的資金運用是否得當。按一般經濟原則，是要運用最小的資金，獲得最大的利益。如果股東權益總額大而銷貨淨額少，就表示以鉅額的資金，經營小小的業務；如果是股東權益總額小，而銷貨淨額大，則表示以少數的資金，經營較大的業務，前面一種情形，可以說是資金運用不得當，後面一種情形，可以說是資金運用得當。

期初股東權益週轉比率計算的方法，是銷貨淨額 ÷ 股東權益總額，前述永利股份有限公司銷貨淨額是 $2,127,500，股東權益總額是 $1,297,500，兩者的比率，是表示期初股東權益的週轉率，藉以瞭解企業的資金運用是否得當。根據比例的公式，則永利股份有限公司期初股東權益週轉比率為：

$$\frac{\text{銷貨淨額}}{\text{股東權益總額}}=\frac{\$2{,}127{,}500}{\$1{,}297{,}500}=164\%\ (1.64\text{ 次})$$

上述比率，意思是期初股東權益週轉率為 1.64 次，也就是說，每有期初股東權益 $1，計銷貨淨額 $1.64，這顯然是資金運用得不適當，換句話說，即以鉅額的資金，經營小小的業務。

八、期末純益與股東權益比率 (Net Income to Stockholder's Equities Ratio)

期末純益與股東權益（期初）比率，是表示企業期末股東權益每元所能獲得的純益率，用以測驗其商業經營的成效。如果每元股東權益所獲得的純益率高，是表示企業對於財務運用的成效良好；相反的，如果每元資本所獲得的純益率低，則表示企業對於財務運用的成效不好。

期末純益與股東權益比率計算的方法，是期末純益 ÷ 股東權益總額，前述永利股份有限公司期末純益是 $135,000，股東權益總額是 $1,297,500，兩者的比率，是表示企業期末股東權益每元所能獲得的純益率，用以測驗其商業經營的成效。根據比例的公式，則永利股份有限公司期末純益與股東權益的比率為：

$$\frac{\text{期末純益}}{\text{股東權益總額}} = \frac{\$135,000}{\$1,297,500} = 10\%$$

上述永利股份有限公司期末純益與資本總額比率為 10%，即表示期初股東權益每元所能獲得的收益率 10%，這一期初資本的獲利率，似乎嫌低。

此一比率，也可以用稅後純益與股東權益總額作成比率，以瞭解其稅後的股東權益報酬率，分析的意義，與上述相同。

九、期末純益與原投股本比率 (Net Income to Original Invested Capital Ratio)

期末純益與原投股本比率，是表示企業對投入資本每元所能獲得的報酬率，用以瞭解企業經營的成效，也是用以瞭解財務運用的成效，此一比率，對股票在市場價格的漲落，有很大的影響力。一般來說，若投入資本每元所獲得的利益率高，則股票勢將上漲；如果投入資本每元所獲得的利益率低，則股票勢將下跌。同時，這一比率，對於投資者衡量其投資途徑，有很大的啟發作用。

期末純益與原投股本比率計算的方法，是期末純益 ÷ 原投股本，前述永利股份有限公司期末純益是 $135,000，原投股本是 $1,250,000，兩者的比率，是表示企業對投入資本每元所能獲得的報酬率，藉以瞭解其企業經營的成效。根據比例的公式，則永利股份有限公司期末純益與原投股本的比率為：

$$\frac{\text{期末純益}}{\text{原投股本}} = \frac{\$135,000}{\$1,250,000} = 11\%$$

上述永利股份有限公司期末純益與原投股本比率為 11%，即表示原投股本每元所能獲得的報酬率為 11%，一般情形來說，略嫌偏低。

這一比率，在應用上，如果和營業性質相同的其他公司，或與本公司以前各年度，作正常獲利能力相比較，就較有意義。不過，應假設該公司或該年度的已發生非常損失，將此項非常損失除外，才可得到正確的結論。

此一比率，也可以用稅後純益與原投股本作成比率，以瞭解其稅後的報酬率，分析的意義與上述相同。

十、期末純益與運用資本比率 (Net Income to Working Capital Ratio)

期末純益與運用資本比率，是表示期初每元運用資本，到期末時所能獲得的純益率，也是用以計算其運用資本淨額，用於經營業務所產生的收益率。這一比率，同樣是用以測度企業對商業經營成效的程度。如果這一比率高，則表示其財務運用情形良好；如果這一比率低，則表示其財務運用，沒有發揮高度的效能。

期末純益與運用資本比率計算的方法，是期末純益 ÷ 運用資本，前述永利股份有限公司期末純益是 \$135,000，運用資本是 \$595,000，兩者的比率是表示期初每元運用資本，到期末時所能獲得的純益率，用以測驗經營的成效。根據比例的公式，則永利股份有限公司期末純益與運用資本的比率為：

$$\frac{期末純益}{運用資本}=\frac{\$135,000}{\$595,000}=23\%$$

上述比率，是表示期初運用資本每元所獲得的收益率為 23%，永利股份有限公司期初運用資本的收益率，顯然偏低。

十一、期末純益與平均資產總額比率 (Net Income to Average Total Assets Ratio)

期末純益與平均資產總額比率，是表示企業每元資產所能獲得的純益，換句話說，也就是表示資產的報酬率有多少，藉以瞭解其經營的效率。在傳統的財務報表分析中，大多數都是主張採用資本報酬率觀念，因為一般投資者，往往重視投資報酬率，對資產報酬率多少，並不考慮。

期末純益與平均資產總額比率，為美國杜邦 (Dupont) 公司在財務報表中所提出，所以又稱為杜邦比率 (Dupont Ratio)，其公式為：

$$\frac{\text{純益}}{\text{平均總資產}}=\frac{\text{純益}}{\text{淨銷}}\times\frac{\text{淨銷}}{\text{平均總資產}}$$

上列公司中的平均總資產 (Average Total Assets) 是指資產總額減去投資（對外長期投資）與其他資產（即指公司的非營業資產）。

期末純益與平均資產總額比率計算的方法，是期末純益 ÷ 平均資產總額（營業資產），前述永利股份有限公司期末純益為 $135,000，平均資產總額為 $2,375,000（資產總額 $2,494,500 − 其他資產 $137,500），兩者的比率，是表示企業每元資產所能獲得的報酬率，藉以瞭解其經營的成效。根據比例的公式，則永利股份有限公司期末純益與平均資產總額的比率為：

$$\frac{\text{期末純益}}{\text{平均資產總額}}=\frac{\$135,000}{\$2,375,000}=5.7\%$$

上述永利股份有限公司期末純益與平均資產總額比率為 5.7%，是表示平均資產 $1，有 $0.057 的純益，該公司 5.7% 的期末純益，似乎偏低。

十二、期末純益與長期資金比率 (Net Income to Long-term Capital Ratio)

期末純益與長期資金比率，是表示企業投資人與債權人所投入資金每元所能獲得的報酬率，用以瞭解企業經營的成效，也就是用以瞭解財務運用的成效。就廣義的投資來說，股東投入的股本以外，債權人所投入的資金，也算是投資，此一比率，就是要瞭解兩者合併的投資報酬。

期末純益與長期資金比率計算的方法，是期末純益 ÷〔股東權益（原投股本）+ 長期負債〕，前述永利股份有限公司期末純益是 $135,000，長期資金 $1,950,000（股本 $1,250,000 + 長期負債 $700,000），兩者的比率，是用以瞭解運用長期資金經營的成效。根據比例的公式，則永利股份有限公司期末純益與長期資金的比率為：

$$\frac{\text{期末純益}}{\text{長期資金}} = \frac{\$135{,}000}{\$1{,}950{,}000} = 7\%$$

上述永利股份有限公司期末純益與長期資金比率為 7%，即表示長期資金每元所獲得的報酬率為 7%。一般情形來說，顯然偏低，因為借入的長期資金，未能發揮效率，通常應該是借入的長期資金，運用產生營業收入，減去利息數，可以增加原投股本的報酬才對。

期末純益與長期資金比率，期末純益有的學者主張用稅後純益，再加長期負債利息費用 × (1 – 稅率) 後的淨利來計算比較合理。因此，其計算公式應改為：

$$\frac{\text{稅後純益} + \text{長期負債利息費用} \times (1 - \text{稅率})}{\text{股東權益} + \text{長期負債}} = \text{長期資金報酬率}$$

分析時，採用此一觀念，亦甚合理（永利股份有限公司資料不全，分析從略）。

十三、普通股每股獲利率 (Earning Per Common Share)

普通股每股獲利率，也就是股東權益投資報酬率，表示普通股股東投資每元所獲得的利益率，比率高，就表示投資報酬率高；比率低，就表示投資報酬率低。此一比率，與前述期末純益與股東權益總額比率不同，普通股每股獲利率，是指原投股本普通股股東的投資報酬率，而期末純益與股東權益總額比率，是指企業期初股本的投資報酬率，而且不包括特別股（優先股）在內，分析時宜加以注意。

普通股每股獲利率計算的方法，是期末純益減特別股股息 ÷ 普通股流通在外平均數。前述永利股份有限公司特別股為 \$500,000，假設股利為 10%，則該公司期末純益（稅前純益）為 \$85,000 (\$135,000 – \$500,000 × 10%)，普通股為 \$750,000，兩者的比率，是表示普通股每元所獲得的報酬率，藉以瞭解投資獲利的好壞。根據比例的公式，則永利股份有限公司普通股每股的獲利率為：

$$\frac{\text{期末純益} - \text{特別股股利}}{\text{普通股}} = \frac{\$135{,}000 - \$50{,}000}{\$750{,}000} = 11\%$$

上述永利股份有限公司普通股每股獲利率為 11%，是表示普通股 \$1 的獲利為 \$0.11（稅前純益），如果扣除所得稅後，獲利不超過 10%，一般來說，應該是偏低。該公司稅後純益可計算如下：

(1)稅後純益為：$135,000 − $135,000 × 25% = $101,250

(2)減除特別股股利後純益為：$101,250 − $500,000 × 10% = $51,250

(3)普通股每股獲利率（稅後純益）為：$\frac{\$101,250 - \$50,000}{\$750,000} = 7\%$

根據上述計算結果，普通股股利低於特別股股利。

十四、財務槓桿作用 (Degree of Financial Leverage)

財務槓桿作用，是用來比較股東權益投資報酬率與總資產投資報酬率間的大小，瞭解企業對資金運用的成效。在企業的資本結構中，一部分是股東投資的股本，一部分是債權人投入的長期資金，運用債權人投入的長期資金，在營業上增加營業收入，減去應負擔的利息後，如果營業收入大於利息費用，則增加普通股股東的投資報酬率（假設特別股為非參加特別股）；如果營業收入小於利息費用，則減少普通股股東的投資報酬率，這種計算股東權益投資報酬率與總資產報酬率的差異，稱為財務槓桿作用。

財務槓桿作用計算的方法，是股東權益投資報酬率 ÷ 總資產投資報酬率，此一比率，又稱為財務槓桿指數 (Financial Leverage Index)，茲舉例說明如下：

(1)資產負債表：（金額千元）

永興股份有限公司

資產	$2,500,000	長期負債	$ 0
		股東權益	2,500,000
合　計	$2,500,000	合　計	$2,500,000

永盛股份有限公司

資產	$2,500,000	長期負債	$ 500,000
		股東權益	2,000,000
合　計	$2,500,000	合　計	$2,500,000

永成股份有限公司

資產	$2,500,000	長期負債	$1,000,000
		股東權益	1,500,000
合　計	$2,500,000	合　計	$2,500,000

⑵損益表：假設永盛股份有限公司借款利率為 10%，永成股份有限公司借款利率為 14%，所得稅稅率為 25%，三公司簡明損益表列示如下（金額千元）：

項　目	永興股份有限公司	永盛股份有限公司	永成股份有限公司
利息及所得稅前純益	$400,000	$400,000	$400,000
利息費用	0	50,000	140,000
稅前純益	$400,000	$350,000	$260,000
預計所得稅	100,000	87,500	65,000
稅後純益	$300,000	$262,500	$195,000
股東權益投資報酬率	12%	13.13%	13%
總資產投資報酬率	12%	12%	12%

註：股東權益投資報酬率計算方法：

永興公司：$\dfrac{\text{稅後純益}}{\text{股東權益總額}} = \dfrac{\$300{,}000}{\$2{,}500{,}000} = 12\%$

永盛公司：$\dfrac{\text{稅後純益}}{\text{股東權益總額}} = \dfrac{\$262{,}500}{\$2{,}000{,}000} = 13.13\%$

永成公司：$\dfrac{\text{稅後純益}}{\text{股東權益總額}} = \dfrac{\$195{,}000}{\$1{,}500{,}000} = 13\%$

總資產投資報酬率：

永興公司：$\dfrac{\text{稅後純益} + \text{利息費用}(1 - \text{稅率})}{\text{總資產}} = \dfrac{\$300{,}000}{\$2{,}500{,}000} = 12\%$

永盛公司：$\dfrac{\text{稅後純益} + \text{利息費用}(1 - \text{稅率})}{\text{總資產}} = \dfrac{\$262{,}500 + \$50{,}000(1 - 25\%)}{\$2{,}500{,}000} = 12\%$

永成公司：$\dfrac{\text{稅後純益} + \text{利息費用}(1 - \text{稅率})}{\text{總資產}} = \dfrac{\$195{,}000 + \$140{,}000(1 - 25\%)}{\$2{,}500{,}000} = 12\%$

⑶財務槓桿作用：

項　目	永興股份有限公司	永盛股份有限公司	永成股份有限公司
股東權益投資報酬率 A	12%	13.13%	13%
總資產投資報酬率 B	12%	12%	12%
財務槓桿作用（指數）$\frac{A}{B}$	1.00	1.09	1.08
財務槓桿變動因素	0	1.13%	1%

註：財務槓桿變動因素，就是股東權益投資報酬率高於總資產報酬率的百分率（例如永盛公司的變動因素為：13.13% − 12% = 1.13%）。

上述計算總資產報酬率的公式:〔稅後純益 + 利息費用(1 – 稅率)〕÷ 總資產,其中利息費用 (1 – 稅率),是由於企業向外借款所支付的利息,除了影響槓桿作用外,尚可產生抵減課稅所得。

前述永利股份有限公司股東權益投資報酬率為 10.8%,總資產(營業資產)投資報酬率為 9.3%,則該公司的財務槓桿作用(指數)為:

$$\frac{10.8\%}{9.3\%} = 1.16$$

計算財務槓桿作用的理論很多,有的會計學者主張用下列方法來計算:

$$\frac{\text{利息與所得稅前純益 (Earning Before Interest)}}{\text{稅前純益 (Earnings Before Tax)}}$$

如用此法,則上述三公司的財務槓桿作用為:

$$\text{永興公司:}\ \frac{\$400{,}000}{\$400{,}000} = 1.00$$

$$\text{永盛公司:}\ \frac{\$400{,}000}{\$350{,}000} = 1.14$$

$$\text{永成公司:}\ \frac{\$400{,}000}{\$260{,}000} = 1.54$$

著者認為第一法較有理論依據。

十五、每股盈餘 (Earnings Per Share)

每股盈餘(簡寫為 EPS),是指公司發行的普通股,每股在一會計年度內,所能獲得的盈餘。前述普通股每股獲利率的分析,就是指每股盈餘的分析。每股盈餘,常常用來衡量公司的獲利能力,及評估股票投資的風險。在不同年度每股盈餘的增減變動,就是代表公司獲利趨勢。同時,**每股市價與每股盈餘的比率**(Price/EPS,簡稱 P/E Ratio),稱為**價格盈餘比率**,或稱為**本益比**,常常用來評估投資報酬與風險。此一比率的倒數,即:每股盈餘/每股市價,即為投資報酬率。價格盈餘比率愈大,表示股東的投資報酬率愈低,例如股票市價為 $100,每股盈餘為 $10,則其價格盈餘比率為 10 倍,表示對公司所賺的每 1 元盈餘,股東願意付出

10 倍的價格來購買股票，其投資報酬率僅為十分之一 (10%)，股東願意接受此一投資報酬率的投資，其原因不外乎：①此一投資報酬高於市場投資報酬率；②此一公司將來有很好的發展潛力，否則，就是投機性的投資，此種投資，風險非常之大。

1966 年，美國會計原則委員會發布第九號意見書，建議企業提供每股盈餘的資訊，爾後，1969 年發布第十五號意見書，詳細規定其計算方法，並規定所有公司，在損益表上都要明顯的列出每股盈餘數額。1978 年美國財務會計準則委員會 (FASB)，發布第二十一號財務會計準則公報，規定公開發行或上市公司，應提供每股盈餘的資訊。股東或債券未公開發行者，不必提供，因其資本結構，比較簡單。

美國會計原則委員會將公司的資本結構分為兩種，一種是簡單資本結構，另一種是複雜資本結構，茲將兩者的每股盈餘計算方法，列述如後：

1. 簡單資本結構每股盈餘 (Single EPS) 的計算方法

$$普通股每股盈餘 = \frac{本期純益}{普通股加權平均流通在外股數}$$

$$或：普通股每股盈餘 = \frac{本期純益 - 特別股股利}{普通股加權平均流通在外股數}$$

①假設永利公司股本全部為普通股，每股 $10，且全數流通在外，則每股盈餘為：

$$\frac{\$135,000}{75,000} = \$1.8$$

②假設永利公司普通股 $550,000，每股 $10，全數流通在外；特別股 $200,000，每股 $10，股利為 10%，則普通股每股盈餘為：

$$\frac{\$135,000 - (\$200,000 \times 10\%)}{55,000} = \$2.09$$

2. 複雜資本結構每股盈餘 (EPS Under Complex Capital Structure) 的計算方法

複雜資本結構每股盈餘，計算比較複雜，公司除了普通股以外，尚有可以轉換為普通股的證券，如特別股、公司債及流通在外的認股權與認股證，可以行使認購權利而取得普通股，這些證券或權利如換成普通股，會使每股盈餘降低，因

而稱為約當普通股 (Common Stock Equivalent)，一旦變成普通股之後，使每股盈餘降低，具有潛在稀釋（Diluted，淡化）作用。複雜資本結構每股盈餘，又分為簡單每股盈餘、基本每股盈餘、及完全稀釋每股盈餘，其計算方法如下（因情況複雜，不列金額說明）：

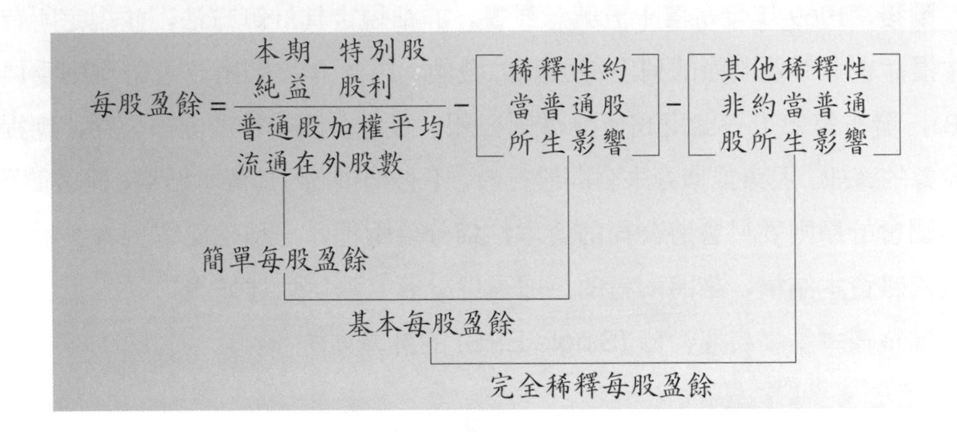

如果將複雜資本結構每股盈餘的計算方法，用圖解方式，則可詳列如圖 7–1。

第三節 經營效能分析的檢討

經營效能分析，是將資產負債表和損益表中所列的各個項目，用比率方法，將其對經營效能有關的項目加以分析，在財務報表分析中，占有相當重要的地位，尤其企業在管理與經營決策時，非常重要。分析時，要注意下列因素，才可以判斷其正確性：

⑴比率分析，是屬於兩個項目間關係的分析，這種分析，無法完全瞭解企業的全貌，對企業內部存在的因素，要詳加注意。

⑵比率的數字，是表示財務報表內各個項目間的關係，在同一個比率，可以包括很多不同的數字。例如 100%，$10,000 對 $10,000，是 100%；$50,000 對 $50,000，是 100%；$100,000 對 $100,000，也是 100%。這個 100% 的比率，假使其逐年增減，要在兩個項目中瞭解其實際金額的變動，頗不容易。

⑶基於上述原因，在效能分析使用比率時，兼採比較分析，更能瞭解企業的全貌。

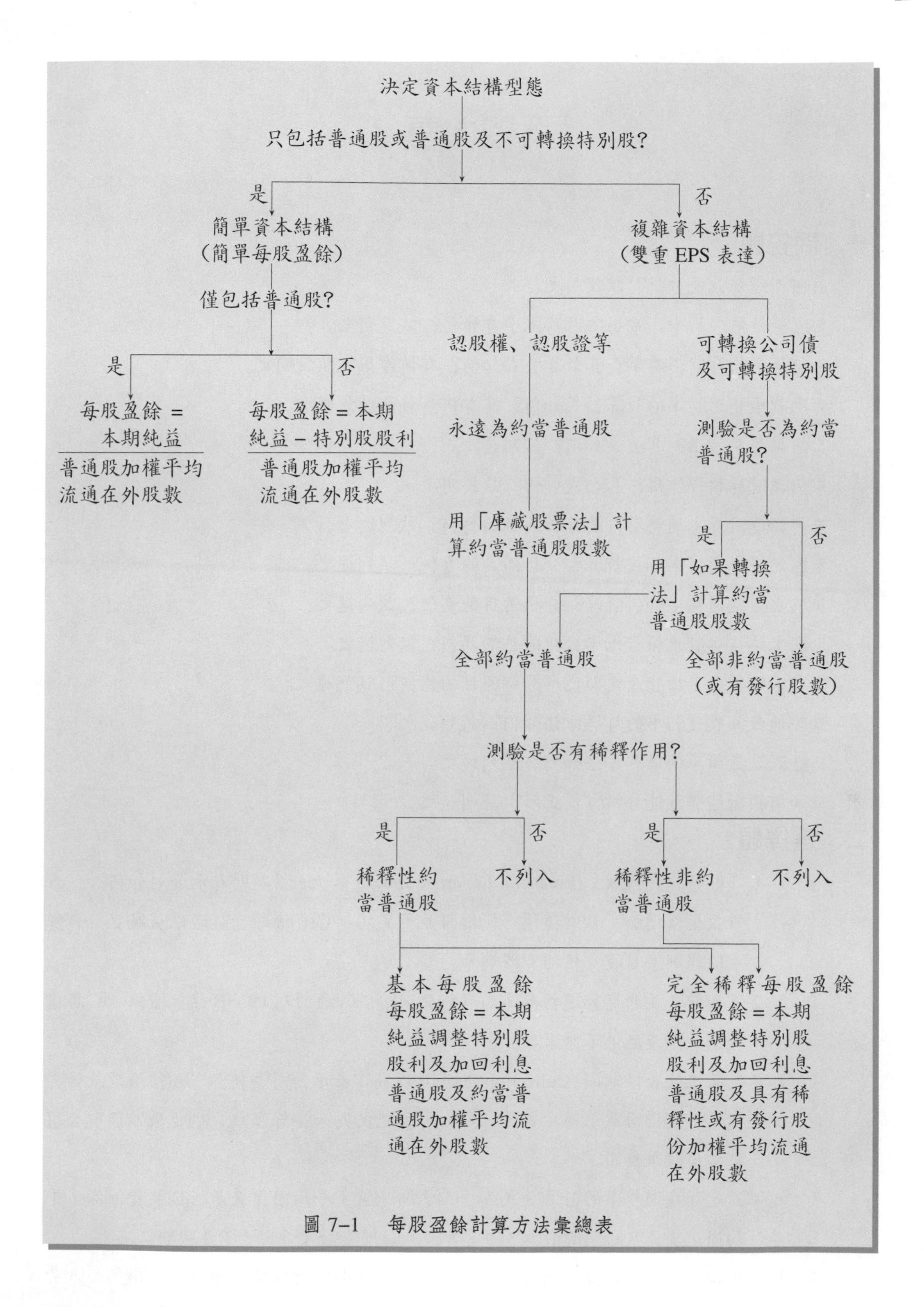

圖 7-1　每股盈餘計算方法彙總表

習題

一、問答題

1. 何謂經營效能分析？試說明之。
2. 經營效能分析中，常用的財務比率有那些？試說明之。
3. 何謂平均存貨週轉率？其計算公式如何？有何作用？試說明之。
4. 應收帳款週轉率的計算公式如何？其有何意義？試說明之。
5. 何謂營業循環？其公式如何？試列述之。
6. 何謂財務槓桿作用？其公式如何？試說明之。
7. 何謂運用資本週轉率？其分析的目的為何？試列述之。
8. 固定資產週轉率如何計算？分析的目的為何？試列述之。
9. 股東權益週轉率如何計算？分析的目的為何？試列述之。
10. 期末純益與股東權益比率分析的目的為何？試列述之。
11. 期末純益與平均資產總額比率分析的目的為何？試列述之。
12. 普通股每股獲利率的計算方法如何？試列述之。
13. 每股盈餘簡單的計算方法如何？試列述之。
14. 如何檢討經營效能分析方能正確？試列述之。

二、選擇題

(　) 1. 「財務槓桿指數」(Financial Leverage Index) 若大於 1，則表示公司如何？ (A)借款金額增加 (B)財務槓桿使用得並不成功 (C)負債融資超過權益融資 (D)資產的報酬率超過負債的實際利率。

(　) 2. 下列何者並非存貨週轉率高的可能原因？ (A)原料短缺 (B)存貨滯銷 (C)售價降低 (D)產品供不應求。

(　) 3. 應收帳款收帳期間 (Collection Period) 過高，表示公司為何？ (A)信用政策過於寬鬆 (B)信用政策過於嚴苛 (C)公司可能喪失一些好客戶 (D)收帳期間與公司之信用政策無關。

(　) 4. 固定資產週轉率的計算公式為 (A)本期純益 / 平均固定資產 (B)銷貨淨額 / 平均固定資產 (C)銷貨收入 / 固定資產 (D)固定資產淨額 / 資產總額。

(　) 5. 現金購買商品，商品出售轉為應收帳款，再由應收帳款收回現金，稱為 (A)營

業循環 (B)會計循環 (C)商業循環 (D)現金循環。

( ) 6.計算普通股每股盈餘數之時，除應考慮各種影響企業損益之資料外，應以 (A)普通股簡單平均股數 (B)流通在外簡單平均股數 (C)普通股加權平均數 (D)流通在外加權平均股數 為除數比較相宜。

( ) 7.期末存貨高估，將使 (A)酸性測驗比率增加 (B)酸性測驗比率減少 (C)存貨週轉率增加 (D)存貨週轉率降低。

( ) 8.財務槓桿等於 (A)股東權益報酬率 / 資產報酬率 (B)資產報酬率 / 股東權益報酬率 (C)資產週轉率 / 資產報酬率 (D)資產報酬率 / 資產週轉率。

( ) 9.資產報酬率 = 純益率 × (A)股東權益報酬率 (B)資產週轉率 (C)現金比率 (D)長期資金適合率。

( ) 10.運用資本週轉率，係 (A)經營成果分析 (B)獲利能力分析 (C)成長能力分析 (D)長期財務結構分析。

( ) 11.何種比率分析可以評估一個企業的存貨是否過多，銷貨效率是否良好，存貨控制是否有效？ (A)應收帳款週轉率 (B)流動比率 (C)存貨週轉率 (D)速動比率。

( ) 12.就會計術語而言，營業循環觀念乃是 (A)劃分流動與非流動資產之主因 (B)已陳舊之術語 (C)允許 1 年以上方可變為現金的資產，歸類為流動資產 (D)影響損益表，但並不影響資產負債表。

( ) 13.某公司 X5 年度銷貨收入 4,000,000 元，銷貨成本 2,400,000 元，存貨期初餘額 200,000 元，期末餘額 100,000 元，存貨週轉率的平均天數為 (A) 24 天 (B) 22.81 天 (C) 22.5 天 (D) 15.21 天。

( ) 14.慈濟公司稅後借款利率為 9%，總資產的稅後報酬率為 17%，則慈濟公司 (A)有正的財務槓桿 (B)沒有財務槓桿 (C)有負的財務槓桿 (D)資料不足難以決定。

( ) 15.臺中公司在 X5 年初有存貨 $600,000，X5 年的銷貨成本是 $2,500,000，而 X5 年 12 月 31 日之期末存貨有 $400,000，則 X5 年的存貨週轉率是 (A) 4.1 (B) 4.5 (C) 5.0 (D) 3.8。

( ) 16.某公司 X5 年度銷貨收入 $8,000,000，包括現銷收入 $1,000,000，應收帳款期初餘額 $150,000，期末餘額 $250,000，應收帳款週轉率為 (A) 40 次 (B) 35 次 (C) 30 次 (D) 45 次。

( ) 17.某公司 X5 年度銷貨收入 $9,000,000，無現銷收入，銷貨退回 $150,000，應收帳款期初餘額 $1,200,000，期末餘額 $1,800,000，應收帳款的收帳平均天數為 (A) 61.9 天 (B) 61 天 (C) 60.8 天 (D) 48.7 天。

( ) 18.應收帳款週轉率高代表 (A)存貨以賒銷為主 (B)客戶付款速度快 (C)壞帳金額

大 (D)存貨週轉快。

( ) 19.計算基本每股盈餘時不考慮 (A)非常損益 (B)不可轉換債券 (C)可轉換證券 (D)以上皆非。

( ) 20.何者與營業週期無關? (A)存貨週轉率 (B)應收帳款週轉率 (C)股東權益報酬率 (D)以上皆非。

( ) 21.下列何項比率與股票市價有關? (A)股東權益報酬率 (B)利潤率 (C)本益比 (D)存貨週轉率。

( ) 22.每股帳面價格係 (A)股東願意賣出的每股市價 (B)總資產除以流通在外股數 (C)淨資產除以流通在外股數 (D)股東權益除以核准股數。

(選擇題資料:參考歷屆證券商業務員考試試題)

三、綜合題

1.下列二項週轉率之計算公式中,若有錯誤,請改正,並說明改正之理由;若無錯誤,亦請註明無誤:

(1)存貨週轉率 $= \frac{\text{銷貨總額}}{\text{平均存貨}}$。

(2)應收帳款週轉率 $= \frac{\text{現銷銷貨收入} + \text{賒銷銷貨收入} - \text{銷貨退回及折讓}}{\text{平均應收帳款}}$。

(80 年會計師考試試題)

2.設速動比率計算如下:速動比率 $= \frac{\text{流動資產} - \text{存貨}}{\text{流動負債}}$

試求:依下列資料求算銷貨成本。

補充資料:

(1)流動比率:3。

(2)速動比率:2.5。

(3)流動負債:$600,000。

(4)期末存貨週轉期間:90 天。

(5)1 年假設為 360 天。

3.永和公司民國 X4 年、X5 年相關資料如下:

	12 月 31 日	
	X5 年	X4 年
現金	$ 10,000	$ 80,000
應收帳款(淨額)	50,000	150,000

存貨	90,000	150,000
應收票據	30,000	10,000
土地及房屋（淨額）	340,000	360,000
長期抵押借款	270,000	280,000
應付帳款	70,000	110,000
短期應付票據	20,000	40,000
現銷	1,800,000	1,600,000
賒銷	500,000	800,000
銷貨成本	1,000,000	1,400,000

試求：X5 年度之相關比率：

(1)流動比率。

(2)速動比率。

(3)應收帳款週轉率。

(4)存貨週轉率。

(5)營業循環日數（假設 1 年營業 360 日）。

4.請利用以下之資料回答(1)～(5)五個小題。

甲公司與乙公司屬於同一產業，其進銷貨各項交易皆以信用方式進行。下述資料係摘自它們的年報：

單位：百萬元	甲公司			乙公司		
年底或年度	81 年	80 年	79 年	81 年	80 年	79 年
總資產	300	280	250	300	280	250
銷貨收入	240	200	160	300	200	150
流動資產	150	130	120	150	130	120
流動負債	100	90	80	100	90	80
銷貨毛利	60	50	40	100	50	50
應收帳款	70	50	30	60	40	40
存貨	25	35	25	55	45	15
預付費用	15	10	10	20	15	10
應付帳款	25	20	10	23	17	33
應付薪資	15	14	13	24	22	19
淨利	20	15	10	20	15	10

(1)甲公司與乙公司 81 年的平均應收帳款週轉率分別為　①4 與 4　②4 與 6　③6 與 4　④以上皆非。

⑵甲公司與乙公司 80 年的平均存貨週轉率分別為 ① 5 與 5 ② 5 與 6 ③ 6 與 6 ④以上皆非。

⑶甲公司與乙公司所屬的產業自 79 年初大力推動及時系統的觀念與應用。該產業 80 年與 81 年的平均存貨週轉率分別為 4 與 6。與產業中的其他公司比較，甲公司與乙公司推行及時系統的成效分別為 ①較佳與一樣 ②一樣與較差 ③較佳與較差 ④以上皆非。

⑷若 1 年以 360 天計，則甲公司與乙公司 81 年的平均營業週期（此處指因購貨而付出現金至銷貨後收回現金之平均期間）分別為 ① 90 天與 60 天 ② 150 天與 150 天 ③ 105 天與 140 天 ④以上皆非。

⑸與 80 年比較，甲公司與乙公司 81 年的平均營業週期分別變成 ①短了與短了 ②短了與長了 ③長了與短了 ④長了與長了。

（82 年會計師考試試題）

5. 永發公司 X5 年度部分財務資料如下：

⑴ X5 年淨利 $600,000。

⑵年底普通股市價每股 $30，全年平均每股市價 $20。

⑶ X5 年初共有 600,000 股流通在外，且當年無變動。

⑷有流通在外認股權 200,000 股，每股可按 $15 購買普通股 1 股。

試求：①基本每股盈餘。

②充分稀釋每股盈餘。

6. 永祥公司有關資本結構的資料如下：

	民國 X5 年底	民國 X4 年底
普通股	90,000 股	90,000 股
可轉換特別股	10,000 股	10,000 股
8%，可轉換公司債	$1,000,000	$1,000,000

補充資料：

⑴民國 X5 年間，永祥公司發放普通股每股股利 $1，特別股每股股利 $2.4。

⑵特別股可轉換成 20,000 股普通股，但不視為約當普通股。

⑶ 8% 可轉換公司債，可轉換成 30,000 股普通股，視為約當普通股。

⑷當年度淨利 $285,000。

⑸稅率 50%。

試求：①基本每股盈餘。

②完全稀釋每股盈餘。

7.設下列為永吉股份有限公司民國 X5 年 12 月 31 日調整後試算表：

現金	$ 83,100	
應收帳款	36,400	
備抵壞帳		$ 1,945
存貨 (12/31)	19,800	
預付租金	400	
有價證券	52,000	
運輸設備	20,000	
累計運輸設備折舊		8,000
應付帳款		14,620
應付票據		4,050
應付薪津		1,000
應付稅捐		5,810
股本—普通股		150,000
未分配盈餘		16,630
利息費用	11,110	
銷貨		119,140
銷貨退回與折讓	2,110	
壞帳	675	
銷貨運費	1,330	
進貨	68,980	
進貨退出與折讓		1,430
廣告費用	1,400	
推銷人員薪津	12,935	
折舊—運輸設備	4,000	
雜項銷售費用	800	
辦公人員薪津	5,750	
文具用品費用	175	
辦公費用	610	
租金	1,000	
雜項管理費用	340	
利息收入		290
合　計	$322,915	$322,915

試根據上述資料，作下列各項比率分析：

(1)平均存貨週轉率（假設期初存貨為 $20,000）。

(2)應收帳款週轉率（假設期初應收帳款淨額為 $20,000）。

(3)就上述兩項比率，計算該公司營業循環，並檢討其得失（假設 1 年為 360 天）。

(4)運用資本週轉率（以年底運用資本計算）。

(5)銷貨淨額與固定資產比率。

(6)銷貨淨額與資產總額比率。

(7)期末股東權益週轉率。

(8)期末純益與運用資本比率。

(9)期末純益與股東權益比率。

(10)期末純益與長期資金比率。

(11)期末純益與期末資產總額比率。

8. 永康公司民國 X5 年 12 月 31 日資產負債表資料如下：

資　產	
現金	$ 125,000
應收帳款	(1)
存貨	(2)
固定資產	1,470,000
合　計	$2,160,000
負債及股東權益	
應付帳款	$ (3)
應付所得稅	125,000
長期負債	(4)
普通股	1,500,000
保留盈餘	(5)
合　計	$ (6)

其他資料如下：

(1)流動比率：1.5:1。

(2)總負債 / 股東權益總額：0.8。

(3)銷貨淨額與存貨比率（銷貨 / 期末存貨）：15 倍。

(4)存貨週轉率（銷貨成本 / 期末存貨）：10.5 倍。

(5)毛利（X5 年度）：$1,575,000。

試求：資產負債表中之未知數。

9. 某公司 70 年度利息及所得稅前之利益為 60,000 元，所得稅率 40%，70 年期終資產負債表上長期負債及股東權益兩類如下：

長期負債	
10% 應付公司債（69 年 1 月 1 日發行，5 年期）	$150,000
應付公司債溢價（採直線法攤銷）	12,000
股東權益	
普通股本（開業至今）	200,000
10% 特別股股本（70 年 7 月 1 日發行）	100,000
保留盈餘（包括 70 年淨利及分配特別股股利後）	40,000

⑴試列出該公司 69 年期終長期負債及股東權益各帳戶餘額。

⑵試計算該公司 70 年度的：

①長期資本報酬率。

②股東權益報酬率。

③普通股股東權益報酬率。

⑶簡單說明該公司財務槓桿情形。

（71 年會計師考試試題）

10.泰祥公司的陳總經理正準備向董事會說明一項耗資新臺幣 2 億元之併購計畫。陳總經理所擬籌措資金的辦法有二：

⑴向中華開發銀行以百分之十五 (15%) 的利率長期貸款，或

⑵以每股 1,000 元之價格發行 200,000 股普通股股票。目前泰祥公司之資本結構如下：

長期負債（利率 12%）	8 億元
股東權益	10 億元

其最近一年度之損益表如下：

	單位：千元
銷貨	$2,000,000
銷貨成本	1,300,000
銷貨毛利	700,000
營業費用	400,000
營業毛利	300,000
利息費用	96,000
稅前淨利	204,000
所得稅費用 (40%)	81,600
淨利	$ 122,400
每股盈餘（800,000 股）	$ 153

陳總經理瞭解若以長期負債來籌措併購之資金將增加日後之風險，但也可能經由財務槓桿使股東獲利。他預估在併購完成後，公司之營業毛利可增加 20%。假設所得稅率為 40%，並且泰祥公司所有稅後盈餘均發放股利給股東。

如果預估之營業毛利得以實現，請分別計算在兩種籌款方式下，泰祥公司之①負債 / 權益比 (Debt/Equity Ratio)，②利息保障倍數 (Times Interest Earned)，③每股盈餘 (Earnings Per Share)，及④財務槓桿指數 (Financial Leverage Index)。

（80 年會計師考試試題）

11. 大宇公司係家電用品之經銷商，今有其財務資料如下：

大宇公司資產負債表（權益部分）

	79 年 12 月 31 日	80 年 12 月 31 日	81 年 12 月 31 日
應付帳款	$ 6,430	$ 7,990	$ 8,100
銀行借款	5,910	9,780	11,360
長期負債	13,870	15,640	17,730
普通股股本	7,500	7,500	7,500
保留盈餘	15,020	15,360	16,040
總權益	$48,730	$56,270	$60,730

大宇公司損益表

	80 年度	81 年度
銷貨收入	$102,460	$109,700
銷貨成本	65,340	70,528
銷售及管理費用	26,480	27,316
利息費用	2,040	2,272
所得稅 (25%)	2,150	2,396
淨利	$ 6,450	$ 7,188

(1)試計算大宇公司 80 年及 81 年之普通股股東權益報酬率 (Return on Common Shareholders' Equity, ROCSE) 以及總資產報酬率 (Return on Total Assets，此比率與公司之融資政策無關)。

(2)若我們把普通股股東權益報酬率與總資產報酬率之關係寫成：普通股股東權益報酬率 = 總資產報酬率 × 資本結構槓桿 × 普通股股東盈餘槓桿。

式中資本結構槓桿之定義為 $\frac{\text{平均總負債} + \text{平均總股東權益}}{\text{平均總股東權益}}$，則普通股股東盈餘槓桿

之定義為何？其涵義為何？

⑶試利用⑵中之公式解釋 80 年及 81 年普通股股東權益報酬率差異之原因。

（82 年會計師考試試題）

12.民生公司 77 年部分資料如下：

銷貨淨額	$1,000,000
利息及所得稅前營業利益	$80,000
所得稅稅率	50%
平均應付帳款	$50,000
平均應付公司債（年利率 6%，於 75 年初發行）	$200,000
平均特別股股本（6% 累積）	$50,000
平均普通股股本	$180,000
平均保留盈餘	$20,000
平均資產總額	$500,000

試根據上列資料作計算：

⑴總資產報酬率。

⑵資產週轉率。

⑶銷貨淨額報酬率。

⑷普通股權益報酬率。

⑸財務槓桿指數。

（77 年會計師考試試題）

13.下列係華友公司及興業公司之財務資料：

		總資產	應付公司債①	股東權益	稅後純益②
67 年：	華友	$1,000,000	$400,000	$ 600,000	$63,000
	興業	1,000,000	–	1,000,000	75,000
68 年：	華友	1,000,000	400,000	600,000	18,000
	興業	1,000,000	–	1,000,000	30,000
69 年：	華友	1,000,000	400,000	600,000	500
	興業	1,000,000	–	1,000,000	12,500

註①：各年應付公司債年利率為 6%，即利息費用為 $24,000。

註②：所得稅率為 60%。

問題：

⑴請分別計算華友及興業公司各年之財務槓桿指數 (Financial Leverage Index)。

⑵請以本題為例，說明測驗舉債經營是否有利時，其主要考慮因素為何？

⑶在何種情況下，財務槓桿指數等於 1，其意義為何？

（70 年會計師考試試題）

14. 金城公司生產高科技產品，於過去 30 年其產品品質享譽中外。5 年前以權益結合法 (Pooling) 併購中興公司。由於產品供不應求，積壓許多不可取消之銷貨訂單；預期 2 年左右才能完成擴充生產規模。83 年期初之廠房與設備中，除 5 年前合併者外，其餘皆是 10 年前購進。根據市場情況其設備重置成本約為原始成本數倍。另 83 年度以現金購進設備一批。83 年 7 月 1 日原股東認購普通股 8,000 股，12 月 31 日普通股每股市價 $40。83 年度金城公司銷貨收入 $600,000，銷貨成本 $400,000。其他有關財務資料：

⑴去年金城公司控告輝揚公司侵犯其技術專利權。

⑵金城公司比較資產負債表如下：

金城公司
比較資產負債表
82 年及 83 年 12 月 31 日

	83 年	82 年
現金	$105,000	$ 30,000
應收帳款（淨額）	120,000	75,000
存貨（後進先出法）	95,000	85,000
廠房與設備	420,000	278,000
累計折舊	(65,000)	(48,000)
	$675,000	$420,000
應付帳款	$ 60,000	$ 40,000
應付股利	0	10,000
應付公司債	100,000	0
普通股（面額 10 元）	380,000	300,000
保留盈餘	135,000	70,000
	$675,000	$420,000

試根據上列資料回答下列問題：

①金城公司 83 年 12 月 31 日之普通股每股市價與帳面價值不同，請就以上資料分析可能原因。

②計算金城公司 83 年 12 月 31 日流動指數 (Liquidity Index)，此指數有何意義？

（83 年會計師考試試題）

第八章

獲利能力分析

客戶訂單收入與成本分析表

客戶訂單收入與成本分析表

業務員：
客戶P/O：

□含三個月以上客戶訂單

客戶訂單號碼	CO20020509020	訂購單位編號	000
客戶編號	0990	訂購單位名稱	板橋分公司
客戶名稱	怡心電信	產品品名	三民叔號密碼卡
產品編號	0012-990-002-211	產品數量	30000
產品單位	張	總金額	360000
單價	12		

收入資訊

原出貨發票資料

出貨單號碼	出貨日期	交貨數量	銷售金額	銷項稅額	銷貨發票金額
PI20020509019	2002/05/25	20000	240000	12000	252000 GH
PI20020509020	2002/05/27	10000	120000	6000	126000 GH
		0	0	0	0

新出貨發票資料

出貨單號碼	出貨日期	交貨數量	銷售金額	銷項稅額	銷貨發票金額
		0	0	0	

退貨（折讓）資料

退貨(折讓)單號碼	退貨(折讓)日期	退貨(折讓)金額	銷項稅額
PR20020509015	2002/05/30	950	48
		0	0

第一節 獲利能力分析的意義

獲利能力分析 (Analysis of Profitability), 原屬於損益表比率分析, 是指對企業的營業情形加以分析, 分析時, 對損益表內所列項目, 分別求出其互相間的關係。由於企業的主要收益來源就是銷貨 (營業收入), 又由於企業的一切成本和費用, 都是用銷貨的收益來支付, 所以, 獲利能力分析, 都是以銷貨淨額為基礎, 將銷貨成本、銷貨毛利、營業費用、營業純益、以及本期損益等重要項目, 與其作成比率, 分別來分析其營業期間的營業情形是否良好。然後再將期末純益與資產總額和股東權益作成比率, 瞭解此一企業的獲利能力, 因而目前實務上, 將其劃分為獲利能力分析。

獲利能力分析, 大部分是屬於損益表比率分析, 所以分析時仍然要循: ①比率的名稱, ②分析的目的, ③分析的方法, ④分析的結論四個層次來分析。

第二節 獲利能力分析的項目

獲利能力分析, 是屬於損益表及其相關項目比率的分析, 比較重要的項目, 計有下列各項比率:

一、銷貨成本與銷貨淨額比率 (Cost of Goods Sold to Net Sales Ratio)

銷貨成本與銷貨淨額比率, 是表示每元銷貨淨額所支付銷貨成本的百分數, 此一比率, 對商品銷售的定價有密切關係。銷貨成本百分數高, 則銷貨毛利的百分數就低, 這種情形就是表示: 在商品售價沒有同時增加的情形下, 商品的成本已經達到很高的程度。換句話說, 也就是表示商品成本已經達到相當高度, 而商品售價，還沒有同樣提高。發生這種情形的原因，一則是由於不合理的定價所致，一則是由於商品存貨過多，不得不減價銷售所致。

銷貨成本與銷貨淨額比率計算的方法，是銷貨成本 ÷ 銷貨淨額，例如前述永利股份有限公司的銷貨成本是 $1,702,000，銷貨淨額是 $2,127,500，兩者的比率，是表示每元銷貨淨額所支付銷貨成本的百分數。根據比例的公式，則永利股份有限公司銷貨成本與銷貨淨額的比率為：

$$\frac{\text{銷貨成本}}{\text{銷貨淨額}} = \frac{\$1,702,000}{\$2,127,500} = 80\%$$

一般來說，銷貨成本與銷貨淨額的比率，不能過高，否則營業將遭遇到虧損。當然，這一比率，是愈低愈好。永利股份有限公司銷貨成本與銷貨淨額比率為80%，在一般情形來說，略嫌偏高❶。

計算此一比率時，要注意到銷貨成本發生變化的因素，因為銷貨成本往往會因企業所採存貨估價方法不同而產生金額上的差異，其結果，不但損益表的分析受到影響，即使資產負債表的分析，也要受到不同的結論。再者，兩公司同時採用一種計算的方法（例如先進先出法，後進先出法和加權平均法等），其結果也可能有異，因為：(1)兩公司採用的年份不同；(2)存貨購買或製造的年份和價格不同。

二、銷貨毛利與銷貨淨額比率 (Gross Profit on Sales to Net Sales Ratio)

銷貨毛利與銷貨淨額比率，和上述銷貨成本與銷貨淨額比率，有密切連帶關係，銷貨成本與銷貨淨額的比率若高，則銷貨毛利與銷貨淨額的比率就低；相反的，銷貨成本與銷貨淨額的比率若低，則銷貨毛利與銷貨淨額的比率就高。銷貨毛利與銷貨淨額比率是表示銷貨淨額在減除營業費用以前，所能獲得銷貨毛利的百分數。也可以說，這是表示銷貨淨額在減除營業費用以前，其邊際利益 (Margin-profit) 的百分數。

銷貨毛利與銷貨淨額比率計算的方法，是銷貨毛利 ÷ 銷貨淨額，例如前述永利股份有限公司的銷貨毛利是 $425,500，銷貨淨額是 $2,127,500，兩者的比率，

❶ 根據我國財政部公布民國 94 年各業毛利率、費用率與淨利率表，買賣業的銷貨成本率在 80% 以下。參閱第四節百貨公司買賣業為準（以此為標準比率）。

是表示銷貨淨額在減除營業費用以前，所能獲得銷貨毛利的百分數。根據比例的公式，則永利股份有限公司銷貨毛利與銷貨淨額的比率為：

$$\frac{銷貨毛利}{銷貨淨額}=\frac{\$425,500}{\$2,127,500}=20\%$$

上述比率為 20%，在一般情形來說，算是偏低。

三、營業費用總額與銷貨淨額比率 (Total Operating Expenses to Net Sales Ratio)

企業經營時，常常只顧慮到銷貨的多少，或只顧慮到銷貨毛利的多少，而忽略了營業費用開支的大小，以致影響營業淨利的多寡。營業費用總額與銷貨淨額比率，就是用以分析這種情形的比率。

經營企業要想獲得優厚的營業淨利，對於費用的開支，是不容忽視的。進一步說，要想追求優厚的營業淨利，就必須嚴格控制營業費用，費用開支愈小，獲得的營業淨利愈高；相反的，營業費用的開支愈大，則獲得的營業淨利，益形減少。一般來說，企業全年度營業費用總額，以不超過銷貨淨額的 15%，便認為是良好現象❷。計算營業費用百分數，是以銷貨淨額為基礎，因為營業費用和商品成本（銷貨成本），都是營業成本的一部分，這些費用，都要從商品售價中收取回來。

營業費用總額與銷貨淨額比率計算的方法，是營業費用總額 ÷ 銷貨淨額，例如前述永利股份有限公司營業費用總額是 $225,375，銷貨淨額是 $2,127,500，兩者的比率，是表示營業費用占總銷貨淨額的百分數，藉以瞭解營業費用支出是否有過多的現象。根據比例的公式，則永利股份有限公司營業費用總額與銷貨淨額的比率為：

$$\frac{營業費用總額}{銷貨淨額}=\frac{\$225,375}{\$2,127,500}=10.59\%$$

根據上述比率，可知永利股份有限公司在該年度營業費用總額的比率，在一

❷ 根據我國財政部公布民國 94 年各業毛利率、費用率與淨利率表，買賣業的費用率都在 15% 以內。參閱第四節。

般水準以下。

四、營業純益與銷貨淨額比率 (Net Operating Income to Net Sales Ratio)

營業純益與銷貨淨額比率，是表示銷貨毛利減去營業費用以後，其餘額對於銷貨淨額的百分數。這一比率，可以看出營業純益的成數多少，也就是可以瞭解獲利厚薄的情形。

營業純益與銷貨淨額比率計算的方法，是營業純益 ÷ 銷貨淨額，前述永利股份有限公司營業純益是 \$200,125，銷貨淨額是 \$2,127,500，兩者的比率，是表示營業純益占銷貨淨額的成數，藉以瞭解企業所獲得營業純益是否理想。根據比例的公式，則永利股份有限公司營業純益與銷貨淨額的比率為：

$$\frac{\text{營業純益}}{\text{銷貨淨額}} = \frac{\$200,125}{\$2,127,500} = 9.4\%$$

根據上述比率，可知永利公司的營業純益，算是偏低。

五、本期純益與銷貨淨額比率 (Net Income to Net Sales Ratio)

本期純益（期末純益）與銷貨淨額比率，是表示營業純益加上非營業收益減去非營業費用以後，其餘額對於銷貨淨額的百分數。這一比率的大小，非營業收益和非營業費用對其影響很大，有時候營業純益不高，而非營業收益很大時，本期純益將提高；相反的，如果營業純益很高，而發生的非營業費用很大時，本期純益必然降低。若干會計學者贊成當期營業盈餘觀念（收益能力觀念），其最大的理由，就是這種結果，但這種觀念會誤導投資者發生錯誤的判斷。此一比率，是可以瞭解企業在期末獲利的情形。

本期純益與銷貨淨額比率計算的方法，是本期純益 ÷ 銷貨淨額，前述永利股份有限公司本期純益是 \$135,000，銷貨淨額是 \$2,127,500，兩者的比率，是表示本期純益占銷貨淨額的成數，藉以瞭解企業經營是否理想。根據比例的公式，則永利股份有限公司本期純益與銷貨淨額的比率為：

$$\frac{\text{本期純益}}{\text{銷貨淨額}} = \frac{\$135,000}{\$2,127,500} = 6.35\%$$

根據上述比率，可知永利股份有限公司的本期純益，算是低於一般水準。

六、期末純益與普通股本比率 (Net Income to Common Stock Ratio)

期末純益與普通股本比率，又稱為股本報酬率，是表示企業對投入資本每元所能獲得的報酬率，用以瞭解企業經營的成效，也是用以瞭解財務運用的成效，此一比率，對股票在市場價格的漲落，有很大的影響力。一般來說，若投入資本每元所獲得的利益率高，則股票勢將上漲；如果投入資本每元所獲得的利益率低，則股票勢將下跌。同時，這一比率，對於投資者衡量其投資途徑，有很大的啟發作用。

期末純益與普通股本比率計算的方法，是期末純益 ÷ 普通股本，前述永利股份有限公司減除特別股股利後的期末純益是 $115,000（本期純益 $135,000 – 特別股股利 $20,000）❸，普通股本是 $550,000，兩者的比率，是表示企業對投入股本每元所能獲得的報酬率，藉以瞭解其企業經營的成效。根據比例的公式，則永利股份有限公司期末純益與普通股本的比率為：

$$\frac{\text{期末純益}}{\text{普通股本}} = \frac{\$115,000}{\$550,000} = 20.9\%$$

上述永利股份有限公司期末純益與普通股本比率為 20.9%，即表示原投股本每元所能獲得的報酬率為 20.9%，一般情形來說，算是不錯。

這一比率，在應用上，如果和營業性質相同的他公司，或與本公司以前各年度，作正常獲利能力相比較，就較有意義。不過，應假設該公司或該年度的已發生非常損失，則應將此項非常損失除外，才可得到正確的結論。

此一比率，也可以用稅後純益與期初股本作成比率，以瞭解其稅後的報酬率，分析的意義與上述相同。

---

❸ 假設特別股股利 10%。

七、期末純益與資產總額比率 (Net Income to Total Assets Ratio)

期末純益與資產總額比率，又稱為資產報酬率，是表示企業每元資產所能獲得的純益，換句話說，也就是表示資產的報酬率有多少，藉以瞭解其經營的效率。在傳統的財務報表分析中，大多數都是主張採用資本報酬率觀念，因為一般投資者，往往重視投資報酬率，對資產報酬率多少，並不考慮。

期末純益與資產總額比率計算的方法，是期末純益 ÷ 資產總額（營業資產），前述永利股份有限公司期末純益為 \$135,000，資產總額為 \$2,355,000（資產總額 \$2,492,500 – 其他資產 \$137,500），兩者的比率，是表示企業每元資產所能獲得的報酬率，藉以瞭解其經營的成效。根據比例的公式，則永利股份有限公司期末純益與資產總額的比率為：

$$\frac{\text{期末純益}}{\text{資產總額}} = \frac{\$135{,}000}{\$2{,}355{,}000} = 5.73\%$$

上述永利股份有限公司期末純益與資產總額比率為 5.73%，是表示每有資產 \$1，就有 \$0.0573 的純益，該公司每元資產獲利 5.73% 的期末純益，似乎偏低。

八、銷貨淨額與存貨比率 (Net Sales to Inventory Ratio)

銷貨淨額與存貨比率，是表示期末存貨每元的投資，占全期銷貨的若干元，用以決定存貨對於營業數量是否適當。這一比率，與上期的同一比率，作互相比較，可以瞭解其期末存貨，是否與銷貨數量，保持同一水準。如果這一比率下降，則顯示期末存貨與經常銷貨量，有太大的現象，也就是說，企業似有存貨太多的情形。相反的，如果這一比率上升，則顯示其期末存貨與經常銷貨量，有較小的現象，也就是說，企業期末存貨有較合理情形。

銷貨淨額與存貨比率計算的方法，是銷貨淨額 ÷ 存貨，前述永利股份有限公司銷貨淨額是 \$2,127,500，存貨是 \$247,000，兩者的比率，是表示期末存貨每元的投資，占全期銷貨的若干元，用以決定存貨對於營業數量是否適當。根據比例的公式，則永利股份有限公司銷貨淨額與存貨的比率為：

$$\frac{\text{銷貨淨額}}{\text{存貨}} = \frac{\$2,127,500}{\$247,000} = 860\%$$

上述比率，意思就是有銷貨 $8.6，就有存貨 $1，這一數額的存貨，在通常的情形下，並不算少。

九、銷貨退回與銷貨淨額比率 (Sales-returns to Net Sales Ratio)

銷貨退回與銷貨淨額比率，是表示銷貨退回占銷貨淨額的成數，藉以瞭解銷售商品時，是否有因商品規格不合，製造產品有瑕疵，商品包裝不佳以致裝運損壞，不能按期交貨，以及貨價不合理等情形。假設一個企業在銷貨上發生上述情形很多時，則此一企業的管理方面，一定有了很大的缺點，這時，管理部門，一定要設法加以改善。此一比率，如果較上年度增加，則表示銷貨損失趨大，運輸成本趨高，以及處理或改正貨品等額外費用趨多。相反的，則此等不利現象，因之減少。

銷貨退回與銷貨淨額比率計算的方法，是銷貨退回 ÷ 銷貨淨額，前述永利股份有限公司銷貨退回是 $50,000，銷貨淨額 $2,127,500，兩者的比率，是表示銷貨退回占銷貨淨額的成數，藉以瞭解管理銷售商品的方法，是否良好。根據比例的公式，則永利股份有限公司銷貨退回與銷貨淨額的比率為：

$$\frac{\text{銷貨退回}}{\text{銷貨淨額}} = \frac{\$50,000}{\$2,127,500} = 2.4\%$$

上述比率，意思就是每銷貨 $1 就有 $0.024 的銷貨退回，這一比率，當然是以減到愈低愈好。

第三節 獲利能力分析的檢討

獲利能力分析，大多數是將損益表中所列的各個項目，用比率方法，將其對獲利能力有關的項目加以分析，這種分析，嚴格來說，是屬於動態分析，分析時，要注意下列各點，才可以判斷其正確性：

⑴損益表的編製，大多數是採用多階式來編製，尤其是規模較大的企業，更不例外。因此，獲利能力分析時，要注意每一階段的營業利弊得失，對於邊際毛利、營業純益和稅前純益的幾個重要階段，要全部加以瞭解。

⑵獲利能力比率分析所獲得的比率，完全是一種抽象的數字，並無實際金額相對照，研究獲利能力時，要密切注意此一因素，才能得到正確的答案。

第四節 各業毛利率、費用率和淨利率參考資料

財務報表分析，包括各種不同行業的財務報表，分析時，有一項具有代表性的標準，用來加以比較，其所得到的結論，較為正確。我國財政部每年都公布各業毛利率、費用率和淨利率，作為申報所得稅的同業利潤標準，用此項標準來比較企業經營的得失，更具理論依據。茲將財政部公布 94 年度營利事業各業所得額、同業利潤、擴大書審純益率標準中毛利率、費用率及淨利率附錄如下：

大業別：A.農、林、漁、牧業　　94 年度

標準代號	小業別	擴大書審純益	所得額標準	同業利潤標準		
				毛利率	費用率	淨利率
	農藝及園藝業					
0114–11	蔬菜栽培	4	9	33	22	11
0115–11	果樹栽培	4	9	33	22	11
0116–12	菌種培育	4	7	32	24	8
0118–11	花卉栽培	4	8	23	13	10
0119–11	盆景栽培	4	9	30	19	11
0119–99	未分類其他農藝及園藝	4	9	30	19	11
	畜牧業					
0121–11	牛飼育	4	7	24	16	8
0122–11	豬飼育	4	7	24	16	8
0123–11	雞飼育	4	6	23	16	7
0124–11	鴨飼育	4	6	23	16	7

0129–11	蠶飼育	4	7	24	16	8
0129–12	鳥飼育	4	7	25	16	9
0129–13	蜂飼育	4	7	24	16	8
0129–14	寵物飼育	4	7	24	16	8
0129–99	其他飼育	4	7	25	16	9
	農事及畜牧服務業					
0131–11	作物採收	6	6	18	10	8
0132–11	農產品整理	4	5	18	12	6
0134–11	畜牧服務	4	7	24	15	9
0139–11	其他農事服務	4	7	32	24	8
	林業					
0211–11	造林	4	4	24	19	5
	伐木及林產經營業					
0221–11	伐木	4	5	25	19	6
0222–11	木炭	4	5	17	11	6
0222–99	其他薪材	4	5	25	19	6
0223–11	樹脂、樹膠採集	4	8	28	18	10
	漁撈業					
0311–11	遠洋漁撈	4	5	24	18	6
0312–11	近海漁撈	4	5	25	19	6
0313–11	沿岸漁撈	4	5	25	19	6
0314–11	河川、水庫漁撈	4	7	23	15	8
0314–99	其他漁撈	4	7	23	15	8
	水產養殖業					
0322–11	淡水魚塭養殖	4	6	22	15	7
0322–12	鹹水魚塭養殖	4	5	21	15	6

大業別：B.礦業及土石採取業　　　94 年度

標準代號	小業別	擴大書審純益	所得額標準	同業利潤標準		
				毛利率	費用率	淨利率
	煤礦業					
0420–11	煤礦採取	3	3	18	14	4
0420–12	煤礦探勘	3	10	22	10	12
	金屬礦業					
0510–11	鐵礦採取	4	7	22	14	8
0510–12	鐵礦探勘	4	10	23	10	13
0510–13	非鐵金屬礦採取	4	7	24	15	9
0510–14	非鐵金屬探勘	4	10	22	10	12

	非金屬礦業					
0523-11	大理石礦業	4	7	20	12	8
0523-13	石膏礦業	4	8	25	15	10
0523-14	滑石礦業	4	8	33	23	10
0529-12	硫磺礦等	4	8	25	15	10
0529-99	其他非金屬礦業	4	8	25	15	10
	土石採取業					
0611-11	酸性白土採取	5	9	26	15	11
0611-12	矽砂採取	5	7	26	17	9
0621-11	河川砂礫採取	5	7	26	17	9
0690-99	其他土石採取	5	8	25	15	10

大業別：C.製造業　　94年度

標準代號	小業別	擴大書審純益	所得額標準	同業利潤標準		
				毛利率	費用率	淨利率
	屠宰業					
0810-12	肉類分裝、屠體評級	6	8	21	11	10
	乳品製造業					
0820-11	乳粉製造	6	7	31	23	8
0820-12	鮮乳製造	6	7	31	23	8
0820-13	煉乳製造	6	7	31	23	8
0820-14	乾酪、乾酪素製造	6	11	29	15	14
0820-16	冰淇淋、冰淇淋粉製造	6	9	30	19	11
0820-18	合成乳酪製造	6	11	29	15	14
0820-99	其他乳品製造	6	7	31	23	8
	罐頭、冷凍、脫水及醃漬食品製造業					
0831-11	肉類罐頭製造	6	7	24	16	8
0831-12	水產罐頭製造	6	7	24	16	8
0831-13	果蔬罐頭製造	6	7	24	16	8
0831-14	乾果罐頭製造	6	7	24	16	8
0831-15	醬類罐頭製造	6	7	24	16	8
0831-99	其他罐頭食品製造	6	7	24	16	8
0832-11	冷凍肉類製造	6	6	24	17	7
0832-12	冷凍水產品製造	6	7	17	9	8
0832-13	冷凍蔬果製造	6	7	26	18	8
0832-99	其他冷凍食品製造	6	6	26	19	7
0833-11	脫水肉類食品製造	6	7	26	18	8
0833-12	脫水水產食品製造	6	7	26	18	8

0833-13	脫水果蔬食品製造	6	7	26	18	8
0833-14	乾果製造	6	7	20	12	8
0833-99	其他脫水食品製造	6	7	26	18	8
0834-11	蜜餞製造	6	7	22	14	8
0834-12	桶筍製造	6	7	25	16	9
0834-14	火腿、香腸、臘味製造	6	9	22	11	11
0834-15	散裝醬菜製造	6	7	22	14	8
0834-99	其他醃漬食品製造	6	7	22	14	8
	糖果及烘焙食品製造業					
0841-11	口香糖製造	6	8	22	12	10
0841-99	其他糖果製造	6	7	20	12	8
0842-11	糕餅麵包製造	6	7	21	12	9
0842-99	其他烘焙炊蒸食品製造	6	7	21	12	9
	製油、製粉及碾穀業					
0851-11	植物油製造	6	7	17	9	8
0851-12	米糠油製造	3	4	12	7	5
0851-15	代客榨煉油	6	7	42	33	9
0851-16	精製油製造	6	9	35	24	11
0852-11	澱粉製造	6	6	12	5	7
0852-13	巧克力粉製造	6	11	28	14	14
0852-14	可可粉、咖啡粉製造	6	11	28	14	14
0852-15	豆類製粉	6	11	27	14	13
0852-16	薯類製粉、製片	6	6	12	5	7
0852-17	麵粉、加料麵粉、全麥麵粉製造	6	6	12	5	7
0852-18	代客磨粉	6	7	36	28	8
0853-11	碾米	3	5	21	14	7
0853-12	代客碾米	5	6	23	16	7
	製糖業					
0861-11	方糖製造	6	7	42	33	9
0861-12	紅糖製造	5	7	38	30	8
0861-14	綿糖製造	6	11	40	27	13
0861-15	糖漿製造	6	11	28	15	13
0869-11	麥芽糖製造	6	9	27	16	11
0869-12	葡萄糖製造	6	9	23	12	11
	調味品製造業					
0871-11	味精製造	6	7	23	14	9
0873-11	醬油製造	6	8	22	12	10
0874-11	果醬製造	6	8	22	12	10

0874–13	沙茶醬、咖哩醬製造	6	8	22	12	10
0874–99	其他調味醬製造	6	8	22	12	10
0875–11	食用醋製造	6	8	22	12	10
0879–11	咖哩粉、芥末、辣椒粉、胡椒粉、薑粉製造	6	8	22	12	10
0879–99	其他調味品製造	6	8	22	12	10
	飲料製造業					
0881–11	酒類製造（菸酒稅列費用）	6	9	64	53	11
0883–11	果汁製造	6	10	33	21	12
0883–12	碳酸飲料製造	6	11	43	30	13
0883–13	咖啡飲料製造	6	10	33	21	12
0883–14	礦泉水製造	6	11	42	28	14
0883–15	蔬菜汁製造	6	9	23	12	11
0883–16	機能性飲料製造	6	11	43	30	13
0883–99	其他飲料製造	6	9	23	12	11
	其他食品製造業					
0891–11	米粉製造	6	7	16	8	8
0891–12	粉條、冬粉製造	6	8	22	12	10
0891–13	通心粉製造	6	9	24	12	12
0891–14	麵條製造	6	7	16	8	8
0891–15	速食麵、速食米粉製造	6	8	22	12	10
0891–99	其他粉條食品製造	6	8	22	12	10
0892–11	麥片（飼料用）製造	4	5	17	11	6
0892–99	其他飼料配製	4	5	17	11	6
0893–11	粗製茶	3	4	11	6	5
0893–12	精製茶	3	5	14	8	6
0894–11	豆腐（豆腐乾、皮）製造	5	6	21	14	7
0894–12	豆腐乳、豆豉製造	6	8	22	12	10
0894–14	豆漿製造	6	9	23	12	11
0894–99	其他豆類加工食品製造	5	6	21	14	7
0895–11	即食餐食製造	6	9	23	12	11
0899–11	酵母製造	6	9	23	12	11
0899–12	麵筋製造	6	9	23	12	11
0899–13	冰棒製造	6	10	31	19	12
0899–14	食用冰製品製造	6	10	42	30	12
0899–15	綠藻食品製造	6	9	23	12	11
0899–16	皮蛋、鹹蛋製造	6	9	23	12	11
0899–17	果汁粉製造	6	11	27	14	13

0899–18	肉醬、肉鬆、肉汁、魚鬆製造	6	9	23	12	11
0899–19	健康食品製造	6	11	43	30	13
0899–99	其他未分類食品製造	6	9	23	12	11
	紡紗及織布業					
1011–12	棉紡	4	5	34	28	6
1011–13	棉混紡	4	5	32	26	6
1011–14	棉撚線	4	6	18	11	7
1012–12	毛紡	4	5	35	29	6
1013–12	人造纖維紡	4	6	35	28	7
1013–14	人造纖維撚線	4	6	35	28	7
1019–11	絲紡	4	5	18	12	6
1019–14	瓊麻絲紡	6	6	17	10	7
1019–15	麻紡	4	5	28	22	6
1019–18	其他韌性植物纖維處理	6	7	20	12	8
1021–11	棉紡織	4	5	31	25	6
1021–12	棉織	4	5	20	14	6
1021–13	棉混紡織	4	5	32	26	6
1021–14	棉混織	4	6	35	28	7
1021–15	棉紡織代工	6	7	20	12	8
1022–11	毛紡織	4	5	34	28	6
1022–12	毛織	4	5	36	30	6
1023–11	人造纖維紡織	4	5	34	28	6
1023–12	人造纖維織	4	5	34	28	6
1024–11	針織布製造	4	6	34	27	7
1029–11	絲紡織	4	5	19	13	6
1029–12	絲織	4	5	34	28	6
1029–16	麻織	6	7	20	12	8
1030–11	不織布製造	6	6	24	17	7
	繩、纜、網、氈、毯製造業					
1041–11	製繩	6	6	17	10	7
1041–12	製纜	6	6	19	12	7
1041–13	製網	6	7	19	11	8
1041–14	繩、纜、網加工	6	10	24	12	12
1042–11	製氈	6	7	17	9	8
1042–12	製毯	6	7	17	9	8
1043–11	漁網編製	6	7	19	11	8
	印染整理業					
1050–11	印染紙印花	6	7	26	18	8

1050-99	其他印染漂整	6	7	26	18	8
	其他紡織業					
1090-11	草蓆織製	6	6	20	13	7
1090-12	疊蓆織製	6	8	21	11	10
1090-14	織帶織製	4	7	20	12	8
1090-15	海草、地蓆編織	6	6	34	27	7
1090-99	其他紡織品製造	6	11	28	15	13
	梭織成衣業					
1111-11	梭織外衣縫製	6	6	24	17	7
1111-12	梭織制服縫製	6	6	24	17	7
1111-13	梭織童裝縫製	6	6	21	14	7
1111-14	梭織運動服縫製	5	5	20	14	6
1111-15	梭織成衣代工	6	6	24	17	7
1111-16	棉襖、棉褲、棉袍縫製	6	6	21	14	7
1111-17	梭織襯衫縫製	6	6	24	17	7
1112-11	梭織內衣縫製	6	6	24	17	7
1112-12	梭織胸罩縫製	6	8	20	10	10
1112-13	梭織睡衣縫製	6	6	24	17	7
	針織成衣業					
1121-11	針織外衣製造	4	5	19	13	6
1121-16	針織襯衫製造	6	5	24	18	6
1121-17	針織毛衣製造	4	5	19	13	6
1122-11	針織內衣製造	4	5	27	21	6
1122-12	針織胸罩製造	6	8	20	10	10
1122-13	針織睡衣製造	6	6	24	17	7
1122-15	針織束腹（褲）製造	4	5	19	13	6
	紡織帽製造業					
1130-11	布帽製造	6	8	21	11	10
1130-12	草帽製造	6	7	21	12	9
1130-99	其他製帽	6	8	21	11	10
	服飾品製造業					
1141-11	襪類製造	5	5	18	12	6
1142-11	手套及針織手套製造	6	7	19	11	8
1149-11	領帶、領結、領巾製造	6	7	18	9	9
1149-12	絲巾、手帕製造	6	7	18	10	8
1149-13	針織圍巾、頭巾製造	6	7	19	11	8
1149-99	其他服飾品製造	6	6	24	17	7
	其他紡織製品製造業					

1191-11	毛巾製造	6	7	18	10	8
1199-11	枕套、被套、床單、沙發套、布帘縫製	6	6	19	12	7
1199-13	船帆、帆布、篷帳套、帳幕縫製	6	6	19	12	7
1199-15	車墊縫製	6	6	19	12	7
1199-16	帆布袋、行李袋、麻袋、草袋縫製	6	6	17	10	7
1199-17	麵粉袋縫製	6	6	17	10	7
1199-18	背帶縫製	6	7	18	10	8
1199-99	其他未分類紡織製品製造	6	6	24	17	7
	皮革、毛皮及其製品製造業					
1201-11	皮革、毛皮整製業	6	6	25	18	7
1202-11	皮鞋製造	6	6	19	12	7
1202-12	紡織鞋製造	6	6	17	10	7
1202-13	橡膠雨鞋及拖、涼鞋製造	6	6	25	18	7
1202-14	橡膠球鞋製造	6	6	25	18	7
1202-15	橡膠鞋跟、鞋底製造	6	6	25	18	7
1202-16	塑膠鞋及拖、涼鞋製造	6	6	21	14	7
1202-17	塑膠鞋跟、鞋底製造	6	6	21	14	7
1202-18	木鞋跟（木屐）製造	6	6	21	14	7
1203-11	皮包、皮夾製造	6	6	20	13	7
1203-12	皮箱製造	6	6	20	13	7
1203-13	塑膠皮包、皮箱製造	6	7	20	12	8
1209-11	皮衣、皮褲製造	6	6	20	13	7
1209-99	未分類其他皮革、毛皮製品製造	6	6	20	13	7
	木竹製品製造業					
1301-11	木材鋸製、鉋製	6	6	21	14	7
1301-13	代客鋸木	6	8	24	14	10
1301-14	木材防腐、防蟲等保存處理	6	7	18	10	8
1301-99	其他製材業	6	6	21	14	7
1302-11	合板、單板製造	5	6	22	15	7
1303-11	木質地板製造	6	8	25	15	10
1304-11	木容器製造	6	7	21	13	8
1304-12	柳條容器製造	6	7	21	13	8
1305-12	竹製品、竹容器製造	4	5	20	14	6
1305-14	藤製品、藤容器製造	6	7	21	13	8
1309-11	木門窗製造	6	7	21	13	8
1309-12	軟木栓、木栓、軟木製造	6	7	28	20	8
1309-14	針車板製造	6	7	22	14	8
1309-15	刻字	6	7	21	13	8

1309–16	木鏡框、木框製造	6	7	21	13	8
1309–17	棺木製造	6	7	21	13	8
1309–18	梭管製造	6	7	28	20	8
1309–19	木器加工	6	7	25	17	8
1309–99	其他木製品及柳製品製造	6	7	21	13	8
	非金屬家具及裝設品製造業					
1411–11	木製家具及裝設品製造	6	7	20	12	8
1412–11	竹製家具及裝設品製造	6	6	20	13	7
1412–13	藤製家具及裝設品製造	6	7	21	13	8
1419–11	玻璃纖維強化塑膠家具製造	6	7	21	13	8
1419–12	塑膠家具製造	6	7	21	13	8
1419–13	壓克力家具製造	6	7	21	13	8
1419–99	未分類其他非金屬家具及裝設品製造	6	7	21	13	8
	金屬家具及裝設品製造業					
1420–11	鐵櫃製造	6	8	21	11	10
1420–12	金屬廚具製造	6	9	28	17	11
1420–99	其他金屬家具及裝設品製造	6	7	19	11	8
	紙漿製造業					
1510–11	紙漿製造	6	8	25	15	10
	紙製造業					
1521–11	蒲草紙製造	6	7	34	25	9
1521–99	其他紙張製造	6	7	26	18	8
1522–11	蔗板製造	6	7	23	15	8
1522–99	其他紙板製造	6	7	23	15	8
	加工紙製造業					
1530–11	電腦報表紙製造	6	8	25	15	10
1530–12	壁紙製造	6	8	25	15	10
1530–13	石蕊試紙製造	6	7	26	18	8
1530–14	複寫紙製造	6	9	26	15	11
1530–15	影印紙製造	6	8	25	15	10
1530–99	其他加工紙製造	6	8	25	15	10
	紙容器製造業					
1540–11	瓦楞紙製造	6	7	23	15	8
1540–12	紙箱製造	6	7	24	15	9
1540–13	紙袋製造	6	7	24	15	9
1540–14	紙袋加工	6	7	23	14	9
1540–99	其他紙容器製造	6	7	24	15	9
	其他紙製品製造業					

1591–11	衛生類用紙製造	6	8	28	18	10
1591–13	紙尿褲製造	6	9	27	15	12
1599–11	未分類其他紙製品製造	6	8	25	16	9
	印刷及其輔助業					
1610–11	製版	6	10	30	17	13
1620–11	印刷	6	7	26	17	9
1630–11	印刷品裝訂及加工	6	8	32	22	10
1690–11	電腦排版、照相排版、印刷排版	6	11	31	17	14
	基本化學材料製造業					
1711–12	酸類製造	6	12	34	18	16
1711–13	固、液態、氣體製造	6	13	44	26	18
1711–14	鹼類製造	6	12	32	16	16
1711–20	酒精、糖精製造	6	11	47	32	15
1711–99	其他基本化學原料製造	6	7	17	8	9
1713–11	單一肥料製造	6	12	33	16	17
1713–12	複合肥料製造	6	12	30	13	17
	人造纖維、合成樹脂、塑膠及橡膠製造業					
1720–11	聚合纖維棉及絲製造	6	10	36	24	12
1731–11	合成樹脂製造	6	12	43	26	17
1731–12	合成塑膠製造	6	12	43	26	17
1732–11	合成橡膠或彈性物質製造	6	9	30	19	11
	其他化學材料製造業					
1790–12	橡膠生膠煉製	6	8	29	19	10
1790–13	香茅油（包括薄荷油）製造	6	7	19	10	9
1790–14	香茅油加工	6	6	40	33	7
1790–99	其他化學材料製造	6	10	30	18	12
	塗料、染料及顏料製造業					
1810–11	油漆製造	6	7	20	12	8
1810–13	油墨、印泥製造	6	7	25	16	9
1810–99	其他塗料、染料、顏料製造	6	8	21	11	10
	藥品製造業					
1822–11	口服用藥製造	6	13	41	22	19
1822–12	外用藥製造	6	13	41	22	19
1822–13	針劑製造	6	13	41	22	19
1822–14	動物用藥製造	6	11	34	20	14
1823–11	生物藥品製造	6	13	41	22	19
1824–11	中藥製劑製造	6	11	34	20	14
1825–11	體外檢驗試劑製造	6	13	41	22	19

1826–11	農藥製造	6	11	31	18	13
	清潔用品及化粧品製造業					
1830–11	肥皂製造	6	7	29	21	8
1830–12	洗衣粉皂製造	6	8	23	13	10
1830–13	牙膏、牙粉製造	6	7	19	10	9
1830–99	其他清潔劑製造	6	9	28	17	11
1840–12	洗髮精製造	6	7	31	21	10
1840–13	香皂、沐浴精製造	6	7	30	21	9
1840–99	其他化粧品製造	6	11	47	31	16
	其他化學製品製造業					
1890–14	鞋油製造	6	8	21	11	10
1890–15	地板蠟、汽車蠟製造	6	8	21	11	10
1890–16	蠟燭製造	6	7	19	11	8
1890–17	樟腦煉製	6	8	20	10	10
1890–18	黏膠、牛皮膠製造	6	9	23	12	11
1890–19	火柴製造	6	6	27	20	7
1890–20	硫磺製造	6	8	18	8	10
1890–21	火藥製造	6	16	40	17	23
1890–99	未分類其他化學製品製造	6	9	22	11	11
	石油及煤製品製造業					
1910–11	礦油製造	6	7	23	14	9
1990–12	焦炭、煤球製造	6	6	16	9	7
1990–99	未分類其他石油及煤製品製造	6	7	21	13	8
	橡膠製品製造業					
2001–11	輪胎（內、外胎）製造	6	8	28	18	10
2001–12	輪胎翻修（再生胎）	6	8	28	18	10
2002–11	工業用橡膠製品製造	6	7	26	18	8
2009–11	再生橡膠製造	6	7	26	18	8
2009–12	橡膠雨衣製造	6	7	30	22	8
2009–99	未分類其他橡膠製品製造	6	7	26	18	8
	塑膠製品製造業					
2101–11	塑膠皮、布、板、管材製造	6	7	21	12	9
2102–11	塑膠保鮮膜製造	6	7	21	12	9
2102–12	塑膠袋製品製造	6	7	21	12	9
2103–11	塑膠日用品製造	6	7	21	12	9
2104–11	塑膠雨衣、桌布製造	6	7	25	17	8
2104–99	其他塑膠皮製品製造	6	7	21	12	9
2105–11	工業用塑膠製品製造	6	7	21	12	9

2106-11	強化塑膠製品製造	6	9	29	18	11
2109-11	其他塑膠製品製造	6	7	20	12	8
	陶瓷製品製造業					
2211-11	陶瓷衛浴設備製造	6	7	21	12	9
2212-11	陶瓷餐具製造	6	7	21	13	8
2213-11	陶瓷藝術品製造	6	7	21	13	8
2214-11	陶瓷建材製造	6	7	21	12	9
	玻璃及玻璃製品製造業					
2221-11	平板玻璃及其製品製造	6	14	42	23	19
2222-11	玻璃容器製造	6	7	36	27	9
2223-11	玻璃纖維及其製品製造	6	10	36	24	12
2229-11	玻璃飾品、藝術品製造	6	10	36	24	12
2229-99	未分類其他玻璃及玻璃製品製造	6	7	36	27	9
	水泥及水泥製品製造業					
2231-11	水泥及水泥熟料製造	6	14	40	23	17
2232-11	預拌混凝土製造	6	6	17	10	7
2233-12	混凝土製品製造	6	9	27	16	11
2233-13	鋼筋水泥製品製造	6	9	28	17	11
2233-99	其他水泥製品製造	6	10	29	17	12
	耐火材料製造業					
2240-11	斷熱磚（泥）製造	6	7	28	15	13
2240-99	其他耐火材料製造	6	11	28	15	13
	石材製品製造業					
2250-11	石材家具及其製品製造	6	6	25	18	7
2250-12	人造石製品製造	6	10	32	20	12
2250-99	其他石材製品製造	6	10	31	20	11
	其他非金屬礦物製品製造業					
2291-11	磚、瓦製造（粘土燒製）	6	7	20	12	8
2292-11	砂布製造	6	6	17	10	7
2293-99	其他石灰及其製品製造	6	8	20	10	10
2294-11	石膏製品製造	6	9	20	9	11
2299-11	石綿及其製品製造	6	7	23	14	9
2299-12	雲母製品製造	6	10	21	9	12
2299-99	其他未分類非金屬礦物製品製造	6	10	32	20	12
	鋼鐵基本工業					
2311-11	鋼鐵鍊製	7	8	26	17	8
2311-12	鋼鐵冶鍊大五金	6	7	22	14	8
2312-11	鑄管鑄造	6	7	27	19	8

2312–12	機械零件鑄造	6	6	22	14	8
2312–13	鋼鐵鑄造品鑄造	6	7	24	16	8
2313–11	鋼板、帶、片製造	6	6	21	14	7
2313–12	型鋼製造	6	7	25	17	8
2313–13	鋼筋、棒鋼製造	6	7	25	17	8
2313–99	其他鋼軋	6	7	25	17	8
2314–11	鋼線、鋼纜、低碳鋼線（鐵線）製造	6	7	19	11	8
2315–11	廢車船解體	6	7	22	13	9
2315–12	廢鋼鐵處理	6	7	22	14	8
2319–11	其他鋼鐵基本工業	6	7	20	12	8
	鋁基本工業					
2321–11	鋁精鍊	6	6	28	21	7
2322–11	鋁合金鑄造	6	7	23	15	8
2323–11	基本鋁件製造	6	7	25	16	9
	銅鑄造業					
2332–11	銅鑄造	6	7	23	15	8
2333–11	基本銅件製造	6	7	25	16	9
	其他金屬基本工業					
2390–11	其他金屬精煉	6	6	28	21	7
2390–13	鉛皮製造	6	7	24	15	9
2390–14	銲條製造	6	8	24	14	10
	金屬鍛造及粉末冶金業					
2412–11	粉末冶金	6	9	29	18	11
	金屬手工具製造業					
2420–11	農用手工具製造	6	6	20	13	7
2420–12	金屬理髮器材製造	6	8	21	11	10
2420–13	小五金（金屬手工具）製造	6	6	24	17	7
	金屬結構及建築組件製造業					
2431–11	金屬結構製造	6	7	22	14	8
2432–11	金屬門窗（框）製造	6	7	22	14	8
2432–99	其他金屬建築組件製造	6	7	22	14	8
	金屬容器製造業					
2441–12	金屬貨櫃製造	6	7	21	12	9
2442–11	鋼瓶製造	6	7	22	13	9
2442–12	金屬罐製造	6	7	20	11	9
	金屬表面處理及熱處理業					
2451–11	金屬電鍍、板金、烤漆處理	6	9	29	18	11
2451–12	金屬防銹處理	6	9	29	18	11

2451–14	馬口鐵	6	7	24	14	10
2452–11	鋼鐵熱處理	6	9	29	18	11
2452–99	其他金屬熱處理	6	9	29	18	11
	其他金屬製品製造業					
2491–11	螺絲、螺帽、鉚釘製造	6	7	22	14	8
2494–11	金屬線製品製造	6	6	25	18	7
2499–11	鉛字鑄製	6	8	25	15	10
2499–12	金屬瓶蓋製造	6	6	20	12	8
2499–13	金屬軟管製造	6	7	30	21	9
2499–14	金屬小件飾物製造	6	8	31	21	10
2499–15	鎖具及鑰匙製造	6	9	23	12	11
2499–99	其他未分類金屬製品製造	6	7	21	13	8
	鍋爐及原動機製造修配業					
2511–11	鍋爐製造修配	6	8	27	17	10
2512–11	渦輪製造修配	6	9	28	17	11
2512–12	引擎、內燃機製造	6	7	20	11	9
	農業及園藝機械製造修配業					
2520–11	耕耘機製造	5	7	23	15	8
2520–12	農用乾燥機製造	6	10	29	17	12
2520–99	其他農業及園藝機械製造	6	8	27	17	10
	金屬加工用機械製造修配業					
2531–11	金屬用車床、銑床、鑽床機製造	6	7	21	12	9
2531–12	金屬用刨床、截斷機製造	6	8	27	17	10
2531–99	其他金屬切削工具機製造	6	8	27	17	10
2532–11	金屬成型工具機械製造	6	8	27	17	10
2533–11	金屬機械手工具製造	6	8	27	17	10
2539–11	其他金屬加工用機械製造	6	8	27	17	10
	專用生產機械製造修配業					
2541–11	食品飲料機械製造	6	9	28	17	11
2542–11	紡織機械製造	6	8	22	12	10
2542–12	成衣機械製造	6	8	29	19	10
2543–11	木工機械製造	6	7	24	16	8
2544–11	造紙機械製造	6	7	21	12	9
2545–11	排版機製造	6	9	28	17	11
2545–12	印刷機、裝訂機製造	6	7	21	12	9
2546–11	化工機械製造	6	7	21	13	8
2547–11	塑膠機械製造	6	9	28	17	11
2547–12	橡膠機械製造	6	9	28	17	11

2547-13	塑膠、橡膠加工機械設備製造	6	9	28	17	11
2548-11	電子及半導體生產設備製造	6	7	21	13	8
2549-11	其他專用生產機械製造	6	7	21	13	8
	建築及礦業機械設備製造修配業					
2551-11	建築機械設備製造	6	7	21	12	9
	事務機器製造業					
2560-11	打字機製造	6	8	24	14	10
2560-12	收銀機製造	6	7	20	12	8
2560-13	打卡機製造	6	7	20	12	8
2560-14	撕紙機（碎紙機）製造	6	7	20	12	8
2560-99	其他事務機械製造	6	7	20	12	8
	污染防治設備製造修配業					
2570-11	污染防治設備製造	6	9	28	18	10
	通用機械設備製造修配業					
2583-11	齒輪製造	6	9	28	17	11
2584-11	包裝機械製造	6	8	27	17	10
2585-11	電梯及電扶梯製造	6	10	30	17	13
2585-12	升降機、起重機製造	6	9	28	17	11
2585-99	其他輸送機械設備製造	6	9	28	17	11
	其他機械製造修配業					
2591-11	飲用水設備製造	6	7	30	22	8
2592-11	塑膠成型模具製造	6	6	20	12	8
2592-99	其他金屬模具製造	6	8	25	15	10
2599-11	中央空調系統製造	6	8	27	17	10
2599-12	自動販賣機製造	6	8	27	17	10
2599-99	其他未分類機械製造	6	8	27	17	10
	電腦及其週邊設備製造業					
2611-11	電腦製造	6	10	30	18	12
2611-12	資料微處理機製造	6	10	30	18	12
2611-13	電子字典製造	6	10	30	18	12
2611-14	電子計算器製造	6	8	27	17	10
2612-11	終端機、監視器製造	6	10	30	18	12
2613-11	讀卡機製造	6	10	30	18	12
2613-12	列表機製造	6	10	30	18	12
2613-13	磁帶機製造	6	10	30	18	12
2613-14	磁碟機製造	6	10	30	18	12
2613-15	各型微存錄設備製造	6	10	30	18	12
2614-11	介面卡製造	6	10	30	18	12

2614–99	其他電腦組件製造	6	10	30	18	12
2619–11	數值控制操作器製造	6	10	30	18	12
2619–12	可程式文件燒錄器製造	6	10	30	18	12
	通信機械器材製造業					
2621–11	傳真機製造	6	9	28	17	11
2621–12	電話機及零件製造	6	9	28	17	11
2621–13	電話交換機及零件製造	6	9	28	17	11
2621–14	電傳打字機製造	6	10	29	17	12
2621–15	收發報機及零件製造	6	9	28	17	11
2621–99	其他有線通信機械器材製造	6	9	28	17	11
2622–11	天線製造	6	9	28	17	11
2622–12	雷達、聲納、遙感、遙控設備製造	6	9	28	17	11
2622–14	無線電接收機製造	6	9	28	17	11
2622–99	其他無線通信機械器材製造	6	9	28	17	11
	視聽電子產品製造業					
2631–11	電視機製造	6	7	31	22	9
2631–12	錄放影機製造	6	9	31	20	11
2631–13	雷射碟影機製造	6	9	31	20	11
2632–11	電唱機製造	6	9	33	22	11
2632–12	收音機製造	6	8	32	22	10
2632–13	錄音機製造	6	8	32	22	10
2632–14	音響設備製造	6	9	29	18	11
2632–15	點唱機製造	6	8	32	22	10
2632–16	調諧器製造	6	9	28	17	11
2632–17	擴大器製造	6	9	28	17	11
2632–18	麥克風、揚聲器（同選波器）製造	6	9	28	17	11
2632–19	唱機頭製造	6	9	28	17	11
2632–20	耳機製造	6	9	28	17	11
2639–11	電子警報器製造	6	8	27	17	10
2639–99	其他未分類視聽電子產品製造	6	9	28	17	11
	資料儲存媒體製造及複製業					
2640–11	磁帶製造	6	11	32	18	14
2640–12	磁碟、磁片製造	6	11	31	18	13
2640–14	錄音帶製造	6	9	23	12	11
2640–15	錄影帶製造	6	11	28	14	14
2640–16	光碟片製造	6	11	31	18	13
2640–17	唱片製造	6	9	24	12	12
	電子零組件製造業					

2710–11	晶圓製造	6	9	25	14	11
2710–12	積體電路製造	6	8	24	14	10
2710–14	電晶體製造	6	8	24	14	10
2710–15	積體電路測試封裝	6	11	24	12	12
2720–11	被動電子元件製造	6	8	27	17	10
2730–11	印刷電路板、印刷電路基板製造	6	8	24	14	10
2791–11	電子管製造	6	8	24	14	10
2791–12	真空管製造	6	8	24	14	10
2791–99	其他電子管製造	6	8	24	14	10
2792–13	液晶面板製造	6	10	26	14	12
2799–99	其他未分類電子零組件製造	6	8	24	14	10
	電力機械器材製造修配業					
2811–11	變壓器、變流器製造	6	8	27	17	10
2811–99	其他發電、輸電、配電機械製造	6	11	35	23	12
2812–11	電線及電纜製造	6	7	25	17	8
	家用電器製造業					
2821–11	冷氣機製造	6	7	31	22	9
2821–12	電冰箱製造	6	7	31	22	9
2821–13	電除濕器、電加濕器製造	6	8	27	17	10
2822–11	洗衣機、脫水機製造	6	8	27	17	10
2822–12	烘乾機製造	6	8	27	17	10
2823–11	電熨斗製造	6	8	27	17	10
2823–12	電爐、電鍋製造	6	8	27	17	10
2823–13	電烤箱、微波爐製造	6	9	28	17	11
2823–14	電髮器材製造	6	8	21	11	10
2823–15	電熱器製造	6	8	28	18	10
2824–11	電扇、家用通風機及零件製造	6	7	29	20	9
2829–11	電鬍刀製造	6	8	21	11	10
2829–12	排油煙機製造	6	9	28	17	11
2829–13	電吸塵器製造	6	8	27	17	10
2829–14	電果汁機、榨汁機、烘碗機製造	6	8	27	17	10
2829–15	電鈴製造	6	8	26	16	10
2829–99	其他未分類家用電器製造	6	8	27	17	10
	照明設備製造業					
2831–11	電燈泡（管）製造	6	8	34	24	10
2831–14	霓虹燈泡（管）製造	6	6	31	24	7
2832–11	檯燈製造	6	8	33	24	9
2832–12	美術燈製造	6	8	34	24	10

2832–13	閃光燈製造	6	8	34	24	10
2832–14	聖誕燈製造	6	6	31	24	7
2832–16	手電筒製造	6	8	27	17	10
	電池製造業					
2840–11	乾電池製造	6	7	25	16	9
2840–12	蓄電池製造	6	8	25	16	9
	其他電力器材製造業					
2890–11	開關、電插座製造	6	8	26	17	9
2890–12	閃光信號機	6	9	28	17	11
2890–99	其他未分類電力器材製造	6	8	27	17	10
	船舶及其零件製造修配業					
2911–11	船舶建造（鐵殼）	6	6	26	19	7
2911–12	船舶建造（木殼）	6	6	26	19	7
2911–13	船舶建造（玻璃纖維）	6	6	26	19	7
2911–15	船舶修配	6	12	39	22	17
2913–11	海上結構物建造修配	6	13	40	22	18
	汽車及其零件製造業					
2931–99	其他汽車製造	6	11	39	24	15
2932–11	汽車車身製造	6	11	36	23	13
2932–12	汽車專用零件製造	6	10	38	24	14
	機車及其零件製造業					
2941–11	機車製造	6	11	34	21	13
2941–99	其他機車	6	10	35	21	14
2942–11	機車零件製造	6	9	31	20	11
	自行車及其零件製造業					
2951–11	自行車製造	6	8	24	14	10
2952–11	自行車零件製造	6	8	24	14	10
	航空器及其零件製造修配業					
2961–11	航空器製造修配	6	16	39	19	20
	其他運輸工具及零件製造修配業					
2990–11	輪椅製造	6	9	37	26	11
2990–12	無動力車輛及零件製造	6	7	19	11	8
2990–99	其他未分類運輸工具及零件製造	6	9	37	26	11
	精密儀器製造業					
3011–11	量測儀器及控制設備製造（度量衡製造除外）	6	9	24	13	11
3011–12	度量衡製造	6	9	31	20	11
	光學器材製造業					

3021-11	照相機製造	6	9	25	14	11
3021-12	攝影機製造	6	9	25	14	11
3021-13	照相、攝影用之附屬件製造	6	9	25	14	11
3022-11	眼鏡製造	6	9	23	12	11
3022-12	透鏡片製造	6	9	25	14	11
3029-11	其他光學器材製造	6	9	25	14	11
	醫療器材及設備製造業					
3030-11	傷殘用具製造	6	6	21	11	10
3030-99	其他醫療器材及設備製造	6	8	21	11	10
	鐘錶製造業					
3040-11	鐘錶及其零件製造	6	9	22	11	11
	育樂用品製造業					
3111-11	體育用品製造	6	7	20	11	9
3112-11	電動玩具製造	6	10	30	18	12
3112-12	電子遊樂器製造	6	10	30	18	12
3112-99	其他玩具、玩偶製造	6	9	28	17	11
3113-11	樂器製造	6	7	20	11	9
3114-11	墨汁、墨水、印臺製造	6	7	24	16	8
3114-12	漿糊製造	6	7	14	6	8
3114-99	其他文具用品製造	6	7	24	16	8
	其他工業製品製造業					
3191-11	貴金屬電鍍、鏤刻、鑲嵌	6	8	30	20	10
3191-13	珊瑚製品製造	6	8	32	22	10
3191-14	貴金屬、寶石加工製品製造	6	8	30	20	10
3192-11	拉鍊製造	5	7	22	12	10
3192-12	鈕扣製造	6	9	23	12	11
3199-11	刷子製造	6	6	30	23	7
3199-12	扇子製造	6	7	18	10	8
3199-13	傘骨製造	6	6	29	22	7
3199-14	紙傘製造	6	6	27	20	7
3199-15	宮燈製造	6	8	32	22	10
3199-16	人造毛髮製造	6	11	22	8	14
3199-17	嬰兒車製造	6	9	23	12	11
3199-18	打火機製造	6	9	23	12	11
3199-19	印章製造	6	7	45	37	8
3199-20	徽章、證章製造	6	8	28	18	10
3199-21	非金屬飾物製造	6	8	32	22	10
3199-22	手工藝品製造	6	8	32	22	10

3199–23	清潔用具製造	6	6	30	23	7
3199–24	祭祀用品製造	6	9	23	12	11
3199–25	人造花、羽毛裝飾品製造	6	8	18	8	10
3199–26	雕塑品製造	6	7	30	22	8
3199–28	羽毛製品製造	6	10	23	11	12
3199–29	熱水瓶、保溫容器製造	6	7	30	22	8
3199–30	鬃毛製品製造	6	6	13	6	7
3199–31	貝殼製小件什物、紋石品製造	6	9	33	22	11
3199–99	其他未分類工業製品製造	6	9	23	12	11

大業別：D.水電燃氣業　　94 年度

標準代號	小業別	擴大書審純益	所得額標準	同業利潤標準		
				毛利率	費用率	淨利率
	電力供應業					
3300–11	電力供應	(10)	13	23	6	17
	氣體燃料供應業					
3400–11	氣體燃料供應	6	13	38	20	18

大業別：E.營造業　　94 年度

標準代號	小業別	擴大書審純益	所得額標準	同業利潤標準		
				毛利率	費用率	淨利率
	土木工程業					
3801–11	濬水工程	7	8	21	11	10
3801–12	沉箱工程	7	8	20	11	9
3801–99	其他一般土木工程	7	8	19	10	9
3802–11	道路工程	7	8	21	11	10
3803–11	造園工程	7	8	21	11	10
3803–99	其他景觀工程	7	8	21	11	10
3804–11	廢棄物清理工程	7	10	24	11	13
3804–12	水污染防治工程	7	8	19	10	9
3804–13	空氣污染防治工程	7	8	19	10	9
3804–14	噪音及振動防治工程	7	8	19	10	9
3804–15	土壤污染防治工程	7	8	19	10	9
3804–16	環境監測工程	7	8	19	10	9
	建築工程業					
3901–11	房屋修繕	7	8	21	11	10
3901–12	活動房屋營建	7	8	21	11	10

3901–13	房屋建築營建	7	8	19	10	9
3901–14	建築鋼架組立	7	10	24	11	13
3902–11	房屋設備安裝工程	7	8	21	11	10
	機電、電信、電路及管道工程業					
4001–11	水電工程	7	8	19	10	9
4001–12	電路工程	7	8	19	10	9
4001–13	電扶梯、升降機工程	7	8	20	10	10
4002–11	管道工程	7	8	19	10	9
4003–11	冷凍、通風及空調工程	6	6	17	10	7
	建物裝修及裝潢業					
4100–11	室內裝潢工程	7	9	24	12	12
4100–12	油漆、粉刷、噴漆	7	8	21	11	10
4100–99	其他建物裝潢工程	7	10	25	11	14
	其他營造業					
4200–11	鷹架工程	7	14	39	18	21
4200–12	模板工程	7	9	22	11	11
4200–13	鑿井工程	7	8	21	11	10
4200–14	建築物拆除及房屋遷移	7	12	28	13	15
4200–15	打樁工程	7	8	21	11	10
4200–16	土方工程	7	8	21	11	10
4200–17	紮鋼筋工程	7	10	24	11	13
4200–18	連續壁工程	7	9	22	11	11
4200–19	砌磚工程	7	9	22	11	11
4200–20	機械式停車塔營建	7	8	20	10	10
4200–21	造墓及靈骨塔營建	8	11	45	30	15
4200–22	重型機械安裝工程	7	8	20	10	10
4200–23	焊接工程	7	9	22	11	11
4200–99	未分類其他營造	7	9	22	11	11

大業別：F.批發及零售業　　　　94年度

標準代號		小業別	擴大書審純益		所得額標準		同業利潤標準					
							批發			零售		
批發	零售		批發	零售	批發	零售	毛利率	費用率	淨利率	毛利率	費用率	淨利率
		農、畜、水產品業										
4411–11		米穀	2		3		6	2	4			

	4611-11	米穀、食米		2		4				7	2	5
4411-12	4611-12	豆類、麥類及其他雜糧	3	3	3	4	9	5	4	11	6	5
4412-11	4612-11	蔬菜	5	5	6	6	15	8	7	18	11	7
4412-12	4612-12	水果	5	5	7	7	16	8	8	18	9	9
4413-11		切花、盆栽	6		11		24	9	15			
	4613-11	花卉、盆栽		6		12				28	12	16
4414-11		家畜	3		8		18	8	10			
4414-12		幼（種）畜	6		7		19	10	9			
4414-13		畜肉	5		8		18	8	10			
	4614-11	肉類		5		8				18	9	9
4415-11	4614-12	家禽	3	3	8	9	18	8	10	20	9	11
4415-12		幼（種）禽	6		7		19	10	9			
4416-11		魚貨	3		4		15	10	5			
4416-99		其他水產品	3		4		12	7	5			
	4615-11	水產品		3		4				18	13	5
4419-11	4619-11	蜂蜜	6	6	7	8	23	15	8	25	15	10
4419-12	4619-12	種子	6	6	7	7	13	5	8	16	8	8
4419-13		檳榔（青）	6		7		16	8	8			
	4619-13	檳榔		6		7				18	9	9
4419-14		農、畜、水產品批發市場承銷	1		1		7	6	1			
4419-15		生乳	6		7		14	6	8			
4419-16	4620-16	蛋類	4	4	5	5	13	7	6	17	11	6
4419-17		菜苗	6		7		13	5	8			
4419-99	4619-99	未分類其他農、畜、水產品	6	6	7	7	14	6	8	19	10	9
		食品什貨業										
4421-11	4620-11	冷凍調理食品	6	6	10	11	23	11	12	26	12	14
4422-11	4620-12	食用油脂	6	6	7	7	13	5	8	18	9	9
4423-11		國產菸酒（菸酒稅列成本）	2		3		15	12	3			
4423-12		進口菸酒（菸酒稅列成本）	2		3		16	13	3			
	4620-13	菸酒（菸酒稅列成本）		2		3				8	5	3
4424-11		非酒精飲料	6		7		18	10	8			
	4620-14	飲料		6		7				19	10	9
4425-11	4620-15	茶葉	6	6	7	9	19	10	9	23	12	11
4429-11	4620-17	糖	6	6	6	6	13	6	7	15	7	8
4429-12	4620-18	咖啡	6	6	7	7	18	10	8	19	10	9
4429-13	4620-19	山產	6	6	7	7	15	7	8	19	10	9
4429-14	4620-20	調味料	6	6	7	7	13	5	8	16	7	9
4429-15	4620-21	糖果餅乾	6	6	7	8	19	11	8	24	14	10

4429-16	4620-22	西點麵包	6	6	7	8	20	11	9	24	14	10
4429-17	4620-23	罐頭食品	6	6	7	7	17	9	8	22	14	8
4429-18	4620-24	醃製食品	6	6	7	7	14	6	8	18	10	8
4429-19	4620-25	麵粉	3	3	4	4	9	4	5	11	6	5
4429-20	4620-27	豆腐	5	5	6	7	17	10	7	21	13	8
4429-21	4620-28	乾貨類	6	6	7	7	16	8	8	18	9	9
4429-22	4620-29	筍干	6	6	6	7	14	7	7	19	11	8
4429-23	4620-30	肉鬆、肉乾、火腿、臘味	6	6	8	9	19	9	10	21	10	11
4429-24	4620-31	麵條、米粉、粉絲	6	6	7	7	14	6	8	14	6	8
	4620-32	餐盒		7		9				25	13	12
4429-25	4620-33	奶粉	6	6	7	8	25	16	9	26	16	10
4429-26	4620-34	乳製品	6	6	7	7	14	6	8	19	10	9
	4620-35	飲用淨水		6		7				19	10	9
4429-27	4620-26	冰品	6	6	9	10	22	11	11	25	12	13
4429-28	4620-36	健康食品	8	8	11	13	24	11	13	27	12	15
4429-99		未分類其他食品什貨	6		7		16	8	8			
	4620-99	其他食品什貨		6		7				18	9	9
		布疋、衣著、服飾品業										
4431-11	4631-11	布疋、呢絨、綢緞	5	5	6	6	16	9	7	20	13	7
4431-12	4631-12	針織、絲織、麻織、棉織、毛織品	6	6	7	7	21	13	8	21	13	8
4431-13	4631-13	人造纖維織品	6	6	7	7	21	13	8	21	13	8
4431-14	4631-14	紗品	6	6	7	7	21	13	8	21	13	8
4431-15	4631-15	皮革布	6	6	7	7	19	11	8	21	12	9
4432-11	4632-11	成衣	6	6	7	8	21	13	8	25	15	10
4433-11	4633-11	真皮皮鞋	6	6	7	7	19	11	8	21	12	9
4433-12	4633-12	鞋類（真皮皮鞋除外）	6	6	7	7	17	9	8	20	12	8
4434-11	4634-11	真皮皮包、手提袋、行李箱	6	6	7	7	19	11	8	21	12	9
4434-12	4634-12	皮包、手提袋、行李箱（真皮製品除外）	6	6	7	7	20	12	8	21	12	9
4435-11	4635-11	手套、襪子	6	6	7	7	20	12	8	22	13	9
4435-12	4635-12	帽子（草帽除外）	6	6	7	8	21	12	9	23	13	10
4435-13	4635-13	羽毛飾品	6	6	7	7	19	11	8	20	11	9
4435-14	4635-14	草帽	6	6	8	8	21	11	10	22	12	10
4435-99		其他服飾配件	6		7		20	12	8			
4439-11	4639-11	布袋	6	6	7	8	18	9	9	22	12	10
4439-12	4639-12	洋傘	6	6	7	7	19	11	8	21	13	8
4439-13	4639-13	帆布製品	6	6	7	7	20	12	8	22	13	9

4439–14		瓊麻線	6		7		17	9	8			
4439–15	4639–15	麻繩、麻袋	6	6	7	7	17	9	8	21	12	9
4439–16	4639–16	證章	6	6	8	11	21	11	10	25	12	13
4439–17	4639–17	繡品、編織品	6	6	10	11	24	12	12	26	12	14
4439–18	4639–18	縫紉用品	6	6	7	9	21	12	9	23	12	11
4439–19	4639–19	雨衣、雨鞋	6	6	7	7	20	12	8	21	12	9
4439–20	4639–20	紙尿褲	6	6	7	8	21	12	9	22	12	10
4439–21		服裝百貨	6		7		23	15	8			
	4639–21	服飾、百貨攤販		5		7				23	14	9
4439–99	4639–99	其他衣著、服飾品	6	6	7	7	20	12	8	23	14	9
		家庭電器業										
4441–11	4641–12	家電材料	6	6	7	7	16	8	8	18	10	8
4441–13	4641–14	電話	6	6	7	7	17	9	8	20	11	9
4441–14	4641–15	行動電話	6	6	7	8	19	9	10	22	11	11
4441–15	4641–17	照明器材	6	6	7	7	15	7	8	17	9	8
4441–16	4641–18	音響組合	6	6	7	7	17	9	8	18	10	8
4441–17	4641–19	家電	5	5	6	6	15	8	7	18	11	7
4441–18	4641–20	空調器及零件	6	6	7	7	15	7	8	17	9	8
4441–99	4641–99	其他電器	6	6	7	8	18	10	8	21	11	10
		家具、寢具及室內裝設品業										
4442–11	4642–11	家具（進口家具除外）	6	6	9	11	24	13	11	27	13	14
4442–12	4642–12	進口家具	6	6	14	16	31	10	21	34	11	23
4442–13	4642–13	廚具	6	6	7	11	22	13	9	27	14	13
4443–12	4643–12	被褥、枕頭、蚊帳、床單、被套（組）	6	6	7	7	20	12	8	22	13	9
4443–13	4643–13	草蓆、藤蓆	6	6	8	8	21	11	10	22	12	10
4444–11	4644–11	繡製軟匾、掛屏	6	6	11	12	25	10	15	27	11	16
4444–12	4644–12	地毯	6	6	11	12	25	10	15	27	11	16
4444–13	4644–13	壁紙	6	6	11	12	25	10	15	27	11	16
4444–14	4644–14	窗帘	6	6	11	12	25	10	15	27	11	16
4444–15	4644–15	竹、木、藤製裝設品	6	6	7	7	18	10	8	20	11	9
4444–99	4644–99	其他室內裝設品	6	6	11	12	25	10	15	27	11	16
		攝影器材業										
4445–11	4645–11	攝影器材	6	6	7	10	19	10	9	23	11	12
4445–12	4645–12	攝影機	5	5	6	9	18	10	8	22	11	11
4445–13	4645–13	照相器材	6	6	7	10	19	10	9	23	11	12
4445–14	4645–14	照相機	5	5	6	9	18	10	8	22	11	11
		其他家庭設備及用品業										

4449-11	4649-11	玻璃器皿、餐具	6	6	7	9	18	9	9	23	12	11
4449-12	4649-12	陶瓷器皿、餐具	6	6	8	9	18	8	10	22	11	11
4449-13	4649-13	免洗餐具	6	6	6	8	18	10	8	23	13	10
4449-14	4649-14	小件家用器皿	6	6	7	8	19	10	9	23	13	10
4449-15	4649-15	家用瓦斯器具	6	6	7	11	22	13	9	27	14	13
4449-16	4649-16	排油煙機	6	6	7	11	22	13	9	27	14	13
4449-17	4649-17	衛生紙（棉）	6	6	7	7	13	5	8	15	7	8
	4649-18	濾水器、淨水器		6		8				21	11	10
4449-99	4649-99	其他家庭日常用品	4	4	6	7	17	10	7	21	13	8
		藥品、化粧品及清潔用品業										
4451-11	4651-11	中藥	6	6	7	8	19	11	8	22	12	10
4451-12	4651-12	西藥	6	6	7	8	22	14	8	25	15	10
4451-13	4651-13	醫療耗材	6	6	7	9	21	12	9	24	13	11
4451-14	4651-14	營養製劑	6	6	9	11	22	11	11	25	12	13
4451-99	4651-99	其他藥物	6	6	9	11	22	11	11	25	12	13
4452-11	4652-99	化粧品	6	6	11	12	26	13	13	29	13	16
4452-12	4652-11	洗髮劑、潤髮劑	6	6	7	7	15	7	8	17	9	8
4452-13	4652-12	香皂、沐浴乳	6	6	7	7	15	7	8	17	9	8
4452-14	4652-13	整髮劑、染髮劑	6	6	11	12	26	13	13	29	13	16
4452-15	4652-14	香水	6	6	11	12	26	13	13	29	13	16
4453-11	4653-11	清潔用品	6	6	7	7	15	7	8	17	9	8
4453-12	4653-12	牙膏、牙粉	6	6	7	7	15	7	8	17	9	8
		文教、育樂用品業										
4461-11	4661-11	文具	6	6	7	7	21	13	8	23	15	8
4461-12	4661-12	紙張	6	6	6	7	16	9	7	18	10	8
4461-13	4661-13	書籍、雜誌	6	6	7	9	23	14	9	26	16	10
4461-14		教育用標本	6		7		17	8	9			
	4661-15	書局（店）綜合業		6		8				25	15	10
4462-11	4662-11	自行車及零件	6	6	7	7	17	9	8	21	12	9
4462-13	4662-13	釣具	6	6	8	10	19	9	10	23	11	12
4462-14	4662-14	獵具	6	6	8	10	19	9	10	23	11	12
4462-99	4662-99	其他運動用品、器材	6	6	7	8	20	12	8	22	12	10
4463-11	4663-11	遊樂器	6	6	7	9	20	11	9	23	12	11
4463-12	4663-12	玩具	6	6	8	10	20	10	10	23	11	12
4463-13	4663-13	棋類用品	6	6	7	9	21	12	9	25	14	11
4463-14	4663-14	錄影帶、錄音帶、唱片、CD 唱片、碟影片（空白片除外）	6	6	7	9	21	12	9	24	13	11
4463-15	4663-15	空白錄影（音）帶	6	6	8	10	22	12	10	24	12	12

	4663-16	模型		6		9				20	9	11
4463-99	4663-99	其他娛樂用品	6	6	7	7	21	13	8	23	15	8
4464-11	4664-11	樂器	6	6	7	9	21	12	9	25	14	11
		鐘錶、眼鏡業										
4470-11	4670-11	電子錶	6	6	7	9	21	12	9	24	13	11
4470-12	4670-12	鐘錶及零件	6	6	7	9	21	12	9	24	13	11
4470-13	4670-13	眼鏡	6	6	9	11	22	11	11	27	12	15
4470-14	4670-14	眼鏡框（架）	6	6	9	11	22	11	11	27	12	15
4470-15	4670-15	鏡片	6	6	9	11	22	11	11	27	12	15
		首飾及貴金屬業										
4480-11	4680-11	金銀首飾	5	5	6	6	19	12	7	20	13	7
4480-12	4680-12	珠寶	6	6	11	14	28	13	15	34	14	20
4480-13	4680-13	金條、金塊、金片、金錠及金幣	2	2	2	2	5	2	3	6	3	3
4480-99	4680-99	其他首飾及貴金屬	6	6	6	6	19	12	7	20	13	7
		建材業										
4511-11		木材	6		7		19	11	8			
4511-12		竹材	6		7		20	11	9			
4512-11		水泥及其製品	6		7		18	10	8			
4512-12		石灰及其製品	6		7		19	11	8			
4512-13		磚、瓦建材	6		7		19	11	8			
4512-14		砂石建材	5		6		18	11	7			
4513-11		貼面石材	6		7		18	10	8			
4513-12		磁磚	6		7		18	10	8			
4513-13		衛浴設備	6		7		20	11	9			
4514-11		板玻璃	6		7		19	11	8			
4514-12		玻璃纖維製品	6		7		21	12	9			
4515-11	4711-11	塗料	6	6	7	8	20	11	9	22	12	10
4515-12		漆料及光油、油墨	6		6		20	12	8			
	4711-12	漆料及光油		6		8				22	12	10
4516-11		鋁、不銹鋼門窗	6		7		21	12	9			
4516-12		金屬結構	6		7		20	11	9			
4516-13		白鐵皮	6		8		20	10	10			
4516-14		銲條	6		7		20	12	8			
4516-15		小五金	6		6		19	12	7			
4516-17		大五金	6		6		19	12	7			
4516-99		其他金屬建材	6		7		19	10	9			
4519-11		石綿製品	6		7		20	11	9			

4519-13		水電材料	6		7		19	11	8			
4519-99		未分類其他建材	6		7		19	10	9			
	4719-12	居家修繕用品		6		7				20	12	8
		化學原料及其製品業										
4521-11		肥料	6		7		14	6	8			
4521-12		香茅油	6		7		23	14	9			
4521-13		硫磺電石	6		7		19	11	8			
4521-14		塑膠材料	6		7		18	10	8			
4521-15		橡膠材料	6		7		17	9	8			
4521-16		非食用油脂	6		8		22	12	10			
4521-99		其他化學原料	6		8		19	9	10			
4522-11		染料、顏料	6		7		20	11	9			
4522-13		農藥	6		7		13	5	8			
4522-14		塑膠製品	6		7		18	10	8			
4522-15		橡膠製品	6		7		17	9	8			
4522-99		其他化學製品	6		7		19	10	9			
		燃料業										
	4721-11	汽油		3		4				14	9	5
4531-11	4729-11	礦油、煤油	6	6	7	7	18	10	8	21	13	8
4531-12	4729-12	桶裝瓦斯	4	4	7	8	19	11	8	22	12	10
4531-13	4721-12	柴油	6	6	7	7	18	9	9	21	12	9
4539-11	4729-15	木炭	6	6	6	7	16	8	8	19	11	8
4539-12	4729-14	煤炭、焦炭	6	6	6	7	16	8	8	19	11	8
4539-99	4729-99	未分類其他燃料	6	6	7	7	18	9	9	21	12	9
		機械器具業										
4541-13		紡織及成衣機械	6		7		18	10	8			
4541-14		原動機	6		7		19	11	8			
4541-16		造紙印刷機械	6		7		19	11	8			
4541-17		農業及園藝機械	6		7		14	6	8			
4542-11	4641-11	電子材料、設備	6	6	7	7	17	9	8	19	10	9
4542-12		電話交換機	6		7		17	9	8			
4542-13	4641-16	電池	6	6	7	8	17	9	8	20	10	10
4543-11		事務機器	6		7		19	11	8			
4544-11	4731-11	電腦及其週邊設備	6	6	6	7	18	11	7	21	12	9
4544-12	4731-12	電腦套裝軟體	6	6	7	8	18	10	8	21	11	10
4544-13	4731-13	資料儲存媒體	6	6	8	10	22	12	10	24	12	12
	4732-11	精密儀器		6		10				23	11	12
	4739-11	打字機		6		8				22	12	10

4545–11		量測儀器	6		8		22	12	10			
4545–12		醫療用機械器具	6		9		22	12	10			
4545–13		光學儀器	6		8		20	10	10			
4545–14		科學儀器	6		8		18	8	10			
4545–99		其他儀器	6		9		19	8	11			
4549–14		濾水器、淨水器	6		7		18	10	8			
4549–15		消防設備	6		8		23	13	10			
4549–99	4739–99	未分類其他機械器具	6	6	7	9	20	11	9	23	12	11
		汽機車及其零配件、用品業										
4551–11	4741–11	汽車	6	6	8	9	20	10	10	22	11	11
4552–11	4742–11	機車	6	6	8	8	20	11	9	22	12	10
4553–11	4743–11	汽車零件	6	6	7	9	19	10	9	22	11	11
4553–12	4743–12	汽車百貨	6	6	7	9	19	10	9	22	11	11
4553–13	4743–13	汽車音響	6	6	8	9	18	9	9	20	10	10
4553–14	4743–14	汽車冷氣	6	6	8	9	16	7	9	19	9	10
4553–15	4743–15	機車零件	6	6	7	8	19	11	8	22	12	10
4553–16	4743–16	機車百貨	6	6	7	8	19	11	8	22	12	10
4553–99	4743–99	其他車輛零件	6	6	7	8	19	11	8	22	12	10
4554–11	4744–11	汽車車胎	5	5	6	6	16	9	7	20	12	8
4554–12	4744–12	機車車胎	6	6	7	7	17	9	8	21	12	9
		綜合商品業										
4560–11		綜合商品批發	5		8		15	6	9			
	4751–11	百貨公司		6		8				25	15	10
	4752–11	超級市場		5		6				19	12	7
	4753–11	直營連鎖式便利商店		5		6				19	12	7
	4753–12	加盟連鎖式便利商店		5		6				19	12	7
	4754–11	零售式量販店		6		7				19	11	8
	4759–11	雜貨店		5		6				19	12	7
	4759–99	其他綜合商品零售		5		6				19	12	7
		商品經紀業										
4570–11		代理商	(10)		20		76		48		28	
4570–12		居間業	(10)		23		76		43		33	
4570–13		代購、代銷商	(10)		22		75		43		32	
		其他業										
4591–11	4799–27	飼料	4	4	5	6	15	9	6	18	11	7
4592–11		廢紙批發	3		4		17	12	5			
4592–12		廢五金批發	3		4		17	12	5			
4592–13		回收資源批發	3		4		17	12	5			

4599–11	4799–11	火柴	6	6	7	7	13	5	8	15	7	8
4599–12	4799–12	香燭、冥紙	6	6	9	11	19	8	11	25	12	13
4599–13	4799–13	鏡子	6	6	7	9	18	9	9	23	12	11
4599–14	4799–14	紙盒、紙袋	6	6	7	7	18	10	8	20	12	8
4599–15	4799–15	鏡框及配件	6	6	9	11	23	12	11	25	12	13
4599–16	4799–16	貝殼紋石品、琥珀品、玩賞石	6	6	7	7	20	12	8	22	13	9
4599–17	4799–17	手工藝品及材料	6	6	7	9	23	14	9	25	14	11
	4799–19	古玩書畫		6		11				26	11	15
4599–20	4799–20	雕塑品	6	6	9	10	25	14	11	26	14	12
4599–21	4791–11	中古商品	6	6	8	9	20	10	10	22	11	11
	4799–21	棺木		6		9				24	13	11
	4799–24	玩賞動物		6		11				27	12	15
4599–24	4799–25	寵物用品	6	6	8	9	20	10	10	24	13	11
4599–25	4799–22	農藝工具	6	6	7	7	14	6	8	17	9	8
4599–26	4799–26	動物藥品	6	6	9	11	22	11	11	25	12	13
4599–99	4799–99	其他未分類	6	6	8	10	21	11	10	23	11	12
		無店面業										
	4811–11	郵購公司		6		10				23	11	12
	4811–12	電視、網路購物		6		10				23	11	12
	4812–11	單層直銷		6		10				23	11	12
	4812–12	多層次傳銷		6		10				23	11	12
	4819–11	攤販（飲食攤除外）		5		6				24	16	8
	4819–12	自動販賣機業		6		7				19	10	9

大業別：G.住宿及餐飲業　　94年度

標準代號	小業別	擴大書審純益	所得額標準	同業利潤標準		
				毛利率	費用率	淨利率
	旅館業					
5011–11	觀光旅館	7	15	75	55	20
5012–11	旅館（社）	7	13	68	50	18
	餐館業					
5110–11	中式餐館	9	12	45	27	18
5110–12	中式速食店	9	11	46	31	15
5110–13	中式茶樓	9	12	45	27	18
5110–14	食堂、麵店、小吃店	6	7	25	15	10
5110–15	西式餐館	9	13	45	26	19
5110–16	西式速食店	9	12	46	30	16
5110–17	牛排館	9	13	45	26	19

5110–18	日式餐館	9	13	45	26	19
5110–19	日式速食店	9	11	46	31	15
5110–20	海味餐廳	9	12	45	27	18
5110–21	有娛樂節目餐廳	10	24	70	39	31
5110–99	其他餐館	9	12	45	27	18
	飲料店業					
5120–11	冰果店、冷飲店	6	12	37	20	17
5120–12	咖啡館	9	24	58	30	28
5120–13	茶藝館	6	11	35	20	15
	其他餐飲業					
5191–11	飲酒店、啤酒屋	9	23	58	25	33
5199–11	飲食攤、小吃攤、冷飲攤	6	6	24	16	8

大業別：H.運輸、倉儲及通信業　　　　94 年度

標準代號	小業別	擴大書審純益	所得額標準	同業利潤標準		
				毛利率	費用率	淨利率
	陸上運輸業					
5331–11	公路汽車客運	6	10	40	28	12
5331–12	市區汽車客運	6	10	40	28	12
5332–11	計程車客運	2	5	28	20	8
5333–11	附駕駛之大客車租賃	4	12	38	24	14
5333–12	附駕駛之小客車租賃	8	14	49	31	18
5340–11	汽車貨運	4	7	32	24	8
5340–13	汽車貨櫃貨運	4	7	54	45	9
5390–11	輕型車輛運輸	6	9	34	23	11
5390–12	管道運輸	6	11	35	20	15
	水上運輸業					
5410–11	國際海洋船舶客、貨運輸	6	13	32	15	17
5410–12	國內海洋船舶客、貨運輸	6	13	34	16	18
	航空運輸業					
5510–11	國內、外航空客貨運輸	6	12	35	19	16
	儲配運輸物流業					
5600–11	倉儲物流	6	17	48	25	23
5600–12	配送物流	6	17	48	25	23
5600–13	流通加工物流	6	17	48	25	23
	運輸輔助業					
5710–11	旅行服務	8	13	72	53	19
5720–11	報關服務	8	15	73	51	22

5730–11	船務代理	8	20	60	32	28
5741–11	鐵路、陸路貨運承攬	6	11	35	20	15
5741–12	行李包裹託運	6	12	64	48	16
5742–11	海洋貨運承攬	6	19	56	29	27
5743–11	航空貨運承攬	6	17	52	29	23
5750–11	陸上運輸輔助	6	12	55	39	16
5761–13	其他港埠業	6	16	47	24	23
5769–11	拖船經營	6	10	26	14	12
5769–12	駁船經營	6	18	53	28	25
5769–13	船上貨物裝卸	6	10	26	14	12
5769–99	未分類其他水上運輸輔助	6	10	26	14	12
5770–99	未分類航空運輸輔助	6	12	35	19	16
5790–11	理貨清倉	6	11	32	18	14
5790–12	公證服務	8	18	76	52	24
5790–14	貨櫃拼裝	6	13	32	14	18
5790–15	地磅過秤	6	30	75	32	43
5790–99	未分類其他運輸服務	6	19	56	29	27
	倉儲業					
5801–11	堆棧經營	8	22	63	32	31
5801–12	農產倉儲經營	8	20	63	35	28
5801–99	其他倉庫經營	8	22	63	32	31
5802–11	冷凍冷藏倉庫經營	8	18	57	31	26
	快遞服務業					
5920–11	快遞服務	8	19	56	29	27
	電信業					
6000–11	有線通信服務	8	26	63	35	28
6000–12	無線通信服務	8	26	63	35	28

大業別：I.金融及保險業　　94年度

標準代號	小業別	擴大書審純益	所得額標準	同業利潤標準		
				毛利率	費用率	淨利率
	金融及其輔助業					
6212–11	本國銀行	8	19	72	45	27
6213–11	外國銀行	8	19	72	45	27
6220–11	信用合作社	8	18	66	41	25
6240–11	信託投資	–	23	72	44	28
6292–11	當鋪	8	22	73	42	31
6293–11	信用卡發行	8	25	76	45	31

6294–11	投資公司	–	24	71	42	29
6295–12	應收帳款收買	(10)	21	72	42	30
6296–11	融資性租賃	(8)	21	72	42	30
6299–12	保管箱出租	(8)	20	74	45	29
6299–99	其他金融及輔助業	8	25	76	45	31
	證券及期貨業					
6311–11	證券商	8	21	75	47	28
6312–11	證券投資顧問	10	18	68	42	26
6313–11	證券投資信託	–	23	74	45	29
6319–99	未分類其他證券業	8	22	77	46	31
6321–11	期貨商	8	22	77	46	31
	保險業					
6410–11	人身保險	8	20	65	37	28
6420–11	財產保險	8	20	61	35	26
6420–12	輸出入保險	8	20	75	47	28
6440–11	再保險	8	20	75	47	28
6450–11	保險經紀	(10)	20	75	47	28
6450–12	保險代理	8	20	75	47	28
6450–13	保險公證	8	20	75	47	28
6450–14	保險精算	8	20	75	47	28

大業別：J.不動產及租賃業　　94年度

標準代號	小業別	擴大書審純益	所得額標準	同業利潤標準		
				毛利率	費用率	淨利率
	不動產經營業					
6611–11	土地開發	(8)	23	68	39	29
6611–12	不動產投資興建	(7)	8	39	29	10
6611–13	不動產買賣	–	12	27	10	17
6611–14	不動產租賃	(8)	23	74	41	33
6612–11	不動產仲介、代銷	(10)	23	76	43	33
	其他不動產業					
6691–12	市場管理	4	5	18	12	6
	機械設備租賃業					
6711–11	動力機械設備出租	(8)	21	70	40	30
6711–12	農業機械設備出租	(8)	21	70	40	30
6711–99	其他生產機械設備出租	(8)	22	71	40	31
6712–11	營造用機械設備出租	(8)	21	68	40	28
6713–11	收銀機出租	(8)	21	70	40	30

6713–12	影印機出租	(8)	21	70	40	30
6713–99	其他事務用機器設備出租	(8)	21	70	40	30
6714–11	終端機出租	(8)	21	70	40	30
6714–12	電腦出租	(8)	21	70	40	30
6714–13	電腦週邊設備出租	(8)	21	72	42	30
6719–11	自動販賣機出租	(8)	21	70	40	30
6719–12	醫療機械設備出租	(8)	21	70	40	30
6719–13	舞臺音響設備出租	(8)	21	72	42	30
	運輸工具設備租賃業					
6721–11	汽車出租	(8)	14	50	31	19
6722–11	船舶出租	(8)	22	63	32	31
6729–11	機車、飛機出租	(8)	15	51	30	21
6729–12	拖吊車出租	(8)	21	68	40	28
	物品租賃業					
6731–11	運動及娛樂用品出租	(8)	11	48	34	14
6732–11	影片及錄影節目帶租賃	(8)	17	56	32	24
6739–11	禮服及服裝出租	(8)	20	69	41	28
6739–12	家具出租	(8)	21	70	40	30
6739–13	小說出租	(8)	19	67	40	27
6739–99	未分類其他物品出租	(8)	21	70	40	30

大業別：K.專業、科學及技術服務業　　　　94 年度

標準代號	小業別	擴大書審純益	所得額標準	同業利潤標準		
				毛利率	費用率	淨利率
	法律服務業					
6919–11	公證人服務	(10)	17	82	58	24
	建築及工程技術服務業					
7000–12	土木工程顧問	(10)	16	72	50	22
7000–13	電路管道設計	(10)	16	73	50	23
7000–14	景觀設計	(10)	16	73	50	23
7000–15	造園設計	(10)	16	73	50	23
	專門設計服務業					
7101–11	室內設計	8	12	30	12	18
7102–11	積體電路設計	8	18	38	12	26
7109–11	產品外觀設計	8	13	31	12	19
7109–12	專利商標設計	8	13	31	12	19
7109–99	未分類其他專門設計服務	8	13	31	12	19
	電腦系統設計服務業					

7201-11	程式設計		17	66	42	24
7201-12	系統規劃、分析及設計		21	70	40	30
7201-13	套裝軟體設計		21	70	40	30
7202-11	系統整合	8	21	70	40	30
7209-11	網路安全管理	8	21	70	40	30
	資料處理及資訊供應服務業					
7310-11	資料處理	8	15	64	42	22
7321-11	網路資訊供應	8	15	64	42	22
	顧問服務業					
7401-11	投資顧問服務	(10)	16	70	48	22
7402-11	管理顧問服務	(10)	16	70	48	22
7403-11	環境顧問服務	(10)	16	70	48	22
7409-11	其他顧問服務	(10)	18	68	42	26
	廣告業					
7601-11	廣告設計	7	14	30	10	20
7601-12	廣告製作	7	12	29	12	17
7601-13	廣告裝潢設計	7	12	26	10	16
7602-11	戶外海報製作	7	12	27	10	17
7602-12	廣告板、廣告塔製作	7	12	27	10	17
7602-13	霓虹燈廣告	7	12	27	10	17
7602-14	電視牆廣告、電子視訊牆製作	7	12	29	12	17
7602-15	廣告工程	7	12	27	10	17
7609-99	其他廣告	7	12	27	10	17
	市場研究及民意調查業					
7701-11	市場研究及民意調查	(10)	19	82	55	27
	攝影業					
7702-11	照相館	6	14	39	19	20
7702-99	其他攝影	6	18	62	36	26
	翻譯服務業					
7703-11	翻譯服務	6	19	67	40	27
	環境檢測服務業					
7705-11	環境檢測服務	6	11	55	39	16
	未分類其他專業、科學及技術服務業					
7709-11	未分類其他專業、科學及技術	6	11	34	20	14

大業別：L.教育服務業　94 年度

標準代號	小業別	擴大書審純益	所得額標準	同業利潤標準		
				毛利率	費用率	淨利率
	教育服務業					
7990-12	補習班	–	19	64	36	28
7990-99	未分類其他教育服務	(10)	16	62	39	23

大業別：M.醫療保健及社會福利服務業　94 年度

標準代號	小業別	擴大書審純益	所得額標準	同業利潤標準		
				毛利率	費用率	淨利率
	醫療保健服務業					
8192-12	醫事放射所、醫事檢驗所	(10)	28	70	31	39

大業別：N.文化、運動及休閒服務業　94 年度

標準代號	小業別	擴大書審純益	所得額標準	同業利潤標準		
				毛利率	費用率	淨利率
	新聞出版業					
8410-11	新聞出版	6	9	28	17	11
	雜誌（期刊）出版業					
8420-11	期刊、雜誌出版	6	9	26	16	10
	書籍出版業					
8430-11	書籍出版	6	11	30	14	16
	其他出版業					
8491-11	唱片出版	6	12	29	13	16
8491-12	雷射唱片出版	6	12	29	13	16
8491-13	錄音帶出版	6	12	29	13	16
8492-11	軟體出版	6	12	29	13	16
8499-11	未分類其他出版	6	11	27	12	15
	電影業					
8510-11	電影片製作、幻燈片製作	5	13	31	13	18
8520-11	電影片買賣	5	13	31	13	18
8520-12	電影片租賃	(8)	22	51	19	32
8530-12	電影片放映	5	12	40	24	16
8540-12	電影沖印	5	13	37	18	19
	廣播電視業					
8610-11	廣播電臺	(7)	10	28	15	13
8620-11	無線電視臺	(7)	13	35	17	18

8620–99	其他電視業	(7)	13	35	17	18
8630–12	廣播電視節目製作、發行	(7)	11	33	18	15
8630–13	錄影節目帶製作、發行	(7)	12	34	17	17
8630–15	代客錄影	6	12	34	19	15
	技藝表演業					
8710–11	劇團、舞團	6	7	28	20	8
8710–99	其他技藝表演	6	12	37	20	17
	運動服務業					
8742–11	撞球室	6	13	54	36	18
8742–12	桌球場	6	13	54	36	18
8742–13	網球場	6	13	48	30	18
8742–14	羽球館	6	13	48	30	18
8742–15	高爾夫球場	(6)	15	58	36	22
8742–16	保齡球館	6	13	51	33	18
8742–17	溜冰場	6	14	56	36	20
8742–19	游泳池	6	13	38	20	18
8742–20	韻律房、健身房	6	15	58	36	22
8742–22	滑草場	6	13	55	36	19
8742–24	高爾夫球練習場	10	15	58	36	22
	休閒服務業					
9001–12	兒童樂園、綜合遊樂場	6	13	51	33	18
9002–11	視唱中心 (KTV)	9	18	58	32	26
9002–12	視聽中心	9	18	58	32	26
9003–11	特種茶室	10	23	55	22	33
9003–12	特種咖啡廳	10	28	88	48	40
9003–13	酒家、酒吧	10	28	88	48	40
9003–14	歌廳	6	12	56	40	16
9003–15	舞廳	10	28	88	48	40
9003–17	夜總會	10	28	88	48	40
9003–18	特種視唱、視聽中心	10	23	74	41	33
9004–11	電動玩具店	10	14	52	32	20
9004–12	小鋼珠（柏青哥）店	10	14	52	32	20
9009–11	釣魚場	6	11	48	34	14
9009–12	釣蝦場	6	11	48	34	14
9009–15	海水浴場	6	13	38	20	18
9009–16	上網專門店	6	11	48	34	14
9009–17	漫畫書屋	6	11	48	34	14
9009–18	彩券代理銷售處	10	11	48	34	14

9009-99	未分類其他休閒服務	6	11	48	34	14

大業別：O.其他服務業　　94 年度

標準代號	小業別	擴大書審純益	所得額標準	同業利潤標準		
				毛利率	費用率	淨利率
	支援服務業					
9201-11	職業介紹	8	20	79	49	30
9201-12	人力仲介	8	20	79	49	30
9201-13	人力派遣	8	18	77	49	28
9202-11	系統保全服務	6	16	68	44	24
9202-12	駐衛保全服務	6	15	67	44	23
9203-11	信用評等服務	8	25	76	45	31
9203-12	信用調查服務	(10)	19	82	55	27
9204-11	建築物清潔服務	6	12	55	38	17
9205-11	病媒防治服務	6	12	55	38	17
9206-11	曬圖、影印服務	6	15	64	42	22
9209-12	文件打字服務	6	19	67	40	27
9209-99	未分類其他支援服務	6	11	34	20	14
	環境衛生及污染防治服務業					
9302-11	一般事業廢棄物處理	6	10	53	38	15
9302-12	有害事業廢棄物處理	6	13	56	38	18
9302-13	一般廢棄物處理	6	12	55	38	17
9303-11	廢水、污水（含水肥）處理	6	12	55	38	17
9309-11	其他環境衛生及污染防治服務	6	12	55	38	17
	其他組織					
9499-11	未分類其他組織	4	5	18	12	6
	汽車維修及汽車美容業					
9511-11	汽車維修	6	13	44	25	19
9512-11	汽車美容	6	12	55	39	16
	其他器物修理業					
9591-11	電器修理	6	15	54	32	22
9591-12	視聽電子產品修理	6	15	54	32	22
9591-13	電腦及週邊設備修理	6	15	54	32	22
9592-11	機車修理	6	13	45	26	19
9599-11	樂器修理	6	20	54	26	28
9599-12	農具修理	6	13	45	26	19
9599-13	貨櫃修理	6	19	51	24	27
9599-14	眼鏡修理	6	24	54	24	30

9599–15	鞋、傘、皮革品修理	6	15	52	30	22
9599–16	打字機修理	6	21	55	25	30
9599–17	自行車修理	6	10	41	29	12
9599–18	鐘錶修理	6	20	52	24	28
9599–99	其他器物修理	6	18	56	30	26
	未分類其他服務業					
9610–11	洗衣業	6	12	59	43	16
9620–11	美容院	6	17	80	56	24
9620–12	理髮店	6	16	79	56	23
9620–13	瘦身美容院	10	17	80	56	24
9620–14	豪華理容總匯	10	28	90	50	40
9620–99	其他理髮及美容	10	17	80	56	24
9630–14	葬儀服務	6	22	76	45	31
9640–11	停車場管理	(8)	23	71	38	33
9691–11	相片沖洗店	6	12	35	18	17
9692–11	浴室、澡堂	6	13	74	57	17
9692–12	三溫暖浴室	6	13	74	56	18
9692–99	其他浴室	6	20	78	51	27
9693–11	服裝業自料	6	10	32	20	12
9693–12	服裝業來料	6	12	38	21	17
9699–11	擦皮鞋	6	12	55	39	16
9699–13	繡學號	6	12	31	14	17
9699–14	彈棉業	6	7	26	18	8
9699–15	K書中心	6	13	39	20	19
9699–16	開鎖及配鎖	6	19	51	24	27
9699–18	電子琴花車	6	18	62	37	25
9699–19	代客宰雞鴨	6	10	22	10	12
9699–23	字畫裱糊	6	12	26	10	16
9699–24	代客編織	6	12	31	14	17
9699–25	繪像	6	24	68	34	34
9699–99	其他未分類個人服務	6	8	32	22	10

習題

一、問答題

1.何謂獲利能力分析？試說明之。

2.獲利能力分析中，常用的財務比率指標有那些？試說明之。

3.毛利率公式為何？其意義代表什麼？試說明之。

4.銷貨退回與銷貨淨額比率有何意義？試說明之。

5.營業費用的高低，所能發生的影響如何？試分析之。

6.獲利能力分析，必須採用那一項同業利潤標準，才較具實質意義？為什麼？試申述之。

7.如何檢討獲利能力分析方能正確？試分述之。

二、選擇題

(　) 1.毛利率等於 (A)銷貨毛利除以銷貨淨額 (B)銷貨毛利除以銷貨總額 (C)銷貨毛利除以銷貨成本 (D)以上皆非。

(　) 2.設毛利率為25%，銷貨成本為$600,000，平均應收帳款為$100,000，則應收帳款週轉率等於 (A) 6 (B) 4.5 (C) 8 (D) 7.5。

(　) 3.某公司部分帳戶餘額如下：

銷貨	$1,000,000
銷貨退回與折讓	180,000
銷貨折扣	20,000
銷貨成本	600,000

其毛利率為 (A) 20% (B) 75% (C) 40% (D) 25%。

(　) 4.傳統損益表之主要功用，在於 (A)顯示過去之獲利過程 (B)顯示未來規劃之資料 (C)反映幣值變動之影響 (D)以上均是。

(　) 5.某公司X5年度毛利為$67,000，銷貨費用為$21,000，管理費用為$14,000，營業外收入為$4,000，則該公司X5年營業淨利為 (A) $46,000 (B) $31,000 (C) $36,000 (D) $41,500 (E) $32,000。

(　) 6.稅後純益占營業收入之比率愈大愈好，它表示 (A)財務結構 (B)經營效率 (C)獲利能力 (D)償債能力　會愈強。

( ) 7. 支付借款利息將 (A)減少毛利率 (B)減少營業利益率 (C)減少本期淨利率 (D)對以上比率皆無影響。

( ) 8. 銷貨折讓將 (A)增加毛利率 (B)減少毛利率 (C)減少營業利益率 (D)減少本期淨利率。

( ) 9. 期末調整提列壞帳損失將 (A)減少毛利率 (B)增加營業利益率 (C)增加毛利率 (D)減少營業利益率。

( ) 10. 若淨銷貨為 $150,000，淨銷貨的平均毛利率為 25%，則銷貨成本為多少？ (A) $37,500 (B) $117,000 (C) $112,500 (D)以上皆非。

( ) 11. 信輝公司在其 X5 年的損益表中有下列帳戶及金額：進貨 $45,000，進貨運費 $1,000，期初存貨 $15,000，與銷貨成本 $36,000。請問信輝公司 X5 年的期末存貨為多少？ (A) $24,000 (B) $25,000 (C) $10,000 (D) $26,000。

( ) 12. 永華公司民國 X4 年及 X5 年底資產負債表有關資料如下：

	X5/12/31	X4/12/31
流動資產	$325,000	$275,000
固定資產	725,000	675,000
短期負債	225,000	250,000
長期負債	300,000	200,000
特別股股本，10%，面額 $100	100,000	100,000
普通股股本，面額 $20	300,000	300,000
資本公積—普通股發行溢價	25,000	25,000
保留盈餘	100,000	75,000

已知 X5 年淨利 $75,000，利息費用 $41,667，所得稅率 40%，則 X5 年資產投資報酬率為 (A) 7.5% (B) 9.5% (C) 10.0% (D) 10.5%。

( ) 13. 如 12. 題，X5 年股東權益報酬率為 (A) 7.5% (B) 10.0% (C) 14.3% (D) 19.5%。

( ) 14. 如 12. 題，X5 年普通股股東權益報酬率為 (A) 15.3% (B) 17.6% (C) 18.2% (D) 18.8%。

( ) 15. 期初存貨 $50,000，本期進貨 $350,000，銷貨收入 $500,000，毛利率 25%，則期末存貨等於 (A) $10,000 (B) $15,000 (C) $20,000 (D)以上皆非。

( ) 16. 企業獲利佳則 (A)短期償債能力一定強 (B)現金一定充足 (C)純益率一定高 (D)資產週轉率一定高。

( ) 17. 獲利能力分析不包括 (A)投資報酬率 (B)純益率 (C)流動比率 (D)每股盈餘。

( ) 18. 毛利等於 (A)淨銷貨減營業費用 (B)淨銷貨減淨利 (C)淨銷貨減銷貨成本加營

業費用　(D)淨銷貨減銷貨成本。

(　) 19.何者與企業增加產品附加價值之能力最直接攸關？　(A)純益率　(B)銷貨毛利率　(C)銷貨退回對銷貨比率　(D)每股盈餘。

(　) 20.何者衡量管理當局利用資產之效率？　(A)總資產報酬率　(B)每股盈餘　(C)毛利率　(D)純益率。

(　) 21.何者與存貨品質管制績效最直接攸關？　(A)純益率　(B)銷貨毛利率　(C)銷貨退回對銷貨比率　(D)每股盈餘。

（選擇題資料：參考歷屆證券商業務員考試試題）

三、綜合題

1. 下列為永光公司民國 X5 年度之損益表：

永光公司
損益表
民國 X5 年度

銷貨淨額		$933,000
減：銷貨成本		701,000
銷貨毛利		232,000
營業費用		
推銷費用	$102,000	
管理及總務費用	85,000	187,000
營業利益		$ 45,000
營業外淨收支		(6,000)
稅前純益		$ 39,000
所得稅		11,700
本期純益		$ 27,300

試求：(1)銷貨成本與銷貨淨額比率。
(2)銷貨毛利與銷貨淨額比率。
(3)營業費用總額與銷貨淨額比率。
(4)營業純益與銷貨淨額比率。
(5)本期純益與銷貨淨額比率。

2. 設下列為永順股份有限公司民國 X5 年度損益表：

收　入	X5 年度金額	
銷貨	$945,000	
銷貨成本	697,500	
銷貨毛利	$247,500	
利息收入（非營業）	1,800	
其他收入（非營業）	6,750	$256,050
費　用		
壞帳損失	$ 5,827	
器具設備折舊	4,500	
利息支出（非營業）	19,800	
佣金支出	55,800	
房租支出	21,600	
投資損失（非營業）	1,350	
稅捐	22,200	
銷貨運費	27,900	
銷貨雜費	6,270	
職員薪金	48,750	$213,997
本期純益		$ 42,053

試根據上述資料，作下列各項比率分析：

⑴銷貨成本與銷貨淨額比率。

⑵銷貨毛利與銷貨淨額比率。

⑶營業費用總額與銷貨淨額比率。

⑷營業純益與銷貨淨額比率。

⑸本期純益與銷貨淨額比率。

3.設下列為永昌百貨公司民國 X5 年度損益表：

永昌百貨公司

損益表

民國 X5 年 1 月 1 日至 12 月 31 日

項　目	金　額		
	小　計	合　計	總　計
銷貨收入			
銷貨總額		$401,800	
減：銷貨退回	$ 10,400		
銷貨折讓	3,190	13,590	
銷貨淨額			$388,210

銷貨成本			
存貨 (1/1)		$ 79,000	
加：進貨	$311,000		
進貨運費	4,000	315,000	
減：進貨退出	$ 11,500		
進貨折讓	3,280	14,780	
減：存貨 (12/31)		89,500	
銷貨成本			289,720
銷貨毛利			$ 98,490
推銷費用			
廣告費		5,000	
保險費		6,500	
銷貨員佣金		2,500	
銷貨運費		3,000	
稅捐		3,500	
壞帳損失		3,500	
管理費用			
職員薪金		14,000	
房租支出		8,000	
文具用品		700	
水電費		3,190	
郵電費		2,200	
房屋折舊		10,000	
器具折舊		5,600	67,690
營業純益			$ 30,800
非營業收益			
利息收入			4,100
非營業費用			
利息支出			2,800
本期純益			$ 32,100

試根據上述資料，作下列各項比率分析：

⑴銷貨成本與銷貨淨額比率。

⑵銷貨毛利與銷貨淨額比率。

⑶營業費用總額與銷貨淨額比率。

⑷營業純益與銷貨淨額比率。

⑸本期純益與銷貨淨額比率。

⑹銷貨淨額與存貨比率。

⑺銷貨退回與銷貨總額比率。

4. 設下列為永華股份有限公司民國 X5 年 12 月 31 日年終結算調整前和調整後試算表：

永華股份有限公司

試算表

民國 X5 年 12 月 31 日　　金額：千元

帳戶名稱	調整前試算表				調整後試算表			
	借　方		貸　方		借　方		貸　方	
現金	$13,270	00			$13,270	00		
應收帳款	2,700	00			2,700	00		
存貨 (1/1)	2,000	00			7,000	00		
器具	3,000	00			3,000	00		
應付帳款			$ 3,800	00			$ 3,800	00
長期借款			5,000	00			5,000	00
股本			15,000	00			15,000	00
累積虧損	350	00			350	00		
銷貨			11,200	00			11,200	00
銷貨退回	300	00			300	00		
進貨	12,000	00			7,000	00		
進貨退出			200	00			200	00
職員薪金	1,000	00			1,120	00		
房租支出	300	00			200	00		
文具用品	100	00			50	00		
郵電費	30	00			30	00		
水電費	100	00			145	00		
雜費	50	00			50	00		
用品盤存					50	00		
應付薪金							120	00
應付水電費							45	00
預付房租					100	00		
利息支出（非營業）					42	00		
應付利息							42	00
器具折舊					90	00		
累計器具折舊							90	00
壞帳損失					108	00		
備抵壞帳							108	00
合　計	$35,200	00	$35,200	00	$35,605	00	$35,605	00

試根據上述資料，作下列各項比率分析：

⑴銷貨成本與銷貨淨額比率。

⑵銷貨毛利與銷貨淨額比率。

⑶營業費用總額與銷貨淨額比率。

⑷營業純益與銷貨淨額比率。

⑸本期純益與銷貨淨額比率。（不考慮所得稅）

⑹銷貨淨額與存貨比率。

⑺銷貨退回與銷貨總額比率。

5. 永利公司平均存貨為 $150,000，其有關財務資料如下：

⑴存貨週轉率全年為 4.5 次。

⑵毛利率為銷貨的 40%。

⑶純益率為銷貨的 10%。

試求：①毛利與純益各為多少？

②若售價增加 10%，成本不變，同時費用增加 12%，則純益增減多少？

6. 永宏公司檢附下列資產負債表及損益表，向永華銀行申請借款 $30,000，作為營業週轉之用：

永宏公司
資產負債表
民國 X5 年 12 月 31 日

流動資產			流動負債		
現金	$14,200		應付帳款	$24,300	
應收帳款			應付費用	12,600	$ 36,900
（淨額）	46,400		長期負債		
存貨	41,800		應付公司債		50,000
預付費用	3,000	$105,400	股東權益		
固定資產			股本	$75,000	
機器及設備	$98,000		保留盈餘	20,100	95,100
減：累積折舊	21,400	$ 76,600			
合　計		$182,000	合　計		$182,000

永宏公司
損益表
民國 X5 年度

銷貨淨額*	$123,000
銷貨成本	77,800
銷貨毛利	$ 45,200
營業費用	36,000
本期淨利	$ 9,200

*假定銷貨均為賒銷。

試作：(1)計算下列比率（算至小數二位為止）：

①流動比率。

②速動比率。

③應收帳款週轉率。

④存貨週轉率。

⑤負債對股東權益比率。

⑥淨利對資產總額比率（總資產投資報酬率）。

⑦淨利對銷貨比率（純益率）。

(2)根據上項資料，說明是否准予貸款給永宏公司？理由何在？

7. 下列資料摘自統一公司 84 年度及 83 年度財務報告：

	84 年	83 年
毛利率	40%	35%
期末應收帳款	$450,000	$270,000
收款期間（1 年以 360 天計）	60 天	45 天
所得稅率	50%	40%
淨利率	6%	9%

另知 83 年初應收帳款餘額為 $250,000。

試作：(1)編製該公司兩年比較損益表。

(2)評述該公司銷貨毛利率及淨利率之趨勢。

（85 年高考試題）

8. 永和公司成立於民國 X5 年 1 月 1 日，年底結算後，有關財務報表的資料所求得各比率如下：

毛利率	30%
流動比率	2
速動比率	1
存貨週轉率	7
應收帳款對銷貨比率	0.05%
股東權益對負債比率	10
淨利對股東權益比率	0.1

試依據上述資料，完成下列報表：

永和公司
損益表
民國 X5 年度

銷貨淨額	$100,000
銷貨成本	?
銷貨毛利	$　?
營業費用	10,000
本期淨利	$　?

永和公司
資產負債表
民國 X5 年 12 月 31 日

資　產		負　債	
流動資產		流動負債	$　?
現金	$　?	長期負債	?
應收帳款	?	合　計	$　?
存貨	?	股東權益	
合　計	$　?	資本及盈餘	?
固定資產	?		
總　計	$　?	總　計	$　?

9. 下列為臺北公司 84 年度相關比率：

淨利率	18.2%
利息保障倍數	11.4
應收帳款週轉率	8
速動比率	1.375

流動比率	2
負債比率	22%

試列出臺北公司財務報表中，下列(1)至(11)各科目的餘額。

臺北公司
比較資產負債表
12月31日

	84年	83年
資　產		
現金	$ 25,000	$ 23,000
應收帳款	(1)	20,000
存貨	(2)	30,000
固定資產	150,000	100,000
合　計	$ (3)	$173,000
負債及股東權益		
應付帳款	$ (4)	$ 5,000
短期應付票據	25,000	10,000
應付公司債	(5)	15,000
普通股股本	100,000	100,000
保留盈餘	79,400	43,000
合　計	$ (6)	$173,000

臺北公司
損益表
84年度

銷貨		$200,000
銷貨成本		120,000
銷貨毛利		$ 80,000
營業費用		
折舊	$ (7)	
利息費用	5,000	
銷營費用	13,000	(8)
稅前淨利		$ (9)
所得稅		(10)
淨利		(11)

（85年高考試題）

第九章
比率分析的應用與實例

客戶訂單收入與成本分析表

客戶訂單收入與成本分析表

業務員：
客戶P/O：

□合三個月以上客戶訂單

客戶訂單號碼	CO20020509020	訂購單位編號	000
客戶編號	0990	訂購單位名稱	板橋分公司
客戶名稱	怡心電信	產品品名	三民級號密碼卡
產品編號	0012-990-002-211	產品數量	30000
產品單位	張	總金額	360000
單價	12		

收入資訊

原出貨發票資料

出貨單號碼	出貨日期	交貨數量	銷售金額	銷項稅額	銷貨發票金額
PI20020509019	2002/05/25	20000	240000	12000	252000 GH55
PI20020509020	2002/05/27	10000	120000	6000	126000 GH66
		0	0	0	0

新出貨發票資料

出貨單號碼	出貨日期	交貨數量	銷售金額	銷項稅額	銷貨發票金額
		0	0	0	0

退貨（折讓）資料

退貨(折讓)單號碼	退貨(折讓)日期	退貨(折讓)金額	銷項稅額
PR20020509015	2002/05/30	950	48
		0	0

第一節 比率分析的應用

比率分析，目前在財務報表分析中，應用得比較廣泛，企業界已應用多年，開始是財政部證券管理委員會，對各股票上市公司每年所呈報的財務報表，加以分析，現已停止此項分析。接著，自民國 67 年度開始，臺北市銀行公會第四屆第二十七次理事會，通過「財務報表調整基礎及計算方法」列出十二項比率為基礎，酌加較具參考價值的比率，共採二十二項比率，加以應用。

目前財團法人金融聯合徵信中心，每年對中華民國臺灣地區行業財務比率，連續出版介紹，作者特別徵得該中心同意，將所出版的各業綜合財務資料比較表，選擇代表性加以轉載刊出，以便使讀者對目前我國財務報表分析的實務情形，加以瞭解，將來在財務報表分析的應用上，有所裨益❶。

第二節 臺灣地區主要行業財務比率

一、編製說明

(一)基本功能

行業財務比率基本功能有二：一方面可藉以瞭解各該行業之財務概況，另一方面亦可提供個別企業各項財務比率適當衡量標準。因此，行業財務比率應用於金融機構授信審核作業上，甚具參考價值。

本中心自成立迄今，每年均辦理行業財務比率編製工作。歷年來並依據會員機構使用後之反映及建議，不斷予以修正、補充與改進，冀使本項資料能切實符合會員機構之

❶ 本章所述，全部採用財團法人金融聯合徵信中心所編《中華民國臺灣地區主要行業財務比率》資料，俾供讀者研習，謹此特向財團法人金融聯合徵信中心致謝。

需要。

㈡樣本選用及資訊提供

為充實本刊冊內容，自93年起增加財團法人醫療機構及私立學校等重要行業之財務比率資料。選用樣本除學校為92學年度外，均係依93年度財務報表經會計師查核簽證者。惟若干企業或屬公營，或財務報表有疑問，或營運狀態較特殊者，則盡量自樣本母體予以剔除。本年版截稿於94年9月29日，實際選用樣本13,225件（有效樣本10,797件），屬國內較具規模且營運較正常之企業，據以編製之行業財務比率，應具相當程度代表性。

為即時服務會員金融機構，本中心均於每年9月上旬，將已收件建置會計師查核簽證企業財務報告計算其四十五項財務比率，統計綜合平均數*A+*、上下四分位數*U*及*L*等數值資訊，建置資料庫，供會員機構查詢利用，並儘速排版印行，提供會員及各界使用。

另按年編製《收益及財務變動統計》刊冊，惟往年因樣本數少，無規模級距區分，自93年起增加樣本數並增印區分規模級距之附冊。

㈢行業之分類

自83年度（84年版）起，行業之分類，係採用行政院主計處編印《中華民國行業標準分類》為基本架構，配合往年分類及實際需要加以調整。90年該處鑑於我國社會經濟環境變遷快速，產業結構多有轉變，乃援例以聯合國1990年版《行業標準分類》為基本架構，參酌新加坡、北美及日本行業分類，並審視我國工商及服務業普查報告，徵詢各業務主管機關、公會團體及各學術研究機構等二百餘單位之意見，召開多次審查會及協調會，完成「中華民國行業標準分類第七次修訂案」，報經行政院核定實施。有鑑於此，本刊冊自90年版起，即依照該處90年修訂版之行業標準分類編製，以利國內外各界查考使用。

行政院主計處行業分類90年修訂版分為十六大類，其中「公共行政類」因與編製工商財務比率無關，乃予剔除，故本年度採樣之行業，主要劃分為A.農、林、漁、牧業、B.礦業及土石採取業、C.製造業、D.水電燃氣業、E.營造業、F.批發及零售業、G.住宿及餐飲業、H.運輸、倉儲及通信業、I.金融及保險業、J.不動產及租賃業、K.專業、科學及技術服務業、L.教育服務業、M.醫療保健及社會福利服務業、N.文化、運動及休閒服務業、O.其他服務業。每項大類復依其行業特性，再細分為若干中類、小類及細類。有關本刊冊樣本企業之行業分類詳細內容，詳見「貳、行業分類一覽」。

㈣財務報表之基礎

歷年來，本刊冊提供財務比率，係根據樣本企業稅前基礎之財務報表資料。惟以個別企業稅負不同，扣除預估營利事業所得稅後之純益頗多差異，經採會員機構建議（79.11.8 中華民國銀行公會徵信小組第二五一次會議），自 79 年度（80 年版）財務比率刊冊中，增列稅後基礎計算之「稅後純益率」與「稅後淨值報酬率」。

中華民國會計研究發展基金會之財務準則委員會於 83 年 6 月 30 日發布財務會計準則公報第二十二號「所得稅之會計處理準則」，對所得稅之會計處理已作詳盡規範，並適用於會計年度結束日在 84 年 12 月 31 日（含）以後之財務報表，本（94）年版刊冊選用企業財務報告樣本，即依之採稅後基礎編製。

經參酌財政部證券暨期貨管理委員會修正公布「證券發行人財務報告編製準則」（84.11.7 臺財證㈥第 02576 號令）與上述公報規定，並配合會員機構實際需要，本刊冊自 86 年版起，提供四十五項財務比率，改採稅後基礎，以反映企業真實財務狀況與損益情形。

㈤會計科目之調整

企業所編製財務報表，會計科目之歸屬方式不一，內容亦未盡相同，為期趨於一致起見，自應加以調整。本中心對財務報表調整乃依一般公認會計原則及財政部證券暨期貨管理委員會發布之「證券發行人財務報告編製準則」❷為基礎，參酌本中心歷年蒐集、維護會計報表經驗。

90 年 3 月 23 日邀請中華民國銀行公會、中華民國會計師公會及中華民國證券商公會各派代表參與修訂本中心「財務資料調整及分析表」。其中較大改變者為固定資產之土地或折舊及折耗性資產，原係以成本加計重估增值合計列示，修訂為成本及重估增值分開表達；資本公積項下之資產重估增值科目，原係揭露原始重估金額總額，現修訂為以餘額表達；並新增資產類之專利權及損益類之研究發展費用等會計科目。

配合 91 年 10 月 31 日財團法人中華民國會計研究發展基金會發布財務會計準則

---

❷ 「證券發行人財務報告編製準則」部分條文再於 92.1.30 臺財證㈥第 0920000443 號令修正頒布。

公報第一號「財務會計觀念架構及財務報表之編製」之修訂版及92年1月30日新修正「證券發行人財務報告編製準則」部分條文，新增其他金融資產、採權益法之長期投資及應計產品保證負債等會計科目。

配合財務會計準則公報第三十五號「資產減損之會計處理準則」施行，調整本中心93年度「財務資料調整及分析表」，如新增各資產類之累積減損、減損迴轉利益及減損損失等十一項會計科目。

(六)比率項目之採擇

財務比率項目之採擇，係以民國67年臺北市銀行公會第四屆第二十七次理事會議通過之「財務報表調整基礎及計算方式」所列之十二項比率為基礎，經參照會員機構建議，自86年版起提供比率項目增為四十五項。

自81年版（80年度）起，應收款項週轉率、應付款項週轉率、存貨週轉率、淨值週轉率四項，接受會員機構建議，並參採「證券發行人財務報告編製準則」重要財務比率計算公式，其分母改採平均餘額，即以期初加上期末餘額之平均值，作為計算基礎。至各該比率修正前後計算公式詳如下表：

修正前		修正後	
比率名稱	計算公式	比率名稱	計算公式*
應收款項週轉率	$\frac{營業收入}{應收款項}$	應收款項週轉率	$\frac{營業收入}{平均應收款項}$
應付款項週轉率	$\frac{營業成本}{應付款項}$	應付款項週轉率	$\frac{營業成本}{平均應付款項}$
存貨週轉率	$\frac{營業成本}{存貨}$	存貨週轉率	$\frac{營業成本}{平均存貨}$
淨值週轉率	$\frac{營業收入}{淨值}$	淨值週轉率	$\frac{營業收入}{平均淨值}$

$$*平均\times\times = \frac{期初餘額 + 期末餘額}{2}$$

經提報81.8.20中華民國銀行公會第八次授信委員會會議通過。

由於各行業性質不同，各項財務比率在應用上亦有不同之限制。

例如製造業中所包括之各行業而言，採擇之各項比率大致均可適用；惟非製造業中若干行業，因其性質較為特殊，若干比率之意義較為模糊，故未予採用。茲列舉說明如下：

⑴對以固定資產等為營收直接來源之行業，如運輸、旅行社、倉儲、分期付款、融資性租賃等業，未採用與存貨有關之比率。

⑵投資開發、創業投資業係以各種轉投資為主，其存貨週轉率、應收款項週轉率及應付款項週轉率等，不具實質意義，未予採用。

⑶對支出不易歸屬為營業成本或營業費用之行業，如證券、期貨、保險等業，毛利率不具實質意義，不予採用。

㈦規模之區分

為便利電腦程式處理，行業無論大類、中類、小類或細類，以其樣本總數計算財務比率外，另一律按營業收入金額大小劃分為五個級距，分別計算級距內各項財務比率，若級距內無樣本企業者，則該級距內各項比率刪除。級距表如下：

單位：新臺幣億元

級　距	1	2	3	4	5
營業收入	≥50	10（含）～50	5（含）～10	1（含）～5	<1

㈧比率之計算

本刊冊所採用財務比率統計數值有六：

1. *A*：簡單算術平均數

先計算個別樣本企業之各項財務比率，再求算樣本行業財務比率均值。若 *X/Y* 表某一財務比率，則行業財務比率 *A* 為：

$$\frac{\frac{X_1}{Y_1}+\frac{X_2}{Y_2}+\cdots+\frac{X_n}{Y_n}}{n}=\frac{\sum_{i=1}^{n}\frac{X_i}{Y_i}}{n}$$

本法為平均比率之原始定義，其中個別樣本重要性，一視同仁。在樣本不具特異值之情況下，本法所得數值最能表現行業中某項財務比率之平均特性。

2. *A+*：綜合平均數

係將個別樣本企業有關會計項目金額之總和相除，求得樣本行業算術平均數。本刊冊自 79 年度起併列 A 及 A+。

例如：X 表企業流動資產科目，Y 表企業流動負債科目，則行業平均流動比率 A+ 為：

$$\frac{X_1 + X_2 + \cdots + X_n}{Y_1 + Y_2 + \cdots + Y_n} = \frac{\sum_{i=1}^{n} X_i}{\sum_{i=1}^{n} Y_i}$$

本法計算之數值，將樣本中有關會計科目大小數值之特性相互抵銷，兼具加權平均數之意義。在樣本中含有特異值時，因大小互相抵銷，其平均數具有中和特性。換言之，在正常情況下，A 與 A+ 之值差距甚小，選用 A 較為恰當。反之，當 A 與 A+ 差距甚大時，表示存有特異值樣本，此時或選取 A+ 值，或採用中位數 M 應較適當。

3. *M*：中位數

樣本行業族群 (Group) 中特定財務比率，先依序自小至大排列，取其位居中間之值，即為 M。

4. *L*：下四分位數

將樣本行業族群中特定財務比率，依序自小至大排列，擇取位於四分之一 (25%) 樣本之值或比率。

5. *U*：上四分位數

將樣本行業族群中特定財務比率，依序自小至大排列，擇取位於四分之三 (75%) 樣本之值或比率。其中：

$$L = \begin{cases} X_{([\frac{n}{4}])+1} & \text{當 } \frac{n}{4} \text{ 不為整數時} \\ \dfrac{X_{(\frac{n}{4})} + X_{(\frac{n}{4}+1)}}{2} & \text{當 } \frac{n}{4} \text{ 為整數時} \end{cases}$$

n 為樣本數，[　] 表示取整數。

$$U = \begin{cases} X_{([\frac{3n}{4}])+1} & \text{當} \frac{3n}{4} \text{不為整數時} \\ \frac{X_{(\frac{3n}{4})} + X_{(\frac{3n}{4}+1)}}{2} & \text{當} \frac{3n}{4} \text{為整數時} \end{cases}$$

n 為樣本數，[ ] 表示取整數。

6. S: 標準差

標準差顯示樣本中每一數值與平均值之平均差異情況，對同一規模樣本之異質程度，提供一項量化指標。其計算公式如下：

$$S = \sqrt{\frac{\sum(X-A)^2}{n}}$$

X 為個別樣本企業對應財務比率項目。

A 為樣本行業對應財務比率項目平均數。

n 為樣本個數。

上述 A、$A+$、M 統計值，旨在表示樣本行業財務比率之集中特性或共同性。U、L 及 S 統計值，則表示樣本比率之離散性或差異性。

就樣本個別行業而言，僅計算其各規模級距之算術平均數及中位數；就中業而言，如樣本數達 10 件以上，則另加算上四分位數及下四分位數。

㈨比率之應用及其限制

1.財務比率集中特性指標 A、$A+$ 與 M 之關係

⑴如前所述，在樣本資料間差異不大時，平均數 A 最能表現其集中特性。

⑵當樣本資料差異甚大時，$A+$ 與 M 較能表達其集中特性（平均特性）。

⑶利用 A 與 $A+$ 或 M 之差異大小，可初步判斷同一規模中，所選樣本企業財務比率差異性之大小。若差異性小，則採用個別企業與相同規模之行業平均財務比率較具意義。當樣本差異甚大時，可能表示行業平均比率無甚價值，個別企業財務比率如與所屬相同規模者比較，則有失真之虞。

⑷若取樣樣本中，分母相關財務項目數值為 0 或極小時，使得相除後之財務比率值大於 9,999.9，在電腦程式中即設定該樣本比率值為 9,999.9，且在計算該項 A 統

計值時，其數值仍與其他樣本比率值一起合算，不予剔除。

(5)有關倍數分析之各項財務比率，原以倍數值 (T) 揭露，但因相關數值過小，甚至為 0.0，使得參考性降低。自 87 年版起，將上項各財務比率，改用百分比 (%) 方式揭露，得以充分表示其數值意義。

2.財務比率差異性指標 L、U 與 S 之關係

(1)自下四分位數 L 與上四分位數 U 之差距，大致可判斷相同行業中，樣本個別財務比率差異性程度。

(2)除 L、U 之外，標準差 S 亦提供相同行業中，樣本個別財務比率對平均數 A 之平均差異情況，根據標準差 S，以推論樣本母體資訊具有極佳效果。

當授信主管獲得樣本行業特定財務比率算術平均數 A 與標準差 S 後，可依循統計推理進行決策分析。例如：

設母體為常態分配，則授信主管可推斷借款戶特定財務比率 X 值，介於所屬行業對應財務比率，$A \pm S$ 之機率為 68.26%；$A \pm 2S$ 為 95.44%；$A \pm 3S$ 為 99.74%。

即 $P(A-S<X<A+S)=68.26\%$，P 表示機率 (Probability)

$$P(A-2S<X<A+2S)=95.44\%$$

$$P(A-3S<X<A+3S)=99.74\%$$

圖示如下：

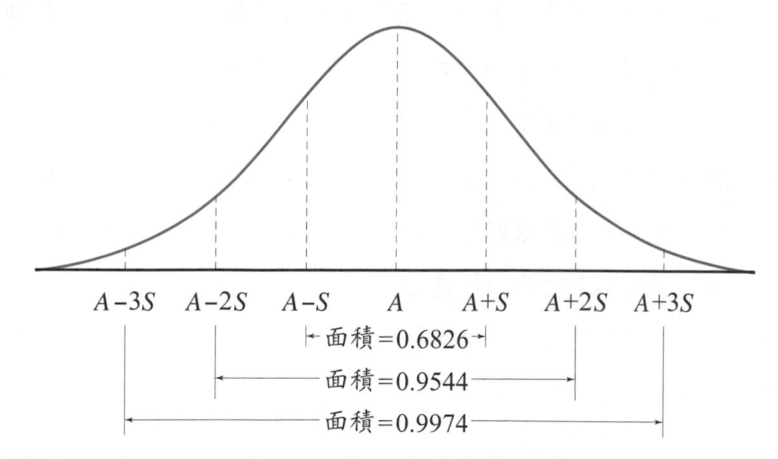

若樣本為個位數，且不確知母體資料為常態分配，則可利用契比雪夫定理 (Chebyshev Theorem)，推定樣本企業之特定財務比率，介於 $(A-KS, A+KS)$ 區間內之比例，至少為 $1-1/K^2$，式中 $K>1$。

例如：某行業之特定財務比率平均值 $A=0.6$，標準差 $S=0.05$，K 為常數且 >1，試

推定下列三個區間內樣本所占比例。

1. $(A-1.5S, A+1.5S)=(0.525, 0.675)$
2. $(A-2S, A+2S)=(0.50, 0.70)$
3. $(A-3S, A+3S)=(0.45, 0.75)$

由 Chebyshev 定理得知，上述三個區間內樣本所占比例至少為：

1. $(1-1/1.5^2)=0.56=56\%$
2. $(1-1/2^2)=0.75=75\%$
3. $(1-1/3^2)=0.89=89\%$

上述公式在推理過程中，係以 A 替代 μ；S 替代 σ，故不免誤差，惟不失為授信或徵信主管決策參考方法。

㈩會計師查核財務報表意見統計

本中心為使各會員機構瞭解各行業中選樣企業財務報表，經簽證會計師查核後，提出查核報告意見種類，自 81 年版（80 年度）刊冊起，於每一行業第一頁財務比率下方列印所屬行業樣本及會計師查核財務報表意見種類統計，供會員機構參考。自 89 年版為因應第三十三號審計準則公報實施，增列修正式無保留意見型態，查核意見種類共為五項。修正式無保留意見並依其原因分為九項統計各行業情形，列印於每一行業第一頁下方後段與第二頁下方前段；至於保留意見，則依其性質分類為會計事項、不確定事項、審計事項後，復依其原因重新分類統計各行業情形，依序列印於每一行業第二頁下方後段至第四頁下方。本年版有關會計師查核財務報表意見統計與修正式無保留意見、保留意見原因分類統計說明，詳見本刊冊「肆、會計師查核財務報表意見」。

二、行業分類一覽

本 (94) 年版刊冊，樣本企業之行業分類，係依照各企業委託會計師財務簽證報告中，所述及企業主要經營項目、部門別營收比重、存貨、原料供應商及銷售對象等因素，參照行政院主計處 90 年 1 月行業標準分類第七次修訂版編製；自 92 年版起加入央行放款對象別代號，以供各界參考使用。謹將各類編號、行業、中英文名稱、央行放款對象別、樣本數及財務比率頁次，臚列如下：

主計處標準分類				行業名稱	央行放款對象別		樣本數	頁次
大類	中類	小類	細類		民營	公營		
A				農、林、漁、牧業 (Agriculture, Forestry, Fishing and Animal Husbandry)	010100	020100	44	5–2
	01			農、牧業 (Agriculture and Animal Husbandry)	010101	020101	13	5–2
	03			漁業 (Fishing)	010102	020102	30	5–6
		031		漁撈業 (Fishing)	010102	020102	29	–
			0311	遠洋漁業 (Deep-sea Fishing)	010102	020102	29	5–6
B				礦業及土石採取業 (Mining and Quarrying)	010200	020200	10	5–10
	06			土石採取業 (Quarrying)	010200	020200	9	5–10
C				製造業 (Manufacturing)	010300	020300	4479	5–14
	08			食品及飲料製造業 (Food and Beverage Manufacturing)	010301	020301	196	5–18
		082	0820	乳品製造業 (Dairy Product Manufacturing)	010301	020301	10	5–22
		083		罐頭、冷凍、脫水及醃漬食品製造業 (Canned, Frozen, Dehydrated, Preserved Food Manufacturing)	010301	020301	57	5–22
			0831	罐頭食品製造業 (Canned Food Manufacturing)	010301	020301	11	5–26
			0832	冷凍食品製造業 (Frozen Food Manufacturing)	010301	020301	41	5–26
		084		糖果及烘焙食品製造業 (Sugar Confectionery and Bakery Product Manufacturing)	010301	020301	17	5–30
			0842	烘焙炊蒸食品製造業 (Bakery Product Manufacturing)	010301	020301	11	5–34
		085		製油、製粉及碾穀業 (Edible Oil Manufacturing, Flour Milling and Grain Husking)	010301	020301	26	5–34
			0851	食用油脂製造業 (Edible Fat and Oils Manufacturing)	010301	020301	13	5–38
			0852	製粉業 (Flour Milling)	010301	020301	10	5–42

		087		調味品製造業 (Seasoning Manufacturing)	010301	020301	13	5–42
		088		飲料製造業 (Beverage Manufacturing)	010301	020301	18	5–46
			0883	非酒精飲料製造業 (Soft Drink Manufacturing)	010301	020301	16	5–46
		089		其他食品製造業 (Other Food Manufacturing)	010301	020301	52	5–50
			0892	飼料配製業 (Prepared Animal Feeds Manufacturing)	010301	020301	24	5–54
			0899	未分類其他食品製造業 (Other Food Manufacturing Not Elsewhere Classified)	010301	020301	16	5–58
	10			紡織業 (Textiles Mills)	010303	020303	244	5–58
		101		紡紗業 (Yarn Spinning Mills)	010303	020303	106	5–62
			1011	棉紡紗業 (Yarn Spinning Mills, Cotton)	010303	020303	55	5–66
			1012	毛紡紗業 (Yarn Spinning Mills, Wool)	010303	020303	8	5–70
			1013	人造纖維紡紗業 (Yarn Spinning Mills, Man-made Fibers)	010303	020303	21	5–74
			1014	人造纖維加工絲業 (Synthetic Textured Yarn Mills)	010303	020303	20	5–74
		102		織布業 (Fabric Mills)	010303	020303	52	5–78
			1023	人造纖維梭織布業 (Woven Fabric Mills, Man-made Fibers)	010303	020303	30	5–82
			1024	針織布業 (Knit Fabric Mills)	010303	020303	17	5–82
		103	1030	不織布業 (Non-woven Fabrics Mills)	010303	020303	13	5–86
		104		繩、纜、網、氈、毯製造業 (Rope, Cable, Net, Rug and Carpet Manufacturing)	010303	020303	10	5–86
		105	1050	印染整理業 (Printing, Dyeing and Finishing Mills)	010303	020303	50	5–90
		109	1090	其他紡織業 (Other Textile Mills)	010303	020303	13	5–94
	11			成衣、服飾品及其他紡織製品製造業 (Apparel, Clothing Accessories and Other Textile Product Manufacturing)	010304	020304	96	5–94
		111		梭織成衣業 (Woven Wearing Apparel Manufacturing)	010304	020304	45	5–98
			1111	梭織外衣製造業 (Woven Outerwear)	010304	020304	41	5–102
		112		針織成衣業 (Apparel Knitting Mills)	010304	020304	20	–
			1121	針織外衣製造業 (Outerwear Knitting Mills)	010304	020304	20	5–102

	114		服飾品製造業 (Clothing Accessories Manufacturing)	010304	020304	10	5–106
	119		其他紡織製品製造業 (Other Textile Product Manufacturing)	010304	020304	17	5–106
		1199	未分類其他紡織製品製造業 (Other Textile Product Manufacturing Not Elsewhere Classified)	010304	020304	14	5–110
12	120		皮革、毛皮及其製品製造業 (Leather, Fur and Allied Product Manufacturing)	010305	020305	61	5–110
		1201	皮革、毛皮整製業 (Leather, Fur Finishing)	010305	020305	15	5–114
		1202	鞋類製造業 (Footwear Manufacturing)	010305	020305	39	5–118
13	130		木竹製品製造業 (Wood and Bamboo Products Manufacturing)	010306	020306	25	5–122
		1309	其他木製品製造業 (Other Wood Products Manufacturing)	010306	020306	12	5–122
14			家具及裝設品製造業 (Furniture and Fixtures Manufacturing)	010307	020307	48	5–126
	141		非金屬家具及裝設品製造業 (Non-metallic Furniture and Fixtures Manufacturing)	010307	020307	21	5–126
		1411	木製家具及裝設品製造業 (Wood Furniture and Fixtures Manufacturing)	010307	020307	19	5–130
	142	1420	金屬家具及裝設品製造業 (Metallic Furniture and Fixtures Manufacturing)	010307	020307	27	5–130
15			紙漿、紙及紙製品製造業 (Pulp, Paper and Paper Products Manufacturing)	010308	020308	77	5–134
	152		紙製造業 (Paper Manufacturing)	010308	020308	17	5–138
		1522	紙板製造業 (Paperboard Mills)	010308	020308	11	5–142
	154	1540	紙容器製造業 (Paper Container Manufacturing)	010308	020308	35	5–142
	159		其他紙製品製造業 (Other Paper Products Manufacturing)	010308	020308	15	5–146
		1599	未分類其他紙製品製造業 (Other Paper Products Manufacturing Not Elsewhere Classified)	010308	020308	8	5–146
16			印刷及其輔助業 (Printing and Related Support Activities)	010309	020309	70	5–150
	162	1620	印刷業 (Printing)	010309	020309	59	5–154

17			化學材料製造業 (Chemical Material Manufacturing)	010310	020310	156	5–154
	171		基本化學材料製造業 (Basic Chemical Material Manufacturing)	010310	020310	78	5–158
		1711	基本化學工業 (Basic Industrial Chemicals)	010310	020310	49	5–162
		1712	石油化工原料製造業 (Petrochemicals Manufacturing)	010310	020310	29	5–166
	172	1720	人造纖維製造業 (Man-made Fibers Manufacturing)	010310	020310	11	5–166
	173		合成樹脂、塑膠及橡膠製造業 (Synthetic Resin, Plastic and Rubber Materials Manufacturing)	010310	020310	61	5–170
		1731	合成樹脂及塑膠製造業 (Synthetic Resin and Plastic Materials Manufacturing)	010310	020310	56	5–174
18			化學製品製造業 (Chemical Products Manufacturing)	010311	020311	209	5–178
	181	1810	塗料、染料及顏料製造業 (Paints, Varnishes, Lacquers, Pigments Manufacturing)	010311	020311	54	5–182
	182		藥品製造業 (Medicines Manufacturing)	010311	020311	89	5–182
		1822	西藥製造業 (Drugs and Medicines Manufacturing)	010311	020311	55	5–186
		1824	中藥製造業 (Chinese Medicines Manufacturing)	010311	020311	12	5–190
		1826	農藥及環境衛生用藥製造業 (Pesticides and Herbicides Manufacturing)	010311	020311	15	5–190
	183	1830	清潔用品製造業 (Cleaning Preparations Manufacturing)	010311	020311	16	5–194
	184	1840	化妝品製造業 (Cosmetics Manufacturing)	010311	020311	13	5–198
	189	1890	其他化學製品製造業 (Other Chemical Products Manufacturing)	010311	020311	37	5–198
19			石油及煤製品製造業 (Petroleum and Coal Products Manufacturing)	010312	020312	10	5–202
	199	1990	其他石油及煤製品製造業 (Other Petroleum and Coal Products Manufacturing)	010312	020312	9	5–202
20	200		橡膠製品製造業 (Rubber Products	010313	020313	56	5–206

			Manufacturing)				
		2001	輪胎製造業 (Tires Manufacturing)	010313	020313	8	5–210
		2002	工業用橡膠製品製造業 (Industrial Rubber Products Manufacturing)	010313	020313	38	5–210
		2009	其他橡膠製品製造業 (Other Rubber Products Manufacturing)	010313	020313	10	5–214
21	210		塑膠製品製造業 (Plastic Products Manufacturing)	010314	020314	250	5–214
		2101	塑膠皮、板、管材製造業 (Plastic Sheets, Pipes and Tubes Manufacturing)	010314	020314	56	5–218
		2102	塑膠膜袋製造業 (Plastic Bags Manufacturing)	010314	020314	44	5–222
		2103	塑膠日用品製造業 (Plastic Houseware Manufacturing)	010314	020314	36	5–226
		2104	塑膠皮製品製造業 (Imitated Leather Products Manufacturing)	010314	020314	12	5–226
		2105	工業用塑膠製品製造業 (Industrial Plastic Products Manufacturing)	010314	020314	58	5–230
		2109	其他塑膠製品製造業 (Other Plastic Products Manufacturing)	010314	020314	37	5–234
22			非金屬礦物製品製造業 (Non-metallic Mineral Products Manufacturing)	010315	020315	175	5–234
	221		陶瓷製品製造業 (Pottery, China and Earthenware Manufacturing)	010315	020315	27	5–238
		2211	陶瓷衛浴設備製造業 (Ceramic Toilet Products Manufacturing)	010315	020315	4	5–242
		2214	陶瓷建材製造業 (Ceramic Building Materials Manufacturing)	010315	020315	17	5–242
		2215	科學用、工業用陶瓷製品製造業 (Scientific and Industrial Ceramics Manufacturing)	010315	020315	6	5–246
	222		玻璃及玻璃製品製造業 (Glass and Glass Products Manufacturing)	010315	020315	30	5–246
		2221	平板玻璃及其製品製造業 (Sheet Glass and Related Products Manufacturing)	010315	020315	14	5–250
		2223	玻璃纖維製品製造業 (Glass Fiber Products Manufacturing)	010315	020315	8	5–254
	223		水泥及水泥製品製造業 (Cement and Cement Products Manufacturing)	010315	020315	69	5–254
		2231	水泥製造業 (Cement Manufacturing)	010315	020315	12	5–258

		2232	預拌混凝土製造業 (Concrete Mixing Manufacturing)	010315	020315	40	5–258
		2233	水泥製品製造業 (Cement Products Manufacturing)	010315	020315	17	5–262
	224	2240	耐火材料製造業 (Refractory Materials Manufacturing)	010315	020315	12	5–266
	225	2250	石材製品製造業 (Stone Products Manufacturing)	010315	020315	15	5–266
	229		其他非金屬礦物製品製造業 (Other Non-metallic Mineral Products Manufacturing)	010315	020315	22	5–270
		2299	未分類其他非金屬礦物製品製造業 (Other Non-metallic Mineral Products Manufacturing Not Elsewhere Classified)	010315	020315	10	5–270
23			金屬基本工業 (Basic Metal Industries)	010316	020316	264	5–274
	231		鋼鐵基本工業 (Iron and Steel Basic Industries)	010316	020316	204	5–278
		2311	鋼鐵冶鍊業 (Iron and Steel Refining)	010316	020316	5	5–282
		2312	鋼鐵鑄造業 (Steel Casting)	010316	020316	33	5–282
		2313	鋼鐵軋延及擠型業 (Steel Rolling and Extruding)	010316	020316	64	5–286
		2314	鋼線鋼纜製造業 (Steel Wires and Cables Manufacturing)	010316	020316	16	5–290
		2315	廢車船解體及廢鋼鐵處理業 (Used Vehicles and Vessels Dismantling and Processing)	010316	020316	9	5–290
		2319	其他鋼鐵基本工業 (Other Steel Basic Industries)	010316	020316	77	5–294
	232		鋁基本工業 (Aluminum Basic Industries)	010316	020316	31	5–294
		2322	鋁鑄造業 (Aluminum Casting)	010316	020316	11	5–298
		2323	鋁材軋延、伸線、擠型業 (Aluminum Rolling, Drawing and Extruding)	010316	020316	17	5–298
	233		銅基本工業 (Copper Basic Industries)	010316	020316	15	5–302
		2333	銅材軋延、伸線、擠型業 (Copper Rolling, Drawing and Extruding)	010316	020316	14	5–306
	239	2390	其他金屬基本工業 (Other Metal Basic Industries)	010316	020316	13	5–306
24			金屬製品製造業 (Fabricated Metal Products Manufacturing)	010317	020317	391	5–310
	241		金屬鍛造及粉末冶金業 (Metal	010317	020317	20	5–314

				Forging and Powder Metallurgy)				
			2411	金屬鍛造業 (Metal Forging)	010317	020317	9	5–314
			2412	粉末冶金業 (Powder Metallurgy)	010317	020317	11	5–318
		242	2420	金屬手工具製造業 (Cutlery and Handtools Manufacturing)	010317	020317	36	5–318
		243		金屬結構及建築組件製造業 (Metal Structure and Architectural Components Manufacturing)	010317	020317	60	5–322
			2431	金屬結構製造業 (Metal Structure Manufacturing)	010317	020317	12	5–326
			2432	金屬建築組件製造業 (Metal Architectural Components Manufacturing)	010317	020317	48	5–326
		244		金屬容器製造業 (Metal Container Manufacturing)	010317	020317	22	5–330
			2441	金屬貯槽及運輸容器製造業 (Metal Tank and Carrying Container Manufacturing)	010317	020317	15	5–334
		245		金屬表面處理及熱處理業 (Metal Surface Treating and Heat Treating)	010317	020317	29	5–334
			2451	金屬表面處理業 (Metal Surface Treating)	010317	020317	27	5–338
		249		其他金屬製品製造業 (Other Fabricated Metal Products Manufacturing)	010317	020317	224	5–338
			2491	螺絲、螺帽及鉚釘製造業 (Screw, Nut and Rivet Manufacturing)	010317	020317	76	5–342
			2492	閥類製造業 (Metal Valves Manufacturing)	010317	020317	8	5–346
			2494	金屬線製品製造業 (Metal Wire Products Manufacturing)	010317	020317	8	5–350
			2499	未分類其他金屬製品製造業 (Other Fabricated Metal Products Manufacturing Not Elsewhere Classified)	010317	020317	130	5–350
	25			機械設備製造修配業 (Machinery and Equipment Manufacturing and Repairing)	010318	020318	391	5–354
		251		鍋爐及原動機製造修配業 (Boilers, Engines and Turbines Manufacturing and Repairing)	010318	020318	10	5–358
		253		金屬加工用機械製造修配業	010318	020318	65	5–358

				(Metalworking Machinery Manufacturing and Repairing)				
			2531	金屬切削工具機製造修配業 (Machine Tool (Metal Cutting Types) Manufacturing and Repairing)	010318	020318	36	5–362
			2532	金屬成型工具機製造修配業 (Machine Tool (Metal Forming Types) Manufacturing and Repairing)	010318	020318	12	5–366
			2533	金屬機械手工具製造修配業 (Metal Power-driven Handtools Manufacturing and Repairing)	010318	020318	10	5–366
		254		專用生產機械製造修配業 (Special Production Machinery Manufacturing and Repairing)	010318	020318	100	5–370
			2542	紡織及成衣機械製造修配業 (Textile and Garment Producing Machinery Manufacturing and Repairing)	010318	020318	19	5–374
			2543	木工機械製造修配業 (Wood Machinery Manufacturing and Repairing)	010318	020318	12	5–374
			2545	印刷機械製造修配業 (Printing Machinery Manufacturing and Repairing)	010318	020318	11	5–378
			2546	化工機械製造修配業 (Chemical Process Machinery Manufacturing and Repairing)	010318	020318	8	5–378
			2547	塑膠、橡膠機械製造修配業 (Plastic and Rubber Producing Machinery Manufacturing and Repairing)	010318	020318	15	5–382
			2548	電子及半導體生產設備製造修配業 (Electronic and Semi-conductors Production Equipment Manufacturing and Repairing)	010318	020318	10	5–382
			2549	其他專用生產機械製造修配業 (Other Special Production Machinery Manufacturing and Repairing)	010318	020318	16	5–386
		256	2560	事務機器製造業 (Office Machines Manufacturing)	010318	020318	9	5–386
		258		通用機械設備製造修配業 (General Machinery Manufacturing and Repairing)	010318	020318	64	5–390

			2582	液壓、氣壓傳動零組件製造修配業 (Hydratic and Pneumatic Transmission Parts and Components Manufacturing and Repairing)	010318	020318	18	5–394
			2583	軸承、齒輪及動力傳動裝置製造修配業 (Bearings, Gears and Power Transmissions Manufacturing and Repairing)	010318	020318	22	5–394
			2585	輸送機械設備製造修配業 (Conveying Machinery Manufacturing and Repairing)	010318	020318	16	5–398
		259		其他機械製造修配業 (Other Machinery Manufacturing and Repairing)	010318	020318	128	5–398
			2592	金屬模具製造修配業 (Metal Die Manufacturing and Repairing)	010318	020318	70	5–402
			2599	未分類其他機械製造修配業 (Other Machinery Manufacturing and Repairing Not Elsewhere Classified)	010318	010318	56	5–406
	26			電腦、通信及視聽電子產品製造業 (Computer, Communication and Video and Radio Electronic Products Manufacturing)	010319	020319	441	5–410
		261		電腦及其週邊設備製造業 (Computer and Peripheral Equipment Manufacturing)	010319	020319	219	5–414
			2611	電腦製造業 (Computer Manufacturing)	010319	020319	42	5–418
			2612	電腦終端裝置製造業 (Computer Terminal Equipment Manufacturing)	010319	020319	20	5–422
			2613	電腦週邊設備製造業 (Computer Peripheral Equipment Manufacturing)	010319	020319	59	5–422
			2614	電腦組件製造業 (Computer Components Manufacturing)	010319	020319	84	5–426
			2619	其他電腦設備製造業 (Other Computer Components Manufacturing)	010319	020319	14	5–430
		262		通信機械器材製造業 (Communication Equipment and Apparatus Manufacturing)	010319	020319	92	5–434
			2621	有線通信機械器材製造業 (Wired Communication Equipment and	010319	020319	59	5–434

				Apparatus Manufacturing)				
			2622	無線通信機械器材製造業 (Telecommunication Equipment and Apparatus Manufacturing)	010319	020319	33	5–438
		263		視聽電子產品製造業 (Video and Radio Electronic Products Manufacturing)	010319	020319	66	5–442
			2632	電唱機、收錄音機製造業 (Record Player and Radio Tape Recorder and Player Manufacturing)	010319	020319	21	5–446
			2639	其他視聽電子產品製造業 (Other Video and Radio Electronic Products Manufacturing)	010319	020319	40	5–450
		264	2640	資料儲存媒體製造及複製業 (Data Storage Media Units Manufacturing and Reproducing)	010319	020319	64	5–450
	27			電子零組件製造業 (Electronic Parts and Components Manufacturing)	010320	020320	593	5–454
		271	2710	半導體製造業 (Semi-conductors Manufacturing)	010320	020320	126	5–458
		272	2720	被動電子元件製造業 (Electronic Passive Devices Manufacturing)	010320	020320	101	5–462
		273	2730	印刷電路板製造業 (Bare Printed Circuit Boards Manufacturing)	010320	020320	75	5–466
		279		其他電子零組件製造業 (Other Electronic Parts and Components Manufacturing)	010320	020320	291	5–470
			2792	光電材料及元件製造業 (Photonics Materials and Components Manufacturing)	010320	020320	81	5–474
			2799	未分類其他電子零組件製造業 (Other Electronic Parts and Components Manufacturing Not Elsewhere Classified)	010320	020320	205	5–478
	28			電力機械器材及設備製造修配業 (Electrical Machinery, Supplies and Equipment Manufacturing and Repairing)	010321	020321	283	5–482
		281		電力機械器材製造修配業 (Electrical Machinery, Supplies Manufacturing and Repairing)	010321	020321	124	5–486
			2811	發電、輸電、配電機械製造修配業 (Power Generation, Transmission	010321	020321	63	5–490

				and Distribution Machinery Manufacturing and Repairing)				
			2812	電線及電纜製造業 (Electric Wires and Cables Manufacturing)	010321	020321	61	5–494
		282		家用電器製造業 (Electrical Appliances and Housewares Manufacturing)	010321	020321	58	5–498
			2821	冷凍空調器具製造業 (Air-conditioning Equipment Manufacturing)	010321	020321	13	5–498
			2823	電熱器具製造業 (Electric Heating Appliances Manufacturing)	010321	020321	9	5–502
			2824	電扇製造業 (Electric Fans Manufacturing)	010321	020321	17	5–506
			2829	其他家用電器製造業 (Other Electrical Appliances and Housewares Manufacturing)	010321	020321	19	5–506
		283		照明設備製造業 (Lighting Equipment Manufacturing)	010321	020321	16	5–510
			2832	照明器具製造業 (Lighting Fixture Manufacturing)	010321	020321	13	5–510
		284	2840	電池製造業 (Batteries Manufacturing)	010321	020321	19	5–514
		289	2890	其他電力器材製造修配業 (Other Electronic and Appliances Manufacturing and Repairing)	010321	020321	66	5–514
	29			運輸工具製造修配業 (Transport Equipment Manufacturing and Repairing)	010322	020322	229	5–518
		291		船舶及其零件製造修配業 (Ship and Parts Manufacturing and Repairing)	010322	020322	14	5–522
			2911	船舶建造修配業 (Ship Building and Repairing)	010322	020322	13	5–526
		293		汽車及其零件製造業 (Motor Vehicles and Parts Manufacturing)	010322	020322	145	5–526
			2931	汽車製造業 (Motor Vehicles Manufacturing)	010322	020322	11	5–530
			2932	汽車零件製造業 (Motor Vehicle Parts Manufacturing)	010322	020322	134	5–534
		294		機車及其零件製造業 (Motorcycles and Parts Manufacturing)	010322	020322	19	5–538
			2941	機車製造業 (Motorcycles Manufacturing)	010322	020322	7	5–538

		2942	機車零件製造業 (Motorcycle Parts Manufacturing)	010322	020322	12	5–542
	295		自行車及其零件製造業 (Bicycles and Parts Manufacturing)	010322	020322	38	5–542
		2951	自行車製造業 (Bicycles Manufacturing)	010322	020322	14	5–546
		2952	自行車零件製造業 (Bicycles Parts Manufacturing)	010322	020322	24	5–550
	296		航空器及其零件製造修配業 (Aircraft and Parts Manufacturing and Repairing)	010322	020322	8	5–550
30			精密、光學、醫療器材及鐘錶製造業 (Precision, Optical, Medical Equipment, Watches and Clocks Manufacturing)	010323	020323	115	5–554
	301		精密儀器製造業 (Precision Instruments Manufacturing)	010323	020323	50	5–558
		3011	量測儀器及控制設備製造業 (Measuring Instruments and Controlling Equipment Manufacturing)	010323	020323	38	5–558
		3019	其他精密儀器製造業 (Other Precision Instruments Manufacturing)	010323	020323	12	5–562
	302		光學器材製造業 (Photographic and Optical Equipment Manufacturing)	010323	020323	30	5–566
		3021	照相及攝影器材製造業 (Photographic Equipment Manufacturing)	010323	020323	11	5–570
		3022	眼鏡及透鏡片製造業 (Spectacles and Lens Manufacturing)	010323	020323	17	5–570
	303	3030	醫療器材及設備製造業 (Medical Materials and Equipment Manufacturing)	010323	020323	27	5–574
	304	3040	鐘錶製造業 (Watches and Clocks Manufacturing)	010323	020323	8	5–574
31			其他工業製品製造業 (Other Industrial Products Manufacturing)	010324	020324	98	5–578
	311		育樂用品製造業 (Education and Entertainment Articles Manufacturing)	010324	020324	60	5–582
		3111	體育用品製造業 (Sporting and Athletic Articles Manufacturing)	010324	020324	40	5–582
		3112	玩具製造業 (Toys Manufacturing)	010324	020324	8	5–586

			3114	文具製造業 (Stationery Articles Manufacturing)	010324	020324	11	5-586
		319		其他工業製品製造業 (Other Industrial Products Manufacturing)	010324	020324	38	5-590
			3199	未分類其他工業製品製造業 (Other Industrial Products Manufacturing Not Elsewhere Classified)	010324	020324	33	5-594
D				水電燃氣業 (Electricity, Gas and Water)	010400	020400	29	5-594
	33	330	3300	電力供應業 (Electric Power Supply)	010400	020400	5	5-598
	34	340	3400	氣體燃料供應業 (Gas Supply)	010400	020400	23	5-598
E				營造業 (Construction)	010500	020500	612	5-602
	38	380		土木工程業 (Civil Engineering Construction)	010501	020500	154	5-606
			3801	一般土木工程業 (General Civil Engineering Construction)	010501	020500	70	5-610
			3802	道路工程業 (Highway and Street Construction)	010501	020500	39	5-614
			3803	景觀工程業 (Landscaping Construction)	010501	020500	8	5-614
			3804	環境保護工程業 (Environmental Protection Construction)	010501	020500	37	5-618
	39	390		建築工程業 (Buildings Construction)	010502	020500	201	5-618
			3901	房屋建築工程業 (Buildings Construction)	010502	020500	189	5-622
			3902	房屋設備安裝工程業 (Building Facilities Installation Construction)	010502	020500	12	5-626
	40	400		機電、電信、電路及管道工程業 (Mechanics, Telecommunications, Electricity, and Pipe Lines Construction)	010503	020500	187	5-630
			4001	機電、電信及電路工程業 (Mechanics, Telecommunications, and Electricity Construction)	010503	020500	134	5-634
			4002	管道工程業 (Pipe Lines Construction)	010503	020500	19	5-634
			4003	冷凍、通風及空調工程業 (Refrigeration, Ventilation and Air-conditioning Construction)	010503	020500	34	5-638
	41	410	4100	建物裝修及裝潢業 (Building Maintenance and Upholstery)	010503	020500	30	5-642
	42	420	4200	其他營造業 (Other Construction)	010503	020500	40	5-642
F				批發及零售業 (Trade)	010600	020600	2972	5-646

	44			日常用品批發業 (Houseware Wholesale Trade)	010601	020600	829	5–650
		441		農、畜、水產品批發業 (Wholesale of Agricultural, Husbandry and Aquatic Products)	010601	020600	58	5–654
			4411	米糧批發業 (Wholesale of Grains)	010601	020600	12	5–654
			4412	蔬果批發業 (Wholesale of Vegetables and Fruits)	010601	020600	13	5–658
			4414	家畜批發業 (Wholesale of Livestock)	010601	020600	8	5–658
			4416	水產品批發業 (Wholesale of Aquatic Products)	010601	020600	17	5–662
		442		食品什貨批發業 (Wholesale of Food Products and Groceries)	010601	020600	153	5–662
			4421	冷凍調理食品批發業 (Wholesale of Frozen Prepared Foods)	010601	020600	18	5–666
			4422	食用油脂批發業 (Wholesale of Edible Oils and Greases)	010601	020600	9	5–670
			4423	菸酒批發業 (Wholesale of Tobacco Products and Alcoholic Beverages)	010601	020600	22	5–670
			4424	非酒精飲料批發業 (Wholesale of Nonalcoholic Beverages)	010601	020600	24	5–674
			4429	其他食品什貨批發業 (Wholesale of Other Food Products and Groceries)	010601	020600	75	5–678
		443		布疋、衣著、服飾品批發業 (Wholesale of Fabrics, Clothes and Apparel Accessories)	010601	020600	267	5–678
			4431	布疋批發業 (Wholesale of Fabrics)	010601	020600	111	5–682
			4432	成衣批發業 (Wholesale of Clothing)	010601	020600	89	5–686
			4433	鞋類批發業 (Wholesale of Shoes)	010601	020600	25	5–690
			4434	行李箱及手提袋批發業 (Wholesale of Luggage and Bag)	010601	020600	14	5–690
			4435	服飾配件批發業 (Wholesale of Apparel Accessories)	010601	020600	10	5–694
			4439	其他衣著、服飾品批發業 (Wholesale of Other Clothes and Apparel Accessories)	010601	020600	18	5–694
		444		家庭電器、設備及用品批發業 (Wholesale of Household Appliance, Equipment and Supplies)	010601	020600	97	5–698
			4441	家庭電器批發業 (Wholesale of Household Appliance)	010601	020600	38	5–702
			4442	家具批發業 (Wholesale of Furniture)	010601	020600	14	5–702

		4449	其他家庭設備及用品批發業 (Wholesale of Other Household Equipment and Supplies)	010601	020600	39	5–706
	445		藥品、化妝品及清潔用品批發業 (Wholesale of Drugs, Cosmetics and Cleaning Preparations)	010601	020600	127	5–710
		4451	藥品及醫療用品批發業 (Wholesale of Drugs, Medical Goods)	010601	020600	99	5–710
		4452	化妝品批發業 (Wholesale of Cosmetics)	010601	020600	21	5–714
	446		文教、育樂用品批發業 (Wholesale of Educational and Entertainment Articles)	010601	020600	111	5–718
		4461	書籍、文具批發業 (Wholesale of Books and Stationery)	010601	020600	67	5–722
		4462	運動用品、器材批發業 (Wholesale of Sporting Goods)	010601	020600	24	5–722
		4463	玩具、娛樂用品批發業 (Wholesale of Toys and Recreational Articles)	010601	020600	18	5–726
	447	4470	鐘錶、眼鏡批發業 (Wholesale of Watches, Clocks and Spectacles)	010601	020600	10	5–730
45			非日常用品批發業 (Non-houseware Wholesale Trade)	010601	020600	1551	5–730
	451		建材批發業 (Wholesale of Building Materials)	010601	020600	284	5–734
		4511	木製建材批發業 (Wholesale of Wooden Building Materials)	010601	020600	33	5–738
		4512	磚瓦、砂石、水泥及其製品批發業 (Wholesale of Brick, Tile, Ballast, Cement and Products)	010601	020600	26	5–742
		4513	磁磚、貼面石材、衛浴設備批發業 (Wholesale of Tile, Stonetopped and Bathroom Equipment)	010601	020600	25	5–742
		4516	金屬建材批發業 (Wholesale of Metal Building Materials)	010601	020600	189	5–746
	452		化學原料及其製品批發業 (Wholesale of Chemical Materials and Products)	010601	020600	226	5–750
		4521	化學原料批發業 (Wholesale of Chemical Materials)	010601	020600	129	5–754
		4522	化學製品批發業 (Wholesale of Chemical Products)	010601	020600	97	5–754
	453		燃料批發業 (Wholesale of Fuel	010601	020600	11	5–758

				Products)				
		454		機械器具批發業 (Wholesale of Machinery and Equipment)	010601	020600	833	5–762
			4541	機械批發業 (Wholesale of Machinery)	010601	020600	116	5–766
			4542	電力電子設備批發業 (Wholesale of Electrical and Electronic Equipment)	010601	020600	353	5–766
			4543	事務機器批發業 (Wholesale of Office Machinery and Equipment)	010601	020600	40	5–770
			4544	電腦及其週邊設備、軟體批發業 (Wholesale of Computer and Peripheral Equipment, Software)	010601	020600	205	5–774
			4545	精密儀器批發業 (Wholesale of Precision Instruments)	010601	020600	84	5–778
			4549	其他機械器具批發業 (Wholesale of Other Machinery and Equipment)	010601	020600	35	5–782
		455		汽機車及其零配件、用品批發業 (Wholesale of Vehicles and Parts, Supplies)	010601	020600	73	5–782
			4551	汽車批發業 (Wholesale of Automobiles)	010601	020600	14	5–786
			4553	汽機車零配件、用品批發業 (Wholesale of Motor Vehicle Parts and Supplies)	010601	020600	47	5–786
			4554	汽機車車胎批發業 (Wholesale of Tires and Tubes)	010601	020600	8	5–790
		456	4560	綜合商品批發業 (Wholesale of General Merchandise)	010601	020600	56	5–794
		459		其他批發業 (Other Wholesale Trade)	010601	020600	62	5–794
			4591	飼料批發業 (Wholesale of Animal Feeds)	010601	020600	16	5–798
			4599	未分類其他批發業 (Wholesale of Other Wholesale Trade Not Elsewhere Classified)	010601	020600	42	5–802
	46			日常用品零售業 (Houseware Retail Trade)	010601	020600	217	5–802
		461		農、畜、水產品零售業 (Retail Sale of Agricultural, Husbandry and Aquatic Products)	010601	020600	8	5–806
		462	4620	食品什貨零售業 (Retail Sale of Food Products and Groceries)	010601	020600	16	5–810
		463		布疋、衣著、服飾品零售業 (Retail of Fabrics, Clothes and Apparel	010601	020600	41	5–810

				Accessories)				
			4631	布疋零售業 (Retail Sale of Fabrics)	010601	020600	8	5–814
			4632	成衣零售業 (Retail Sale of Clothing)	010601	020600	19	5–814
		464		家庭電器、設備及用品零售業 (Retail Sale of Household Appliance, Equipment and Supplies)	010601	020600	85	5–818
			4641	家庭電器零售業 (Retail Sale of Household Appliance)	010601	020600	60	5–822
			4642	家具零售業 (Retail Sale of Furniture)	010601	020600	9	5–822
			4649	其他家庭設備及用品零售業 (Retail Sale of Other Household Equipment and Supplies)	010601	020600	11	5–826
		465		藥品、化妝品及清潔用品零售業 (Retail Sale of Drugs, Cosmetics and Cleaning Preparations)	010601	020600	23	5–826
			4651	藥品及醫療用品零售業 (Retail Sale of Drugs, Medical Goods)	010601	020600	11	5–830
			4652	化妝品零售業 (Retail Sale of Cosmetics)	010601	020600	12	5–830
		466		文教、育樂用品零售業 (Retail Sale of Educational and Entertainment Articles)	010601	020600	34	5–830
			4661	書籍、文具零售業 (Retail Sale of Books and Stationery)	010601	020600	14	5–834
			4662	運動用品、器材零售業 (Retail Sale of Sporting Goods)	010601	020600	15	5–838
	47			非日常用品零售業 (Non-houseware Retail Trade)	010602	020600	364	5–838
		471		建材零售業 (Retail Sale of Building Materials)	010602	020600	12	5–842
			4719	其他建材零售業 (Retail Sale of Other Building Materials)	010602	020600	11	5–846
		472		燃料零售業 (Retail Sale of Fuel Products)	010602	020600	63	5–846
			4721	加油站業 (Gasoline Stations)	010602	020600	61	5–850
		473		機械器具零售業 (Retail Sale of Machinery and Equipment)	010602	020600	69	5–854
			4731	電腦及其週邊設備、軟體零售業 (Retail Sale of Computer and Peripheral Equipment, Software)	010602	020600	51	5–854
			4739	其他機械器具零售業 (Retail Sale of Other Machinery and Equipment)	010602	020600	11	5–858

		474		汽機車及其零配件、用品零售業 (Retail Sale of Vehicles and Parts, Supplies)	010602	020600	138	5–862
			4741	汽車零售業 (Retail Sale of Automobiles)	010602	020600	88	5–866
			4742	機車零售業 (Retail Sale of Motorcycles)	010602	020600	10	5–870
			4743	汽機車零配件、用品零售業 (Retail Sale of Motor Vehicle Parts and Supplies)	010602	020600	36	5–870
		475		綜合商品零售業 (Retail Sale of General Merchandise)	010602	020600	57	5–874
			4751	百貨公司業 (Department Stores)	010602	020600	28	5–878
			4752	超級市場業 (Supermarkets)	010602	020600	11	5–882
			4753	連鎖式便利商店業 (Chained Convenient Stores)	010602	020600	6	5–882
			4754	零售式量販業 (Retail Outlet)	010602	020600	6	5–882
		479		其他零售業 (Other Retail Trade)	010602	020600	25	5–886
			4799	未分類其他零售業 (Retail Sale of Other Retail Trade Not Elsewhere Classified)	010602	020600	24	5–886
	48	481		無店面零售業 (Nonstore Retailers)	010602	020600	11	5–890
			4811	電子購物及郵購業 (Electronic Shopping and Mail-order Houses)	010602	020600	8	5–890
G				住宿及餐飲業 (Accommodation and Eating-drinking Places)	010700	020700	106	5–894
	50			住宿服務業 (Accommodation Service)	010701	020700	71	5–898
		501		旅館業 (Hotel, Rooming Houses, Camps and Other Lodging Places)	010701	020700	67	5–898
			5011	觀光旅館業 (International and General Tourist Hotels)	010701	020700	40	5–902
			5012	一般旅館業 (Hotels and Motels)	010701	020700	27	5–906
	51			餐飲業 (Eating and Drinking Places)	010702	020700	35	5–906
		511	5110	餐館業 (Restaurants)	010702	020700	32	5–910
H				運輸、倉儲及通信業 (Transportation, Storage and Communication)	010800	020800	241	5–914
	53			陸上運輸業 (Land Transportation)	010801	020800	69	5–918
		533		汽車客運業 (Bus Transportation)	010801	020800	25	5–918
			5331	公共汽車客運業 (Motor Bus Transportation)	010801	020800	23	5–922
		534	5340	汽車貨運業 (Truck Freight	010801	020800	44	5–926

				Transportation)				
	54			水上運輸業 (Water Transportation)	010801	020800	13	–
		541	5410	海洋水運業 (Ocean Water Transportation)	010801	020800	13	5–930
	55			航空運輸業 (Air Transportation)	010801	020800	8	5–930
		551	5510	民用航空運輸業 (Civil Air Transportation)	010801	020800	6	5–934
	56	560	5600	儲配運輸物流業 (Storage and Distribution)	010801	020800	5	5–934
	57			運輸輔助業 (Supporting Services to Transportation)	010801	020800	104	5–934
		571	5710	旅行業 (Travel Agency)	010801	020800	29	5–938
		574		貨運承攬業 (Freight Transportation Forwarding Services)	010801	020800	42	5–942
			5742	海洋貨運承攬業 (Ocean Freight Transportation Forwarding Services)	010801	020800	11	5–942
			5743	航空貨運承攬業 (Air Freight Transportation Forwarding Services)	010801	020800	27	5–946
		575	5750	陸上運輸輔助業 (Supporting Services to Land Transportation)	010801	020800	8	5–946
		576		水上運輸輔助業 (Supporting Services to Water Transportation)	010801	020800	10	5–950
			5769	其他水上運輸輔助業 (Other Supporting Services to Water Transportation)	010801	020800	8	5–950
		577	5770	航空運輸輔助業 (Supporting Services to Air Transportation)	010801	020800	2	5–954
	58	580		倉儲業 (Warehousing and Storage)	010802	020800	22	5–954
			5801	普通倉儲業 (General Warehousing and Storage)	010802	020800	18	5–958
	60	600	6000	電信業 (Telecommunications)	010803	020800	19	5–958
I				金融及保險業 (Finance and Insurance)	010900	020900	832	5–962
		629		其他金融及輔助業 (Other Financing and Auxiliary Financing)	010901	020900	630	5–966
			6294	金融投資業 (Financing Investment)	010901	020900	578	5–970
			6295	民間融資業 (Private Financing)	010901	020900	13	5–974
			6296	融資性租賃業 (Financial Leasing)	010901	020900	12	5–978
			6299	未分類其他金融及輔助業 (Other Financing and Auxiliary Financing Not Elsewhere Classified)	010901	020900	25	5–978
	63			證券及期貨業 (Securities and Futures)	010902	020900	162	5–982

		631		證券業 (Securities)	010902	020900	145	5–986
			6311	證券商 (Securities Brokerage)	010902	020900	86	5–990
			6312	證券投資顧問業 (Security-investing Advices)	010902	020900	43	5–994
			6313	證券投資信託業 (Security-investing Trust Facilities)	010902	020900	16	5–994
		632		期貨業 (Futures)	010902	020900	17	–
			6321	期貨商 (Futures Brokerage)	010902	020900	17	5–998
	64			保險業 (Insurance Carriers)	010903	020900	40	5–998
		641	6410	人身保險業 (Personal Insurance)	070800	070800	16	5–1002
		642	6420	財產保險業 (Property and Liability Insurance)	080000	080000	12	5–1002
		645	6450	保險輔助業 (Auxiliary Insurance Services)	010903	020900	10	5–1006
J				不動產及租賃業 (Real Estate and Rental and Leasing)	011000	021000	591	5–1006
	66			不動產業 (Real Estate)	011001	021000	557	5–1010
		661		不動產經營業 (Real Estate Operation)	011001	021000	547	5–1014
			6611	不動產投資業 (Real Estate Investment)	011001	021000	526	5–1018
			6612	不動產經紀業 (Real Estate Agencies)	011001	021000	21	5–1022
		669		其他不動產業 (Other Real Estate)	011001	021000	10	5–1022
			6691	不動產管理業 (Real Estate Management)	011001	021000	9	5–1026
	67			租賃業 (Rental and Leasing)	011002	021000	34	5–1026
		671		機械設備租賃業 (Machinery and Equipment Rental and Leasing)	011002	021000	17	5–1030
		672		運輸工具設備租賃業 (Transport Equipment Rental and Leasing)	011002	021000	14	5–1030
			6721	汽車租賃業 (Passenger Car Rental and Leasing)	011002	021000	13	5–1034
K				專業、科學及技術服務業 (Professional, Scientific and Technical Services)	011100	021100	397	5–1038
	70	700	7000	建築及工程技術服務業 (Architectural and Engineering Technical Services)	011100	021100	23	5–1038
	71	710		專門設計服務業 (Specialized Design Services)	011100	021100	33	5–1042
			7102	積體電路設計業 (Integrated Circuit Design Services)	011100	021100	18	5–1046
			7109	其他專門設計服務業 (Other	011100	021100	13	5–1050

				Specialized Design Services)				
	72	720		電腦系統設計服務業 (Computer Systems Design Services)	011100	021100	209	5–1050
			7201	電腦軟體服務業 (Software Design Services)	011100	021100	154	5–1054
			7202	電腦系統整合服務業 (Computer Integration Systems Services)	011100	021100	53	5–1058
	73			資料處理及資訊供應服務業 (Data Processing and Information Supply Services)	011100	021100	24	5–1062
		731	7310	資料處理服務業 (Data Processing Services)	011100	021100	13	5–1062
		732		資訊供應服務業 (Information Supply Services)	011100	021100	11	–
			7321	網路資訊供應業 (Internet Information Supply Services)	011100	021100	11	5–1066
	74	740		顧問服務業 (Consultation Services)	011100	021100	48	5–1066
			7402	管理顧問業 (Business Management Consultation Services)	011100	021100	36	5–1070
	76	760		廣告業 (Advertising Services)	011100	021100	42	5–1070
			7601	一般廣告業 (General Advertising Services)	011100	021100	41	5–1074
	77	770		其他專業、科學及技術服務業 (Other Professional, Scientific and Technical Services)	011100	021100	18	5–1078
			7709	未分類其他專業、科學及技術服務業 (Other Professional, Scientific and Technical Services Not Elsewhere Classified)	011100	021100	10	5–1078
L	79			教育服務業 (Educational Services)	011100	021100	106	5–1082
		793	7930	中學 (High Schools)	011100	021100	43	5–1086
		794	7940	職業學校 (Vocational Schools)	011100	021100	23	5–1086
		795	7950	大專校院 (Universities and Colleges)	011100	021100	33	5–1090
M				醫療保健及社會福利服務業 (Health Care and Social Welfare Services)	011100	021100	25	–
	81			醫療保健服務業 (Health Care Services)	011100	021100	25	5–1090
		811	8110	醫院 (Hospitals)	011100	021100	23	5–1094
N				文化、運動及休閒服務業 (Cultural, Sporting and Recreational Services)	011100	021100	230	5–1098
	84			出版業 (Publishing Industries)	011100	021100	39	5–1098

		841	8410	新聞出版業 (Newspaper Publishers)	011100	021100	8	5–1102
		842	8420	雜誌（期刊）出版業 (Magazine (Periodical) Publishers)	011100	021100	13	5–1106
		843	8430	書籍出版業 (Book Publishers)	011100	021100	11	5–1106
	85			電影業 (Motion Picture Industries)	011100	021100	11	5–1106
	86			廣播電視業 (Radio and Television Broadcasting)	011100	021100	119	5–1110
		861	8610	廣播業 (Radio Broadcasting)	011100	021100	23	5–1114
		862	8620	電視業 (Television Broadcasting)	011100	021100	68	5–1114
		863	8630	廣播電視節目供應業 (Radio and Television Program Supply)	011100	021100	28	5–1118
	87			藝文及運動服務業 (Arts and Sporting Services)	011100	021100	29	5–1122
		874		運動服務業 (Sporting Services)	011100	021100	26	5–1122
			8742	運動場館業 (Sports Grounds and Facilities)	011100	021100	23	5–1126
	90	900		休閒服務業 (Recreational Services)	011100	021100	32	5–1126
			9001	遊樂園業 (Amusement Parks)	011100	021100	16	5–1130
			9002	視聽及視唱業 (Audiovisual and Singing Services)	011100	021100	10	5–1134
O				其他服務業 (Other Services)	011100	021100	123	5–1134
	92	920		支援服務業 (Support Services)	011100	021100	74	5–1138
			9202	保全服務業 (Security Services)	011100	021100	51	5–1138
			9204	建築物清潔服務業 (Cleaning Services of Buildings)	011100	021100	11	5–1142
	93	930		環境衛生及污染防治服務業 (Sanitary and Pollution Controlling Services)	011100	021100	34	5–1146
			9301	廢棄物清除業 (Waste Disposing)	011100	021100	9	5–1146
			9302	廢棄物處理業 (Waste Collecting)	011100	021100	23	5–1150
	96			未分類其他服務業 (Other Services Not Elsewhere Classified)	011100	021100	11	5–1150

三、主要行業財務特性

本中心蒐集、整理會計師簽證之「財務報表及查核報告書」，並依行政院主計處行業分類標準（90 年修訂版），除「公共行政類」外，就其餘 15 大類據以編印本刊冊。惟基於行業財務比率之客觀性，自 87 年版起，原則上對於各類業別樣本數少於 7 家（含）之行業財務比率予以割愛，但仍合併計入上一級業別。例如歸屬同一小業有二個細業，其行業代號 A1234、A1235，樣本數各為 15 家及 7 家，則本刊冊僅列印細業 A1234。另計算小業 A123 時，即合併兩細業，其樣本數為 22 (15+7) 家，並列印財務比率。又我國當前產業結構，隨著國際化、自由化影響，亦有部分行業漸具指標性、成長性，如連鎖式便利商店及儲配運輸物流業等，雖其樣本數少於 7 家（含），但為便於會員機構參考利用，仍予揭露，並計算其財務比率。

準此本刊冊之行業類別計分 15 大類、68 中類、163 小類、276 細類，行業分類統計如表 9–1。至於全部行業之四十五項財務比率，請參閱本刊冊「伍、臺灣地區 93 年度主要行業財務比率」。

(一)選取財務比率項目

為便於瞭解 93 年度主要行業財務特性，選取(1)固定資產比率、(2)銀行借款對淨值比率、(3)長期負債對淨值比率、(4)長期銀行借款對淨值比率、(5)槓桿比率、(6)流動比率、(7)純益率、(8)淨值報酬率、(9)現金流量率、(10)現金再投資比率等十項財務比率，分就 15 大類行業別及屬於製造業之 23 中類，列表如表 9–2、表 9–3。並將十項財務比率分就 15 大類，取其綜合算術平均比率值 (*A*+)，繪製長條圖，以概觀 15 大類之財務特性。

(二)樣本比重

依表 9–2 知，製造業之樣本數 4,479 家，約占總樣本數 10,797 家之 41.5%；其次為批發及零售業占 27.5%；金融及保險業占 7.7%；營造業占 5.7%。又表 9–3 製造業之樣本數中，以電子零組件製造業 593 家最多占 13.2%、次為電腦、通信及視聽電子產品製造業 441 家占 9.8%，機械設備製造修配業 391 家占 8.7%，顯見本刊冊樣本分布符合經濟發展趨勢。

就表 9–2 觀之，水電燃氣業、營造業、不動產及租賃業等，或因行業特性或自銀行借款不易，故十項財務比率顯示多分布於高低兩端，而製造業財務結構多居 15 大業別中間，顯示其整體經營尚屬穩健。

(三)營收級距

另為概括瞭解本刊冊選樣企業主要財務項目概況，乃就樣本企業之營收劃分為 0～1 億、1～5 億、5～10 億、10～50 億、50 億（新臺幣元）以上等五級，分別統計其樣本數及資產、負債、稅前純益金額如表 9–4 及表 9–5。

次就營業收入樣本數之分布，1～5億元級4,415家占40.9%為最多，次為0～1億元3,348家占31%，而50億元以上505家僅占4.7%，10～50億元1,353家占12.5%，反映我國經濟多以中小企業為主體之事實。但50億元以上級距之營業收入總額占全體營業收入72.3%，資產總額占全體資產總額71.6%，稅前純益占全體稅前純益84.4%（相關金額詳見表9–4）。另屬10～50億元級距者，上項對應比率分別為16.2%、16.2%、11.6%，足見大企業對我國經濟貢獻度頗大。

㈣大業別財務比率特性

綜觀93年度15大類行業財務比率（表9–2）其特性有下列幾點：

⑴水電燃氣業 (D) 及教育服務業 (L)：其固定資產 / 資產總額 (F1) 分別為74.1%及74.3%，顯示該兩行業資本支出比重大，資金運用靈活度較其餘行業差。

⑵營造業 (E)：其銀行借款 / 淨值 (F3) 之比率為115.6%，顯示該行業營運資金籌措來自銀行比重較高；另就銀行借款 / 淨值 (F3) 與長期銀行借款 / 淨值 (F5) 兩項比率比較，除教育服務業 (L) 兩項比率分別為6.5%及6.3%差異較小外，其餘行業，自銀行取得資金之理財活動，較該行業偏重於短期營運資金運用。

⑶從負債總額 / 淨值 (F8) 比率觀之，除教育服務業 (L) 外，醫療保健及社會福利服務業 (M) 為40.6%，足見該行業遠較其餘行業資本結構佳，並無大量舉債經營情形。

⑷就償債能力中流動資產 / 流動負債 (L1) 比率觀之，住宿及餐飲業 (G) 為71.4%，其資金流動性與短期償債能力均較各行業為差。

⑸獲利指標比率稅後損益 / 營業收入 (P5) 中，運輸、倉儲及通信業 (H) 為16%，較各行業為高，顯示該行業之獲利情形較各行業為佳。

⑹就現金流量分析，其中現金流量比率 (C1) 以不動產及租賃業 (J)–2.4%為最低，顯示該行業短期償債能力偏低，以債權保障觀點言，較各行業差。另現金再投資比率 (C2) 以農、林、漁、牧業 (A)–1.2%為最低，對其營運活動產生之現金流量支應投資之比率，較各行業為差。

表 9–1　中華民國臺灣地區 94 年版（93 年度）主要行業財務比率行業類別統計表

項目	A 農、林、漁、牧業	B 礦業及土石採取業	C 製造業	D 水電燃氣業	E 營造業	F 批發及零售業	G 住宿及餐飲業	H 運輸、倉儲及通信業	I 金融及保險業	J 不動產及租賃業	K 專業、科學及技術服務業	L 教育服務業	M 醫療保健及社會福利服務業	N 文化、運動及休閒服務業	O 其他服務業	合計
中類	2	1	23	2	5	5	2	7	2	2	7	1	1	5	3	68
小類	1	0	82	2	5	27	2	12	6	4	8	3	1	8	2	163
細類	1	0	140	2	11	65	3	12	11	4	10	3	1	9	4	276

表 9–2　十項重要財務比率排序——依行業大類別

項目	A 農、林、漁、牧業	B 礦業及土石採取業	C 製造業	D 水電燃氣業	E 營造業	F 批發及零售業	G 住宿及餐飲業	H 運輸、倉儲及通信業	I 金融及保險業	J 不動產及租賃業	K 專業、科學及技術服務業	L 教育服務業	M 醫療保健及社會福利服務業	N 文化、運動及休閒服務業	O 其他服務業
樣本數	44	10	4,479	29	612	2,972	106	241	832	591	397	106	25	230	123
固定資產/資產總額 (%) F1	35.4	42.7	34.5	74.1	13.4	26.0	65.2	54.1	2.2	55.3	15.0	74.3	64.0	50.2	30.2
銀行借款/淨值 (%) F3	64.2	102.5	28.1	40.0	115.6	64.3	39.3	22.4	31.4	49.2	15.4	6.5	10.3	53.2	37.4
長期負債/淨值 (%) F4	18.2	36.6	25.2	61.9	44.5	30.0	38.1	28.9	9.5	85.3	8.4	6.3	6.1	39.8	56.0
長期銀行借款/淨值 (%) F5	8.0	34.7	12.7	32.4	35.7	20.9	24.8	16.2	2.2	18.6	3.5	5.8	6.0	26.6	17.1
負債總額/淨值 (%) F8	129.5	206.9	73.7	100.8	234.6	146.3	78.5	57.4	197.9	142.3	69.3	13.1	40.6	119.2	110.2

流動資產/流動負債 (%) L1	91.3	98.9	153.4	91.2	131.6	118.5	71.4	127.0	233.5	121.2	175.7	289.4	94.4	73.6	127.3
稅後損益/營業收入 (%) P5	0.6	2.4	8.3	12.0	2.2	1.3	7.1	16.0	11.1	9.2	1.9	–	15.2	4.0	9.9
稅後損益/淨值 (%) P7	0.9	12.5	12.3	7.8	5.9	5.8	5.0	12.1	8.9	3.1	4.5	–	11.3	3.9	13.1
現金流量比率 (%) C1	1.3	19.8	33.5	42.5	2.1	3.7	34.6	73.1	55.2	−2.4	17.3	120.8	80.5	27.3	42.7
現金再投資比率 (%) C2	−1.2	10.2	6.3	2.8	0.4	0.1	5.3	6.1	8.0	−1.0	5.5	–	–	7.7	6.2

註：本表比率係指綜合平均數 *A*+。

表 9–3　製造業十項重要財務比率排序

項　目	樣本數	固定資產/資產總額 (%) F1	銀行借款/淨值 (%) F3	長期負債/淨值 (%) F4
C08 食品及飲料製造業	196	32.4	56.9	40.5
C10 紡織業	244	32.0	42.9	31.6
C11 成衣、服飾品及其他紡織製品製造業	96	23.2	42.5	17.6
C12 皮革、毛皮及其製品製造業	61	14.4	16.2	23.7
C13 木竹製品製造業	25	39.3	73.1	6.4
C14 家具及裝設品製造業	48	33.6	52.3	22.1
C15 紙漿、紙及紙製品製造業	77	34.6	26.4	24.2
C16 印刷及其輔助業	70	48.7	62.0	26.6
C17 化學材料製造業	156	32.6	31.4	29.1
C18 化學製品製造業	209	42.5	22.7	28.1
C19 石油及煤製品製造業	10	63.2	21.0	53.9
C20 橡膠製品製造業	56	26.1	33.0	27.0
C21 塑膠製品製造業	250	26.8	30.2	35.5
C22 非金屬礦物製品製造業	175	30.6	29.2	28.0
C23 金屬基本工業	264	40.0	48.6	28.6
C24 金屬製品製造業	391	35.5	60.0	24.3

C25 機械設備製造修配業	391	24.8	44.4	17.1
C26 電腦、通信及視聽電子產品製造業	441	14.1	17.2	14.1
C27 電子零組件製造業	593	43.7	24.5	24.0
C28 電力機械器材及設備製造修配業	283	22.5	28.1	16.0
C29 運輸工具製造修配業	229	30.1	33.7	21.5
C30 精密、光學、醫療器材及鐘錶製造業	115	33.8	23.3	17.9
C31 其他工業製品製造業	98	25.1	38.2	13.7

註：本表比率係指綜合平均數 *A*+。

——依製造業中類別

長期銀行借款/淨值 (%) F5	負債總額/淨值 (%) F8	流動資產/流動負債 (%) L1	稅後損益/營業收入 (%) P5	稅後損益/淨值 (%) P7	現金流量比率 (%) C1	現金再投資比率 (%) C2
27.7	97.5	108.4	4.4	7.0	20.6	4.0
18.5	76.3	114.6	4.5	4.6	16.5	2.3
6.8	92.0	120.2	3.2	5.2	11.8	2.9
1.6	81.9	102.0	10.9	12.6	11.0	0.0
2.3	140.2	97.7	0.6	1.0	7.1	6.0
19.9	113.1	118.2	2.2	4.4	9.1	1.7
8.6	73.7	140.6	5.5	7.3	22.3	2.6
22.7	114.5	98.1	0.3	0.5	16.1	5.9
14.6	68.5	148.3	15.4	19.5	46.3	6.0
8.1	69.9	179.5	7.2	7.2	21.9	3.1
11.8	87.1	196.9	7.6	15.7	63.6	4.3
14.4	69.5	136.6	11.6	11.4	29.7	4.1
14.4	83.2	150.1	16.6	19.6	30.2	3.7
12.9	64.0	130.9	11.1	7.9	21.9	2.8
16.4	87.7	140.4	11.3	22.1	31.4	4.1
17.7	111.7	115.8	5.8	11.5	14.4	4.3
12.2	117.5	131.1	4.7	9.3	5.4	0.8
6.6	80.3	154.8	3.3	8.4	10.6	1.1
14.7	60.6	174.5	12.9	12.6	65.5	11.7
7.9	67.5	151.4	5.2	6.8	14.4	2.3
8.4	91.9	129.9	6.5	11.6	20.4	3.2
11.7	61.9	173.6	11.9	15.6	46.0	11.1
6.9	99.0	122.1	6.4	13.7	23.0	7.8

表 9–4 樣本企業主要財務項目概況（依行業大類別）

單位：百萬元

大類	級距／項目	0～1 億	1～5 億	5～10 億	10～50 億	50 億以上	合計
A 農、林、漁、牧業	樣本數	26	13	3	2	0	44
	營業收入	1,246	2,740	2,205	3,248	0	9,439
	資產	2,578	8,216	2,334	1,984	0	15,112
	負債	1,317	4,218	1,513	1,480	0	8,528
	稅前損益	–28	182	61	–19	0	196
B 礦業及土石採取業	樣本數	4	5	1	0	0	10
	營業收入	154	1,480	752	0	0	2,386
	資產	429	606	419	0	0	1,454
	負債	236	349	395	0	0	980
	稅前損益	78	5	3	0	0	86
C 製造業	樣本數	872	1,904	600	793	310	4,479
	營業收入	51,574	459,828	423,560	1,717,713	8,322,551	10,975,226
	資產	108,275	535,261	496,436	2,071,566	9,568,165	12,779,703
	負債	64,311	294,637	238,182	938,246	3,890,734	5,426,110
	稅前損益	–4,336	2,984	16,532	94,142	897,484	1,006,806
D 水電燃氣業	樣本數	1	8	6	12	2	29
	營業收入	26	1,934	4,234	21,095	24,287	51,576
	資產	71	3,182	10,153	47,187	98,837	159,430
	負債	8	1,172	4,452	22,446	51,986	80,064
	稅前損益	0	162	425	2,469	5,156	8,212
E 營造業	樣本數	204	290	51	53	14	612
	營業收入	11,433	67,079	35,562	111,805	151,671	377,550
	資產	18,127	61,275	27,632	117,755	256,866	481,655
	負債	10,152	39,256	17,739	80,614	189,963	337,724
	稅前損益	–594	601	979	3,363	6,726	11,075
F 批發及零售業	樣本數	1,003	1,335	288	252	94	2,972
	營業收入	55,576	303,003	202,741	496,155	1,575,706	2,633,181
	資產	96,361	241,380	127,699	339,574	658,442	1,463,456
	負債	57,275	146,236	74,830	196,682	394,382	869,405
	稅前損益	–400	6,224	–3,156	–248	47,509	49,929
G 住宿及餐飲業	樣本數	53	32	13	7	1	106
	營業收入	2,362	7,941	8,659	15,141	11,085	45,188
	資產	10,406	25,019	24,824	45,025	8,156	113,430
	負債	6,920	13,391	13,064	11,906	4,632	49,913

	稅前損益	117	727	364	2,935	5	4,148
H 運輸、 倉儲及 通信業	樣本數	76	84	24	36	21	241
	營業收入	3,062	20,702	16,872	81,329	757,257	879,222
	資產	13,058	34,535	19,234	173,933	1,585,176	1,825,936
	負債	6,544	15,040	10,883	69,631	564,382	666,480
	稅前損益	102	1,403	674	14,895	149,032	166,106
I 金融及 保險業	樣本數	446	223	53	62	48	832
	營業收入	19,045	52,315	36,069	145,825	1,684,618	1,937,872
	資產	181,649	272,721	150,983	882,104	5,673,220	7,160,677
	負債	55,606	110,526	85,046	313,822	4,192,599	4,757,599
	稅前損益	2,841	11,701	7,527	36,299	176,595	234,963
J 不動產 及租賃 業	樣本數	322	184	38	43	4	591
	營業收入	12,212	41,372	25,904	82,492	60,337	222,317
	資產	119,950	180,746	101,726	274,974	886,411	1,563,807
	負債	78,568	113,491	66,960	167,529	491,966	918,514
	稅前損益	626	3,363	1,468	8,477	7,868	21,802
K 專業、 科學及 技術服 務業	樣本數	173	141	35	42	6	397
	營業收入	8,228	32,212	24,013	91,853	166,316	322,622
	資產	17,808	42,214	23,116	90,823	63,980	237,941
	負債	8,154	18,209	8,770	34,121	28,151	97,405
	稅前損益	−80	−38	1,241	5,516	1,209	7,848
L 教育服 務業	樣本數	31	44	18	13	0	106
	營業收入	1,900	9,322	12,407	19,699	0	43,328
	資產	8,107	33,159	42,779	77,360	0	161,405
	負債	1,154	3,843	5,849	7,959	0	18,805
	稅前損益	168	1,451	3,259	5,335	0	10,213
M 醫療保 健及社 會福利 服務業	樣本數	1	6	7	7	4	25
	營業收入	48	1,997	4,937	12,568	54,504	74,054
	資產	77	1,745	11,027	20,509	106,240	139,598
	負債	67	1,230	6,500	7,995	24,528	40,320
	稅前損益	9	46	−71	613	10,815	11,412
N 文化、 運動及 休閒服 務業	樣本數	74	101	30	24	1	230
	營業收入	3,070	26,504	20,178	56,891	5,827	112,470
	資產	13,644	73,494	51,862	103,247	11,217	253,464
	負債	7,647	43,573	27,627	51,542	7,453	137,842
	稅前損益	−107	2,946	1,629	2,615	574	7,657
O 其他服	樣本數	62	45	9	7	0	123
	營業收入	2,979	9,442	5,864	13,982	0	32,267

務業	資產	3,642	8,861	12,142	26,322	0	50,967
	負債	1,883	4,411	10,649	9,786	0	26,729
	稅前損益	–84	434	325	3,346	0	4,021
合　計	樣本數	3,348	4,415	1,176	1,353	505	10,797
	營業收入	172,915	1,037,871	823,957	2,869,796	12,814,159	17,718,698
	資產	594,182	1,522,414	1,102,366	4,272,363	18,916,710	26,408,035
	負債	299,842	809,582	572,459	1,913,759	9,840,776	13,436,418
	稅前損益	–1,688	32,191	31,260	179,738	1,302,973	1,544,474

表 9–5　製造業樣本企業主要財務項目概況（依製造業中類別）

單位：百萬元

中　類	級距 項目	0～1 億	1～5 億	5～10 億	10～50 億	50 億以上	合　計
C08 食品及飲料製造業	樣本數	33	80	35	35	13	196
	營業收入	2,027	18,149	25,975	64,902	141,748	252,801
	資產	3,762	20,700	23,605	92,826	177,514	318,407
	負債	2,367	12,471	10,493	38,614	93,242	157,187
	稅前損益	–42	298	984	3,452	3,585	8,277
C10 紡織業	樣本數	47	108	34	43	12	244
	營業收入	2,854	26,048	23,263	94,474	144,788	291,427
	資產	6,651	38,621	37,789	151,576	270,407	505,044
	負債	3,762	20,269	18,375	65,930	110,314	218,650
	稅前損益	144	99	–866	2,551	13,257	15,185
C11 成衣、服飾品及其他紡織製品製造業	樣本數	19	57	8	11	1	96
	營業收入	1,158	13,630	5,091	24,888	8,552	53,319
	資產	1,797	13,000	12,327	32,348	3,650	63,122
	負債	1,293	8,402	5,901	12,942	1,715	30,253
	稅前損益	–3	96	217	1,148	690	2,148
C12 皮革、毛皮及其製品製造業	樣本數	14	31	8	6	2	61
	營業收入	740	9,215	5,296	8,496	27,524	51,271
	資產	2,329	8,193	3,056	7,102	59,567	80,247
	負債	1,661	5,103	2,213	4,314	22,846	36,137
	稅前損益	–124	37	83	346	5,496	5,838
C13 木竹製品製造業	樣本數	12	11	2	0	0	25
	營業收入	731	2,773	1,275	0	0	4,779
	資產	1,541	4,599	539	0	0	6,679
	負債	1,013	2,456	430	0	0	3,899

	稅前損益	−35	90	10	0	0	65
C14 家具及裝設品製造業	樣本數	12	27	4	5	0	48
	營業收入	837	5,630	3,135	11,372	0	20,974
	資產	1,466	4,763	2,323	14,098	0	22,650
	負債	1,127	3,209	1,732	5,954	0	12,022
	稅前損益	0	−33	5	928	0	900
C15 紙漿、紙及紙製品製造業	樣本數	24	32	8	9	4	77
	營業收入	1,485	6,854	5,226	18,580	56,697	88,842
	資產	4,948	5,467	5,177	23,270	78,458	117,320
	負債	1,686	3,445	3,035	11,730	29,890	49,786
	稅前損益	−90	20	70	899	4,912	5,811
C16 印刷及其輔助業	樣本數	33	29	5	3	0	70
	營業收入	1,847	6,360	3,321	3,761	0	15,289
	資產	2,977	8,075	3,946	6,197	0	21,195
	負債	1,918	3,914	2,280	3,203	0	11,315
	稅前損益	27	216	108	−222	0	129
C17 化學材料製造業	樣本數	17	44	17	54	24	156
	營業收入	1,016	10,808	12,385	117,559	605,518	747,286
	資產	1,902	10,812	12,695	118,535	849,168	993,112
	負債	1,088	6,216	7,205	50,498	338,763	403,770
	稅前損益	−149	767	757	8,307	118,064	127,746
C18 化學製品製造業	樣本數	44	112	26	24	3	209
	營業收入	2,101	26,905	17,989	46,496	24,015	117,506
	資產	7,631	39,645	29,350	59,792	63,739	200,157
	負債	3,495	18,972	12,789	23,178	23,955	82,389
	稅前損益	−543	965	1,619	5,406	3,366	10,813
C19 石油及煤製品製造業	樣本數	4	0	1	3	2	10
	營業收入	223	0	672	10,259	912,601	923,755
	資產	377	0	254	8,664	833,199	842,494
	負債	203	0	189	3,210	388,769	392,371
	稅前損益	−12	0	13	2,464	78,627	81,092
C20 橡膠製品製造業	樣本數	18	23	6	7	2	56
	營業收入	997	5,223	4,252	14,716	20,275	45,463
	資產	1,514	4,667	4,868	26,946	40,020	78,015
	負債	1,005	2,814	2,347	9,479	16,352	31,997
	稅前損益	10	159	171	2,176	3,335	5,851
C21 塑膠製	樣本數	51	142	30	22	5	250
	營業收入	3,155	33,203	20,796	44,089	197,873	299,116

品製造業	資產	6,437	34,830	24,403	61,636	337,021	464,327
	負債	3,845	21,850	13,988	25,575	145,704	210,962
	稅前損益	–65	674	425	3,421	48,273	52,728
C22 非金屬礦物製品製造業	樣本數	44	79	24	22	6	175
	營業收入	2,779	19,250	16,892	46,650	76,925	162,496
	資產	12,094	25,349	19,097	99,618	219,830	375,988
	負債	9,722	15,304	10,637	35,616	75,449	146,728
	稅前損益	–963	347	635	5,377	17,321	22,717
C23 金屬基本工業	樣本數	26	110	38	58	32	264
	營業收入	1,892	28,664	26,921	125,970	633,039	816,486
	資產	2,146	23,011	17,317	124,122	619,213	785,809
	負債	1,506	15,132	12,007	74,907	263,639	367,191
	稅前損益	40	998	1,367	8,842	106,545	117,792
C24 金屬製品製造業	樣本數	91	200	50	42	8	391
	營業收入	5,595	47,600	33,714	89,013	74,239	250,161
	資產	8,954	47,850	31,159	90,020	88,083	266,066
	負債	5,748	31,245	17,415	42,071	43,905	140,384
	稅前損益	–50	524	2,067	8,409	7,656	18,606
C25 機械設備製造修配業	樣本數	97	185	52	53	4	391
	營業收入	6,043	42,943	36,426	101,301	33,273	219,986
	資產	9,672	44,606	39,545	115,619	32,652	242,094
	負債	5,824	28,144	21,795	57,260	17,767	130,790
	稅前損益	12	1,637	2,000	8,579	828	13,056
C26 電腦、通信及視聽電子產品製造業	樣本數	64	123	62	119	73	441
	營業收入	3,473	30,975	46,541	279,833	2,827,104	3,187,926
	資產	7,533	38,008	56,227	286,173	1,871,331	2,259,272
	負債	4,318	17,010	23,150	122,152	839,884	1,006,514
	稅前損益	–1,002	–1,914	1,051	2,138	119,439	119,712
C27 電子零組件製造業	樣本數	65	186	101	158	83	593
	營業收入	3,677	48,847	73,079	343,095	1,920,248	2,388,946
	資產	7,310	79,193	102,146	441,065	3,282,473	3,912,187
	負債	2,913	33,007	38,578	201,588	1,200,700	1,476,786
	稅前損益	–625	–2,269	2,160	14,068	300,695	314,029
C28 電力機械器材及設備製造修配業	樣本數	63	125	29	55	11	283
	營業收入	3,510	28,482	21,109	132,943	146,719	332,763
	資產	6,911	30,777	25,919	141,338	225,032	429,977
	負債	4,129	17,165	11,517	65,026	75,554	173,391
	稅前損益	–430	–668	1,574	6,939	11,782	19,197

C29 運輸工具製造修配業	樣本數	36	95	42	41	15	229
	營業收入	1,967	23,180	28,302	91,060	314,132	458,641
	資產	3,864	25,719	31,573	108,564	320,718	490,438
	負債	2,118	15,049	17,233	58,441	142,045	234,886
	稅前損益	16	336	1,258	1,783	32,468	35,861
C30 精密、光學、醫療器材及鐘錶製造業	樣本數	30	52	9	16	8	115
	營業收入	1,718	12,271	5,867	28,403	87,225	135,484
	資產	4,004	16,817	6,792	42,373	97,452	167,438
	負債	2,048	6,827	2,036	18,161	34,949	64,021
	稅前損益	–470	319	507	4,963	11,951	17,270
C31 其他工業製品製造業	樣本數	28	53	9	7	1	98
	營業收入	1,738	12,806	6,020	19,846	5,824	46,234
	資產	2,444	10,549	6,318	19,672	4,128	43,111
	負債	1,510	6,620	2,826	8,389	2,106	21,451
	稅前損益	20	279	307	2,157	839	3,602
合　計	樣本數	872	1,904	600	793	309	4,478
	營業收入	51,563	459,816	423,547	1,717,706	8,258,319	10,910,951
	資產	108,264	535,251	496,425	2,071,554	9,473,655	12,685,149
	負債	64,299	294,624	238,171	938,238	3,867,548	5,402,880
	稅前損益	–4,334	2,977	16,522	94,131	889,129	998,425

四、會計師查核財務報表意見

㈠查核意見概述

財政部及經濟部 85 年 3 月 15 日會銜令頒「會計師查核簽證財務報表規則」修正第二十三條規定，會計師應依審計準則公報規定出具查核報告，而依據審計準則公報第二號「查核報告處理準則」規定，會計師可提出四種型態之查核報告：⑴無保留意見，⑵保留意見，⑶否定意見，⑷無法表示意見。但審計準則委員會鑑於近年來我國企業經營環境有重大改變，會計師在查核簽證時，能否完整取得證據，以及這些證據能否證明受查者財務報表允當表達，對於簽證責任將有不同，為釐清受查者、管理當局與會計師各自承擔責任，以免閱表者對會計師查核意見產生不切實際預期，而忘了審計風險存在，因而該委員會歷經多次慎重、充分討論，重新訂定會計師出具意見之種類及查核報告之型式，於88年8月24日發布第三十三號審計準則公報，並規定自88年12月31日（含）之財務報表查核起適用，實施日起取代76年8月1日修訂發布之第二號公報。依第三十三號審計準則公報，其查核報告型態計分⑴無保留意見⑵修正式無保留意見⑶保留意見⑷否定意見⑸無法表示意見等五種。其中修正式無保留意見之型態，係規定會計師遇有六種情況之一時，應於無保留意見查核報告中加一說明段或其他說明文字，以提醒閱表者注意。本刊冊自89年版起，採用樣本（88年度財務報表）之會計師查核意見即按照上述五種型態分類統計。

將本中心最近五年度刊冊採用樣本之會計師查核意見型態統計彙列如表9–6。觀察表9–6得知，自89至93年度，會計師簽具無保留意見比例各為77.82%、75.97%、74.59%、73.54%、73.43%，呈逐年下降趨勢；同期間修正式無保留意見型態比例為11.17%、14.86%、15.52%、17.46%、17.54%，則呈逐年上升趨勢，顯見會計師對於簽具無保留意見之表達，漸趨保守，且資訊之揭露亦趨完整；否定意見、無法表示意見之比例均甚微，且其財報數據，無法真實表達財務狀況，故未予納入本刊冊樣本中。

㈡ 93年度查核意見統計

收受93年度會計師查核報告書及財務報表副本，經依照行業別（大類）樣本，統計全體行業會計師查核意見型態分類如表9–7。查核意見之統計，定義為每一樣本之查核意見每年度以一個為限，若會計師對所查核之各種財務報表表示不同意見，例如對資產負債表表示無保留意見，而對損益表、股東權益變動表與現金流量表表示保留意見，則該樣本歸屬保留意見。

自表9–7觀之，會計師簽具無保留意見者有7,928件，占全體樣本比例73.43%；簽具修正式無保留意見件數有1,894件，比例達17.54%，可見有相當多會計師欲藉此提醒閱表者注意一些額外的資訊；會計師簽具保留意見者有975件，僅占全體樣本比例9.03%，保留意見比例下降原因，除受查企業會計制度逐年健全外，若干原屬保留意見，但第三十三號審計準則公報實施後，容許會計師出具為修正式無保留意見亦為主因（例如：受查企業所採用之會計原則變動且對財務報表有重大影響者）。

就修正式無保留意見型態言，會計師對文化、運動及休閒服務業簽具修正式無保留意見比例最高，達25.65%；對農、林、漁、牧業簽具修正式無保留意見比例最低為9.09%，行業間差異顯著。若就保留意見型態而言，會計師保留意見比例最高之行業為其他服務業，比例達15.45%；礦業及土石採取業比例為0.00%，行業間亦因行業特性存在顯著差異，且每年度均有所變異。

再將製造業樣本依照行業別（中類）統計會計師查核意見如表 9-8。會計師對製造業 4,478 家樣本簽具無保留意見、修正式無保留意見、保留意見比例分別為 69.63%、20.37%、10.00%。若就修正式無保留意見型態與保留意見型態分別觀之，行業間亦有相當差異。

㈢修正式無保留意見分類與代號說明

修正式無保留意見（代號 1）依其原因分為九項如表 9-9，說明如下：

⑴不一致：由於受查者所採用之會計原則變動或因新公報的適用，對財務報表之比較性產生重大影響，而會計師對此變動亦表同意，代號 100，分為：

①會計原則變動：代號 101-××，指受查者由原採用之會計原則改用另一會計原則，後二碼為會計準則公報編號。

②適用新公報：因新公報的適用，致會計原則的應用與上期不一致，代號 102-××，後二碼為會計準則公報編號。

⑵採用其他會計師工作：主查會計師採用其他會計師之查核報告，且主查會計師欲區分查核責任者，代號 110。

⑶前期財務報表為其他會計師查核：前期財務報表係由前任會計師查核，本會計師在本年度查核報告中，提及前任會計師對比較報表之前一年度報表所出具意見者，代號 120。

⑷繼續經營有疑慮：會計師對受查者之繼續經營假設存有重大疑慮者，代號 130，復分為：

①財務結構不佳：代號 131，受查者因財務結構不佳，有第十六號審計公報第三條第一款情形者。

②營業狀況不佳：代號 132，受查者因營業狀況不佳，有第十六號審計公報第三條第二款情形者。

③其他：代號 133，非財務或營運方面原因，而會計師認為受查者有第十六號審計公報第三條第三款情形者。

⑸更新前期意見：代號 140，會計師於更新之查核報告中，對前期財務報表表示之意見與原來所表示之意見不同者。

⑹其他：代號 150，會計師欲強調某一重大事項者，如重大期後事項或關係人交易。

㈣ 93 年度修正式無保留意見統計

由表 9–7 得知，93 年度會計師簽具修正式無保留意見樣本數有 1,894 件，經依照行業別（大類）統計 15 大業之修正式無保留意見事項如表 9–11 所示。表 9–11 中，修正式無保留意見原因事項共 2,072 件，大於修正式無保留意見樣本家數之 1,894 件，乃因 1 家樣本企業可能得到一項以上修正式無保留意見原因事項，平均每家修正式無保留意見樣本得到 1.09 項修正式無保留意見原因事項 (2,072/1,894 = 1.09)。

至於九項修正式無保留意見事項中，會計師出具「採用其他會計師工作」(代號 110) 原因者較多，達 779 件，其原因多數為受簽證企業，採權益法評價之部分長期股權投資，其所認列之投資損益及相關投資資訊，簽證會計師並未查核該等財務報表，而係依其他會計師查核結果認列；「其他」者（代號 150）次之，有 656 件；「繼續經營有疑慮—營業狀況不佳」者（代號 132）最少，僅 3 件。

再將會計師簽具修正式無保留意見之製造業樣本 912 家，依照行業別（中類）統計修正式無保留意見原因事項如表 9–13。修正式無保留意見原因事項 1,036 件，大於樣本家數，原因與上同。至於九項修正式無保留意見原因事項中，仍以「採用其他會計師工作」原因者最多，各事項件數之大小順序與大業別差異不大。

㈤保留意見分類與代號說明

保留意見依其性質分類為會計事項、不確定事項、審計事項（代號 2、3、4）等三項如表 9–10，說明如下：

1.會計事項

由於受查者管理階層在會計政策之選擇，或財務報表之揭露有所不當，影響財務報表之允當表達，復分為：

⑴會計科目評價：代號 200，受查者所採用之會計方法不適當，致使某些會計科目期末評價受影響而保留者。本項將發生頻率較高之應收帳款、存貨、長期股權投資等科目獨立設項統計，代號分別為 201、202、203；其餘較不常發生者，代號 204（本項需維護四碼會計科目電腦代號）。

⑵未適當揭露：代號 210，受查者所為之揭露不適當而保留者。分為：

①因關係人交易未適當揭露而保留者，代號 211。

②除關係人交易外，其他未適當揭露而保留者，代號 212。

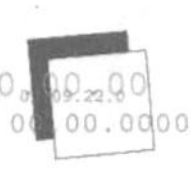

⑶整體報表保留：代號220，財務報表整體之允當性受影響而保留者。

⑷其他：除上述三項外，其他會計事項保留者，代號230。

2.不確定事項

受查者財務報表存有某些須視未來發展方能確定之事項，其最終結果在查核報告簽發日未能合理估計者。復分為：

⑴繼續經營假設：代號300，當會計師對受查者繼續經營假設存有重大疑慮，出具修正式無保留意見之查核報告顯不適當（即會計師無法消除其疑慮）時，應依第十六號審計公報「繼續經營之評估」規定出具保留意見之查核報告。分為：

①財務結構不佳：代號301，原因與代號131同。

②營業狀況不佳：代號302，原因與代號132同。

③其他：代號303，原因與代號133同。

⑵或有事項：資產負債表日以前既存之事實或狀況，可能業已對受查者產生利得或損失，惟其確切結果有賴於未來不確定事項之發生或不發生以證實者，例如訴訟案件結果不確定，但如敗訴將產生損失，代號310。

⑶期後事項：指發生於資產負債表日至查核報告日之間所發生之重大事項，代號320。

⑷其他：除上述三項外，其他不確定事項保留者，代號330。

3.審計事項

指會計師依據一般公認審計準則查核時，因查核範圍受限制，對於財務報表內某些項目無法查核或證據不足，導致對這些項目保留，依其原因復分為：

⑴無法實施應有之查核程序：為查核範圍受限制，無法實施應有之查核程序，且無法執行合理之替代程序者，代號400。本項將發生頻率較高之存貨、應收帳款、長期股權投資等科目獨立設項統計，說明如下：

①期末存貨未盤點：代號401，會計師未能實施期末存貨盤點之觀察，亦未能經由實施其他證實查核程序獲得滿意之結論者。本項包括查核範圍受客觀環境限制之情形，如會計師接受委任時間較遲，致無法觀察期末存貨之盤點等。

②期初存貨未盤點：代號402，會計師首次查核受查者之財務報表，未能觀察上期期末存貨之盤點，經實施其他證實查核程序，亦未能獲取足夠適切之證據者。

③應收帳款未函證：會計師無法對應收帳款進行函證，且無法經由其他證實查核

程序驗證其確實性，代號 403。

④長期股權投資無法查核：無法查核受查者採權益法評價之被投資公司之財務報表，亦無法執行其他查核程序，以確定長期股權投資之價值，代號 404。

⑤其他期初事項保留：除期初存貨未盤點（代號 402）情形外，凡會計師首次查核受查者之財務報表，於執行必要查核程序後，仍無法取得有關期初餘額足夠而適切之證據者，代號 405。

⑥其他：除上述五項外，其他無法實施應有之查核程序而保留者，代號 406。

⑵無法取得適切之證據：代號 410，查核人員無法自受查者管理當局的書面聲明書，獲得足夠及適切之證據者，包括：

①客戶聲明書：當 a. 查核人員對於「客戶聲明書」所列聲明事項，或視實際情況要求受查者列入聲明書之其他約定事項，無法執行必要之查核程序，b. 受查者對必要事項拒絕聲明，致無法取得適切之證據者，代號 411。

②關係人交易之查核：未充分而適切揭露關係人之關係及其交易者，代號 412。

⑶其他：除上述無法實施應有之查核程序及無法取得適切之證據項外，因其他審計事項而保留者，代號 420。

㈥ 93 年度保留意見統計

由表 9–7 得知，93 年度會計師簽具保留意見樣本數有 975 件，經依照行業別（大類）統計 15 大業之保留意見原因事項如表 9–12 所示。表 9–12 中，保留意見事項共 1,351 件，平均每家保留意見樣本得到 1.39 項保留意見原因事項 (1,351/975 = 1.39)。

保留意見事項中，屬會計事項、不確定事項、審計事項（代號 2、3、4）者分別為 202 件、29 件、1,120 件，占全部保留意見事項比例 14.95%、2.15%、82.90%；以審計事項為最高，其中又以「期初存貨未盤點」（代號 402）之 395 件最多，「期末存貨未盤點」（代號 401）之 376 件次之，俱為查核範圍受限制，無法觀察期末存貨盤點，亦無法實施其他查核程序，以確定存貨數量及狀況。另會計事項原因中，則以「長期股權投資—會計科目評價」（代號 203）之 73 件最高。

再將會計師簽具保留意見之製造業樣本 448 家，依照行業別（中類）統計保留意見事項如表 9–14。保留意見原因事項 632 件，大於樣本家數，原因與上同。至於二十三項保留意見事項中，仍以「期末存貨未盤點」之 196 件最多，「期初存貨未盤點」之 189 件次之。

(七)否定意見、無法表示意見分類與代號說明

當受查者財務報表無法允當表達財務狀況、經營成果或現金流量，出具保留意見仍嫌不足者，會計師應依第三十三號審計公報出具否定意見之查核報告；該公報另規定，當查核範圍受限制，致會計師無法獲得足夠及適切之證據且情節極為重大，出具保留意見仍嫌不足者，會計師應出具無法表示意見之查核報告。

本中心對會計師出具否定意見與無法表示意見之查核報告，亦採用保留意見分類方式予以分項統計，因本刊冊採用樣本未涵蓋該二類意見之查核報告，故本項統計分析從略。

表 9–6　會計師查核意見統計
89 年度至 93 年度

年度	樣本數	查核意見									
		無保留意見		修正式無保留意見		保留意見		否定意見		無法表示意見	
		件數	%	件數	%	件數	%	件數	%	件數	%
89	9,314	7,248	77.82	1,040	11.17	1,026	11.02	–	–	–	–
90	8,623	6,551	75.97	1,281	14.86	791	9.17	–	–	–	–
91	10,148	7,569	74.59	1,575	15.52	1,004	9.89	–	–	–	–
92	10,793	7,937	73.54	1,884	17.46	972	9.01	–	–	–	–
93	10,797	7,928	73.43	1,894	17.54	975	9.03	–	–	–	–

註：否定意見與無法表示意見，均未納入為樣本。

表 9–7　全體行業會計師查核意見統計
93 年度

行業別	樣本數	無保留意見		修正式無保留意見		保留意見	
		件數	%	件數	%	件數	%
A 農、林、漁、牧業	44	39	88.64	4	9.09	1	2.27
B 礦業及土石採取業	10	9	90.00	1	10.00	0	0.00
C 製造業	4,479	3,118	69.61	913	20.38	448	10.00
D 水電燃氣業	29	23	79.31	5	17.24	1	3.45
E 營造業	612	467	76.31	84	13.73	61	9.97
F 批發及零售業	2,972	2,240	75.37	416	14.00	316	10.63
G 住宿及餐飲業	106	80	75.47	15	14.15	11	10.38
H 運輸、倉儲及通信業	241	185	76.76	43	17.84	13	5.39

I 金融及保險業	832	659	79.21	142	17.07	31	3.73
J 不動產及租賃業	591	491	83.08	73	12.35	27	4.57
K 專業、科學及技術服務業	397	295	74.31	82	20.65	20	5.04
L 教育服務業	106	69	65.09	27	25.47	10	9.43
M 醫療保健及社會福利服務業	25	19	76.00	4	16.00	2	8.00
N 文化、運動及休閒服務業	230	156	67.83	59	25.65	15	6.52
O 其他服務業	123	78	63.41	26	21.14	19	15.45
合　計	10,797	7,928	73.43	1,894	17.54	975	9.03

註：1. 否定意見與無法表示意見，均未納入為樣本。
2. 92 年度起增編教育服務業 (L) 及醫療保健及社會福利服務業 (M)。
3. 教育服務業以各級學校為主，編製前一學年度資料；醫療保健及社會福利服務業以各級醫療院所為主。

表 9–8　製造業查核意見統計

93 年度

行業別	樣本數	無保留意見		修正式無保留意見		保留意見	
		件數	%	件數	%	件數	%
C08 食品及飲料製造業	196	138	70.41	37	18.88	21	10.71
C10 紡織業	244	174	71.31	41	16.80	29	11.89
C11 成衣、服飾品及其他紡織製品製造業	96	67	69.79	15	15.63	14	14.58
C12 皮革、毛皮及其製品製造業	61	39	63.93	5	8.20	17	27.87
C13 木竹製品製造業	25	21	84.00	1	4.00	3	12.00
C14 家具及裝設品製造業	48	33	68.75	7	14.58	8	16.67
C15 紙漿、紙及紙製品製造業	77	55	71.43	14	18.18	8	10.39
C16 印刷及其輔助業	70	52	74.29	6	8.57	12	17.14
C17 化學材料製造業	156	104	66.67	42	26.92	10	6.41
C18 化學製品製造業	209	159	76.08	36	17.22	14	6.70
C19 石油及煤製品製造業	10	8	80.00	2	20.00	0	0.00
C20 橡膠製品製造業	56	38	67.86	9	16.07	9	16.07
C21 塑膠製品製造業	250	199	79.60	31	12.40	20	8.00
C22 非金屬礦物製品製造業	175	131	74.86	26	14.86	18	10.29
C23 金屬基本工業	264	213	80.68	38	14.39	13	4.92
C24 金屬製品製造業	391	271	69.31	56	14.32	64	16.37
C25 機械設備製造修配業	391	261	66.75	68	17.39	62	15.86
C26 電腦、通信及視聽電子產品製造業	441	249	56.46	161	36.51	31	7.03
C27 電子零組件製造業	593	404	68.13	158	26.64	31	5.23
C28 電力機械器材及設備製造修配業	283	202	71.38	65	22.97	16	5.65
C29 運輸工具製造修配業	229	149	65.07	51	22.27	29	12.66

C30 精密、光學、醫療器材及鐘錶製造業	115	75	65.22	33	28.70	7	6.09
C31 其他工業製品製造業	98	76	77.55	10	10.20	12	12.24
合 計	4,478	3,118	69.63	912	20.37	448	10.00

註：否定意見與無法表示意見，均未納入為樣本。

表 9–9 修正式無保留意見原因分類表

代號 CODE	修正式無保留意見	CAUSE OF OPINION
1	修正式無保留意見	UNQUALIFIED WITH EXPLANATORY PARAGRAPH OR MODIFIED WORDING
100	不一致	LACK OF CONSISTENT APPLICATION OF GAAP
101–××	會計原則變動	CHANGE IN ACCOUNTING PRINCIPLE
102–××	適用新公報	ADOPT NEW STATEMENT
110	採用其他會計師工作	REPORT INVOLVING OTHER AUDITORS
120	前期報表為其他會計師查核	PRIOR STATEMENT AUDITED BY OTHER CPA
130	繼續經營有疑慮	SUBSTANTIAL DOUBT ABOUT GOING CONCERN
131	財務結構不佳	FINANCIAL STRUCTURE DISSATISFIED
132	營業狀況不佳	OPERATING SITUATION DISSATISFIED
133	其他	OTHER
140	更新前期意見	UPDATE PRIOR-PERIOD OPINION
150	其他	OTHER

表 9–10 保留意見原因分類表

代號 CODE	保留意見事項	CAUSE OF OPINION
2	會計事項	ACCOUNTING
200	會計科目評價	VALUATION OF ACCOUNT ITEM
201	應收帳款	ACCOUNTS RECEIVABLE
202	存貨	INVENTORIES
203	長期股權投資	LONG-TERM STOCK INVESTMENT
204	其他	OTHER
210	未適當揭露	UNFAIRLY PRESENTATION
211	關係人交易	SIGNIFICANT RELATED PARTY TRANSACTIONS
212	其他	OTHER
220	整體報表保留	ALL STATEMENT QUALIFIED

230	其他	OTHER
3	不確定事項	UNCERTAINTIES
300	繼續經營假設	GOING CONCERN
301	財務結構不佳	FINANCIAL STRUCTURE DISSATISFIED
302	營業狀況不佳	OPERATING SITUATION DISSATISFIED
303	其他	OTHER
310	或有事項	CONTINGENT ITEM
320	期後事項	SUBSEQUENCE
330	其他	OTHER
4	審計事項	AUDITING
400	無法實施應有之查核程序	AUDITOR'S SCOPE HAS BEEN RESTRICTED
401	期末存貨未盤點	ENDING INVENTORY DIDN'T PHYSICAL ACCOUNT
402	期初存貨未盤點	BEGINNING INVENTORY DIDN'T PHYSICAL ACCOUNT
403	應收帳款未函證	ACCOUNTS RECEIVABLE DIDN'T CONFIRMATION
404	長期投資無法查核	LONG-TERM STOCK DIDN'T AUDITING
405	其他期初事項保留	QUALIFIED BY OTHER BEGINNING ITEM
406	其他	OTHER
410	無法取得適切之證據	UNABLE OBTAIN COMPETENT EVIDENCE
411	客戶聲明書	CLIENT STATEMENT
412	關係人交易之查核	RELATIONSHIP TRANSACTION AUDITING
420	其他	OTHER

表 9–11　全體行業修正式無保留意見原因統計表

93 年度

行業名稱 / 原因事項	A 農、林、漁、牧業	B 礦業及土石採取業	C 製造業	D 水電燃氣業	E 營造業	F 批發及零售業	G 住宿及餐飲業	H 運輸、倉儲及通信業	I 金融及保險業	J 不動產及租賃業	K 專業、科學及技術服務業	L 教育服務業	M 醫療保健及社會福利服務業	N 文化、運動及休閒服務業	O 其他服務業	合計
101	0	0	11	0	1	4	0	0	1	1	1	0	0	1	0	20
102	0	0	81	0	4	11	1	3	9	6	6	0	0	2	0	123
110	2	0	478	2	21	104	7	20	69	23	33	0	0	17	3	779

120	0	0	154	1	25	116	4	3	25	16	16	11	1	25	5	402
131	0	1	41	0	1	14	0	2	4	9	2	0	0	3	1	78
132	0	0	0	0	1	1	0	0	0	1	0	0	0	0	0	3
133	0	0	1	0	0	1	0	0	1	0	0	0	0	2	0	5
140	0	0	2	0	0	2	0	1	0	0	1	0	0	0	0	6
150	2	0	269	2	38	180	4	16	48	29	30	4	3	14	17	656
合計	4	1	1,037	5	91	433	16	45	157	85	89	15	4	64	26	2,072

註：1.原因事項參照表 9–9 修正式無保留意見原因分類表。

2.合計數 2,072 件，大於表 9–7 之 1,894 件，乃因 1 件樣本可能有 2 件以上原因。

表 9–12　全體行業保留意見原因統計表

93 年度

原因事項 \ 行業名稱		A農、林、漁、牧業	B礦業及土石採取業	C製造業	D水電燃氣業	E營造業	F批發及零售業	G住宿及餐飲業	H運輸、倉儲及通信業	I金融及保險業	J不動產及租賃業	K專業、科學及技術服務業	L教育服務業	M醫療保健及社會福利服務業	N文化、運動及休閒服務業	O其他服務業	合計
會計事項	201	0	0	8	0	2	8	0	0	0	0	0	0	0	0	1	19
	202	0	0	14	0	0	10	1	0	0	0	0	0	0	0	1	26
	203	0	0	24	0	2	21	0	3	13	5	2	0	0	1	2	73
	204	0	0	10	0	3	7	1	1	0	2	2	0	0	1	1	28
	211	0	0	1	0	0	2	0	0	0	0	0	0	0	1	0	4
	212	0	0	11	0	0	4	0	0	0	0	0	0	0	0	1	16
	220	0	0	0	0	0	3	0	0	0	0	0	0	0	0	0	3
	230	0	0	14	0	4	2	1	3	2	1	2	3	0	1	0	33
	小計	0	0	82	0	11	57	3	7	15	8	6	3	0	4	6	202
不確定事項	301	0	0	7	0	0	3	0	0	0	2	2	0	0	2	0	16
	302	0	0	0	0	0	0	0	0	0	0	0	0	0	0	0	0
	303	0	0	0	0	0	0	0	0	0	0	0	0	0	0	0	0
	310	0	0	0	0	1	0	0	0	0	0	0	0	0	0	0	1
	320	0	0	0	0	0	0	0	0	0	0	0	0	0	0	0	0
	330	0	0	5	0	2	3	0	0	0	0	0	1	0	1	0	12
	小計	0	0	12	0	3	6	0	0	0	2	2	1	0	3	0	29
	401	0	0	196	0	22	135	3	1	1	4	8	0	1	1	4	376

審計事項	402	0	0	189	0	22	159	3	0	0	9	6	0	1	4	2	395
	403	0	0	5	0	5	4	2	0	0	0	1	0	0	0	0	17
	404	1	0	101	1	7	54	3	3	14	6	5	0	0	5	4	204
	405	0	0	22	0	6	13	1	2	1	0	1	0	0	2	1	49
	406	0	0	19	0	11	20	0	1	2	2	1	0	0	3	4	63
	411	0	0	0	0	0	0	0	0	0	0	0	0	0	0	0	0
	412	0	0	3	0	1	1	1	0	0	0	0	0	1	0	0	7
	420	0	0	3	0	0	2	0	0	0	0	0	3	0	0	1	9
	小計	1	0	538	1	74	388	13	7	18	21	22	3	3	15	16	1,120
合計		1	0	632	1	88	451	16	14	33	31	30	7	3	22	22	1,351

註：1. 原因事項參照表 9–10 保留意見原因分類表。
2. 合計數 1,351 件，大於表 9–7 之 975 件，乃因 1 件樣本可能有 2 件以上原因。

表 9–13　製造業修正式無保留意見原因統計表

93 年度

行業名稱／原因事項	C08 食品及飲料製造業	C10 紡織業	C11 成衣、服飾品及其他紡織製品製造業	C12 皮革、毛皮及其製品製造業	C13 木竹製品製造業	C14 家具及裝設品製造業	C15 紙漿、紙及紙製品製造業	C16 印刷及其輔助業	C17 化學材料製造業	C18 化學製品製造業	C19 石油及煤製品製造業	C20 橡膠製品製造業	C21 塑膠製品製造業	C22 非金屬礦物製品製造業	C23 金屬基本工業	C24 金屬製品製造業	C25 機械設備製造修配業	C26 電腦、通信及視聽電子產品製造業	C27 電子零組件製造業	C28 電力機械器材及設備製造修配業	C29 運輸工具製造修配業	C30 精密、光學、醫療器材及鐘錶製造業	C31 其他工業製品製造業	合計
101	0	0	0	0	0	0	0	0	1	0	0	0	1	0	0	0	1	2	3	0	2	1	0	11
102	4	5	0	1	0	0	0	1	3	3	0	0	2	1	6	4	2	16	24	3	4	2	0	81
110	18	27	11	2	0	3	8	1	28	16	0	3	16	7	15	19	23	113	89	37	22	16	4	478
120	6	5	2	1	0	0	3	1	4	5	0	3	7	5	9	16	18	23	18	13	9	5	1	154
131	2	4	0	1	0	1	1	0	1	1	0	0	1	3	1	3	2	4	12	1	1	2	0	41
132	0	0	0	0	0	0	0	0	0	0	0	0	0	0	0	0	0	0	0	0	0	0	0	0
133	0	0	0	0	0	0	0	0	0	0	0	0	0	0	0	0	0	1	0	0	0	0	0	1
140	0	0	0	0	0	0	0	0	0	0	0	0	0	0	0	0	0	0	1	1	0	0	0	2
150	12	12	4	2	1	4	3	4	11	11	2	3	10	13	15	18	27	29	36	15	20	11	5	268
合計	42	53	17	7	1	8	15	7	48	36	2	9	37	29	46	60	73	188	183	70	58	37	10	1,036

註：1. 原因事項參照表 9–9 修正式無保留意見原因分類表。
2. 合計數 1,036 件，大於表 9–8 之 912 件，乃因 1 件樣本可能有 2 件以上原因。

表 9–14 製造業保留意見原因統計表

93 年度

原因事項	行業名稱	C08 食品及飲料製造業	C10 紡織業	C11 成衣、服飾品及其他紡織製品製造業	C12 皮革、毛皮及其製品製造業	C13 木竹製品製造業	C14 家具及裝設品製造業	C15 紙漿、紙及紙製品製造業	C16 印刷及其輔助業	C17 化學材料製造業	C18 化學製品製造業	C19 石油及煤製品製造業	C20 橡膠製品製造業	C21 塑膠製品製造業	C22 非金屬礦物製品製造業	C23 金屬基本工業	C24 金屬製品製造業	C25 機械設備製造修配業	C26 電腦、通信及視聽電子產品製造業	C27 電子零組件製造業	C28 電力機械器材及設備製造修配業	C29 運輸工具製造修配業	C30 精密、光學、醫療器材及鐘錶製造業	C31 其他工業製品製造業	合計
會計事項	201	0	0	0	0	1	0	1	0	1	0	0	0	1	1	0	0	1	0	2	0	0	0	0	8
	202	0	0	0	2	0	0	0	1	0	0	0	0	1	0	0	5	2	1	0	0	1	0	1	14
	203	2	2	1	2	0	1	0	2	0	1	0	0	2	2	0	4	1	2	0	1	0	0	1	24
	204	3	1	0	0	0	1	0	0	0	0	0	0	0	0	0	2	1	0	0	0	2	0	0	10
	211	0	0	0	1	0	0	0	0	0	0	0	0	0	0	0	0	0	0	0	0	0	0	0	1
	212	1	1	1	0	0	0	0	0	0	0	0	0	2	0	0	1	1	1	2	0	1	0	0	11
	220	0	0	0	0	0	0	0	0	0	0	0	0	0	0	0	0	0	0	0	0	0	0	0	0
	230	1	2	0	0	0	0	0	0	1	1	0	0	0	1	1	1	1	1	2	0	2	0	0	14
	小計	7	6	2	5	1	2	1	3	2	2	0	0	6	4	1	13	7	5	6	1	6	0	2	82
不確定事項	301	1	0	0	0	0	0	0	0	0	0	0	0	0	1	2	0	0	3	0	0	0	0	0	7
	302	0	0	0	0	0	0	0	0	0	0	0	0	0	0	0	0	0	0	0	0	0	0	0	0
	303	0	0	0	0	0	0	0	0	0	0	0	0	0	0	0	0	0	0	0	0	0	0	0	0
	310	0	0	0	0	0	0	0	0	0	0	0	0	0	0	0	0	0	0	0	0	0	0	0	0
	320	0	0	0	0	0	0	0	0	0	0	0	0	0	0	0	0	0	0	0	0	0	0	0	0
	330	0	0	0	0	0	0	0	0	0	0	0	0	1	1	0	0	0	2	1	0	0	0	0	5
	小計	1	0	0	0	0	0	0	0	0	0	0	0	1	2	2	0	0	5	1	0	0	0	0	12
審計事項	401	8	19	7	5	1	5	4	9	4	7	0	4	10	7	2	31	27	10	8	11	8	0	9	196
	402	6	10	6	8	1	4	2	7	4	4	0	4	9	7	6	29	32	10	13	10	9	3	5	189
	403	1	0	0	0	0	0	0	0	0	0	0	0	1	1	1	0	0	0	0	0	0	0	1	5
	404	4	4	5	4	1	2	1	0	2	6	0	2	4	3	2	9	14	10	10	2	12	4	0	101
	405	0	2	0	1	1	0	1	0	0	1	0	3	0	1	6	1	1	0	3	0	1	0	0	22
	406	0	1	0	1	0	0	1	0	0	0	0	2	0	3	3	3	3	1	0	1	0	0	0	19
	411	0	0	0	0	0	0	0	0	0	0	0	0	0	0	0	0	0	0	0	0	0	0	0	0
	412	0	0	0	0	0	0	0	0	0	0	0	0	0	1	0	0	1	1	0	0	0	0	0	3
	420	0	0	0	0	0	0	0	0	0	0	0	0	0	0	1	1	0	1	0	0	0	0	0	3
	小計	19	36	18	19	4	11	9	16	10	18	0	15	24	23	21	74	78	33	34	24	30	7	15	538
合計		27	42	20	24	5	13	10	19	12	20	0	15	31	29	24	87	85	43	41	25	36	7	17	632

註： 1. 原因事項參照表 9–10 保留意見原因分類表。

2. 合計數 632 件，大於表 9–8 之 448 件，乃因 1 件樣本可能有 2 件以上原因。

五、主要行業財務比率表：選擇部分行業報表提供參考

行業類別 行業代號 INDUSTRY NAME INDUSTRY CODE	營收範圍（億元） INCOME RANGE (100 M. NT$)	樣本數 SAMPLE SIZE	營收總額（百萬元） TOTAL INCOME (M. NT$)	資產總額（百萬元） TOTAL ASSET (M. NT$)	統計數別 STATISTICS VALUE	I、財務結構 CAPITAL STRUCTURE RATIO								II、償債能力 LIQUIDITY RATIO		
						固定資產/資產總額 (%) F1	淨值/資產總額 (%) F2	銀行借款/淨值 (%) F3	長期負債/淨值 (%) F4	長期銀行借款/淨值 (%) F5	固定資產/淨值 (%) F6	固定資產/淨值+長期負債 (%) F7	負債總額/淨值 (%) F8	流動資產/流動負債 (%) L1	速動資產/流動負債 (%) L2	短期銀行借款/流動資產 (%) L3
電腦及其週邊設備製造業 C261		219	2,627,425	1,655,980	A	19.5	51.8	62.9	23.7	18.8	75.8	59.9	170.4	202.3	137.8	23.9
					M	13.2	51.7	25.7	8.7	0.2	28.2	25.0	93.2	156.3	108.3	14.1
					U	26.3	68.8	79.5	30.0	18.2	51.0	43.2	154.7	233.3	156.5	34.0
					L	7.1	39.2	2.3	0.0	0.0	13.1	11.8	45.1	112.9	67.3	0.8
					S	17.4	19.6	114.9	42.7	41.9	319.9	308.3	399.3	149.5	125.4	29.8
					A+	8.7	54.6	13.7	11.4	3.7	15.9	14.3	82.8	154.5	113.1	9.3
	Up 50	49	2,431,226	1,460,887	A	10.4	50.6	32.2	19.1	10.0	22.2	18.5	110.4	175.7	126.8	15.9
					M	10.0	50.4	15.8	12.3	0.0	18.4	16.2	98.0	155.3	113.1	10.6
					U	13.4	57.0	50.6	21.1	10.0	29.7	25.0	139.0	185.9	139.1	28.8
					L	6.0	41.8	1.9	0.0	0.0	12.3	11.1	75.3	137.4	88.8	0.4
					S	5.9	12.2	41.0	27.0	23.3	14.3	11.3	58.3	93.7	81.1	16.8
					A+	7.4	54.4	11.5	10.9	3.1	13.6	12.2	83.7	152.8	112.9	7.8
	50～10	66	159,882	156,120	A	14.0	57.0	42.8	16.0	8.7	27.8	23.4	109.3	242.5	171.6	20.7
					M	11.1	56.3	17.2	2.7	0.0	21.4	19.5	77.4	191.5	117.6	12.3
					U	20.0	71.7	67.1	24.7	14.5	37.4	31.0	137.0	274.1	192.3	31.2
					L	6.7	42.1	0.0	0.0	0.0	11.1	10.5	39.2	129.1	74.0	0.0
					S	10.8	19.0	69.0	23.5	16.1	26.5	18.7	120.7	181.1	163.0	26.5
					A+	17.2	56.8	28.5	15.7	7.6	30.3	26.2	75.8	174.0	119.4	20.9

10～5	26	20,064	19,804	*A*	19.3	58.4	46.2	14.1	12.9	43.4	34.2	98.9	237.3	154.7	20.2
				M	17.7	63.1	15.5	3.3	1.4	29.7	28.1	58.4	186.5	114.5	9.3
				U	26.7	72.7	54.1	18.3	16.8	43.6	40.7	127.1	315.5	188.7	35.2
				L	9.0	44.0	3.1	0.0	0.0	18.2	18.1	37.3	114.3	82.7	0.6
				S	13.1	18.9	66.1	24.8	24.7	51.5	29.0	91.6	152.6	110.4	23.6
				A+	19.3	62.2	20.8	8.3	7.1	31.1	28.7	60.7	180.2	114.7	16.2
5～1	56	14,892	16,439	*A*	27.2	47.2	100.0	28.2	26.9	100.7	69.8	202.5	174.7	114.7	35.3
				M	24.1	44.3	56.8	10.4	9.6	55.0	43.5	125.4	137.8	89.0	23.3
				U	42.7	61.0	118.7	41.5	35.5	105.2	77.6	214.2	211.8	149.4	54.5
				L	9.9	31.8	14.0	0.0	0.0	18.8	17.7	63.9	97.8	44.5	6.1
				S	18.3	21.0	159.2	45.6	45.7	179.9	97.2	310.6	123.8	104.3	39.1
				A+	27.1	52.0	44.8	16.5	13.8	52.2	44.8	92.2	138.5	86.0	30.5
1～0	22	1,359	2,729	*A*	37.0	42.8	116.9	56.9	55.1	314.5	266.9	490.3	169.8	100.2	27.2
				M	36.7	43.1	35.6	13.6	11.2	91.2	64.8	131.9	113.2	55.5	14.7
				U	64.1	54.2	111.1	54.9	47.0	195.8	106.3	323.6	191.4	121.9	45.3
				L	12.1	23.6	4.3	0.0	0.0	32.8	25.8	84.2	68.8	29.9	0.0
				S	28.4	24.3	183.3	85.9	86.4	926.1	931.8	1,072.6	164.7	115.3	31.6
				A+	35.7	40.1	44.7	21.8	19.8	88.8	72.9	148.7	89.2	50.9	26.5

行業代號	樣本數	I、會計師查核財務報表意見					II、修正式無保留意見原因分類統計								
		無保留意見	修正式無保留意見	保留意見	否定意見	無法表示意見	會計原則變動 101	適用新公報 102	採用其他會計師工作 110	前期報表為其他會計師查核 120	財務結構不佳 131	營業狀況不佳 132	其他 133	更新前期意見 140	其他 150
C261	219	117	90	12	0	0	0	10	72	9	1	0	0	0	13

III、經營效能 EFFICIENCY RATIO							IV、獲利能力 PROFITABILITY RATIO													V、倍數分析 COVERAGE ANALYSIS			
營業成本/應付款項 (T) E1	營業收入/應收款項 (T) E2	營業成本/存貨 (T) E3	營業收入/固定資產 (T) E4	營業收入/資產總額 (T) E5	營業收入/淨值 (T) E6	營業收入/營運資金淨額 (T) E7	營業毛利/營業收入 (%) P1	營業利益/營業收入 (%) P2	營業利益 − 利息費用/營業收入 (%) P3	稅前損益/營業收入 (%) P4	稅後損益/營業收入 (%) P5	稅前損益/淨值 (%) P6	稅後損益/淨值 (%) P7	稅前損益/資產總額 (%) P8	稅後損益/資產總額 (%) P9	稅前損益 + 利息費用/資產總額 (%) P10	稅後損益 + 利息費用/資產總額 (%) P11	折舊 + 折耗 + 攤銷/營業收入 (%) P12	利息費用/營業收入 (%) P13	稅前損益 + 利息費用/利息費用 (%) T1	稅前損益＋利息費用＋折舊＋折耗＋攤銷/利息費用 (%) T2	營業活動之淨現金流量/利息費用 (%) T3	營業活動之淨現金流量/負債總額 (%) T4
9.6	6.9	23.1	42.1	1.3	3.2	6.1	17.6	0.2	−0.5	−3.1	−4.3	−5.8	−7.4	1.1	0.2	1.8	1.0	3.5	0.8	2,281.5	2,857.5	2,054.9	7.6
6.4	5.4	7.9	9.3	1.1	2.3	4.3	14.3	2.5	2.0	1.7	1.5	5.2	5.1	2.6	2.4	3.5	3.3	1.6	0.3	538.2	930.6	532.7	6.1
8.9	7.5	14.9	19.4	1.6	4.0	7.9	23.5	7.6	7.4	7.1	6.2	16.5	14.7	8.5	7.7	8.7	8.1	3.0	0.9	6,817.6	8,798.0	4,227.4	19.7
4.4	4.0	4.5	3.5	0.7	1.4	2.0	7.9	0.0	−0.8	−2.5	−2.5	−4.7	−4.7	−2.7	−2.7	−2.4	−2.2	0.7	0.0	−130.3	32.1	−471.6	−7.9
13.2	6.6	64.5	204.1	0.8	2.9	45.7	13.2	30.5	31.6	45.5	47.1	65.1	65.2	15.5	15.1	15.3	14.9	9.1	1.6	4,976.8	4,813.0	4,788.9	56.9
6.6	5.9	14.2	18.1	1.5	2.9	7.7	8.0	2.8	2.6	4.2	3.8	12.3	11.1	6.7	6.1	7.1	6.4	0.8	0.2	1,903.8	2,282.4	746.6	6.1
8.6	6.1	34.1	34.0	1.6	3.5	5.3	8.9	2.9	2.6	2.2	1.7	0.6	−1.1	2.2	1.4	2.7	2.0	1.0	0.3	2,632.9	2,998.7	1,710.7	9.2
6.5	5.8	12.9	15.4	1.6	3.1	6.8	7.9	2.3	2.2	2.6	2.2	10.3	8.9	4.6	4.4	5.2	4.8	0.8	0.2	1,047.9	1,360.7	790.1	7.4
9.4	6.9	21.0	29.6	1.9	4.6	11.3	11.6	5.4	4.7	6.1	5.4	18.4	15.8	10.0	8.4	10.1	8.7	1.4	0.6	6,817.6	7,914.4	2,440.0	18.3
5.1	4.5	8.6	11.5	1.3	2.4	4.6	5.4	0.8	0.5	0.0	−0.6	−0.4	−3.2	−0.1	−1.3	0.4	0.6	0.4	0.0	91.7	144.2	−599.1	−2.6
6.4	1.9	86.5	68.3	0.6	1.8	19.3	5.8	5.3	5.4	8.7	8.5	32.8	34.8	13.0	13.2	12.8	13.0	0.6	0.3	4,382.8	4,390.1	4,408.1	23.5
6.7	6.0	15.3	22.4	1.6	3.1	8.2	7.2	2.6	2.4	4.3	3.9	13.2	12.0	7.2	6.5	7.5	6.9	0.7	0.2	2,227.9	2,605.4	810.6	6.0
9.2	6.4	21.8	55.7	1.3	2.9	6.8	17.2	6.1	5.6	4.3	3.6	3.6	1.9	4.1	3.2	4.7	3.9	2.0	0.5	3,577.5	3,858.3	3,279.9	21.0
7.1	5.1	7.6	10.6	1.0	1.9	4.1	14.1	4.9	4.8	4.1	4.1	9.6	9.9	4.4	4.4	5.3	5.2	1.4	0.2	891.4	1,240.7	1,122.2	11.6
9.0	7.1	14.1	19.3	1.5	3.5	7.7	24.0	10.9	10.2	11.0	10.5	22.8	18.7	13.0	11.5	13.6	11.8	2.2	0.7	9,999.9	9,999.9	9,999.9	42.1
4.7	4.2	5.0	4.6	0.8	1.3	2.2	9.0	1.3	0.6	−2.1	−2.0	−7.4	−7.0	−3.2	−3.5	−2.4	−2.2	0.8	0.0	−99.4	32.0	−264.9	−5.9
9.4	5.0	52.8	212.7	0.6	3.0	15.5	11.0	9.1	9.3	12.1	11.7	25.2	25.8	13.0	12.4	12.7	12.1	2.5	0.8	5,078.4	4,984.9	5,117.6	39.6
6.1	4.9	7.2	5.9	1.0	1.8	4.2	16.8	6.2	5.5	4.7	4.0	8.4	7.3	4.8	4.1	5.4	4.7	2.2	0.6	848.5	1,210.5	681.6	10.1

12.2	9.4	16.2	21.5	1.5	3.6	23.5	21.8	4.6	4.1	1.9	1.2	4.3	2.9	3.2	2.3	3.8	2.9	1.8	0.4	2,602.3	2,846.3	1,423.9	0.4
6.2	5.2	5.2	6.4	1.0	1.9	3.7	21.1	4.4	3.2	2.9	2.9	7.5	7.1	3.6	3.8	4.3	4.2	1.5	0.3	632.5	1,136.0	423.8	8.5
7.1	9.0	14.5	10.3	1.4	3.2	9.8	31.6	10.4	10.3	8.4	7.7	20.8	15.9	14.2	10.0	14.3	10.1	2.5	0.7	9,426.6	9,999.9	3,046.5	17.3
3.7	4.0	3.7	4.2	0.8	1.5	2.5	12.5	0.4	0.0	−5.9	−5.2	−3.6	−3.4	−2.7	−2.6	−2.4	−2.3	0.8	0.0	−292.8	−112.3	−1,365.7	−6.2
23.1	12.1	23.6	33.8	1.5	4.7	59.4	12.3	9.8	10.0	14.0	13.1	26.1	24.9	14.3	13.3	14.1	13.1	1.3	0.5	5,507.7	5,461.2	4,761.8	38.8
5.6	5.3	6.1	5.2	1.0	1.6	4.3	21.1	4.2	3.8	1.4	0.7	2.3	1.2	1.4	0.7	1.9	1.2	1.8	0.4	420.0	830.0	29.3	0.3
8.7	7.6	24.9	12.9	1.1	3.3	−0.5	19.9	−2.3	−3.3	−9.1	−10.0	−13.3	−14.9	−1.9	−2.7	−0.9	−1.7	4.5	0.9	1,348.6	2,247.2	1,535.8	−5.3
5.6	6.1	6.6	4.1	0.9	2.4	2.6	18.2	2.0	0.8	0.6	0.6	2.2	2.0	0.6	0.6	2.3	2.2	2.6	0.7	234.1	575.8	267.9	2.4
9.5	8.5	12.7	12.1	1.3	4.6	7.5	24.3	6.7	5.8	5.3	4.2	9.4	7.9	4.7	3.1	5.1	4.2	5.1	1.3	1,866.9	3,745.2	1,843.6	16.2
4.4	3.2	3.3	2.0	0.6	1.4	−2.0	10.7	−0.1	−1.0	−0.8	−1.2	−1.7	−2.7	−0.9	−1.2	−0.1	−0.4	1.3	0.1	17.7	144.7	−544.6	−8.5
8.4	7.8	77.0	27.7	0.6	2.7	75.6	12.0	29.6	29.6	65.3	65.1	101.9	101.4	19.6	19.3	19.5	19.2	5.6	0.9	4,318.9	4,217.3	4,188.7	91.7
5.6	4.6	5.4	3.3	0.9	1.7	6.1	19.4	−1.6	−2.5	−7.6	−8.6	−13.2	−15.0	−6.9	−7.8	−6.0	−7.0	4.4	0.9	−740.3	−245.1	−471.1	−8.0
11.8	5.0	5.8	117.8	0.7	2.5	2.1	27.4	−21.9	−24.4	−28.8	−33.8	−41.2	−42.9	−5.3	−6.0	−4.2	−5.0	13.3	2.5	−393.8	1,107.4	1,214.2	5.3
4.5	3.9	3.0	1.7	0.6	1.7	1.1	22.2	0.0	−2.3	0.0	0.0	0.0	0.0	0.0	0.0	0.8	0.6	5.8	1.4	104.6	275.8	49.3	−1.1
8.0	6.0	7.4	10.9	0.9	4.0	5.0	38.1	3.9	0.5	1.7	1.2	3.1	1.8	1.4	0.7	2.6	1.9	14.7	2.7	214.9	1,138.9	1,628.9	7.2
1.9	2.3	1.6	0.8	0.4	0.7	−2.3	13.1	−16.4	−16.5	−17.6	−18.8	−38.0	−38.1	−5.5	−9.6	−5.5	−8.9	2.8	0.2	−1,931.9	−399.0	−854.3	−11.4
23.2	3.7	6.5	506.3	0.5	2.3	8.6	21.7	77.3	80.9	88.8	96.1	93.6	94.2	13.9	13.4	13.8	13.3	24.7	4.1	5,316.2	5,054.6	5,325.9	45.3
2.4	3.8	2.9	1.3	0.4	1.1	−11.0	27.0	−6.2	−7.9	−9.4	−11.6	−11.7	−14.3	−4.7	−5.7	−3.8	−4.9	8.9	1.7	−451.5	69.3	−198.0	−2.8

III、保留意見原因分類統計：會計事項								III、保留意見原因分類統計：不確定事項					
應收帳款 201	存貨 202	長期股權 投資 203	其他 204	關係人 交易 211	其他 212	報表整體 保留 220	其他 230	財務結構 不佳 301	營業狀況 不佳 302	其他 303	或有事項 310	期後事項 320	其他 330
0	0	0	0	0	0	0	0	1	0	0	0	0	1

V、倍數分析 COVERAGE ANALYSIS				VI、資產負債分析 BALANCE SHEET ANALYSIS				VII、現金流量分析 CASH FLOW ANALYSIS	
自由支配之淨現金流量 / 負債總額 (%) T5	營業活動之淨現金流量 / 短期銀行借款 (%) T6	營業活動之淨現金流量 / 資本支出 (%) T7	資本支出 / 折舊+折耗+攤銷 (%) T8	折舊+折耗 / 折舊資產毛額 (%) B1	累計折舊 / 固定資產毛額 (%) B2	資本支出 / 固定資產毛額 (%) B3	資本支出 / 固定資產淨額 (%) B4	營業活動之淨現金流量 / 流動負債 (%) C1	現金再投資比率 (%) C2
−18.6	2,305.3	322.5	478.9	15.5	30.6	54.1	88.7	10.8	−1.8
−10.1	46.2	53.2	236.6	9.1	27.1	27.6	40.4	7.7	1.1
3.2	1,156.6	231.4	518.5	12.9	40.5	57.6	92.4	26.8	10.5
−30.4	−12.3	−65.9	88.0	6.6	16.6	7.3	10.9	−9.3	−7.6
65.7	4,119.0	2,144.2	929.9	65.0	18.0	172.5	244.6	63.6	25.4
−11.7	51.5	55.0	358.3	10.8	32.0	39.6	58.3	7.4	−0.3
−9.5	2,411.5	221.8	614.4	11.5	29.6	97.6	138.7	11.3	1.5
−7.2	82.6	77.6	328.4	10.2	29.1	31.7	47.7	7.6	0.3
−1.0	609.9	171.4	582.7	13.1	37.3	62.6	116.7	22.4	10.7
−19.5	−0.8	−39.9	183.7	8.2	19.4	19.7	23.9	−2.8	−6.7
20.3	4,135.3	902.4	1,128.8	6.0	14.2	341.5	429.5	39.9	16.5
−10.8	60.1	59.1	363.2	10.9	33.9	41.4	62.8	7.2	−0.4
−10.3	2,788.4	55.1	380.8	26.2	30.4	44.9	75.2	27.5	0.0
−9.9	135.1	95.7	300.9	10.2	27.8	31.1	46.3	14.1	2.9
6.8	9,999.9	272.0	548.8	15.4	41.3	52.5	77.5	51.2	10.5
−30.8	−7.6	−45.3	88.0	7.3	16.9	12.0	20.4	−7.4	−6.7
33.9	4,309.0	1,501.2	348.4	116.3	15.4	60.2	128.2	52.3	19.6
−16.7	36.9	52.2	360.3	11.2	24.5	36.6	48.6	13.4	1.6

−30.1	2,398.7	346.1	553.0	10.4	24.5	48.6	68.6	3.5	−1.7
−20.3	43.7	42.9	409.0	8.3	19.5	39.4	50.4	10.3	−2.0
1.0	1,110.8	191.0	673.3	11.2	31.8	70.7	96.9	26.5	11.2
−49.6	−11.7	−48.6	115.5	6.9	15.0	7.4	8.3	−8.2	−12.4
44.0	4,173.2	1,669.7	773.5	6.5	14.4	57.9	73.9	44.6	14.6
−23.6	1.5	2.0	358.2	9.0	20.9	27.4	34.7	0.4	−2.9
−29.4	1,438.5	114.5	580.0	8.9	32.0	40.9	65.2	−3.7	−5.1
−12.2	15.7	5.3	142.5	8.0	27.1	10.8	20.5	2.5	0.8
6.9	189.4	229.2	435.1	11.8	48.2	60.1	89.7	20.9	10.8
−35.8	−19.0	−97.4	38.5	4.6	13.1	3.6	5.2	−10.1	−8.8
113.7	3,533.2	2,521.1	1,322.5	5.2	21.5	75.7	108.8	93.7	38.3
−30.9	−24.0	−37.6	252.5	9.3	33.4	25.1	37.8	−10.2	−6.1
−22.8	2,715.7	1,850.6	127.0	15.2	37.0	24.9	101.6	5.3	−6.4
−7.3	17.5	54.7	100.4	8.5	29.8	7.8	14.0	−1.8	−1.4
1.3	9,999.9	339.9	157.2	15.3	41.0	35.9	60.1	13.0	7.4
−35.5	−14.9	−96.5	22.2	4.8	23.4	0.9	1.2	−14.9	−14.3
50.9	4,464.0	3,877.7	146.9	26.8	23.1	35.4	300.9	48.2	23.9
−13.6	−16.8	−28.5	131.6	7.9	27.9	11.8	16.4	−3.9	−3.2

III、保留意見原因分類統計：審計事項								
期末存貨未盤點 401	期初存貨未盤點 402	應收帳款未函證 403	長期投資無法查核 404	其他期初事項保留 405	其他 406	客戶聲明書 411	關係人交易之查核 412	其他 420
2	2	0	7	0	1	0	1	1

行業類別 行業代號 INDUSTRY NAME INDUSTRY CODE	營收範圍（億元）INCOME RANGE (100 M. NT$)	樣本數 SAMPLE SIZE	營收總額（百萬元）TOTAL INCOME (M. NT$)	資產總額（百萬元）TOTAL ASSET (M. NT$)	統計數別 STATISTICS VALUE	I、財務結構 CAPITAL STRUCTURE RATIO								II、償債能力 LIQUIDITY RATIO		
						固定資產/資產總額 (%) F1	淨值/資產總額 (%) F2	銀行借款/淨值 (%) F3	長期負債/淨值 (%) F4	長期銀行借款/淨值 (%) F5	固定資產/淨值 (%) F6	固定資產/淨值+長期負債 (%) F7	負債總額/淨值 (%) F8	流動資產/流動負債 (%) L1	速動資產/流動負債 (%) L2	短期銀行借款/流動資產 (%) L3
營造業 E		612	377,554	481,657	*A*	17.2	40.6	91.5	24.0	19.7	63.4	45.8	267.2	201.0	124.1	28.6
					M	9.1	36.7	44.2	0.0	0.0	26.2	23.6	171.8	129.9	74.1	18.5
					U	24.8	53.8	112.1	17.6	10.5	64.7	57.5	307.1	172.8	108.7	39.7
					L	3.3	24.5	4.3	0.0	0.0	9.1	8.1	85.8	107.1	44.9	0.5
					S	19.4	21.3	200.7	85.7	83.3	138.2	94.7	449.1	489.2	445.0	41.0
					A+	13.4	29.8	115.6	44.5	35.7	45.0	31.1	234.6	131.6	46.4	33.1
	Up 50	14	151,671	256,866	*A*	7.5	35.0	277.7	121.2	113.1	67.3	17.5	480.1	147.2	63.6	20.7
					M	6.8	38.9	42.4	11.1	1.4	19.2	15.0	158.5	136.3	64.0	24.1
					U	10.1	46.7	82.4	27.7	10.2	27.9	27.5	266.9	148.2	69.8	32.7
					L	2.6	27.2	2.9	0.0	0.0	5.2	4.4	113.7	128.6	46.1	1.6
					S	6.0	13.9	852.8	393.2	393.8	179.4	12.9	998.5	34.8	38.2	17.4
					A+	13.3	26.0	169.5	75.1	63.5	51.3	29.3	283.9	141.4	33.2	37.5
	50～10	53	111,805	117,755	*A*	9.1	32.0	73.2	12.3	9.5	30.4	25.2	288.5	132.4	70.5	21.6
					M	7.0	29.6	42.0	0.0	0.0	21.4	18.9	237.5	123.6	72.0	18.6
					U	12.3	41.7	100.1	9.6	7.6	35.9	35.1	351.4	151.9	91.3	31.0
					L	2.8	22.1	19.3	0.0	0.0	9.3	9.2	139.3	114.7	48.1	4.6
					S	8.8	13.5	81.2	25.6	23.5	36.9	22.9	221.3	29.6	30.1	19.2
					A+	8.2	31.5	83.5	19.4	12.1	26.1	21.8	217.0	123.3	57.6	30.3

10～5	51	35,562	27,632	*A*	13.6	36.4	58.8	18.0	12.8	53.4	42.2	246.4	138.6	76.6	19.7
				M	9.0	33.4	44.0	0.0	0.0	25.8	22.8	199.1	119.3	69.9	15.3
				U	19.2	49.4	88.4	14.4	3.2	69.2	65.3	349.9	175.2	92.3	28.9
				L	3.5	22.2	3.7	0.0	0.0	9.1	9.1	102.2	104.2	40.2	0.0
				S	13.0	16.8	65.6	36.2	31.1	81.9	58.8	179.3	63.5	54.3	23.8
				A+	17.7	35.8	50.8	24.1	14.0	49.6	39.9	179.2	120.0	60.2	20.0
5～1	290	67,079	61,275	*A*	15.5	39.4	81.2	20.9	17.7	63.3	46.4	264.4	158.2	93.1	26.2
				M	8.3	36.8	42.5	0.0	0.0	24.8	23.2	171.2	129.8	79.0	17.3
				U	22.3	51.8	108.2	13.7	9.0	59.7	51.7	301.6	169.0	111.7	36.1
				L	2.9	24.9	6.3	0.0	0.0	7.8	7.5	92.9	109.2	46.4	1.3
				S	17.6	19.6	123.5	71.3	68.9	155.6	117.9	330.7	140.1	88.2	40.5
				A+	18.0	35.9	58.3	12.6	9.6	50.1	44.5	178.2	118.7	63.1	25.3
1～0	204	11,433	18,127	*A*	23.2	46.0	106.1	26.2	20.5	74.5	53.2	256.1	298.8	198.1	36.8
				M	14.0	40.7	51.5	0.0	0.0	34.0	31.8	145.1	133.3	71.3	23.5
				U	39.7	65.1	136.1	26.4	19.1	85.8	72.4	292.0	192.5	123.5	51.7
				L	3.7	25.5	0.0	0.0	0.0	10.5	9.0	53.3	95.6	40.3	0.0
				S	23.6	24.9	208.2	54.6	49.1	135.0	77.0	597.4	821.1	757.3	48.4
				A+	26.1	43.9	52.3	17.5	12.3	59.3	50.4	127.2	121.9	64.9	30.1

行業代號	樣本數	I、會計師查核財務報表意見					II、修正式無保留意見原因分類統計								
		無保留意見	修正式無保留意見	保留意見	否定意見	無法表示意見	會計原則變動 101	適用新公報 102	採用其他會計師工作 110	前期報表為其他會計師查核 120	財務結構不佳 131	營業狀況不佳 132	其他 133	更新前期意見 140	其他 150
E	612	467	84	61	0	0	1	4	21	25	1	1	0	0	38

III、經營效能 EFFICIENCY RATIO							IV、獲利能力 PROFITABILITY RATIO														V、倍數分析 COVERAGE ANALYSIS			
營業成本/應付款項 (T) E1	營業收入/應收款項 (T) E2	營業成本/存貨 (T) E3	營業收入/固定資產 (T) E4	營業收入/資產總額 (T) E5	營業收入/淨值 (T) E6	營業收入/營運資金淨額 (T) E7	營業毛利/營業收入 (%) P1	營業利益/營業收入 (%) P2	營業利益 − 利息費用/營業收入 (%) P3	稅前損益/營業收入 (%) P4	稅後損益/營業收入 (%) P5	稅前損益/淨值 (%) P6	稅後損益/淨值 (%) P7	稅前損益/資產總額 (%) P8	稅後損益/資產總額 (%) P9	稅前損益 + 利息費用/資產總額 (%) P10	稅後損益 + 利息費用/資產總額 (%) P11	折舊 + 折耗 + 攤銷/營業收入 (%) P12	利息費用/營業收入 (%) P13	稅前損益 + 利息費用/利息費用 (%) T1	稅前損益 + 利息費用 + 折舊 + 折耗 + 攤銷/利息費用 (%) T2	營業活動之淨現金流量/利息費用 (%) T3	營業活動之淨現金流量/負債總額 (%) T4
177.1	128.1	310.3	209.9	1.2	4.7	9.8	9.7	−1.1	−2.3	−1.7	−2.3	−13.2	−15.6	0.8	0.0	1.5	0.8	1.5	1.2	2,252.2	2,571.7	955.8	11.7
5.6	5.5	6.2	11.7	1.1	3.1	4.3	8.7	1.4	0.8	0.9	0.6	3.2	2.0	1.1	0.7	2.1	1.6	0.5	0.4	329.0	512.4	73.6	−2.7
9.6	9.3	12.2	42.4	1.6	5.4	9.3	15.1	3.1	2.2	2.7	1.9	9.0	6.6	3.2	2.3	4.0	3.3	1.4	1.2	3,319.9	4,376.0	4,173.4	14.1
3.7	3.2	3.1	4.1	0.7	1.6	1.6	4.3	0.2	−0.3	0.1	0.0	0.4	0.1	0.1	0.0	0.6	0.4	0.2	0.0	132.4	199.9	−1,673.3	−22.8
1,241.1	1,063.2	1,645.9	1,206.5	0.8	10.8	55.2	23.9	42.1	43.2	45.1	45.9	350.3	358.0	8.9	8.8	8.8	8.7	2.9	3.8	4,302.8	4,296.1	5,906.4	418.4
4.7	5.3	2.2	5.8	0.7	2.6	4.5	8.3	3.1	2.0	2.9	2.2	7.6	5.9	2.2	1.7	3.1	2.6	0.8	1.1	363.5	438.6	134.4	1.6
5.5	7.9	5.5	750.7	1.2	5.6	6.5	9.1	4.5	3.7	4.5	3.4	19.4	13.8	5.6	4.1	6.1	4.6	0.4	0.8	3,099.7	3,231.8	342.1	−3.4
4.7	6.8	3.9	19.0	1.1	2.7	4.5	6.4	3.4	2.3	3.6	2.5	8.7	7.4	3.5	3.2	3.9	3.9	0.3	0.3	906.5	1,012.2	182.7	3.5
6.3	9.1	9.8	45.6	1.2	6.7	9.5	14.8	5.9	5.0	7.5	6.1	27.7	20.2	11.1	7.8	11.2	7.8	0.5	0.9	6,916.3	7,019.9	1,648.2	5.8
3.6	3.7	3.0	9.6	0.7	1.9	2.2	3.8	1.3	0.1	1.0	0.3	2.8	1.0	0.9	0.3	1.5	1.5	0.1	0.1	328.6	553.7	−1,733.0	−11.1
2.7	5.3	3.7	2,566.0	0.8	6.1	5.1	7.6	4.0	4.4	4.3	3.5	25.9	16.9	5.7	4.2	5.5	4.0	0.2	1.4	3,725.5	3,702.9	4,999.5	12.7
5.1	6.0	1.4	4.4	0.5	2.3	2.7	8.5	4.6	3.2	4.4	3.5	10.0	8.0	2.6	2.1	3.4	2.9	0.4	1.4	413.8	444.7	236.3	2.6
5.5	8.7	9.5	240.1	1.4	6.0	9.4	6.8	2.5	1.4	2.1	1.8	13.2	10.0	4.2	3.2	4.9	3.8	0.9	1.0	2,560.6	2,794.7	−46.9	−1.5
4.4	5.6	5.4	16.9	1.3	4.4	7.1	5.5	2.5	1.9	2.3	1.7	10.4	7.5	3.3	2.5	3.8	2.9	0.3	0.3	1,010.6	1,113.5	35.1	0.6
6.7	8.5	9.6	85.4	1.8	8.3	14.4	8.3	5.0	4.3	5.1	4.6	22.7	18.8	6.5	5.9	7.2	6.5	1.1	0.8	3,706.7	3,796.3	2,313.2	9.3
3.3	3.7	3.6	9.0	0.9	2.7	4.1	3.4	0.7	0.5	0.7	0.5	5.0	3.0	1.2	0.9	1.5	1.2	0.1	0.0	318.5	390.2	−2,330.5	−12.1
4.2	13.2	12.8	1,260.4	0.7	4.7	26.2	5.4	5.7	8.5	13.8	9.1	21.2	17.2	5.7	5.0	5.6	4.9	1.3	3.4	3,338.5	3,451.4	5,669.8	28.1
3.9	4.6	3.0	11.5	0.9	2.8	6.7	7.6	3.2	2.1	3.0	2.6	9.0	7.8	2.8	2.4	3.9	3.5	1.1	1.1	365.0	466.2	121.1	1.9

8.1	13.1	15.8	276.3	1.7	5.8	24.1	8.2	2.7	2.1	2.7	2.0	9.4	6.7	3.6	2.6	4.2	3.2	0.8	0.5	2,833.3	3,106.4	−98.2	2.8
5.2	7.5	8.2	15.8	1.4	5.4	6.6	7.5	1.4	1.2	1.2	0.8	6.7	4.9	1.9	1.5	2.6	2.1	0.2	0.1	773.2	1,031.7	−31.1	−1.3
8.3	13.8	13.9	85.0	2.2	7.8	18.7	11.5	3.7	2.7	3.9	2.8	12.9	10.0	5.3	4.0	5.9	4.8	0.8	0.4	5,202.1	5,463.3	3,716.8	16.7
4.1	5.0	5.4	7.4	1.0	2.8	2.7	3.2	0.5	0.2	0.4	0.2	2.8	1.8	0.7	0.5	1.5	1.0	0.1	0.0	223.4	292.0	−4,556.6	−25.3
7.4	18.3	29.1	1,390.3	0.9	3.7	91.8	7.4	5.3	5.3	5.6	4.4	16.7	13.9	6.8	5.5	6.8	5.4	1.4	1.1	3,828.0	3,903.5	6,224.7	64.8
5.2	6.7	5.7	7.2	1.2	3.6	11.7	8.0	2.7	2.1	2.7	1.9	9.9	7.1	3.5	2.5	4.2	3.2	0.9	0.5	601.3	768.6	74.4	0.8
82.5	47.7	209.0	151.6	1.4	5.7	9.2	9.5	1.3	0.6	1.0	0.4	−0.6	−2.7	1.1	0.2	1.8	0.9	1.0	0.7	2,185.5	2,549.7	425.8	0.3
5.9	5.6	7.2	15.5	1.3	3.5	5.2	7.3	1.3	0.8	0.8	0.5	3.3	2.0	1.2	0.7	2.1	1.6	0.5	0.3	313.6	507.2	−116.4	−3.4
9.6	10.0	14.1	52.9	1.8	5.6	10.2	12.9	2.5	1.8	2.2	1.5	9.0	6.1	3.0	2.3	3.7	3.0	1.1	0.7	2,774.0	4,287.6	2,825.1	15.6
4.0	3.5	3.8	5.8	0.9	2.2	2.5	4.2	0.4	0.0	0.1	0.0	0.6	0.1	0.2	0.0	0.7	0.4	0.2	0.0	139.4	204.2	−2,404.4	−22.7
740.5	587.2	1,302.0	869.7	0.7	15.1	30.4	8.6	6.3	6.9	6.5	6.0	47.1	46.6	7.3	7.6	7.2	7.5	1.6	1.9	4,012.0	4,072.8	5,998.5	71.3
5.0	5.1	4.4	6.0	1.0	3.0	10.0	8.8	1.1	0.5	0.8	0.3	2.7	0.9	0.9	0.3	1.6	1.0	0.9	0.6	241.6	397.1	−257.7	−2.7
410.0	310.4	627.1	231.2	0.9	2.7	7.4	11.1	−7.0	−9.2	−8.1	−8.7	−46.0	−48.3	−1.5	−2.0	−0.5	−1.0	2.5	2.1	2,063.3	2,365.9	2,275.4	34.8
6.1	4.3	4.4	5.9	0.8	1.7	2.3	12.5	1.4	0.3	0.6	0.4	1.3	0.8	0.6	0.4	1.6	1.3	1.0	0.9	209.5	346.7	285.6	−2.6
11.9	8.3	11.0	24.4	1.2	3.7	4.8	20.0	3.1	1.7	2.4	1.6	4.4	3.3	1.9	1.4	3.6	2.8	2.4	1.8	2,434.2	9,165.7	9,999.9	17.6
3.3	2.6	2.3	1.8	0.4	0.9	−0.3	6.3	−3.4	−4.2	−2.4	−1.9	−2.9	−3.3	−1.3	−1.3	−0.6	−0.7	0.4	0.0	109.2	151.1	−578.3	−26.4
1,938.6	1,688.4	2,355.9	1,384.6	0.7	2.7	74.1	39.8	72.2	73.7	77.0	78.7	602.5	616.2	11.2	11.1	11.2	11.2	4.5	5.9	4,994.8	4,877.0	5,571.8	718.3
4.5	3.2	3.0	2.4	0.6	1.3	5.9	11.3	−3.9	−5.4	−5.2	−5.7	−7.4	−8.2	−3.2	−3.6	−2.3	−2.6	1.9	1.4	−248.4	−117.4	−1.1	0.0

III、保留意見原因分類統計：會計事項								III、保留意見原因分類統計：不確定事項					
應收帳款 201	存貨 202	長期股權投資 203	其他 204	關係人交易 211	其他 212	報表整體保留 220	其他 230	財務結構不佳 301	營業狀況不佳 302	其他 303	或有事項 310	期後事項 320	其他 330
2	0	2	3	0	0	0	4	0	0	0	1	0	2

V、倍數分析 COVERAGE ANALYSIS				VI、資產負債分析 BALANCE SHEET ANALYSIS				VII、現金流量分析 CASH FLOW ANALYSIS	
自由支配之淨現金流量 / 負債總額 (%) T5	營業活動之淨現金流量 / 短期銀行借款 (%) T6	營業活動之淨現金流量 / 資本支出 (%) T7	資本支出 / 折舊 + 折耗 + 攤銷 (%) T8	折舊 + 折耗 / 折舊資產毛額 (%) B1	累計折舊 / 固定資產毛額 (%) B2	資本支出 / 固定資產毛額 (%) B3	資本支出 / 固定資產淨額 (%) B4	營業活動之淨現金流量 / 流動負債 (%) C1	現金再投資比率 (%) C2
1.8	2,473.8	1,272.0	627.9	155.9	152.0	153.8	178.8	9.6	−9.4
−8.6	14.4	70.0	103.1	6.5	34.7	4.8	9.8	−2.7	−3.4
6.8	3,625.6	4,186.2	367.4	10.4	59.9	24.0	39.7	17.3	13.9
−31.5	−45.7	−818.6	15.6	3.8	17.1	0.4	0.8	−25.3	−28.0
418.3	4,313.2	5,648.0	1,786.6	1,202.9	1,059.5	1,114.5	1,186.1	420.0	65.3
−3.7	4.9	41.3	432.3	6.1	22.1	16.3	21.0	2.1	0.4
−9.5	2,108.9	−510.8	1,271.4	720.9	743.5	734.3	742.1	−3.4	−10.2
−4.1	7.9	147.1	463.7	6.8	31.7	17.0	26.6	4.2	−6.0
1.5	59.6	402.5	1,042.0	9.1	51.3	28.8	46.2	6.3	5.3
−21.7	−66.7	−642.9	230.3	3.2	18.3	9.0	11.8	−13.5	−18.8
11.6	4,121.8	4,350.0	2,468.5	2,573.5	2,567.3	2,569.8	2,567.7	14.4	20.3
−0.9	7.1	116.3	656.9	3.5	16.2	10.5	12.6	3.7	2.0
−8.1	1,709.4	332.5	549.6	10.0	31.3	28.7	41.3	−0.4	−11.9
−5.9	17.2	45.8	113.1	7.0	25.6	10.7	16.3	0.6	−2.2
4.4	133.5	529.3	374.7	11.7	40.4	30.7	61.7	10.0	12.1
−19.7	−38.3	−531.3	65.7	4.9	15.4	3.5	4.7	−14.0	−32.8
26.4	3,756.0	5,024.0	1,459.5	10.8	22.5	43.7	56.7	32.6	59.1
−4.5	5.7	41.8	286.4	10.0	29.0	26.8	37.9	2.1	0.0

−4.6	2,874.6	1,036.7	555.5	19.8	32.9	181.3	238.1	3.3	1.4
−9.7	39.9	18.7	141.2	7.0	26.7	8.4	11.8	−2.4	−1.9
8.5	9,999.9	3,039.5	373.3	9.9	49.8	23.7	35.6	17.1	12.8
−26.2	−65.3	−1,168.5	34.6	4.6	13.3	0.6	0.8	−30.3	−29.9
66.2	4,427.8	5,439.5	1,527.9	85.7	23.2	1,109.1	1,389.4	69.0	69.6
−6.6	4.0	14.6	303.1	6.6	23.6	15.4	20.1	0.9	−1.3
−9.5	2,347.1	755.8	523.6	146.3	107.8	100.5	134.1	0.4	−12.9
−9.5	6.9	43.4	96.7	6.8	38.5	5.2	9.7	−3.8	−5.3
8.2	612.1	2,332.1	358.5	10.3	59.8	25.5	42.1	17.4	15.1
−31.1	−52.6	−924.0	15.9	4.0	18.3	0.5	1.1	−25.1	−28.9
59.6	4,230.4	5,693.4	1,540.0	1,165.3	824.6	844.0	969.3	74.4	67.9
−12.6	−10.2	−30.6	541.1	6.5	28.6	23.0	32.3	−3.0	−4.6
22.9	2,777.4	2,431.1	770.4	202.8	235.3	215.5	224.6	27.7	−6.5
−8.8	24.0	114.9	72.4	5.8	37.3	3.1	5.0	−3.0	−2.8
6.3	9,999.9	9,999.9	355.9	9.9	63.2	17.3	33.4	19.4	14.7
−40.8	−34.8	−595.5	1.4	3.0	19.1	0.0	0.0	−31.4	−21.4
719.7	4,507.9	5,673.0	2,140.6	1,385.5	1,381.1	1,384.7	1,384.3	720.6	63.6
−11.1	0.0	−0.1	472.3	5.5	28.1	16.0	22.3	0.0	−0.7

III、保留意見原因分類統計：審計事項

期末存貨未盤點 401	期初存貨未盤點 402	應收帳款未函證 403	長期投資無法查核 404	其他期初事項保留 405	其他 406	客戶聲明書 411	關係人交易之查核 412	其他 420
22	22	5	7	6	11	0	1	0

行業類別 行業代號 INDUSTRY NAME INDUSTRY CODE	營收範圍（億元） INCOME RANGE (100 M. NT$)	樣本數 SAMPLE SIZE	營收總額（百萬元） TOTAL INCOME (M. NT$)	資產總額（百萬元） TOTAL ASSET (M. NT$)	統計數別 STATISTICS VALUE	I、財務結構 CAPITAL STRUCTURE RATIO								II、償債能力 LIQUIDITY RATIO		
						固定資產/資產總額 (%) F1	淨值/資產總額 (%) F2	銀行借款/淨值 (%) F3	長期負債/淨值 (%) F4	長期銀行借款/淨值 (%) F5	固定資產/淨值 (%) F6	固定資產/淨值+長期負債 (%) F7	負債總額/淨值 (%) F8	流動資產/流動負債 (%) L1	速動資產/流動負債 (%) L2	短期銀行借款/流動資產 (%) L3
建材批發業 F451		284	112,146	72,930	*A*	18.1	30.4	184.5	32.4	25.5	86.2	65.4	410.3	219.3	154.8	52.8
					M	8.3	25.2	138.9	0.0	0.0	35.0	32.0	296.6	117.9	63.7	44.3
					U	29.8	38.0	263.4	20.6	12.5	100.7	78.6	473.8	139.6	93.1	63.0
					L	2.7	17.4	47.2	0.0	0.0	10.8	10.1	163.1	100.3	40.2	16.2
					S	21.0	19.1	190.4	100.3	92.7	184.3	162.2	525.3	808.9	801.5	92.4
					A+	20.3	33.6	98.6	27.9	14.2	60.4	47.2	197.0	103.8	59.6	48.6
	Up 50	2	16,316	9,479	*A*	7.6	36.4	112.6	39.5	39.5	22.7	13.5	176.9	74.8	34.9	356.4
					S	6.0	3.7	26.7	39.5	39.5	19.0	9.7	28.7	67.4	31.3	315.1
					A+	9.5	35.2	118.8	48.7	48.7	27.1	18.2	183.5	65.2	30.5	81.9
	50～10	21	35,326	23,503	*A*	14.2	24.9	230.7	11.0	5.4	60.2	55.0	497.3	106.2	58.5	46.2
					M	9.9	24.5	178.0	0.0	0.0	40.5	40.5	307.4	114.7	62.3	58.2
					U	18.4	30.7	270.3	13.1	1.2	68.0	64.8	468.1	125.1	74.1	68.3
					L	1.8	17.6	41.5	0.0	0.0	11.2	11.2	225.1	88.2	43.2	11.7
					S	17.0	12.9	280.2	21.8	14.3	68.2	65.1	491.4	27.2	22.2	33.5
					A+	25.6	35.8	73.4	27.6	1.6	71.4	55.9	178.6	93.2	57.8	52.0

10～5	30	20,918	9,437	*A*	13.4	26.0	201.8	27.8	14.5	130.7	119.5	495.0	128.7	86.0	46.9
				M	6.1	24.3	181.0	0.0	0.0	26.1	26.1	310.2	116.5	82.2	40.5
				U	14.9	33.9	281.6	27.3	25.5	75.4	56.4	513.2	139.8	106.7	60.6
				L	3.4	16.3	74.9	0.0	0.0	15.7	6.7	194.3	107.7	64.2	27.4
				S	16.9	13.2	133.5	59.2	25.2	436.9	437.6	773.4	45.2	41.7	33.8
				A+	16.2	27.3	151.4	15.9	9.9	59.2	51.1	265.0	115.0	75.8	49.5
5～1	145	34,367	22,406	*A*	16.5	28.9	179.0	18.3	14.8	75.6	59.9	424.3	157.8	98.0	48.8
				M	8.5	23.7	132.8	0.0	0.0	34.7	34.7	321.6	117.3	61.6	40.0
				U	26.6	35.4	259.8	11.3	9.4	99.7	79.8	487.8	139.4	91.6	60.6
				L	3.3	17.0	48.8	0.0	0.0	13.8	12.8	181.7	102.7	43.2	16.4
				S	17.7	17.5	181.3	42.5	33.6	106.0	87.8	547.2	270.7	235.6	95.9
				A+	18.8	32.0	108.7	13.1	10.9	58.6	51.8	211.7	116.2	63.9	42.7
1～0	86	5,217	8,102	*A*	23.8	35.8	178.0	62.9	52.0	96.4	59.6	341.4	385.5	300.9	56.1
				M	9.8	28.1	130.8	0.0	0.0	40.7	36.2	254.7	122.2	59.5	44.4
				U	42.3	48.2	241.4	41.8	15.0	128.6	94.9	384.4	153.0	104.0	67.1
				L	2.1	20.6	30.5	0.0	0.0	7.5	7.0	107.3	96.6	25.9	10.5
				S	26.5	23.2	195.0	165.5	158.5	156.0	69.6	358.1	1,412.6	1,412.9	86.4
				A+	26.7	37.0	77.1	51.1	23.0	72.0	47.7	169.9	118.9	54.8	38.4

行業代號	樣本數	I、會計師查核財務報表意見					II、修正式無保留意見原因分類統計									
		無保留意見	修正式無保留意見	保留意見	否定意見	無法表示意見	會計原則變動 101	適用新公報 102	採用其他會計師工作 110	前期報表為其他會計師查核 120	財務結構不佳 131	營業狀況不佳 132	其他 133	更新前期意見 140	其他 150
F451	284	218	31	35	0	0	0	0	9	10	0	0	0	1	12

III、經營效能 EFFICIENCY RATIO							IV、獲利能力 PROFITABILITY RATIO													V、倍數分析 COVERAGE ANALYSIS			
營業成本/應付款項 (T) E1	營業收入/應收款項 (T) E2	營業成本/存貨 (T) E3	營業收入/固定資產 (T) E4	營業收入/資產總額 (T) E5	營業收入/淨值 (T) E6	營業收入/營運資金淨額 (T) E7	營業毛利/營業收入 (%) P1	營業利益/營業收入 (%) P2	營業利益 − 利息費用/營業收入 (%) P3	稅前損益/營業收入 (%) P4	稅後損益/營業收入 (%) P5	稅前損益/淨值 (%) P6	稅後損益/淨值 (%) P7	稅前損益/資產總額 (%) P8	稅後損益/資產總額 (%) P9	稅前損益 + 利息費用/資產總額 (%) P10	稅後損益 + 利息費用/資產總額 (%) P11	折舊 + 折耗 + 攤銷/營業收入 (%) P12	利息費用/營業收入 (%) P13	稅前損益 + 利息費用/利息費用 (%) T1	稅前損益+利息費用+折舊+折耗+攤銷/利息費用 (%) T2	營業活動之淨現金流量/利息費用 (%) T3	營業活動之淨現金流量/負債總額 (%) T4
682.2	243.7	479.8	334.3	2.0	11.2	17.8	14.0	2.5	1.4	6.7	5.8	12.6	8.8	3.5	2.6	4.8	3.8	1.0	1.0	1,173.3	1,387.0	203.3	50.5
13.5	6.2	6.9	23.8	1.6	7.1	7.0	10.9	1.3	0.5	0.8	0.6	7.0	5.0	1.5	1.0	3.1	2.5	0.4	0.6	274.9	398.1	−177.2	−4.0
53.2	10.3	17.3	65.6	2.4	13.9	19.1	18.1	3.3	2.0	2.7	1.9	18.4	14.2	4.5	3.5	6.0	5.1	0.9	1.5	813.2	1,055.6	830.6	12.5
6.3	3.7	3.4	4.3	0.9	3.4	0.3	6.4	0.5	0.0	0.3	0.1	1.9	1.0	0.4	0.2	1.6	1.2	0.1	0.2	134.4	196.7	−1,320.1	−21.5
2,370.6	1,449.0	2,023.6	1,485.3	2.0	14.8	182.6	12.2	8.5	8.5	40.5	39.2	21.6	18.0	8.3	7.6	8.3	7.5	2.0	1.2	2,516.9	2,627.9	4,296.9	647.6
11.3	7.2	8.2	7.5	1.5	4.7	71.1	9.2	2.9	2.2	3.6	2.8	16.6	12.9	5.5	4.3	6.6	5.4	0.5	0.6	633.0	714.3	38.3	0.6
84.9	722.3	145.8	110.3	2.1	5.9	5.2	3.2	2.0	1.6	3.7	2.9	28.7	22.6	11.5	9.1	11.8	9.4	0.0	0.3	5,094.0	5,098.3	5,528.4	26.2
50.0	553.6	122.4	103.5	1.1	3.0	7.8	1.8	1.3	1.7	3.1	2.5	27.0	21.7	10.9	8.8	10.6	8.4	0.0	0.3	4,905.9	4,901.6	4,471.5	15.7
48.1	245.8	35.2	17.9	1.7	5.2	−10.7	3.7	2.4	2.1	4.6	3.6	22.5	17.6	7.9	6.2	8.3	6.6	0.0	0.2	1,909.2	1,922.2	2,976.8	20.2
41.9	29.3	63.6	359.9	3.1	24.6	89.6	8.0	3.8	2.9	4.0	2.9	29.7	21.6	6.6	4.8	7.7	5.9	0.7	0.9	1,498.6	1,608.4	1,376.1	3.0
13.0	8.6	19.4	33.0	2.8	14.8	12.5	5.6	1.6	1.3	1.3	0.9	19.5	14.5	3.2	2.4	4.8	3.7	0.1	0.2	614.7	916.6	75.0	2.5
27.3	14.9	52.2	155.2	4.3	21.1	28.5	9.9	3.6	2.2	3.3	2.5	49.8	37.5	7.0	5.7	7.1	5.8	0.3	0.6	1,328.2	1,342.0	2,368.9	16.8
8.0	5.1	8.8	15.5	1.6	9.5	−2.0	4.0	1.1	0.9	0.8	0.5	7.5	5.7	1.9	1.4	3.4	2.5	0.0	0.1	218.0	384.3	−873.5	−8.3
75.7	68.6	172.0	815.8	1.9	31.0	361.0	7.5	6.3	5.0	8.0	6.1	27.1	20.4	7.7	5.6	7.9	5.8	1.5	1.6	2,288.9	2,273.7	3,787.1	20.2
9.6	7.4	11.8	5.8	1.5	4.3	−42.1	7.0	3.2	2.4	3.2	2.3	13.4	10.0	4.8	3.5	5.9	4.7	0.6	0.7	522.3	606.7	82.9	1.4

88.8	11.4	128.1	229.5	2.6	16.1	18.0	10.3	2.7	2.1	2.9	2.2	18.1	12.5	5.9	4.5	7.3	5.8	0.3	0.6	873.8	1,002.5	204.6	−3.1
14.3	6.2	10.6	36.3	2.4	10.7	12.3	8.0	1.3	0.7	1.5	0.9	14.4	10.6	3.6	2.1	5.7	4.4	0.2	0.4	419.3	454.3	−248.2	−4.7
29.3	9.7	20.2	67.3	3.2	20.3	24.7	12.3	3.2	2.5	3.6	2.6	30.0	22.5	9.0	6.9	9.9	8.4	0.4	0.7	1,049.6	1,073.7	444.7	8.6
7.6	4.3	7.7	23.7	1.7	6.5	5.8	5.3	0.7	0.2	0.4	0.3	7.5	5.1	1.2	0.9	2.9	2.4	0.1	0.2	208.2	268.7	−1,296.7	−21.2
241.6	18.0	472.6	814.4	1.0	13.3	30.3	6.7	3.0	3.0	3.7	3.2	24.9	23.6	5.9	4.7	5.9	4.7	0.4	0.4	1,769.9	1,780.1	2,959.2	25.9
11.3	6.0	10.0	13.6	2.2	8.8	21.6	10.4	2.8	2.2	3.1	2.4	25.5	19.7	7.0	5.4	8.3	6.7	0.3	0.6	617.5	681.5	−178.0	−3.3
554.9	101.7	456.5	302.8	2.2	12.2	27.7	13.5	3.2	2.3	4.0	3.2	13.8	10.0	3.8	2.8	5.0	4.0	0.7	0.8	1,076.4	1,258.6	6.5	68.9
11.3	6.6	6.5	23.9	1.6	8.1	8.5	10.5	1.3	0.5	0.9	0.6	7.2	5.3	1.9	1.3	3.6	2.9	0.4	0.5	313.3	426.8	−174.7	−4.0
46.4	10.1	12.9	85.3	2.4	14.8	22.0	16.5	3.1	2.3	2.7	2.0	19.6	14.4	4.6	3.5	6.1	5.1	0.7	1.0	839.3	1,102.6	804.0	12.8
5.9	3.7	3.5	4.9	1.2	4.3	1.7	6.5	0.5	0.0	0.2	0.1	3.0	1.9	0.5	0.3	1.9	1.6	0.1	0.2	137.8	216.8	−1,338.2	−21.4
2,144.6	862.1	1,995.0	1,443.5	2.4	13.6	162.2	12.2	8.3	8.3	12.1	10.5	19.4	15.1	5.9	4.8	5.8	4.8	1.6	1.2	2,267.0	2,279.2	4,150.7	828.9
9.6	5.6	5.1	8.1	1.5	5.0	14.9	12.5	3.0	2.3	3.3	2.5	15.9	12.3	5.1	3.9	6.2	5.0	0.6	0.7	551.6	644.6	−129.8	−2.1
1,274.0	605.4	751.3	423.1	1.0	4.7	−16.0	17.7	1.0	−0.5	13.3	12.2	4.0	1.8	1.3	0.8	2.6	2.1	1.8	1.5	1,270.4	1,597.3	124.3	50.3
15.5	5.4	4.0	10.6	0.9	3.8	3.4	15.2	1.3	0.1	0.6	0.3	2.0	1.2	0.5	0.3	2.1	1.7	0.8	1.3	176.7	250.0	−255.6	−9.3
78.3	8.7	18.1	45.6	1.4	6.5	8.2	20.7	3.2	1.1	1.9	1.5	7.6	5.5	1.8	1.3	4.1	3.0	1.9	2.4	434.8	693.5	1,125.2	10.3
5.8	3.1	1.8	1.4	0.6	1.5	−0.3	9.4	−0.4	−2.0	0.1	0.0	0.4	0.0	0.1	0.0	0.7	0.5	0.2	0.4	111.8	160.2	−1,321.2	−28.6
3,189.6	2,339.2	2,562.1	1,833.8	0.8	4.4	176.0	13.3	10.2	10.4	71.3	69.4	18.3	16.7	11.4	11.2	11.3	11.2	2.8	1.3	2,980.3	3,265.7	4,882.1	473.4
9.5	4.3	3.0	2.4	0.6	1.7	7.7	15.5	1.5	0.1	7.4	6.6	12.8	11.5	4.7	4.2	5.6	5.1	1.3	1.4	623.7	721.0	−830.3	−12.0

III、保留意見原因分類統計：會計事項								III、保留意見原因分類統計：不確定事項					
應收帳款 201	存貨 202	長期股權 投資 203	其他 204	關係人 交易 211	其他 212	報表整體 保留 220	其他 230	財務結構 不佳 301	營業狀況 不佳 302	其他 303	或有事項 310	期後事項 320	其他 330
0	0	2	0	0	0	3	0	0	0	0	0	0	1

V、倍數分析 COVERAGE ANALYSIS				VI、資產負債分析 BALANCE SHEET ANALYSIS				VII、現金流量分析 CASH FLOW ANALYSIS	
自由支配之淨現金流量 / 負債總額 (%) T5	營業活動之淨現金流量 / 短期銀行借款 (%) T6	營業活動之淨現金流量 / 資本支出 (%) T7	資本支出 / 折舊+折耗+攤銷 (%) T8	折舊+折耗 / 折舊資產毛額 (%) B1	累計折舊 / 固定資產毛額 (%) B2	資本支出 / 固定資產毛額 (%) B3	資本支出 / 固定資產淨額 (%) B4	營業活動之淨現金流量 / 流動負債 (%) C1	現金再投資比率 (%) C2
41.2	959.9	1,344.4	842.5	218.9	212.0	241.7	258.2	47.6	−20.0
−10.5	−2.5	35.6	100.4	6.7	33.2	6.3	11.7	−4.1	−6.7
7.1	52.4	4,880.1	342.2	10.5	57.7	25.9	48.0	14.7	17.4
−27.6	−40.0	−788.1	20.9	4.4	13.7	0.6	0.9	−23.7	−47.1
648.3	2,949.1	5,400.6	2,236.3	1,436.9	1,310.5	1,440.7	1,448.7	649.7	104.1
−6.0	1.4	12.3	382.6	5.9	20.8	12.7	16.0	0.7	−1.4
16.7	53.9	1,587.8	2,220.7	6.5	9.3	30.3	35.8	30.0	25.3
8.7	18.4	1,157.5	624.1	2.7	9.1	18.4	23.9	12.4	13.6
13.4	52.9	943.3	2,424.7	5.0	1.3	14.2	14.4	28.3	18.7
−1.7	1,959.6	726.4	806.3	7.2	30.0	103.3	152.8	4.8	−0.2
−2.3	5.7	60.4	146.7	5.3	32.3	9.5	13.6	2.7	4.6
13.6	303.3	719.7	475.4	8.3	39.2	31.2	57.9	21.5	47.5
−14.6	−12.8	−257.0	54.7	4.6	14.6	2.2	2.9	−8.5	−41.7
21.9	3,903.7	4,915.4	2,106.5	4.4	16.8	363.0	544.3	22.8	70.6
−2.4	3.6	49.8	197.0	4.8	23.7	5.6	7.4	1.7	0.6

−8.7	91.4	−196.2	612.0	9.5	33.2	16.8	27.5	−1.8	−28.7
−9.7	−7.6	−156.4	129.4	7.2	30.5	6.9	10.0	−4.7	−14.1
−1.3	17.7	593.5	361.0	9.7	47.4	25.5	35.3	8.8	14.2
−24.3	−40.0	−1,789.3	36.5	5.1	17.8	4.5	6.3	−22.9	−71.0
23.7	443.6	4,870.0	1,793.5	9.6	20.4	20.1	37.1	31.5	52.7
−10.4	−6.2	−57.1	486.5	6.8	20.8	20.5	25.9	−3.5	−9.3
60.6	771.7	1,639.6	719.7	214.9	175.0	221.9	229.9	69.5	−18.9
−9.5	−2.7	49.6	93.1	7.4	35.3	5.7	11.5	−4.0	−5.6
7.9	37.7	5,192.5	294.3	10.8	59.5	20.1	40.7	13.5	19.2
−26.2	−40.0	−730.8	20.9	4.8	15.1	0.7	0.9	−21.9	−48.9
829.0	2,656.8	4,980.0	2,080.7	1,422.2	1,162.1	1,421.4	1,420.3	829.0	111.1
−9.6	−4.6	−35.9	387.6	7.6	21.4	17.0	21.7	−2.3	−5.9
37.1	1,357.2	1,529.3	1,106.9	355.3	386.0	392.2	417.1	39.0	−24.7
−16.5	−2.4	55.8	85.9	6.0	37.5	4.7	10.6	−11.2	−7.7
2.1	108.6	9,999.9	460.9	9.4	68.5	32.6	51.9	12.3	10.0
−45.1	−58.8	−877.1	9.0	2.9	10.4	0.2	0.2	−35.2	−40.2
476.6	3,505.1	6,260.6	2,615.8	1,833.6	1,827.9	1,835.5	1,846.1	482.0	112.3
−23.3	−37.7	−125.2	681.0	5.1	17.4	18.6	22.6	−17.2	−13.9

III、保留意見原因分類統計：審計事項

期末存貨未盤點 401	期初存貨未盤點 402	應收帳款未函證 403	長期投資無法查核 404	其他期初事項保留 405	其他 406	客戶聲明書 411	關係人交易之查核 412	其他 420
14	16	0	3	2	3	0	0	0

行業類別 行業代號 INDUSTRY NAME INDUSTRY CODE	營收範圍（億元） INCOME RANGE (100 M. NT$)	樣本數 SAMPLE SIZE	營收總額（百萬元） TOTAL INCOME (M. NT$)	資產總額（百萬元） TOTAL ASSET (M. NT$)	統計數別 STATISTICS VALUE	I、財務結構 CAPITAL STRUCTURE RATIO								II、償債能力 LIQUIDITY RATIO		
						固定資產/資產總額 (%) F1	淨值/資產總額 (%) F2	銀行借款/淨值 (%) F3	長期負債/淨值 (%) F4	長期銀行借款/淨值 (%) F5	固定資產/淨值 (%) F6	固定資產/淨值+長期負債 (%) F7	負債總額/淨值 (%) F8	流動資產/流動負債 (%) L1	速動資產/流動負債 (%) L2	短期銀行借款/流動資產 (%) L3
百貨公司業 F4751		28	168,733	202,493	A	46.6	38.1	178.9	116.2	99.4	201.8	85.8	310.1	442.7	65.6	153.2
					M	40.5	35.5	88.6	32.3	15.4	115.7	79.4	182.1	54.0	31.5	40.2
					U	68.7	49.0	229.0	167.7	154.1	261.4	122.6	381.5	107.6	54.3	151.6
					L	19.9	20.9	19.6	0.0	0.0	58.4	38.8	104.0	33.4	9.0	2.1
					S	28.8	20.6	326.0	190.3	152.8	259.6	62.1	399.5	1,842.3	121.5	296.7
					A+	58.6	35.8	89.4	82.9	65.4	163.5	89.4	178.6	46.1	25.4	60.9
	Up 50	7	139,021	149,612	A	54.4	31.6	180.1	157.4	140.3	241.9	87.5	320.9	52.2	26.5	58.9
					M	64.0	23.1	212.6	157.7	130.6	167.8	83.9	332.7	47.6	29.2	41.3
					S	22.9	16.7	144.6	114.9	118.8	182.6	39.2	207.6	23.8	18.8	47.0
					A+	52.3	33.7	88.7	85.7	61.9	154.8	83.3	196.0	44.6	23.3	57.1
	50～10	10	25,329	46,142	A	46.8	38.7	85.6	70.3	62.5	147.4	87.9	220.1	64.9	46.5	74.9
					M	36.4	41.6	59.4	19.3	2.4	111.9	70.2	142.6	58.0	42.5	24.2
					U	95.3	47.8	107.3	105.3	105.3	261.3	101.3	208.0	83.0	59.6	160.0
					L	11.7	32.4	0.0	0.0	0.0	36.0	36.0	108.7	34.0	29.5	0.0
					S	35.5	12.3	116.3	107.3	109.5	119.9	84.4	218.7	32.2	22.5	81.5
					A+	79.7	42.0	89.2	78.7	76.7	189.8	106.2	137.9	58.1	42.3	60.9

10～5	4	3,356	2,622	*A*	42.9	48.8	96.4	31.8	29.7	90.3	79.5	247.4	205.9	144.8	50.7
				M	42.0	51.0	70.0	13.9	9.7	95.2	83.2	129.5	143.0	39.9	39.9
				S	28.8	27.9	95.5	39.6	41.0	34.4	40.3	275.9	192.2	196.5	51.3
				A+	63.4	67.1	21.0	17.0	13.1	94.4	80.6	48.8	126.0	81.4	22.6
5～1	4	893	3,084	*A*	53.2	27.1	552.4	279.2	213.1	479.5	118.5	698.8	54.5	24.0	529.5
				M	61.8	27.6	235.3	88.8	88.8	261.3	128.9	309.8	35.4	4.7	380.4
				S	16.7	16.9	697.8	387.8	276.3	511.8	42.4	802.3	53.8	34.2	539.4
				A+	62.4	10.6	688.0	351.9	278.0	586.3	129.7	839.3	12.6	4.4	675.3
1～0	3	133	1,031	*A*	23.9	51.4	99.0	68.5	68.5	67.8	39.5	150.1	3,446.1	170.6	269.7
				M	21.6	33.9	102.6	11.1	11.1	74.9	39.7	194.8	331.0	5.3	0.0
				S	11.9	28.5	79.4	89.1	89.1	43.3	22.7	101.9	4,636.1	236.4	381.4
				A+	20.8	63.5	37.9	29.9	29.9	32.8	25.2	57.4	215.9	7.1	25.7

行業代號	樣本數	I、會計師查核財務報表意見					II、修正式無保留意見原因分類統計								
		無保留意見	修正式無保留意見	保留意見	否定意見	無法表示意見	會計原則變動 101	適用新公報 102	採用其他會計師工作 110	前期報表為其他會計師查核 120	財務結構不佳 131	營業狀況不佳 132	其他 133	更新前期意見 140	其他 150
F4751	28	21	7	0	0	0	0	0	3	2	2	0	1	0	1

III、經營效能 EFFICIENCY RATIO							IV、獲利能力 PROFITABILITY RATIO													V、倍數分析 COVERAGE ANALYSIS			
營業成本/應付款項 (T) E1	營業收入/應收款項 (T) E2	營業成本/存貨 (T) E3	營業收入/固定資產 (T) E4	營業收入/資產總額 (T) E5	營業收入/淨值 (T) E6	營業收入/營運資金淨額 (T) E7	營業毛利/營業收入 (%) P1	營業利益/營業收入 (%) P2	營業利益 − 利息費用/營業收入 (%) P3	稅前損益/營業收入 (%) P4	稅後損益/營業收入 (%) P5	稅前損益/淨值 (%) P6	稅後損益/淨值 (%) P7	稅前損益/資產總額 (%) P8	稅後損益/資產總額 (%) P9	稅前損益 + 利息費用/資產總額 (%) P10	稅後損益 + 利息費用/資產總額 (%) P11	折舊 + 折耗 + 攤銷/營業收入 (%) P12	利息費用/營業收入 (%) P13	稅前損益 + 利息費用/利息費用 (%) T1	稅前損益 + 利息費用 + 折舊 + 折耗 + 攤銷/利息費用 (%) T2	營業活動之淨現金流量/利息費用 (%) T3	營業活動之淨現金流量/負債總額 (%) T4
382.5	643.9	1,894.7	18.4	1.5	4.9	−97.0	24.9	3.3	−1.4	2.0	1.4	2.1	0.2	1.8	1.2	3.0	2.4	3.8	4.7	882.7	1,522.6	2,054.0	14.3
7.5	92.5	80.4	2.1	0.7	1.7	−3.3	20.6	1.5	0.9	2.0	1.8	5.8	5.4	1.4	1.2	2.8	2.6	2.2	0.9	284.7	706.4	699.6	12.2
9.5	184.0	486.4	8.3	1.6	7.6	0.0	24.0	6.2	4.3	8.2	6.4	19.1	16.9	6.9	5.2	7.8	6.3	5.6	4.5	1,424.7	1,899.7	2,960.8	24.2
5.2	33.9	13.0	0.6	0.3	1.0	−8.3	17.3	−3.2	−4.7	−1.0	−1.0	−2.3	−2.3	−0.7	−0.7	0.0	0.0	0.9	0.3	28.5	173.9	90.2	2.5
1,853.2	2,003.6	3,784.4	60.5	1.8	5.4	500.4	22.0	13.3	8.7	9.6	9.2	36.4	35.1	6.8	6.2	6.7	6.1	4.1	9.9	4,219.3	3,696.8	4,092.8	26.3
5.7	73.0	14.4	1.4	0.8	2.3	−5.0	21.1	4.4	2.8	4.3	3.1	10.1	7.2	3.6	2.6	4.9	3.9	2.3	1.5	374.8	523.8	545.0	11.3
6.1	91.5	49.6	1.9	0.9	4.1	−389.2	20.9	2.6	0.4	2.7	1.8	14.3	10.1	4.1	3.0	5.8	4.6	2.6	2.2	806.7	1,011.3	803.6	11.6
5.4	100.7	54.6	2.4	0.7	4.7	−4.9	21.0	3.0	2.0	4.9	3.5	13.2	13.2	4.3	3.0	5.6	5.0	2.3	1.1	454.7	729.2	317.3	7.8
1.5	56.2	42.8	0.8	0.4	2.6	941.7	4.4	6.2	7.7	7.8	7.2	22.3	18.4	6.3	5.1	6.9	4.6	1.2	1.9	996.7	1,087.8	957.8	9.2
5.5	78.5	13.2	1.7	0.9	2.8	−4.7	21.0	5.0	3.5	5.1	3.6	14.0	10.1	4.7	3.4	6.0	4.7	2.1	1.4	457.2	606.9	623.7	12.5
6.9	143.5	1,198.7	40.0	1.4	4.9	−2.2	22.1	2.7	0.5	2.4	1.7	11.5	9.6	4.5	3.9	5.5	4.8	3.1	2.1	1,791.3	2,101.3	2,721.2	20.8
6.9	149.5	74.8	5.1	0.9	1.9	−4.6	22.7	2.7	0.9	1.6	1.6	14.5	11.0	4.8	4.0	5.2	4.5	1.8	1.0	1,050.3	1,222.7	2,020.4	16.5
8.4	196.5	520.5	12.8	2.4	7.8	−2.3	24.7	4.3	3.9	8.4	6.8	18.7	17.5	9.3	8.3	10.0	9.0	6.1	4.0	1,689.1	2,438.4	3,797.2	34.8
5.7	48.6	34.7	0.2	0.2	0.7	−15.5	18.5	−0.2	−1.6	−1.5	−1.5	−1.1	−1.1	−0.4	−0.4	1.2	1.2	1.3	0.2	74.7	176.4	104.1	2.7
1.9	114.7	2,949.6	96.5	1.3	5.0	21.4	3.1	4.7	6.0	6.4	5.7	11.4	9.5	4.7	4.1	4.6	3.9	2.5	2.4	2,850.3	2,874.8	3,040.0	17.8
6.5	68.1	28.7	0.6	0.5	1.3	−8.8	22.1	2.4	0.1	1.5	0.9	1.9	1.2	0.8	0.5	2.1	1.7	3.3	2.3	165.7	309.6	351.3	7.7

11.3	2,731.2	162.1	15.0	2.4	8.2	−1.8	16.0	−2.9	−3.2	−1.6	−1.8	−40.5	−41.0	−5.2	−5.4	−4.7	−4.9	3.8	0.3	−50.9	294.4	419.3	−5.0
9.7	431.0	95.8	14.8	2.2	6.2	−2.3	16.0	−3.2	−3.3	−2.0	−2.0	−1.4	−1.7	−1.2	−1.4	−0.5	−0.8	1.8	0.1	−101.8	588.8	838.7	14.6
3.3	4,206.4	171.7	14.0	1.7	7.8	7.2	4.1	2.8	3.1	2.7	2.5	70.1	69.9	8.7	8.5	8.9	8.8	4.1	0.3	7,073.7	7,078.7	7,083.5	38.2
10.4	123.9	17.9	2.0	1.2	1.8	26.5	16.4	−3.2	−3.5	−1.9	−2.0	−3.6	−3.9	−2.4	−2.6	−2.0	−2.2	4.1	0.3	−465.3	744.6	28.2	0.3
10.1	1,216.4	2,517.3	9.8	2.6	6.0	8.9	35.7	7.9	−7.3	−2.2	−1.9	−5.6	−5.5	−2.5	−2.7	−0.6	−0.8	6.0	15.2	−2,356.9	637.7	2,400.0	5.0
9.9	35.3	32.5	1.5	0.9	2.8	−0.3	16.0	−2.2	−2.4	0.0	−0.2	−3.6	−4.7	−1.9	−2.3	−1.1	−1.4	5.4	7.6	26.1	307.1	−19.9	−0.5
7.4	2,063.9	4,320.1	15.2	3.5	6.5	19.7	37.0	24.7	12.8	17.2	17.8	25.2	25.9	3.8	3.6	3.6	3.6	5.4	18.4	4,260.5	781.1	4,390.5	12.9
10.8	19.1	8.4	0.4	0.2	2.4	−0.6	26.8	1.9	−8.7	−5.0	−4.9	−13.7	−13.3	−1.4	−1.4	1.6	1.6	4.9	10.6	52.8	99.5	2.1	0.0
3,503.9	54.5	9,999.9	0.8	0.1	0.5	0.5	40.8	9.2	−2.0	9.5	8.3	9.6	8.7	2.8	2.5	4.0	3.7	6.0	11.2	3,596.0	3,604.1	4,466.0	37.0
509.6	18.9	9,999.9	0.6	0.0	0.2	0.1	32.4	8.3	4.6	8.0	6.0	1.7	1.3	0.5	0.4	2.8	2.7	0.8	3.6	661.5	683.5	2,800.4	11.7
4,598.0	63.9	0.0	0.6	0.1	0.5	1.3	45.2	23.3	11.9	8.3	7.7	12.4	11.3	3.5	3.2	3.8	3.5	7.4	13.4	4,533.5	4,528.1	4,015.1	41.7
3.7	1.4	9,999.9	0.6	0.1	0.3	1.2	31.9	5.8	−1.1	13.0	11.6	2.6	2.3	1.6	1.5	2.5	2.4	5.0	6.9	286.9	359.5	2,160.0	53.2

III、保留意見原因分類統計：會計事項								III、保留意見原因分類統計：不確定事項					
應收帳款 201	存貨 202	長期股權投資 203	其他 204	關係人交易 211	其他 212	報表整體保留 220	其他 230	財務結構不佳 301	營業狀況不佳 302	其他 303	或有事項 310	期後事項 320	其他 330
0	0	0	0	0	0	0	0	0	0	0	0	0	0

V、倍數分析 COVERAGE ANALYSIS				VI、資產負債分析 BALANCE SHEET ANALYSIS				VII、現金流量分析 CASH FLOW ANALYSIS	
自由支配之淨現金流量 / 負債總額 (%) T5	營業活動之淨現金流量 / 短期銀行借款 (%) T6	營業活動之淨現金流量 / 資本支出 (%) T7	資本支出 / 折舊+折耗+攤銷 (%) T8	折舊+折耗 / 折舊資產毛額 (%) B1	累計折舊 / 固定資產毛額 (%) B2	資本支出 / 固定資產毛額 (%) B3	資本支出 / 固定資產淨額 (%) B4	營業活動之淨現金流量 / 流動負債 (%) C1	現金再投資比率 (%) C2
6.6	2,600.0	1,542.5	398.2	5.9	26.2	15.3	36.2	376.4	12.6
3.4	149.8	250.6	86.5	4.5	23.1	3.9	5.8	23.5	7.3
16.8	5,454.5	1,907.6	233.6	8.2	32.0	9.0	28.7	36.6	21.7
–2.8	27.7	64.1	19.5	2.9	9.7	0.3	0.4	6.0	0.7
26.6	4,276.5	3,051.8	1,249.1	3.7	21.9	29.0	104.9	1,852.2	23.8
5.5	83.9	242.9	150.5	4.4	16.3	4.2	5.0	23.6	8.2
5.6	167.8	586.8	154.1	5.0	21.0	4.5	6.2	20.9	12.0
4.7	188.3	251.6	116.7	4.6	11.9	4.8	7.0	23.9	7.7
9.2	120.2	900.0	101.4	1.7	17.6	2.1	3.0	12.2	11.4
6.3	91.7	246.5	169.0	4.7	19.6	5.1	6.4	23.2	9.9
8.6	3,146.9	340.0	294.5	7.1	26.0	29.2	79.8	29.2	21.0
1.8	220.0	136.4	126.0	7.1	23.1	16.8	28.7	24.0	13.8
26.9	9,999.9	318.8	319.6	11.0	45.9	43.6	57.9	43.2	33.0
–0.5	37.9	87.8	75.8	2.6	4.8	1.4	1.5	11.4	1.6
13.9	4,493.7	547.4	420.4	4.0	22.9	37.5	163.8	24.0	24.7
3.1	85.0	221.4	110.2	3.2	7.0	2.3	2.5	30.1	4.2

−8.5	2,535.1	1,459.1	59.1	5.9	49.9	2.5	15.5	10.3	−8.7
13.6	172.7	2,013.2	12.3	5.9	44.4	0.9	2.0	33.7	4.0
42.5	4,312.8	1,239.3	86.4	2.3	23.9	3.3	24.4	49.9	26.7
−2.5	2.3	13.3	17.4	6.1	33.6	0.9	1.4	0.6	0.0
3.0	2,496.3	2,451.7	41.6	6.2	22.0	2.5	3.6	4.6	4.1
−1.2	−0.5	130.1	43.1	3.4	23.8	1.1	1.4	0.4	−0.2
11.1	4,332.2	4,372.1	28.8	5.8	10.3	3.0	4.5	13.8	11.3
−0.3	0.1	17.7	25.4	2.8	17.5	0.4	0.5	0.1	0.1
27.2	6,677.2	6,680.1	2,241.1	3.2	13.3	28.3	31.9	3,347.4	25.7
3.4	9,999.9	9,999.9	0.0	3.0	11.0	0.0	0.0	23.2	14.2
49.1	4,699.0	4,694.9	3,169.4	1.4	10.1	40.1	45.1	4,704.0	26.7
42.4	384.2	489.7	607.6	4.4	11.9	16.7	19.0	214.0	23.3

III、保留意見原因分類統計：審計事項								
期末存貨未盤點 401	期初存貨未盤點 402	應收帳款未函證 403	長期投資無法查核 404	其他期初事項保留 405	其他 406	客戶聲明書 411	關係人交易之查核 412	其他 420
0	0	0	0	0	0	0	0	0

行業類別 行業代號 INDUSTRY NAME INDUSTRY CODE	營收範圍（億元）INCOME RANGE (100 M. NT$)	樣本數 SAMPLE SIZE	營收總額（百萬元）TOTAL INCOME (M. NT$)	資產總額（百萬元）TOTAL ASSET (M. NT$)	統計數別 STATISTICS VALUE	I、財務結構 CAPITAL STRUCTURE RATIO								II、償債能力 LIQUIDITY RATIO		
						固定資產/資產總額 (%) F1	淨值/資產總額 (%) F2	銀行借款/淨值 (%) F3	長期負債/淨值 (%) F4	長期銀行借款/淨值 (%) F5	固定資產/淨值 (%) F6	固定資產/淨值+長期負債 (%) F7	負債總額/淨值 (%) F8	流動資產/流動負債 (%) L1	速動資產/流動負債 (%) L2	短期銀行借款/流動資產 (%) L3
觀光旅館業 G5011		40	22,253	85,251	*A*	68.6	50.7	186.9	144.0	100.3	312.3	111.2	320.4	535.2	294.8	267.6
					M	74.4	52.8	23.2	30.3	0.0	144.7	102.9	89.7	52.5	38.9	46.4
					U	91.8	75.3	229.4	168.2	91.1	308.7	135.0	302.3	172.0	115.7	183.7
					L	53.4	24.8	0.0	0.0	0.0	73.7	66.3	32.7	19.7	13.9	0.0
					S	23.7	28.6	408.3	268.5	204.7	447.4	69.7	560.5	1,818.0	894.6	595.7
					A+	64.6	60.7	35.8	36.8	23.5	106.3	77.7	64.6	87.9	71.6	57.9
	50～10	5	12,514	42,231	*A*	59.6	67.1	19.8	10.8	8.5	97.9	89.4	58.6	144.3	126.9	31.2
					M	66.6	73.1	5.1	1.1	0.0	105.0	87.8	36.6	113.7	107.8	16.8
					S	17.0	14.8	22.5	16.1	16.0	44.0	43.1	44.7	86.3	79.3	32.2
					A+	53.7	74.6	14.3	15.5	9.6	71.9	62.2	33.9	142.2	120.9	21.7
	10～5	9	5,763	22,678	*A*	71.7	44.7	84.2	62.3	53.1	181.4	116.4	152.4	128.2	81.2	171.8
					M	79.9	40.2	64.4	39.1	39.1	173.1	108.4	148.3	53.0	36.1	43.7
					S	22.0	15.4	69.2	70.8	61.9	85.3	47.5	88.9	146.0	90.7	364.1
					A+	88.5	47.3	72.2	83.6	58.9	187.1	101.9	111.3	80.8	51.7	68.0

5～1	14	3,526	17,187	*A*	64.4	51.0	351.0	188.8	160.9	417.2	102.9	466.8	170.6	159.0	553.0
				M	63.5	67.4	22.7	30.3	1.1	135.7	102.9	48.8	26.0	21.6	262.6
				U	73.7	75.6	242.2	161.5	97.7	300.3	127.0	329.5	103.7	80.5	392.7
				L	58.1	23.2	0.0	7.5	0.0	67.4	65.0	32.2	9.7	8.2	0.0
				S	20.8	30.7	634.7	307.0	298.3	630.7	56.2	790.3	329.0	326.5	865.5
				A+	57.0	48.5	68.0	48.7	29.3	117.4	78.9	105.8	40.3	36.1	186.4
1～0	12	448	3,153	*A*	75.0	48.2	142.2	208.5	103.1	377.2	126.1	384.7	1,428.7	683.3	105.0
				M	91.2	36.7	8.5	40.5	0.0	273.7	102.9	196.6	32.4	31.5	14.5
				U	93.4	89.3	312.4	264.9	262.1	453.3	135.0	620.1	263.7	220.4	82.7
				L	59.9	16.3	0.0	0.0	0.0	102.0	91.4	11.8	9.8	5.5	0.0
				S	28.0	34.9	170.3	327.9	153.0	384.6	97.5	482.6	3,119.4	1,521.8	240.2
				A+	79.4	37.5	52.0	95.2	34.0	211.8	108.5	166.5	37.5	27.5	72.7

行業代號	樣本數	I、會計師查核財務報表意見					II、修正式無保留意見原因分類統計								
		無保留意見	修正式無保留意見	保留意見	否定意見	無法表示意見	會計原則變動 101	適用新公報 102	採用其他會計師工作 110	前期報表為其他會計師查核 120	財務結構不佳 131	營業狀況不佳 132	其他 133	更新前期意見 140	其他 150
G5011	40	26	8	6	0	0	0	0	6	2	0	0	0	0	0

III、經營效能 EFFICIENCY RATIO							IV、獲利能力 PROFITABILITY RATIO													V、倍數分析 COVERAGE ANALYSIS			
營業成本/應付款項 (T) E1	營業收入/應收款項 (T) E2	營業成本/存貨 (T) E3	營業收入/固定資產 (T) E4	營業收入/資產總額 (T) E5	營業收入/淨值 (T) E6	營業收入/營運資金淨額 (T) E7	營業毛利/營業收入 (%) P1	營業利益/營業收入 (%) P2	營業利益－利息費用/營業收入 (%) P3	稅前損益/營業收入 (%) P4	稅後損益/營業收入 (%) P5	稅前損益/淨值 (%) P6	稅後損益/淨值 (%) P7	稅前損益/資產總額 (%) P8	稅後損益/資產總額 (%) P9	稅前損益+利息費用/資產總額 (%) P10	稅後損益+利息費用/資產總額 (%) P11	折舊+折耗+攤銷/營業收入 (%) P12	利息費用/營業收入 (%) P13	稅前損益+利息費用/利息費用 (%) T1	稅前損益+利息費用+折舊+折耗+攤銷/利息費用 (%) T2	營業活動之淨現金流量/利息費用 (%) T3	營業活動之淨現金流量/負債總額 (%) T4
1,507.2	1,787.0	–	0.9	0.4	1.5	1.3	64.8	15.5	10.4	30.1	25.5	14.2	12.1	7.0	6.0	7.9	6.9	11.3	5.1	3,389.7	4,080.2	3,696.4	20.2
6.3	36.6	–	0.3	0.2	0.7	–0.3	71.8	10.9	7.7	9.0	7.3	8.7	8.3	4.1	3.5	4.5	3.9	9.8	1.2	1,091.8	2,399.1	1,655.6	16.7
16.8	83.7	–	0.9	0.5	1.5	1.6	80.4	20.8	16.7	26.6	22.1	25.9	21.7	9.7	7.6	10.4	8.7	13.8	4.7	9,032.9	9,580.7	9,999.9	27.4
3.7	24.2	–	0.2	0.1	0.3	–2.2	48.4	3.2	0.8	1.6	1.8	1.7	1.7	0.9	0.9	1.7	1.9	6.7	0.1	299.2	671.2	378.0	3.0
3,567.6	3,782.9	–	1.2	0.5	1.9	29.8	22.7	20.5	21.9	80.5	69.2	16.4	14.7	11.1	10.6	11.1	10.6	7.6	8.3	4,108.0	3,956.7	4,065.4	88.9
6.6	20.4	–	0.4	0.2	0.4	–14.8	66.6	15.3	12.4	16.1	12.6	6.9	5.4	4.2	3.3	4.9	4.0	9.6	2.9	651.4	979.9	771.3	14.9
9.4	34.3	–	1.3	0.8	1.6	–0.2	60.6	16.8	15.5	18.5	14.5	12.1	9.5	8.7	6.7	9.0	7.0	9.6	1.2	4,661.4	6,293.3	6,415.1	54.9
13.0	26.6	–	1.0	0.6	0.7	2.4	51.8	13.4	13.4	13.7	9.8	7.9	7.9	4.7	3.9	5.1	4.3	8.9	0.0	1,766.8	9,161.5	9,999.9	46.0
5.9	21.0	–	1.1	0.7	2.1	17.6	25.5	11.9	12.2	14.0	10.7	9.4	6.7	7.8	5.6	7.6	5.4	3.4	1.5	4,383.0	4,215.1	4,391.7	37.2
8.8	15.9	–	0.5	0.2	0.4	6.1	62.2	18.0	16.6	20.7	16.3	8.2	6.4	6.1	4.8	6.5	5.2	9.6	1.4	1,516.1	2,176.5	1,985.5	34.0
4.7	44.0	–	1.6	0.9	2.6	–0.7	79.0	9.7	5.0	5.0	3.4	18.5	14.2	6.3	4.9	7.1	5.8	8.7	4.6	1,987.7	2,635.8	2,418.8	14.5
3.6	41.2	–	1.0	0.8	1.4	–0.5	79.6	8.9	8.0	6.2	5.3	10.8	10.0	5.4	5.1	5.9	5.7	8.6	0.8	892.9	1,577.3	1,869.5	17.4
4.6	17.9	–	1.6	0.8	2.7	6.8	7.1	11.1	16.6	15.6	14.1	16.7	11.8	5.3	3.7	5.4	3.7	3.6	8.7	2,945.7	2,853.2	2,853.4	14.0
3.3	39.3	–	0.2	0.2	0.5	–11.6	79.1	9.0	4.4	4.5	3.1	2.4	1.6	1.1	0.7	2.3	1.9	8.5	4.5	200.5	388.5	200.5	4.4

6.8	32.4	–	0.5	0.3	1.3	10.0	62.2	14.0	8.8	17.3	14.3	11.2	10.0	3.6	3.1	4.6	4.0	11.4	5.1	3,329.7	3,821.6	3,546.5	24.5
4.6	27.0	–	0.3	0.2	0.6	–0.4	61.1	11.1	7.4	9.0	6.8	6.5	5.0	3.4	2.6	3.6	3.0	9.8	2.2	741.7	1,534.7	1,408.7	16.2
8.9	38.3	–	0.6	0.3	1.2	0.4	79.3	15.8	13.6	19.3	18.8	20.5	16.2	7.6	6.0	8.4	6.8	14.7	5.1	9,999.9	9,999.9	9,999.9	21.4
3.7	21.9	–	0.2	0.1	0.3	–1.4	44.6	3.4	–2.3	–4.7	–4.7	–1.1	–1.1	–0.6	–0.6	2.4	2.4	6.8	0.4	78.8	482.8	456.3	11.7
5.2	17.8	–	0.3	0.1	1.7	43.2	19.3	18.4	20.7	31.0	26.5	15.4	14.3	4.6	4.2	4.4	4.2	7.9	7.0	4,396.0	4,145.5	4,140.6	30.3
6.0	26.5	–	0.3	0.2	0.4	–1.3	61.7	14.7	9.6	15.0	12.0	6.3	5.0	3.0	2.4	4.1	3.5	10.7	5.1	390.0	596.1	418.4	8.6
5,008.6	5,871.5	–	0.6	0.2	0.7	–6.6	59.0	21.0	14.0	68.6	59.5	15.3	14.0	10.9	10.1	11.7	10.9	13.9	7.0	3,981.3	4,542.9	3,696.6	5.1
5,028.3	9,999.9	–	0.2	0.1	0.5	–0.2	69.1	15.1	2.1	16.3	13.6	12.4	8.9	3.8	2.9	4.6	3.4	12.5	1.6	2,034.1	3,393.7	1,543.3	9.5
9,999.9	9,999.9	–	0.4	0.3	1.0	0.4	75.7	40.3	23.6	68.4	57.6	25.9	23.3	12.2	9.9	13.4	11.9	16.0	10.2	9,032.9	9,227.3	7,969.4	22.9
7.9	63.7	–	0.0	0.0	0.3	–1.3	40.9	0.5	–2.1	0.6	0.5	0.9	0.6	0.0	0.0	1.2	1.0	8.5	0.0	321.1	958.8	188.2	0.6
4,991.3	4,885.4	–	1.2	0.1	0.5	21.6	27.7	28.2	28.0	134.2	115.0	18.8	18.5	17.6	17.4	17.7	17.6	9.6	10.3	4,085.5	3,837.9	4,076.5	154.2
17.0	19.1	–	0.1	0.1	0.4	–0.9	68.9	26.1	21.4	43.4	37.7	16.4	14.3	6.1	5.3	6.8	6.0	12.0	4.7	1,024.8	1,280.7	392.1	4.1

III、保留意見原因分類統計：會計事項								III、保留意見原因分類統計：不確定事項					
應收帳款 201	存貨 202	長期股權投資 203	其他 204	關係人交易 211	其他 212	報表整體保留 220	其他 230	財務結構不佳 301	營業狀況不佳 302	其他 303	或有事項 310	期後事項 320	其他 330
0	0	0	1	0	0	0	1	0	0	0	0	0	0

V、倍數分析 COVERAGE ANALYSIS				VI、資產負債分析 BALANCE SHEET ANALYSIS				VII、現金流量分析 CASH FLOW ANALYSIS	
自由支配之淨現金流量/負債總額 (%) T5	營業活動之淨現金流量/短期銀行借款 (%) T6	營業活動之淨現金流量/資本支出 (%) T7	資本支出/折舊+折耗+攤銷 (%) T8	折舊+折耗/折舊資產毛額 (%) B1	累計折舊/固定資產毛額 (%) B2	資本支出/固定資產毛額 (%) B3	資本支出/固定資產淨額 (%) B4	營業活動之淨現金流量/流動負債 (%) C1	現金再投資比率 (%) C2
−2.0	4,076.2	1,149.7	494.9	254.6	32.5	8.0	11.1	95.4	5.5
2.7	195.9	190.6	74.0	4.0	28.7	1.7	4.1	34.2	4.2
14.5	9,999.9	825.1	198.5	5.5	47.2	7.8	13.5	66.7	10.0
−7.2	38.1	44.2	14.7	3.4	18.2	0.3	0.4	10.3	2.0
88.9	4,839.3	3,518.4	1,632.9	1,560.5	19.6	14.9	17.1	361.1	13.6
3.0	78.9	174.5	134.5	4.3	27.8	3.7	5.2	40.2	4.1
13.3	4,091.7	452.0	144.3	4.8	44.8	7.1	15.2	92.9	7.4
12.5	210.8	199.8	135.7	4.3	39.2	5.3	6.7	61.1	7.0
15.3	4,824.2	397.0	112.3	1.1	20.6	7.5	14.3	59.1	2.7
10.9	244.1	244.9	122.7	4.2	34.7	4.2	6.5	75.5	5.4
−1.3	3,477.9	296.1	114.7	6.3	31.5	8.3	13.1	17.2	11.3
1.2	112.1	123.2	76.4	5.4	28.3	3.8	5.4	27.6	7.6
15.3	4,620.4	686.8	92.7	3.1	19.4	9.0	13.1	40.7	12.6
0.2	37.1	114.4	93.1	4.6	16.6	1.9	2.2	20.4	2.0

7.0	3,599.8	963.3	227.3	4.9	32.4	5.6	7.3	60.3	5.8
6.3	42.4	205.1	74.0	4.1	31.0	1.3	2.6	31.1	3.5
16.0	9,999.9	627.1	94.5	5.4	44.1	3.5	5.3	91.3	6.7
0.0	19.9	78.7	18.6	3.3	25.1	0.4	0.4	17.9	2.7
20.1	4,770.6	2,654.4	429.9	2.9	15.0	10.4	11.9	73.6	6.5
0.1	23.7	118.9	170.6	4.4	31.6	4.4	6.5	17.8	3.7
−19.4	5,074.3	2,298.2	1,238.3	836.4	28.3	10.9	12.4	196.2	0.2
−5.7	5,228.8	208.0	31.7	3.7	22.9	0.7	0.9	35.0	2.8
17.5	9,999.9	7,495.2	521.6	3.9	44.2	8.1	11.8	93.9	6.0
−69.4	113.1	9.9	0.3	2.4	6.4	0.0	0.0	1.3	0.5
158.4	4,926.7	5,524.1	2,804.4	2,762.9	21.9	22.7	23.8	639.9	19.7
−10.6	38.7	29.1	525.1	2.9	21.3	8.9	11.3	10.6	2.4

III、保留意見原因分類統計：審計事項								
期末存貨未盤點 401	期初存貨未盤點 402	應收帳款未函證 403	長期投資無法查核 404	其他期初事項保留 405	其他 406	客戶聲明書 411	關係人交易之查核 412	其他 420
1	1	0	2	0	0	0	1	0

行業類別 行業代號 INDUSTRY NAME INDUSTRY CODE	營收範圍（億元） INCOME RANGE (100 M. NT$)	樣本數 SAMPLE SIZE	營收總額（百萬元） TOTAL INCOME (M. NT$)	資產總額（百萬元） TOTAL ASSET (M. NT$)	統計數別 STATISTICS VALUE	I、財務結構 CAPITAL STRUCTURE RATIO								II、償債能力 LIQUIDITY RATIO		
						固定資產/資產總額 (%) F1	淨值/資產總額 (%) F2	銀行借款/淨值 (%) F3	長期負債/淨值 (%) F4	長期銀行借款/淨值 (%) F5	固定資產/淨值 (%) F6	固定資產/淨值+長期負債 (%) F7	負債總額/淨值 (%) F8	流動資產/流動負債 (%) L1	速動資產/流動負債 (%) L2	短期銀行借款/流動資產 (%) L3
金融投資業 I6294		578	321,228	2,022,356	*A*	5.8	70.3	74.4	16.3	14.4	23.8	15.8	148.3	2,482.7	2,355.7	431.1
					M	0.0	78.9	1.6	0.0	0.0	0.0	0.0	26.6	134.4	121.2	0.0
					U	0.9	98.9	54.3	0.0	0.0	1.5	1.3	111.0	4,022.0	2,760.3	101.1
					L	0.0	47.3	0.0	0.0	0.0	0.0	0.0	1.0	38.1	22.1	0.0
					S	16.0	29.2	293.8	198.5	190.8	119.3	75.6	552.5	3,914.0	3,840.6	1,657.3
					A+	1.8	80.2	8.5	9.7	0.9	2.2	2.0	24.5	97.5	80.5	54.0
	Up 50	11	177,472	1,173,842	*A*	0.1	76.9	11.5	15.1	0.5	0.1	0.1	33.1	1,273.9	1,231.5	85.6
					M	0.0	74.6	2.1	10.3	0.0	0.0	0.0	33.9	75.8	59.0	18.7
					U	0.0	87.6	22.6	26.6	0.0	0.0	0.0	46.0	1,178.4	1,154.9	172.5
					L	0.0	68.4	0.0	6.3	0.0	0.0	0.0	14.1	36.0	27.8	0.0
					S	0.2	11.7	17.4	10.8	1.2	0.3	0.3	21.8	2,816.4	2,825.2	99.5
					A+	0.0	80.5	3.9	13.7	0.1	0.0	0.0	24.1	98.6	74.8	38.3
	50～10	34	77,912	487,729	*A*	2.4	77.8	62.0	6.6	4.7	6.1	6.1	78.6	3,170.5	2,973.1	86.9
					M	0.0	91.1	2.6	0.0	0.0	0.0	0.0	9.7	230.6	177.2	14.7
					U	0.2	99.5	44.3	0.0	0.0	0.5	0.4	59.4	9,999.9	9,999.9	97.3
					L	0.0	62.7	0.0	0.0	0.0	0.0	0.0	0.4	76.7	64.7	0.0
					S	6.0	26.9	176.0	22.5	18.0	19.2	19.2	189.2	4,446.9	4,299.9	148.4
					A+	1.7	87.7	7.9	3.5	1.1	2.0	1.9	13.9	95.3	78.5	69.1

10～5	29	19,583	47,290	*A*	2.4	67.1	168.1	5.2	4.9	3.8	3.7	226.5	1,915.9	1,797.5	955.1
				M	0.0	77.7	21.5	0.0	0.0	0.0	0.0	28.5	170.8	131.0	47.4
				U	0.2	92.3	100.2	0.0	0.0	0.2	0.2	136.4	446.4	443.5	114.1
				L	0.0	42.2	0.0	0.0	0.0	0.0	0.0	8.3	47.4	16.3	0.0
				S	5.7	29.1	617.9	18.5	18.6	9.6	9.6	749.5	3,640.3	3,633.7	2,625.3
				A+	1.1	65.4	42.2	11.7	11.5	1.7	1.5	52.8	114.5	103.2	65.6
5～1	138	30,919	153,178	*A*	4.7	70.6	46.9	1.7	0.5	10.6	10.1	98.3	2,020.3	1,976.0	728.8
				M	0.0	79.7	1.8	0.0	0.0	0.0	0.0	25.3	134.4	122.1	2.5
				U	0.2	97.2	59.0	0.0	0.0	0.4	0.4	105.4	2,217.9	2,171.4	104.5
				L	0.0	48.6	0.0	0.0	0.0	0.0	0.0	2.7	19.7	14.5	0.0
				S	14.5	27.7	138.7	7.8	3.0	43.1	42.5	198.8	3,512.6	3,495.6	2,238.4
				A+	8.2	70.3	24.8	2.6	0.6	11.7	11.4	42.0	77.0	71.8	81.3
1～0	366	15,340	160,315	*A*	7.0	69.5	80.4	23.6	21.7	32.7	20.2	170.8	2,674.3	2,519.5	319.6
				M	0.0	77.9	0.0	0.0	0.0	0.0	0.0	28.3	133.1	117.4	0.0
				U	1.3	99.1	50.7	0.0	0.0	2.8	2.6	124.2	4,891.2	4,453.0	96.9
				L	0.0	44.5	0.0	0.0	0.0	0.0	0.0	0.8	38.1	22.1	0.0
				S	17.7	30.2	307.9	248.9	239.3	146.7	90.8	645.4	4,023.1	3,937.5	1,348.2
				A+	9.0	69.3	24.9	6.1	4.4	13.0	12.2	44.1	112.6	97.5	49.4

行業代號	樣本數	I、會計師查核財務報表意見					II、修正式無保留意見原因分類統計								
		無保留意見	修正式無保留意見	保留意見	否定意見	無法表示意見	會計原則變動 101	適用新公報 102	採用其他會計師工作 110	前期報表為其他會計師查核 120	財務結構不佳 131	營業狀況不佳 132	其他 133	更新前期意見 140	其他 150
I2694	578	462	86	30	0	0	1	4	53	12	2	0	0	0	20

III、經營效能 EFFICIENCY RATIO							IV、獲利能力 PROFITABILITY RATIO													V、倍數分析 COVERAGE ANALYSIS			
營業成本 / 應付款項 (T) E1	營業收入 / 應收款項 (T) E2	營業成本 / 存貨 (T) E3	營業收入 / 固定資產 (T) E4	營業收入 / 資產總額 (T) E5	營業收入 / 淨值 (T) E6	營業收入 / 營運資金淨額 (T) E7	營業毛利 / 營業收入 (%) P1	營業利益 / 營業收入 (%) P2	營業利益 − 利息費用 / 營業收入 (%) P3	稅前損益 / 營業收入 (%) P4	稅後損益 / 營業收入 (%) P5	稅前損益 / 淨值 (%) P6	稅後損益 / 淨值 (%) P7	稅前損益 / 資產總額 (%) P8	稅後損益 / 資產總額 (%) P9	稅前損益 + 利息費用 / 資產總額 (%) P10	稅後損益 + 利息費用 / 資產總額 (%) P11	折舊 + 折耗 + 攤銷 / 營業收入 (%) P12	利息費用 / 營業收入 (%) P13	稅前損益 + 利息費用 / 利息費用 (%) T1	稅前損益 + 利息費用 + 折舊 + 折耗 + 攤銷 / 利息費用 (%) T2	營業活動之淨現金流量 / 利息費用 (%) T3	營業活動之淨現金流量 / 負債總額 (%) T4
–	–	–	5,557.8	0.4	0.8	2.1	30.3	21.2	16.1	21.7	19.2	6.7	6.1	3.6	3.2	4.1	3.7	1.2	5.0	4,931.6	4,948.7	4,766.6	744.4
–	–	–	9,999.9	0.1	0.2	0.1	41.0	31.1	27.6	28.6	25.1	6.4	5.9	4.4	4.0	5.1	4.6	0.0	0.3	5,910.0	5,911.7	4,550.3	9.6
–	–	–	9,999.9	0.4	0.7	1.2	98.9	87.1	77.6	81.2	77.4	16.8	16.0	10.4	10.2	10.7	10.5	0.5	4.0	9,999.9	9,999.9	9,999.9	98.8
–	–	–	22.6	0.0	0.1	–0.4	3.3	0.2	–0.6	–1.1	–2.1	–0.7	–1.1	–0.6	–0.6	0.1	0.0	0.0	0.0	474.1	474.1	248.9	–4.1
–	–	–	4,857.8	1.1	2.8	123.4	95.3	98.7	100.5	134.8	134.3	60.1	60.2	26.6	26.7	26.5	26.7	4.0	12.5	5,445.4	5,431.0	5,608.7	3,181.6
–	–	–	8.6	0.1	0.2	–55.0	53.4	50.8	48.6	50.1	49.9	9.9	9.8	7.9	7.9	8.3	8.2	0.4	2.2	2,312.3	2,333.1	1,222.3	22.2
–	–	–	3,100.5	0.2	0.3	–1.7	79.5	77.6	74.6	76.1	77.0	9.9	10.0	8.3	8.4	8.8	8.9	0.4	2.9	3,851.9	3,866.3	1,507.8	25.8
–	–	–	1,551.4	0.1	0.1	–1.3	98.8	96.2	93.1	95.6	97.5	13.1	13.3	10.9	11.1	11.7	12.0	0.4	2.6	3,552.7	3,553.0	524.6	20.3
–	–	–	6,215.0	0.1	0.2	2.1	99.8	97.6	96.1	97.8	99.3	14.9	15.2	12.3	12.3	12.4	12.5	0.6	5.0	5,932.2	5,935.5	2,858.5	64.9
–	–	–	209.4	0.1	0.1	–2.0	97.4	95.2	87.5	90.2	90.2	9.5	9.5	8.3	8.3	8.5	8.6	0.0	0.8	1,160.0	1,164.7	101.4	1.4
–	–	–	3,652.7	0.3	0.4	6.0	41.5	40.9	40.5	42.1	42.6	11.2	11.3	7.6	7.6	7.3	7.4	0.3	2.4	3,509.3	3,506.1	3,889.7	45.7
–	–	–	317.6	0.1	0.1	–137.2	71.2	69.6	67.0	68.6	69.4	12.8	13.0	10.3	10.4	10.7	10.8	0.4	2.5	2,835.8	2,854.2	1,278.2	24.8
–	–	–	5,772.3	0.4	2.8	46.3	18.9	15.7	14.1	16.8	15.7	–19.5	–20.0	4.3	4.0	4.8	4.5	0.3	1.6	4,794.8	4,805.0	4,658.6	931.9
–	–	–	9,999.9	0.9	1.2	1.7	11.3	9.2	6.1	6.2	4.2	4.0	3.8	3.8	2.8	3.8	3.0	0.0	0.3	7,201.1	7,207.5	5,658.5	14.0
–	–	–	9,999.9	1.5	2.3	4.8	53.1	50.9	50.9	45.8	44.8	14.1	13.2	12.6	12.5	12.6	12.5	0.3	1.1	9,999.9	9,999.9	9,999.9	375.4
–	–	–	89.9	0.1	0.1	–0.7	0.3	–1.1	–1.1	–1.1	–1.2	–3.3	–3.5	–2.5	–2.3	–1.5	–1.4	0.0	0.0	136.3	144.2	232.7	–26.6
–	–	–	4,781.3	1.9	7.0	241.9	69.2	72.8	75.3	66.5	70.4	135.4	135.6	22.8	22.8	22.7	22.7	0.8	3.4	5,700.2	5,699.6	5,616.6	4,045.0
–	–	–	8.9	0.1	0.1	–38.3	30.1	27.4	26.3	28.6	27.7	5.2	5.0	4.5	4.4	4.7	4.6	0.3	1.1	2,654.3	2,681.8	2,253.9	33.0

–	–	–	6,019.0	1.1	2.5	0.2	28.1	25.2	23.9	24.5	22.9	21.8	19.0	9.8	8.7	10.3	9.1	0.1	1.2	2,871.8	2,877.7	3,300.5	432.7
–	–	–	9,999.9	0.6	1.5	0.4	12.6	12.1	10.2	10.4	10.3	9.1	9.6	5.1	5.0	5.5	5.5	0.0	0.2	2,707.1	2,707.1	2,585.8	4.5
–	–	–	9,999.9	1.2	3.0	4.6	52.3	47.5	47.5	47.3	49.9	53.6	39.4	20.9	20.3	21.0	20.3	0.0	1.6	9,999.9	9,999.9	9,999.9	186.9
–	–	–	196.5	0.3	0.7	–1.6	0.3	–1.3	–2.5	–2.0	–2.5	–5.0	–5.4	–4.9	–5.3	–4.9	–5.3	0.0	0.0	–31.3	–26.2	–142.8	–11.1
–	–	–	4,752.1	1.2	3.1	15.9	40.7	38.1	37.3	38.2	37.0	39.5	38.4	18.7	18.4	18.7	18.4	0.5	2.0	6,965.5	6,966.1	6,444.1	2,266.7
–	–	–	35.9	0.4	0.6	10.6	27.5	24.7	23.4	23.9	22.5	15.1	14.2	9.9	9.3	10.4	9.8	0.1	1.2	2,038.4	2,052.4	498.6	7.3
–	–	–	6,124.9	0.6	1.1	–8.2	40.9	37.2	34.0	32.5	30.5	15.2	14.6	7.9	7.5	8.4	8.0	0.4	3.2	5,670.8	5,681.5	4,895.3	940.5
–	–	–	9,999.9	0.3	0.4	0.5	32.2	26.7	25.2	22.6	20.8	9.6	9.0	6.6	5.9	7.0	6.4	0.0	0.2	9,999.9	9,999.9	7,865.1	15.6
–	–	–	9,999.9	0.6	1.0	2.0	98.1	91.6	83.7	86.1	78.5	24.5	24.3	15.1	13.7	15.4	13.9	0.1	3.0	9,999.9	9,999.9	9,999.9	119.6
–	–	–	154.9	0.1	0.2	–0.4	5.1	3.3	2.3	2.1	1.3	1.9	1.7	1.0	0.9	1.8	1.5	0.0	0.0	785.6	804.3	253.1	–0.3
–	–	–	4,701.3	1.0	2.4	208.5	49.9	50.1	50.6	54.4	53.3	36.4	36.4	15.6	15.5	15.5	15.4	2.1	7.2	4,812.8	4,803.8	5,588.1	2,911.6
–	–	–	2.4	0.2	0.2	–3.2	38.1	34.5	31.6	30.9	29.0	8.8	8.3	6.2	5.8	6.8	6.4	0.4	2.9	1,164.3	1,178.6	773.4	15.3
–	–	–	5,361.3	0.2	0.4	2.2	26.1	13.6	7.2	16.2	13.2	4.6	4.1	1.2	0.9	1.7	1.4	1.7	6.4	4,861.3	4,882.4	4,942.3	699.3
–	–	–	9,999.9	0.1	0.2	0.1	50.4	35.5	29.4	32.3	28.9	5.4	4.3	3.1	3.0	3.7	3.5	0.0	0.3	5,119.2	5,227.7	6,477.8	8.7
–	–	–	9,999.9	0.2	0.4	0.7	99.9	83.8	76.0	79.9	76.1	14.1	13.3	8.5	8.1	8.6	8.4	1.1	5.6	9,999.9	9,999.9	9,999.9	80.1
–	–	–	10.0	0.0	0.0	–0.2	4.0	–3.3	–5.4	–5.7	–6.8	–2.6	–2.7	–1.0	–1.0	–0.5	–0.5	0.0	0.0	400.1	401.0	315.8	–5.5
–	–	–	4,925.2	0.9	2.2	44.4	112.4	116.3	118.3	163.8	163.1	57.2	57.4	30.5	30.7	30.5	30.7	4.8	14.8	5,502.6	5,483.0	5,540.8	3,289.3
–	–	–	1.0	0.0	0.1	2.9	29.5	19.4	14.1	17.2	14.8	2.3	2.0	1.6	1.4	2.1	1.9	1.5	5.2	427.0	455.7	515.1	8.4

III、保留意見原因分類統計：會計事項								III、保留意見原因分類統計：不確定事項					
應收帳款 201	存貨 202	長期股權投資 203	其他 204	關係人交易 211	其他 212	報表整體保留 220	其他 230	財務結構不佳 301	營業狀況不佳 302	其他 303	或有事項 310	期後事項 320	其他 330
0	0	13	0	0	0	0	2	0	0	0	0	0	0

V、倍數分析 COVERAGE ANALYSIS				VI、資產負債分析 BALANCE SHEET ANALYSIS				VII、現金流量分析 CASH FLOW ANALYSIS	
自由支配之淨現金流量／負債總額 (%) T5	營業活動之淨現金流量／短期銀行借款 (%) T6	營業活動之淨現金流量／資本支出 (%) T7	資本支出／折舊+折耗+攤銷 (%) T8	折舊+折耗／折舊資產毛額 (%) B1	累計折舊／固定資產毛額 (%) B2	資本支出／固定資產毛額 (%) B3	資本支出／固定資產淨額 (%) B4	營業活動之淨現金流量／流動負債 (%) C1	現金再投資比率 (%) C2
257.4	5,050.7	5,678.0	6,241.2	5,337.6	5,223.0	5,685.2	5,866.6	830.8	2.5
0.1	9,999.9	9,999.9	9,999.9	9,999.9	9,999.9	9,999.9	9,999.9	11.1	2.2
41.3	9,999.9	9,999.9	9,999.9	9,999.9	9,999.9	9,999.9	9,999.9	137.4	12.8
−43.3	11.0	66.0	129.3	8.2	20.8	5.6	11.1	−5.1	−2.0
3,287.3	4,977.4	5,099.0	4,633.9	4,980.0	4,979.6	4,868.6	4,848.5	3,312.4	71.2
−19.6	72.0	94.9	6,446.6	7.3	5.8	238.0	253.4	37.9	0.8
−22.1	3,767.9	234.9	5,828.6	1,986.4	928.4	5,961.8	6,186.5	286.7	0.6
−8.0	529.1	136.1	6,856.8	16.7	20.8	7,831.1	9,999.9	84.2	0.7
2.5	9,999.9	493.1	9,999.9	1,542.2	34.5	9,999.9	9,999.9	453.0	6.1
−48.6	26.5	2.9	622.9	14.9	10.1	691.1	769.1	15.7	−1.9
33.3	4,718.1	4,283.4	4,195.1	3,801.9	2,868.6	4,231.0	4,329.6	525.2	10.9
−24.5	158.5	106.7	6,514.3	122.4	13.0	8,294.2	9,540.6	59.9	−0.2
−7.2	3,839.8	4,739.0	7,115.8	5,594.8	5,599.1	6,422.4	6,526.4	1,216.9	−10.9
−14.0	330.2	519.9	9,999.9	9,999.9	9,999.9	9,999.9	9,999.9	19.2	1.7
26.9	9,999.9	9,999.9	9,999.9	9,999.9	9,999.9	9,999.9	9,999.9	410.8	11.2
−65.5	7.3	47.7	2,064.3	14.3	18.7	121.7	149.8	−26.6	−9.4
4,030.3	4,856.3	4,949.5	4,281.0	4,957.7	4,953.0	4,641.3	4,642.6	4,419.7	127.7
−16.2	67.7	97.1	8,451.1	3.3	3.9	224.4	233.7	44.6	2.3

−166.3	3,322.3	5,546.0	8,068.1	5,865.3	5,869.9	6,714.6	6,731.9	456.0	−35.9
−6.6	45.6	9,999.9	9,999.9	9,999.9	9,999.9	9,999.9	9,999.9	4.5	−1.4
65.2	9,999.9	9,999.9	9,999.9	9,999.9	9,999.9	9,999.9	9,999.9	186.9	10.2
−64.9	−6.0	89.5	9,876.0	13.2	14.4	144.7	147.5	−13.0	−12.1
2,578.8	4,615.6	5,596.0	3,579.7	4,921.1	4,915.7	4,559.8	4,543.7	2,268.3	169.8
−19.8	12.6	31.7	9,999.9	4.4	6.3	652.4	696.7	9.5	1.6
396.8	4,963.3	5,785.6	6,651.4	5,875.4	5,524.2	6,029.5	6,416.5	1,101.9	7.9
2.7	2,338.6	9,999.9	9,999.9	9,999.9	9,999.9	9,999.9	9,999.9	15.6	2.4
64.0	9,999.9	9,999.9	9,999.9	9,999.9	9,999.9	9,999.9	9,999.9	263.3	19.7
−28.3	8.9	76.1	115.2	7.4	41.1	2.7	5.3	−0.3	−1.5
2,956.7	4,976.9	5,099.5	4,566.2	4,916.8	4,955.3	4,824.8	4,741.7	3,119.3	63.3
−6.5	26.6	95.3	5,642.1	4.0	7.1	53.5	57.6	16.7	3.8
271.4	5,371.6	5,898.7	5,873.0	5,169.9	5,152.3	5,397.1	5,519.7	738.8	4.8
0.8	9,999.9	9,999.9	9,999.9	9,999.9	9,999.9	9,999.9	9,999.9	10.2	2.8
39.5	9,999.9	9,999.9	9,999.9	9,999.9	9,999.9	9,999.9	9,999.9	102.1	12.6
−38.8	15.4	70.5	49.0	7.8	21.3	1.9	3.0	−7.0	−1.6
3,421.0	4,970.8	4,991.9	4,718.4	4,991.1	4,981.9	4,919.9	4,910.0	3,370.1	50.4
−13.2	18.1	46.2	3,887.4	5.3	5.5	58.2	62.0	10.1	2.0

III、保留意見原因分類統計：審計事項								
期末存貨未盤點 401	期初存貨未盤點 402	應收帳款未函證 403	長期投資無法查核 404	其他期初事項保留 405	其他 406	客戶聲明書 411	關係人交易之查核 412	其他 420
0	1	0	13	1	2	0	0	0

行業類別 行業代號 INDUSTRY NAME INDUSTRY CODE	營收範圍（億元）INCOME RANGE (100 M. NT$)	樣本數 SAMPLE SIZE	營收總額（百萬元）TOTAL INCOME (M. NT$)	資產總額（百萬元）TOTAL ASSET (M. NT$)	統計數別 STATISTICS VALUE	I、財務結構 CAPITAL STRUCTURE RATIO								II、償債能力 LIQUIDITY RATIO		
						固定資產/資產總額 (%) F1	淨值/資產總額 (%) F2	銀行借款/淨值 (%) F3	長期負債/淨值 (%) F4	長期銀行借款/淨值 (%) F5	固定資產/淨值 (%) F6	固定資產/淨值+長期負債 (%) F7	負債總額/淨值 (%) F8	流動資產/流動負債 (%) L1	速動資產/流動負債 (%) L2	短期銀行借款/流動資產 (%) L3
汽車製造業 C2931		11	215,186	195,343	A	21.9	42.9	138.6	26.2	15.8	89.3	65.2	249.7	139.8	89.7	50.8
					M	23.9	51.9	22.4	9.8	0.0	39.9	39.9	92.3	141.6	67.0	41.8
					U	33.4	59.9	295.0	26.0	26.0	127.2	100.9	495.2	190.1	151.2	73.2
					L	11.0	16.7	0.0	0.0	0.0	19.3	19.3	66.8	89.8	57.1	0.0
					S	13.3	21.0	171.4	48.6	31.1	98.9	71.6	258.9	57.4	57.4	65.5
					A+	21.1	60.2	16.1	14.4	1.7	35.1	30.7	66.0	154.2	97.1	21.5
	Up 50	5	210,542	191,748	A	23.9	53.0	97.5	43.8	20.7	88.1	46.9	207.5	151.6	95.4	28.8
					M	25.7	59.9	14.1	17.0	0.0	39.9	39.9	66.8	188.3	114.1	22.0
					S	8.2	21.6	177.0	65.4	41.5	107.6	33.3	297.7	47.3	56.1	28.5
					A+	20.9	60.8	14.7	14.5	1.7	34.4	30.0	64.3	158.5	100.5	19.6
	50～10	2	4,130	3,219	A	27.8	37.3	221.9	0.0	0.0	141.9	141.9	284.1	133.2	87.5	117.2
					S	16.6	20.5	221.9	0.0	0.0	122.5	122.5	211.1	94.5	84.0	117.2
					A+	35.2	28.0	192.3	0.0	0.0	125.5	125.5	255.9	65.2	27.0	119.3
	5～1	3	453	318	A	22.0	32.4	157.8	23.2	23.2	85.4	65.7	319.4	123.8	91.8	44.8
					M	14.3	31.9	178.6	26.0	26.0	107.9	75.1	212.7	98.5	67.0	41.8
					S	13.2	15.8	121.3	17.9	17.9	46.1	33.2	241.1	43.5	42.2	37.9
					A+	24.0	28.3	135.4	19.8	19.8	84.7	70.6	252.7	107.3	75.7	46.2
	1～0	1	59	57	A	0.6	35.3	119.6	0.0	0.0	1.7	1.7	182.5	141.6	60.0	46.2

行業代號	樣本數	I、會計師查核財務報表意見					II、修正式無保留意見原因分類統計					
		無保留意見	修正式無保留意見	保留意見	否定意見	無法表示意見	會計原則變動 101	適用新公報 102	採用其他會計師工作 110	前期報表為其他會計師查核 120	財務結構不佳 131	營業狀況不佳 132
C2931	11	6	5	0	0	0	1	2	1	0	0	0

III、經營效能 EFFICIENCY RATIO							IV、獲利能力 PROFITABILITY RATIO													
營業成本/應付款項 (T) E1	營業收入/應收款項 (T) E2	營業成本/存貨 (T) E3	營業收入/固定資產 (T) E4	營業收入/資產總額 (T) E5	營業收入/淨值 (T) E6	營業收入/營運資金淨額 (T) E7	營業毛利/營業收入 (%) P1	營業利益/營業收入 (%) P2	營業利益 − 利息費用/營業收入 (%) P3	稅前損益/營業收入 (%) P4	稅後損益/營業收入 (%) P5	稅前損益/淨值 (%) P6	稅後損益/淨值 (%) P7	稅前損益/資產總額 (%) P8	稅後損益/資產總額 (%) P9	稅前損益 + 利息費用/資產總額 (%) P10	稅後損益 + 利息費用/資產總額 (%) P11	折舊 + 折耗 + 攤銷/營業收入 (%) P12	利息費用/營業收入 (%) P13
8.7	16.6	10.5	22.5	1.3	4.0	−22.8	11.8	4.3	3.5	3.8	3.0	5.6	2.6	7.2	6.1	7.8	6.7	2.4	0.7
8.4	15.9	8.0	8.1	1.0	3.8	3.8	10.2	3.5	3.5	5.9	5.0	13.9	12.9	6.9	5.8	8.4	7.4	2.4	0.2
10.1	21.6	14.0	21.1	2.3	4.9	5.9	16.0	7.1	5.8	10.2	9.5	21.5	18.2	9.9	9.2	9.9	9.2	2.7	1.3
4.6	6.1	3.3	2.6	0.8	1.8	−16.3	9.1	0.4	−0.1	0.7	0.5	2.0	1.7	0.7	0.4	2.0	1.8	1.1	0.0
4.5	11.3	10.9	44.6	0.7	2.2	52.3	6.3	4.5	5.1	10.4	10.7	47.0	49.2	14.0	13.6	13.6	13.2	1.7	0.9
9.6	22.5	8.9	5.2	1.1	1.8	7.7	12.4	5.9	5.7	9.8	8.5	18.0	15.6	10.8	9.4	11.1	9.7	2.4	0.2
9.7	24.8	14.5	5.9	1.1	2.7	−30.3	13.5	4.0	3.2	8.8	7.8	18.5	15.2	10.8	9.1	11.3	9.7	2.5	0.8
10.1	21.5	8.0	3.5	0.9	1.8	4.5	10.2	4.5	4.5	9.6	7.4	13.9	12.9	9.4	8.8	9.5	8.9	2.5	0.1
1.3	9.9	14.4	4.1	0.7	1.7	65.6	5.2	3.3	4.2	4.3	4.2	12.7	9.9	8.3	6.3	7.8	5.8	0.9	1.2
9.6	22.9	9.1	5.2	1.0	1.8	7.3	12.6	6.0	5.8	10.3	8.9	18.6	16.1	11.3	9.8	11.6	10.1	2.4	0.2
13.4	18.4	7.4	11.5	1.6	3.6	1.7	3.0	0.2	−0.4	−11.7	−12.8	−61.9	−67.7	−9.1	−10.0	−8.4	−9.3	4.0	0.7
6.9	5.1	3.5	9.6	0.7	0.6	3.4	4.6	3.2	4.0	13.3	14.5	68.3	74.3	12.7	13.8	12.1	13.2	2.8	0.7
9.9	16.9	5.6	3.6	1.2	3.5	−5.3	3.0	0.3	−0.3	−11.5	−12.6	−52.8	−57.8	−14.8	−16.2	−13.9	−15.3	3.9	0.7
3.8	6.3	8.5	11.0	1.5	6.4	−35.7	15.2	8.2	7.6	6.9	6.4	30.5	28.9	14.2	13.6	14.8	14.2	1.8	0.5
3.8	6.1	9.1	8.1	1.1	6.4	−16.3	16.0	7.1	5.7	5.9	5.0	21.5	18.2	6.9	5.8	8.4	7.4	2.1	0.2
0.6	1.0	4.8	8.1	0.5	2.0	44.2	4.1	4.8	5.0	5.9	5.8	27.9	27.6	15.3	15.1	14.9	14.7	0.7	0.5
3.7	6.1	4.8	5.9	1.4	5.7	29.3	15.3	8.2	7.7	6.9	6.5	34.9	32.9	9.9	9.3	10.6	10.0	1.8	0.5
8.4	2.7	3.3	161.9	1.0	3.8	3.8	11.1	1.9	0.6	0.7	0.5	2.0	1.6	0.7	0.5	2.0	1.8	0.0	1.2

II、修正式無保留意見原因分類統計			III、保留意見原因分類統計：會計事項								III、保留意見原因分類統計：不確定事項					
其他 133	更新前期意見 140	其他 150	應收帳款 201	存貨 202	長期股權投資 203	其他 204	關係人交易 211	其他 212	報表整體保留 220	其他 230	財務結構不佳 301	營業狀況不佳 302	其他 303	或有事項 310	期後事項 320	其他 330
0	0	2	0	0	0	0	0	0	0	0	0	0	0	0	0	0

V、倍數分析 COVERAGE ANALYSIS								VI、資產負債分析 BALANCE SHEET ANALYSIS				VII、現金流量分析 CASH FLOW ANALYSIS	
稅前損益 + 利息費用 / 利息費用 (%) T1	稅前損益+利息費用+折舊+折耗+攤銷 / 利息費用 (%) T2	營業活動之淨現金流量 / 利息費用 (%) T3	營業活動之淨現金流量 / 負債總額 (%) T4	自由支配之淨現金流量 / 負債總額 (%) T5	營業活動之淨現金流量 / 短期銀行借款 (%) T6	營業活動之淨現金流量 / 資本支出 (%) T7	資本支出 / 折舊+折耗+攤銷 (%) T8	折舊+折耗 / 折舊資產毛額 (%) B1	累計折舊 / 固定資產毛額 (%) B2	資本支出 / 固定資產毛額 (%) B3	資本支出 / 固定資產淨額 (%) B4	營業活動之淨現金流量 / 流動負債 (%) C1	現金再投資比率 (%) C2
4,221.1	4,560.2	3,496.5	9.8	−6.8	3,636.4	225.8	244.7	8.7	33.1	23.5	36.8	14.8	−8.7
1,316.3	1,930.3	1,451.5	7.8	−11.4	28.0	27.1	180.0	8.2	22.7	10.3	20.8	11.6	−2.2
9,999.9	9,999.9	9,999.9	24.5	16.2	9,999.9	502.4	389.4	12.0	59.7	29.6	61.7	35.6	12.8
155.8	218.7	−821.0	−8.8	−16.9	−14.0	−192.3	49.9	6.8	12.0	3.9	4.8	−10.0	−22.8
4,686.1	4,574.6	5,013.0	26.0	20.6	4,810.4	1,835.8	238.2	3.1	22.0	30.5	41.2	30.2	25.0
3,708.7	4,615.1	2,515.0	19.0	−9.7	87.0	125.0	221.9	8.2	50.6	14.1	28.6	28.9	2.3
5,438.2	5,874.4	4,591.1	22.5	−5.7	4,019.7	123.0	247.1	7.2	48.0	12.7	35.5	32.8	3.0
5,730.8	7,223.2	1,575.6	21.3	−2.1	74.0	131.2	180.0	7.9	59.7	10.3	20.8	35.4	1.2
4,164.6	4,084.1	4,454.2	21.9	19.3	4,882.8	224.7	190.2	2.7	23.9	9.5	39.1	25.5	5.8
4,002.2	4,931.3	2,694.1	19.9	−9.7	98.9	127.2	227.9	8.2	51.1	14.3	29.3	30.8	2.4
4,190.4	4,424.6	4,589.4	6.0	4.4	4,992.9	2,355.7	21.8	7.6	28.7	2.2	3.3	8.2	−11.4
5,809.5	5,575.3	5,410.5	18.5	19.6	5,007.0	2,836.4	14.5	2.8	8.4	1.6	1.5	20.9	24.5
−1,508.9	−959.0	−511.6	−6.5	−8.8	−8.7	−289.4	32.1	9.4	23.2	3.3	4.6	−6.8	−11.0
3,568.1	3,926.1	2,724.1	7.1	−5.4	3,324.4	95.8	200.1	10.8	18.1	27.8	32.8	6.5	−6.4
533.0	1,086.3	−377.1	−5.4	−15.6	−12.3	−53.7	182.1	12.3	21.0	22.4	29.1	−5.8	−16.4
4,550.3	4,297.8	5,163.3	20.2	15.3	4,720.3	314.7	71.2	2.2	5.2	20.3	22.2	20.6	18.8
1,402.7	1,740.8	−116.5	−1.2	−11.9	−2.7	−16.1	212.9	9.4	18.9	18.4	22.7	−1.3	−7.7
155.8	163.0	−1,845.5	−37.6	−39.5	−57.4	−3,129.5	812.7	12.0	12.0	107.4	122.1	−37.6	−69.8

III、保留意見原因分類統計：審計事項								
期末存貨未盤點 401	期初存貨未盤點 402	應收帳款未函證 403	長期投資無法查核 404	其他期初事項保留 405	其他 406	客戶聲明書 411	關係人交易之查核 412	其他 420
0	0	0	0	0	0	0	0	0

第三節 附　錄

附錄一　財務比率四十五項計算公式及說明

項目	比率名稱	計算公式	判定原則		運用說明
			佳	否	↗表比率高；↘表比率低
財務結構	F1 固定資產比率	$\frac{\text{固定資產}}{\text{資產總額}}$	↘	↗	測度企業總資產中固定資產所占比例。本比率無一定標準，因行業特性而異。就資金運用觀點言，本比率愈低愈佳。
	F2 淨值比率	$\frac{\text{淨值}}{\text{資產總額}}$	↗	↘	測度企業總資產中自有資本(金)所占比例。本比率無一定標準，因企業理財策略而定。就財務結構觀點言，本比率愈高愈佳。
	F3 銀行借款對淨值比率	$\frac{\text{銀行借款}}{\text{淨值}}$	↘	↗	測度企業向銀行籌借資金占自有資本之比例。本比率無一定標準，視企業理財策略而定。就銀行債權保障觀點言，本比率愈低愈佳。
	F4 長期負債對淨值比率	$\frac{\text{長期負債}}{\text{淨值}}$	↘	↗	測度企業籌借長期負債占自有資本之比例。本比率無一定標準，視企業理財策略而定。就財務結構觀點言，本比率愈低愈佳。
	F5 長期銀行借款對淨值比率	$\frac{\text{長期銀行借款}}{\text{淨值}}$	↘	↗	測度企業向銀行籌借長期資金占自有資本之比例。本比率無一定標準，視企業理財策略而定。就銀行債權保障觀點言，本比率愈低愈佳。
	F6 固定資產對淨值比率（固定比率）	$\frac{\text{固定資產}}{\text{淨值}}$	↘	↗	測度企業投入固定資產資金占自有資本之比例。本比率正常標準低於 100%。就投資理財觀點言，本比率愈低愈佳。
	F7 固定資產對長期資金比率（固定長期適合率）	$\frac{\text{固定資產}}{\text{淨值}+\text{長期負債}}$	↘	↗	測度企業投入固定資產資金占長期資本之比例。本比率正常標準低於 100%。就投資理財觀點言，本比率愈低愈佳。
	F8 槓桿比率	$\frac{\text{負債總額}}{\text{淨值}}$	↘	↗	測度企業債權人被保障的程度。本比率無一定標準。就銀行債權保障觀點言，本比率愈低愈佳。

償債能力	L1 流動比率	流動資產 / 流動負債	↗	↘	測度企業短期償債能力。本比率正常標準為200%。就流動性觀點言，本比率愈高愈佳。
	L2 速動比率	速動資產 / 流動負債	↗	↘	測度企業最短期間內之償債能力。本比率正常標準為100%。就流動性觀點言，本比率愈高愈佳。
	L3 短期銀行借款對流動資產比率	短期銀行借款 / 流動資產	↘	↗	測度企業對短期銀行借款之償債能力。本比率正常標準低於50%。就銀行債權保障觀點言，本比率愈低愈佳。
經營效能	E1 應付款項週轉率	營業成本 / 應付款項*	↘	↗	測度企業因營業行為應付帳款週期之長短，本比率應配合應收帳款週轉率分析，若後者較長，表企業有週轉困難可能性，就資金週轉觀點言，週轉次數愈低愈佳。
	E2 應收款項週轉率	營業收入 / 應收款項*	↗	↘	測度企業資金週轉及收帳能力之強弱。本比率無一定標準。就資金週轉觀點言，週轉次數愈高愈佳。
	E3 存貨週轉率	營業成本 / 存貨*	↗	↘	測度企業產銷效能、存貨週轉速度及存貨水準之適度性。本比率無一定標準。就資金運用觀點言，週轉次數愈高愈佳。
	E4 固定資產週轉率	營業收入 / 固定資產	↗	↘	測度企業固定資產運用效能及固定資產投資之適度性。本比率無一定標準。就資金運用觀點言，週轉次數愈高愈佳。
	E5 總資產週轉率	營業收入 / 資產總額	↗	↘	測度企業總資產運用效能及總資產投資之適度性。本比率無一定標準。就資金運用觀點言，週轉次數愈高愈佳。
	E6 淨值週轉率	營業收入 / 淨值*	↗	↘	測度企業自有資本運用效能及自有資本之適度性。本比率無一定標準。就資金運用觀點言，週轉次數愈高愈佳。
	E7 營運資金週轉率	營業收入 / 營運資金淨額	↗	↘	作為衡量企業營運資金運用效果。本比率無一定標準。就資金運用觀點言，本比率愈高愈佳。
獲利能力	P1 毛利率	營業毛利 / 營業收入	↗	↘	測度企業產銷效能。本比率無一定標準。就經營績效衡量觀點言，本比率愈高愈佳。
	P2 營業利益率	營業利益 / 營業收入	↗	↘	測度企業正常營業獲利能力及經營效能。本比率無一定標準。就經營績效衡量觀點言，本比率愈

				高愈佳。
P3 營業利益率（減利息費用）	$\frac{營業利益－利息費用}{營業收入}$	↗	↘	測度企業在正常營業下，經減除利息支出後之獲利能力。本比率無一定標準。就經營績效衡量觀點言，本比率愈高愈佳。
P4 純益率（稅前）	$\frac{稅前損益}{營業收入}$	↗	↘	測度企業當期稅前淨獲利能力。本比率無一定標準。就經營績效衡量觀點言，本比率愈高愈佳。
P5 純益率（稅後）	$\frac{稅後損益}{營業收入}$	↗	↘	測度企業當期稅後淨獲利能力。本比率無一定標準。就經營績效衡量觀點言，本比率愈高愈佳。
P6 淨值報酬率（稅前）	$\frac{稅前損益}{淨值}$	↗	↘	測度企業自有資本之稅前獲利能力。本比率無一定標準。就經營績效衡量觀點言，本比率愈高愈佳。
P7 淨值報酬率（稅後）	$\frac{稅後損益}{淨值}$	↗	↘	測度企業自有資本之稅後獲利能力。本比率無一定標準。就經營績效衡量觀點言，本比率愈高愈佳。
P8 總資產報酬率（稅前、未加回利息費用）	$\frac{稅前損益}{資產總額}$	↗	↘	測度企業當期總資產之稅前獲利能力。本比率無一定標準。就經營績效衡量觀點言，本比率愈高愈佳。
P9 總資產報酬率（稅後、未加回利息費用）	$\frac{稅後損益}{資產總額}$	↗	↘	測度企業當期總資產之稅後獲利能力。本比率無一定標準。就經營績效衡量觀點言，本比率愈高愈佳。
P10 資產報酬率（稅前、加回利息費用）	$\frac{稅前損益＋利息費用}{資產總額}$	↗	↘	加回利息費用所求得之總資產報酬率，較能反映企業投資報酬真正情況，亦可作為衡量企業舉債經營是否有利。就經營績效衡量觀點言，本比率愈高愈佳。
P11 資產報酬率（稅後、加回利息費用）	$\frac{稅後損益＋利息費用}{資產總額}$	↗	↘	加回利息費用所求得之總資產報酬率，較能反映企業投資報酬真正情況，亦可作為衡量企業舉債經營是否有利。就經營績效衡量觀點言，本比率愈高愈佳。
P12 折舊+折耗+攤銷對營業收入比率	$\frac{折舊＋折耗＋攤銷}{營業收入}$	↘	↗	計算折舊、折耗、攤銷占營業收入之百分比。藉以分析企業之費用。就企業成本效用言，本比率愈低愈佳。
P13 利息費用對營業收入比率	$\frac{利息費用}{營業收入}$	↘	↗	計算利息費用占營業收入之百分比。藉以分析企業之費用。就企業成本效用言，本比率愈低愈佳。

倍數分析	T1	利息保障倍數	$\frac{\text{稅前損益}+\text{利息費用}}{\text{利息費用}}$	↗	↘	表達企業以淨利支應利息的能力。就債權保障觀點言，本比率愈高愈佳。
	T2	利息保障倍數（加回折舊、折耗、攤銷）	$\frac{\text{稅前損益}+\text{利息費用}+\text{折舊}+\text{折耗}+\text{攤銷}}{\text{利息費用}}$	↗	↘	表達企業以淨利支應利息的能力。就債權保障觀點言，本比率愈高愈佳。
	T3	營業活動之淨現金流量對利息費用比率	$\frac{\text{營業活動之淨現金流量}}{\text{利息費用}}$	↗	↘	表示企業以現金流量負荷利息的能力。就債權保障觀點言，比值愈高，流動性愈強。
	T4	營業活動之淨現金流量對負債總額比率	$\frac{\text{營業活動之淨現金流量}}{\text{負債總額}}$	↗	↘	表示企業以現金流量負荷總債務的能力。就債權保障觀點言，比值愈高，流動性愈強。
	T5	自由支配之淨現金流量對負債總額比率	$\frac{\text{自由支配之淨現金流量}}{\text{負債總額}}$	↗	↘	表示企業以可自由支配現金流量負荷總債務的能力。就債權保障觀點言，比值愈高，流動性愈強。
	T6	營業活動之淨現金流量對短期銀行借款比率	$\frac{\text{營業活動之淨現金流量}}{\text{短期銀行借款}}$	↗	↘	表示企業償付到期債務的能力。就債權保障觀點言，比值愈高，流動性愈強。
	T7	營業活動之淨現金流量對資本支出比率	$\frac{\text{營業活動之淨現金流量}}{\text{資本支出}}$	↗	↘	表示企業以現金流量支應資本支出的能力。就投資理財觀點言，比值愈高，流動性愈強。
	T8	資本支出對折舊＋折耗＋攤銷比率	$\frac{\text{資本支出}}{\text{折舊}+\text{折耗}+\text{攤銷}}$	↗	↘	瞭解企業資本支出與折舊、折耗及攤銷之情況。就企業投資觀點言，比值愈高愈佳。
資產負債分析	B1	折舊＋折耗對折舊資產毛額比率	$\frac{\text{折舊}+\text{折耗}}{\text{折舊資產毛額}}$	–	–	藉以瞭解企業所採用之綜合折舊率有無變動或所提折舊費用是否充足及有無以折舊為均衡各年度淨利之手段。
	B2	累計折舊對固定資產毛額比率	$\frac{\text{累計折舊}}{\text{固定資產毛額}}$	–	–	瞭解企業之累計折舊占固定資產之比率。藉以顯示企業固定資產使用概況。
	B3	資本支出對固定資產毛額比率	$\frac{\text{資本支出}}{\text{固定資產毛額}}$	↗	↘	藉以顯示企業之資本支出占固定資產毛額的比率。就企業投資觀點言，本比率愈高愈佳。
	B4	資本支出對固定資產淨額比率	$\frac{\text{資本支出}}{\text{固定資產淨額}}$	↗	↘	藉以顯示企業之資本支出占固定資產淨額的比率。就企業投資觀點言，本比率愈高愈佳。
現金流量分析	C1	現金流量比率	$\frac{\text{營業活動之淨現金流量}}{\text{流動負債}}$	↗	↘	作為衡量企業短期償債能力的指標。就債權保障觀點言，本比率愈高，能力愈強。
	C2	現金再投資比率	$\frac{\text{營業活動之淨現金流量}-\text{現金股利}}{\text{固定資產毛額}+\text{長期投資}+\text{其他資產}+\text{營運資金}}$	↗	↘	用以測試營業活動之現金流量支付投資的比率。就企業投資觀點言，本比率愈高愈佳。

有＊號各項分母，係指平均值＝（期初餘額＋期末餘額）÷2。

附錄二　THE CALCULATION OF 45 FINANCIAL RATIOS

ASPECT	RATIOS	CALCULATION
CAPITAL STRUCTURE RATIO	F1: FIXED ASSETS RATIO	FIXED ASSETS/TOTAL ASSETS
	F2: NET WORTH RATIO	NET WORTH/TOTAL ASSETS
	F3: BANK LOAN TO NET WORTH RATIO	BANK LOAN/NET WORTH
	F4: LONG-TERM DEBT TO NET WORTH RATIO	LONG-TERM DEBT/NET WORTH
	F5: LONG-TERM BANK LOAN TO NET WORTH RATIO	LONG-TERM BANK LOAN/NET WORTH
	F6: FIXED ASSETS TO NET WORTH RATIO	FIXED ASSETS/NET WORTH
	F7: FIXED ASSETS TO LONG-TERM FUNDS RATIO	FIXED ASSETS/(NET WORTH+ LONG-TERM DEBT)
	F8: LEVERAGE RATIO	TOTAL DEBT/NET WORTH
LIQUIDITY RATIO	L1: CURRENT RATIO	CURRENT ASSETS/CURRENT LIABILITIES
	L2: QUICK RATIO	LIQUID ASSETS/CURRENT LIABILITIES
	L3: SHORT-TERM BANK LOAN TO CURRENT ASSETS RATIO	SHORT-TERM BANK LOAN/ CURRENT ASSETS
EFFICIENCY RATIO	E1: PAYABLE TURNOVER	COST OF SALES/AVERAGE NOTES & ACCOUNTS PAYABLE*
	E2: RECEIVABLES TURNOVER	NET SALES/AVERAGE NOTES & ACCOUNTS RECEIVABLE*
	E3: INVENTORY TURNOVER	COST OF SALES/AVERAGE INVENTORY*
	E4: FIXED ASSETS TURNOVER	NET SALES/FIXED ASSETS
	E5: TOTAL ASSETS TURNOVER	NET SALES/TOTAL ASSETS
	E6: NET WORTH TURNOVER	NET SALES/AVERAGE NET WORTH*
	E7: NET WORKING CAPITAL TURNOVER	NET SALES/NET WORKING CAPITAL
PROFITIABIL-ITY RATIO	P1: GROSS MARGIN	GROSS PROFIT/NET SALES
	P2: OPERATING MARGIN	OPERATING PROFIT/NET SALES
	P3: OPERATING MARGIN (LESS INTEREST EXPENSE)	(OPERATING PROFIT − INTEREST EXPENSE)/NET SALES
	P4: PROFIT MARGIN BEFORE TAX	INCOME BEFORE TAX/NET SALES
	P5: PROFIT MARGIN AFTER TAX	INCOME AFTER TAX/NET SALES
	P6: RETURN ON NET WORTH	INCOME BEFORE TAX/NET

	BEFORE TAX	WORTH
	P7: RETURN ON NET WORTH AFTER TAX	INCOME AFTER TAX/NET WORTH
	P8: RETURN ON TOTAL ASSETS BEFORE TAX	INCOME BEFORE TAX/TOTAL ASSETS
	P9: RETURN ON TOTAL ASSETS AFTER TAX	INCOME BEFORE TAX/TOTAL ASSETS
	P10: RETURN ON TOTAL ASSETS (ADD INTEREST EXP.) BEFORE TAX	(INCOME BEFORE TAX+INTEREST EXP.)/TOTAL ASSETS
	P11: RETURN ON TOTAL ASSETS (ADD INTEREST EXP.) AFTER TAX	(INCOME AFTER TAX+INTEREST EXP.)/TOTAL ASSETS
	P12: DEPRECIATION TO NET SALES RATIO	(DEPR.+DEPLETION+ AMORTIZATION)/NET ASSET
	P13: INTEREST EXPENSE TO NET SALES RATIO	INTEREST EXPENSE/NET SALES
COVERAGE ANALYSIS	T1: PRE-TAX INTEREST COVERAGE	(INCOME BEFORE TAX+INTEREST EXP.)/INTEREST EXP.
	T2: EBITDA INTEREST COVERAGE	(INCOME BEFORE TAX+INTEREST EXP.+DEPR.+DEPLETION+ AMORTIZATION)/INTEREST EXP.
	T3: FFO INTEREST COVERAGE	FUND FROM OPERATING/ INTEREST EXPENSE
	T4: FFO TO TOTAL DEBT RATIO	FUND FROM OPERATING/TOTAL DEBT
	T5: FREE OP. CASH FLOW TO TOTAL DEBT	(FUND FROM OPERATING – CAPITAL EXPENDITURE – CASH DIVIDEND)/TOTAL DEBT
	T6: FFO TO SHORT-TERM BANK LOAN	FUND FROM OPERATING/SHORT-TERM BANK LOAN
	T7: FFO TO SCAPEX	FUND FROM OPERATING/ CAPITAL EXPENDITURE
	T8: CAPEX TO DEPRECIATION	CAPITAL EXPENDITURE/(DEPR.+ DEPLETION+AMORTIZATION)
BALANCE SHEET ANALYSIS	B1: DEPR. EXPENSE TO GROSS PLANT	(DEPRECIATION + DEPLETION) / GROSS PLANT
	B2: ACCUM. DEPR. TO GROSS FIXED ASSETS	ACCUMULATION DEPRECIATION/ GROSS FIXED ASSETS
	B3: CAPEX TO GROSS FIXED ASSETS	CAPITAL EXPENDITURE/GROSS FIXED ASSETS
	B4: CAPEX TO NET FIXED ASSETS	CAPITAL EXPENDITURE/NET

		FIXED ASSETS
CASH FLOW ANALYSIS	C1: FFO TO CURRENT LIABILITY	FUND FROM OPERATING/ CURRENT LIABILITY
	C2: CASH REINVESTMENT RATIO	(FFO-CASH DIVIDEND)/(GROSS FIXED ASSETS+LONG-TERM INVESTMENT + OTHER ASSETS + WORKING CAPITAL)

*AVERAGE VALUE = (BEGINNING BALANCE + ENDING BALANCE)/2

附錄三　財務比率對企業經營績效影響方向

類別	比率名稱	計算方式	影響方向
長期償債能力	固定資產占資產總額之比率	固定資產 / 資產總額	△
	淨值對資產總額之比率	淨值 / 資產總額	+
	銀行借款占淨值之比率	銀行借款 / 淨值	−
	長期負債占淨值之比率	長期銀行借款 / 淨值	−
	固定資產占淨值之比率	固定資產 / 淨值	−
	固定資產占淨值加長期負債合計的比率	固定資產 / (淨值 + 長期負債)	−
短期償債能力	流動資產占流動負債的比率	流動資產 / 流動負債	△
	流動資產減存貨餘額占流動負債的比率	(流動資產 − 存貨) / 流動負債	△
	速動資產占流動負債的比率	速動資產 / 流動負債	△
	短期銀行借款占流動資產之比率	短期銀行借款 / 流動資產	−
活動或經營能力	營業收入占平均應收款項之週轉次數	營業收入 / 應收款項	+
	營業成本占平均存貨之週轉次數	營業成本 / 存貨	+
	營業收入占固定資產之週轉次數	營業收入 / 固定資產	+
	營業收入占資產總額之週轉次數	營業收入 / 資產總額	+

	營業收入占平均淨值之週轉次數	$\frac{營業收入}{淨值}$	+
獲利能力	營業毛利占營業收入之比率	$\frac{營業毛利}{營業收入}$	+
	營業利益占營業收入之比率	$\frac{營業利益}{營業收入}$	+
	營業利益減利息費用之餘額占營業收入之比率	$\frac{營業利益-利息費用}{營業收入}$	+
	稅前損益占營業收入之比率	$\frac{稅前損益}{營業收入}$	+
	稅前損益占淨值之比率	$\frac{稅前損益}{淨值}$	+
	稅前損益占資產總額之比率	$\frac{稅前損益}{資產總額}$	+

註：影響方向欄中，“+”代表該比率值愈大愈好；“–”代表該比率值愈小愈好；而“△”則代表該比率值太大或太小都不好。

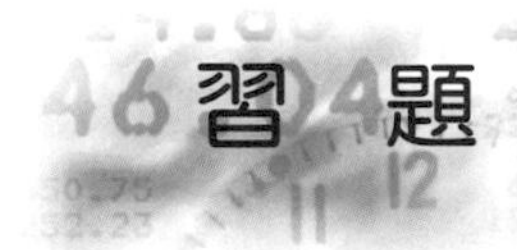

習題

一、問答題

1. 實務上財務報表分析的項目，分為那幾大類？試列述之。
2. 試說明營業收入與營業利益的關係。
3. 試說明應收帳款及存貨與營業收入之關係。
4. 試說明固定資產變動與投資意願之關係。
5. 試申述長期負債與理財決策的分析。
6. 試說明股東權益變動的分析。
7. 運用比率分析法來分析財務資訊之主要用途為何？
8. 比率分析的假設為何？
9. 當比較同一產業中的公司群時，往往會發現某些公司的財務比率分母為負數之情況(例如計算股東權益報酬率時，某些公司的股東權益為負數)。請問財務分析人員應如何處理？
10. 當比較同一產業中的公司群時，往往會發現某些公司的財務比率為極端值 (Outliers)。請問財務分析人員面對樣本公司中包括極端大或極端小財務比率之樣本公司群時，應如何處理？

二、選擇題

(　) 1. 顯示企業總資產之來源與構成關係者為 (A)償債能力 (B)財務結構 (C)經營能力 (D)股東權益。

(　) 2. 運用資本週轉率，係 (A)經營成果分析 (B)獲利能力分析 (C)成長能力分析 (D)長期財務結構分析。

(　) 3. 比率分析的基本限制包括了 (A)在同一產業中的公司間缺乏比較性 (B)會計數字中包含估計項目 (C)使用歷史成本 (D)以上皆是。

(　) 4. 公司資金週轉程度之難易，將取決於企業之 (A)流動性比率 (B)償債性比率 (C)獲利性比率 (D)收益性比率 之高低影響。

(　) 5. 當比較兩年度資產負債表，發現企業之流動資產比重相對地降低，將使其資金之營運風險因而 (A)降低 (B)不變 (C)提高 (D)不一定。

(　) 6. 本年度企業之自有資金比重相對降低，表示其財務（資本）結構比往年呈 (A)

改善 (B)不變 (C)惡化 (D)不一定。

( ) 7.分析資產之運用效率，以供改善管理之參考，為 (A)償債能力分析 (B)經營效率分析 (C)財務結構分析 (D)獲利能力分析。

( ) 8.財務報表分析時之標準比率，其來源為 (A)過去平均標準 (B)競爭企業標準 (C)同業平均標準 (D)以上均是。

( ) 9.設某公司之流動比率為 2 : 1，則可提高此一比率之方式為 (A)應收帳款之收現 (B)短期債券之投資 (C)短期借款之清償 (D)現購商品。

( ) 10.銀行人員審查公司之比較資產負債表及其他相關資料，以便決定是否核准短期貸款，下列何種比率最不具重要性？ (A)流動比率 (B)速動比率 (C)存貨週轉率 (D)普通股每股股利。

（選擇題資料：參考歷屆證券商業務員考試試題）

三、綜合題

1.永南公司民國 X3 年、X4 年、X5 年三年的重要財務比率如下：

財務比率	民國 X5 年	民國 X4 年	民國 X3 年
(1)流動比率	1.94	2.84	2.72
(2)速動比率	1.35	2.27	1.82
(3)應收帳款週轉率	5.88	5.96	6.39
(4)存貨週轉率	3.48	4.03	3.02
(5)股東權益占資產比率	60%	70%	69%
(6)長期資金占固定資產比率	159%	231%	198%

試求：依據上述比率分析永南公司之償債能力、經營效能、財務結構。

2.下列為永新股份有限公司民國 X5 年度資產負債表與損益表：

永新股份有限公司
資產負債表
X5 年 12 月 31 日

項 目	金 額
資 產	
流動資產	
現金	$ 21,466
應收帳款	25,680
減：備抵壞帳	(1,350)
存貨 (12/31)	50,400

預付保險費	420
流動資產合計	$ 96,616
固定資產	
房屋	51,128
減：累計折舊	(9,020)
運輸設備	26,000
減：累計折舊	(3,780)
固定資產合計	$ 64,328
其他資產	
公司債折價	$ 2,000
資產總額	$162,944
負　債	
流動負債	
應付帳款	$ 19,072
應付票據	10,772
應付稅捐	10,000
應付薪金	2,788
負債合計	$ 42,632
業主權益	
股本	78,000
未分配盈餘	42,312
業主權益合計	$120,312
負債和業主權益總額	$162,944

永新股份有限公司

損益表

民國 X5 年 1 月 1 日至 12 月 31 日

銷貨	$214,668	
減：銷貨成本	129,320	
銷貨毛利		$85,348
減：營業費用	$ 37,960	
房屋折舊	3,900	
運輸設備折舊	3,780	
壞帳損失	1,350	
公司債折價攤銷	2,000	
稅捐	10,000	58,990
營業純益		$26,358
加：非營業收入		

利息收入	$ 2,454	
減：非營業支出		
出售房屋損失	1,500	954
本期純益		$27,312

試根據上述資料，就其有關項目，作實務上各項比率分析。

⑴財務結構：

①固定資產與資產總額比率。②淨值與資產總額比率。③長期借款與淨值比率。④固定資產與淨值比率。⑤固定資產與（淨值＋長期負債）比率。

⑵償債能力：

①流動資產與流動負債比率。②（流動資產－存貨）與流動負債比率。③速動資產與流動負債比率。

⑶經營效能：

①營業收入與應收帳款比率。②營業成本與存貨比率。③營業收入與固定資產比率。④營業收入與資產總額比率。⑤營業收入與淨值比率。

⑷獲利能力：

①營業毛利與營業收入比率。②營業利益與營業收入比率。③（營業利益－利息費用）與營業收入比率。④稅前損益與淨值比率。⑤稅前損益與資產總額比率。

3. 設下列為永生公司民國 X4 年與 X5 年度財務報表：

⑴資產負債表：

	X5 年 12 月 31 日金額	X4 年 12 月 31 日金額
現金	$ 98,145	$126,000
應收帳款	116,550	108,000
備抵壞帳	(5,827)	(5,400)
存貨 (12/31)	140,175	135,525
預付房租		1,350
交易目的證券投資	67,500	60,000
器具設備	90,000	81,000
累計折舊	(25,200)	(20,700)
	$481,343	$485,775
應付帳款	$ 56,220	$ 60,300
應付票據	57,540	82,230
應付佣金	3,600	2,700
代收款		1,890

應付稅捐	10,800	8,100
應付利息	630	540
長期借款	45,000	45,000
股本	225,000	225,000
法定公積	18,000	14,250
特別公積	22,500	6,000
本期純益	42,053	39,765
	$481,343	$485,775

⑵損益表：

收　入	X5 年度金額		X4 年度金額	
銷貨	$945,000		$879,000	
銷貨成本	697,500		611,250	
銷貨毛利	$247,500		$267,750	
利息收入	1,800		750	
其他收入	6,750	$256,050	4,350	$272,850
費　用				
壞帳損失	$ 5,827		$ 5,933	
器具設備折舊	4,500		4,125	
利息支出	19,800		31,200	
佣金支出	55,800		67,305	
房租支出	21,600		23,835	
投資損失	1,350		1,927	
所得稅	22,200		1,725	
銷貨運費	27,900		30,150	
銷貨雜費	6,270		7,950	
職員薪金	48,750	$213,997	58,935	$233,085
本期純益		$ 42,053		$ 39,765

試根據上述資料，依照目前會計實務，作民國 X4 年度與 X5 年度下列各項比率分析：

甲、財務結構：

①固定資產與資產總額比率。②淨值與資產總額比率。③長期借款與淨值比率。④固定資產與淨值比率。⑤固定資產與（淨值＋長期負債）比率。

乙、償債能力：

①流動資產與流動負債比率。②（流動資產－存貨）與流動負債比率。③速動資產與流動負債比率。

丙、經營效能：

①營業收入與應收帳款比率。②營業成本與存貨比率。③營業收入與固定資產比率。④營業收入與資產總額比率。⑤營業收入與淨值比率。

丁、獲利能力：

①營業毛利與營業收入比率。②營業利益與營業收入比率。③（營業利益－利息費用）與營業收入比率。④稅前損益與淨值比率。⑤稅前損益與資產總額比率。

4. 永祥公司民國 X5 年 12 月 31 日結帳前試算表內之有關資料如下：

現金	$ 210,000
存貨（又 X4 年 12 月 31 日存貨 $260,000）	300,000
機器與設備	1,550,000
零用金	20,000
償債基金	60,000
應付帳款	220,000
預付費用	30,000
應收帳款（X4 年底 $240,000）	250,000
應付公司債（X8 年 12 月 31 日到期）	400,000
應收票據	210,000
預收貨款	80,000
器具設備	200,000
應付公司債（X6 年 12 月 31 日到期）	100,000
累計機器與設備折舊	55,000
備抵壞帳（X4 年底 $11,000）	15,000
股本	1,200,000
銷貨收入（均為賒銷）	1,500,000
推銷費用	140,000
管理費用	80,000
保留盈餘	410,000
銷貨成本	900,000
股利	120,000
應付股利	120,000
存貨跌價損失	30,000

試求：(1)編製民國 X5 年度之損益表。

(2)編製民國 X5 年 12 月 31 日之簡明資產負債表（僅分類為流動、非流動）。

(3)求出下列比率：

①流動比率。②速動比率。③存貨週轉率。④應收帳款週轉率。⑤營業循環日數（1 年以 360 天計）。

5. 設下列為文星股份有限公司資料：

⑴流動比率為 2.5。

⑵速動比率為 1.125。

⑶存貨週轉率為 4.8（假設期初存貨較期末存貨多 $80,000）。

⑷應收帳款收帳期間為 28.8 天，以 360 天為基礎（期初應收帳款與期末應收帳款相等）。

⑸應付帳款付款期間為 36 天，以 360 天為基礎（期初應付帳款較期末應付帳款少 $120,000）。

⑹銷貨毛利率為 52%。

⑺總資產報酬率為 26%（此資產報酬率不受融資政策的影響）。

⑻營業利益為銷貨毛利的一半。

⑼淨利率（純益率）為 9%。

⑽長期負債對股東權益之比率為 68.33%。

⑾股東權益報酬率為 37.5%（期初股東權益與期末股東權益相等）。

⑿股票之現金股利發放率為 40%，每股市價為 $45。

⒀股票值利率 (Dividend Yield) 為 20%。

⒁流通在外股數為 20,000 股。

⒂稅率為 50%。

試依照下列格式將所有的數字填入：

損益表		資產負債表			
銷貨收入淨額	?	現金	?	應付帳款	?
銷貨成本	?	應收帳款	?	其他流動負債	?
銷貨毛利	?	存貨	?	流動負債合計	?
營業費用	?	其他流動資產	?	長期負債	?
營業利益	?	流動資產合計	?	股東權益	?
利息費用	?	固定資產淨額	?	總負債及股東權益	?
所得稅	?	總資產	?		
淨利	?				

（77 年會計師考試試題）

6. 下列為商周公司 75 年度的損益表及 74、75 兩年 12 月 31 日的資產負債表：

商周公司
損益表
中華民國75年度

銷貨收入	$500,000
銷貨成本	300,000
毛利	$200,000
營業費用	120,000
營業利益	$ 80,000
利息費用	30,000
本期淨利	$ 50,000

商周公司
資產負債表
中華民國74年及75年12月31日

	74年	75年
現金	$ 80,000	$ 20,000
應收帳款	140,000	180,000
存貨	270,000	230,000
固定資產（淨額）	510,000	570,000
	$1,000,000	$1,000,000
應付帳款	$ 200,000	$ 100,000
長期借款	300,000	300,000
股本	400,000	400,000
保留盈餘	100,000	200,000
	$1,000,000	$1,000,000

試根據以上資料為該公司計算75年的下列各比率:

⑴流動比率。

⑵速動比率。

⑶應收帳款週轉率。

⑷存貨週轉率。

⑸股東權益對負債總額的比率。

⑹全部資產報酬率。

⑺股東權益報酬率。

（75年證券商營業員考試試題）

7. 信義公司78、79、80三年度及同業比率資料如下:

項　目	78 年	79 年	80 年	項　目	同業比率
1. 應收帳款（淨額）	0.0	7,175.0	7,144.0	16. 純益率 (%)	0.7
2. 應收票據（淨額）	21,042.0	0.0	0.0	17. 總資產收益率 (%)	2.1
3. 存貨	67,319.0	58,998.0	63,179.0	18. 淨值收益率 (%)	5.6
4. 流動資產	95,352.0	77,235.0	80,781.0	19. 流動比率 (%)	73.4
5. 固定資產	41,904.0	41,619.0	38,029.0	20. 速動比率 (%)	58.9
6. 總資產	145,706.0	121,012.0	119,012.0	21. 負債比率 (%)	57.5
7. 流動負債	119,182.0	93,064.0	90,440.0	22. 自有資本率 (%)	36.5
8. 負債總額	119,303.0	93,064.0	90,551.0	23. 總資產週轉率（次）	1.7
9. 淨值	26,403.0	27,943.0	28,461.0	24. 存貨週轉率（次）	11.8
10. 銷貨收入	245,292.0	245,667.0	175,504.0	25. 應收款項週轉率（次）	14.1
11. 銷貨成本	216,008.0	217,561.0	155,119.0	26. 固定資產週轉率（次）	6.3
12. 稅前純益	2,444.0	2,116.0	770.0	27. 淨值週轉率（次）	5.4
13. 平均員工（人數）	242.0	242.0	242.0	28. 銷貨成長率 (%)	0.8
14. 設備投資效率 (%)	124.7	224.4	176.0	29. 每人營業額（萬元）	99.4
15. 勞動生產力（萬元）	16.6	38.6	27.7	30. 每人資產總額（萬元）	38.1

以上資料 1. 至 12. 項單位為千元。

試作：(1)請完成下表之各項比率計算，但：

①比率部分計算至小數點第三位，再以百分數表示。

②次數計算至小數點第一位。

③週轉率部分均不採用平均值。

項　目	78 年	79 年	80 年
1. 純益率 (%)			
2. 總資產收益率 (%)			
3. 淨值收益率 (%)			
4. 流動比率 (%)			
5. 速動比率 (%)			
6. 自有資本率 (%)			
7. 總資產週轉率（次）			
8. 存貨週轉率（次）			
9. 應收款項週轉率（次）			
10. 固定資產週轉率（次）			
11. 淨值週轉率（次）			
12. 銷貨成長率 (%)			
13. 淨值成長率 (%)			

14.每人營業額（萬元）			
15.每人資產總額（萬元）			

⑵完成下列各項目79年及80年之比較資料，但：

①增減金額以千元為單位列示。

②增減百分數計算至小數點第三位，再以百分數列示。

③增減比率計算至小數點第二位。

項　目	80年	79年	增減金額	增減百分數(%)	增減比率
1.應收帳款（淨額）					
2.應收票據（淨額）					
3.存貨					
4.流動資產					
5.固定資產					
6.總資產					
7.流動負債					
8.負債總額					
9.淨值					
10.銷貨收入					
11.銷貨成本					
12.稅前純益					

⑶完成下列各項目三年度之趨勢分析計算，以78年為基期，請計算至小數點第二位，再以百分數列示。

項　目	78年	79年	80年
1.應收帳款（淨額）			
2.應收票據（淨額）			
3.存貨			
4.流動資產			
5.固定資產			
6.總資產			
7.流動負債			
8.負債總額			
9.淨值			
10.銷貨收入			
11.銷貨成本			
12.稅前純益			

⑷若該公司向金融單位融資貸款，假使你是金融單位，短期融資會同意嗎？長期融資是否同意？你主要考量之比率為何？假使你是信義公司財會主管，為取得融資，有何因應之道？（請僅就償債能力部分思考）

（81 年會計師考試試題）

8. 下列簡明資產負債表與損益表資料取自國內一家金屬零件製造公司（以下稱甲公司）的股票上市公開說明書：

⑴資產負債表資料：

單位：新臺幣千元

年度 項目	最近五年度財務資料				
	78 年	79 年	80 年	81 年	82 年
流動資產	204,590	217,023	365,962	464,746	437,502
固定資產	226,210	225,180	263,505	313,381	384,985
其他資產	1,528	3,308	4,109	4,418	4,174
流動負債	264,567	147,073	314,261	223,525	226,601
長期負債	21,000	87,350	52,475	72,135	81,271
股本	100,000	182,290	182,290	400,024	450,027
保留盈餘	42,994	31,764	88,725	92,417	118,561
資產總額	439,528	452,711	640,777	789,744	873,202
負債總額	296,354	238,126	369,208	296,734	309,501
股東權益總額　分配前	143,174	214,585	271,569	493,010	563,701

⑵損益表資料：

單位：新臺幣千元

年度 項目	最近五年度財務資料（註一）				
	78 年	79 年	80 年	81 年	82 年
營業收入	677,801	664,934	876,548	982,053	1,113,070
營業毛利	74,636	116,481	158,968	180,048	220,310
營業利益	11,266	48,326	76,870	92,528	106,105
利息收入	1,345	3,262	4,333	11,163	5,906
利息費用	15,127	18,431	17,640	20,613	11,736
稅前利益	26,957	27,836	64,873	88,908	96,423
稅後利益	24,832	25,944	56,985	78,127	77,170
每股盈餘（註二）	1.13	0.92	1.87	2.29	1.71

註一：本公司最近五年度財務資料皆經會計師簽證。
註二：本公司最近五年度以現金增資、資本公積及未分配盈餘轉增資，依一般公認會計原則之規定必須追溯調整其流通在外股數，俾便各年度每股盈餘之比較。(每股盈餘單位為新臺幣元)

甲公司之部分財務比率摘錄如下：

	78 年	79 年	80 年	81 年	82 年
應收帳款週轉率	8.8	9.0	9.1	6.8	7.5
存貨週轉率	6.8	6.3	7.3	6.9	6.6
利息保障倍數	2.8	2.5	4.7	4.1	8.8
速動比率 (%)	42.4	90.5	80.3	146.8	122.8
現金流量比率 (%)	11.0	51.4	10.4	24.2	62.9
每股盈餘（元）	1.13	0.92	1.87	2.29	1.71
現金流量允當比率 (%)	31.8	88.2	62.2	60.8	71.6

過去五年度甲公司僅發放股票股利而未發放現金股利，其適用之所得稅率每年均為25%。

求作：⑴若你受託擔任甲公司股票上市申請之財務分析專家，請就甲公司的①償債能力，②財務結構，③經營能力，④獲利能力，及⑤現金流量情形作分析比較，並嘗試解釋財務比率變動之原因。逐項分析時，請務必列示相關的比率或數據，以支持你的看法。

⑵前述之財務分析有助於投資者評估公司股票的價值嗎？請提出兩點理由。

(84 年會計師考試試題)

9. 下列為一家從事零售業之公司的部分財務資訊。

⑴共同比資產負債表：

	民國 85 年 12 月 31 日	民國 84 年 12 月 31 日
流動資產		
現金	4.7%	2.5%
應收票據	3.9%	5.7%
應收帳款（淨額）	7.1%	6.0%
存貨	14.8%	15.8%
流動資產	30.5%	30.0%
廠房設備（淨額）	69.5%	70.0%

資產總額	100.0%	100.0%
流動負債		
應付供應商款	9.7%	11.3%
其他流動負債	6.0%	6.1%
長期負債	23.8%	25.0%
負債總額	39.5%	42.4%
股東權益		
股本及資本公積	28.2%	28.3%
保留盈餘	32.3%	29.3%
股東權益總額	60.5%	57.6%
負債與股東權益總額	100.0%	100.0%
資產總額	$1,684,000	$1,678,000

⑵部分損益資訊：

占銷貨淨額之比率	民國 85 年度
銷貨成本	61.26%
廣告費用	5.83%
薪資費用	9.65%
保險費用	4.02%
折舊費用	3.42%
利息費用	1.77%
稅前淨利	5.67%
銷貨淨額	$2,486,000

⑶其他資訊：

①假設稅率為 30%。

②民國 85 年度現金股利 $10,000。

③民國 85 年度營業活動現金流動量為 $20,000。

④民國 85 年度實際支付所得稅為 $27,000。

⑤假設 1 年營業日數為 360 天。

試求：本大題有六小題，請簡要回答。

⑴請計算以下十二種財務比率（請依照順序作答，計算至小數點後二位）。

項目	財務比率	項目	財務比率
1	應收帳款收現天數	7	流動性指標 (Liquidity Index)
2	存貨出售天數	8	速動比率
3	淨營業週期	9	股利發放率
4	利息保障倍數	10	總資產報酬率
5	股東權益報酬率	11	總資產週轉率
6	槓桿比率	12	長期資金對固定資產比率

⑵請分析該公司的營運 (Operation) 決策成果。

⑶請分析該公司的投資 (Investment) 決策成果。

⑷請分析該公司的融資 (Finance) 決策成果。

⑸請分析該公司的整體經營成果。

⑹請提出該公司未來增加股東權益投資報酬率之方法。

(86 年會計師考試試題)

第十章
比較分析

客戶訂單收入與成本分析表

客戶訂單收入與成本分析表

業務員：
客戶P/O：

□含三個月以上客戶訂單

客戶訂單號碼	CO20020509020	訂購單位編號	000
客戶編號	0990	訂購單位名稱	板橋分公司
客戶名稱	怡心電信	產品品名	三民叡號密碼卡
產品編號	0012-990-002-211	產品數量	30000
產品單位	張	總金額	360000
單價	12		

收入資訊

原出貨發票資料

出貨單號碼	出貨日期	交貨數量	銷售金額	銷項稅額	銷貨發票金額
PI20020509019	2002/05/25	20000	240000	12000	252000
PI20020509020	2002/05/27	10000	120000	6000	126000
		0	0	0	0

新出貨發票資料

出貨單號碼	出貨日期	交貨數量	銷售金額	銷項稅額	銷貨發票金額
		0	0	0	0

退貨（折讓）資料

退貨(折讓)單號碼	退貨(折讓)日期	退貨(折讓)金額	銷項稅額
PR20020509015	2002/05/30	950	48
		0	0

第一節
比較分析的意義

所謂比較分析 (Comparative Analysis)，又稱為趨勢分析 (Trend Analysis)，是以企業連續幾個年度的資產負債表和損益表，比較其各個有關項目的消長，藉以觀察其每個項目幾年來的增減變化，從而判斷此一企業的演變趨勢。因為分析的方法，完全是採用比較的方式，所以稱為比較分析。在分析的過程中，完全是要明瞭此一企業的財務狀況和營業情形，在幾年來究竟是有所改善進步？抑或是有所衰落退步？其目的在於徹底觀察其演變趨勢，所以又稱為趨勢分析。

根據前述比率分析的分析方法，只是在一個年度內，選擇若干有關項目，作橫的比率分析，這種分析方法，很難推究一個企業對於經營的優劣得失，因為一個企業的經營，是以繼續營業為原則，從一年度的財務報告中來作片段的分析，實在很難得到一個正確的結論。

比較分析，就是補救這個缺點，所以用幾個年度的財務報表來作縱的比較分析，藉以瞭解這一企業的真正趨勢。例如有某一企業連續三年的營業情形是：第一年營業結果發生虧損，第二年營業結果沒有發生虧損，但也沒有賺錢，第三年營業結果，略有小額的營業純益。像這種情形，如果只是單憑比率分析，很難瞭解這一情勢，但如果採用比較分析，那就可以一目了然。

在若干著作中，比較分析，是求出同一企業每年增減的比率，來瞭解其發展的趨勢，換句話說，是以比率的方式，來表示每年增減的百分數，藉以瞭解其發展的趨勢。在前述比率分析中，曾經說過：比率完全是一種抽象的數字，並非財務報表上實際的金額，觀察人要瞭解比率與實際金額的關係，頗不容易。因此，作者在本章分析時，不採用每年增減的比率，而求出每年實際增減的金額，以便觀察人可以直接瞭解增減的實際金額，以達到綜觀整個企業發展的趨勢。

比較分析，在分析時要以某一年度各項目金額為基數，然後再以其他各年度各項目金額，分別與這一年度作增減變化的比較。例如某企業第一、第二、第三，三年度比較分析時，要以第一年為基數，然後第二年與第一年相比較，第三年與第一年相比較，不能第二年與第一年相比較，而第三年與第二年相比較，否則，

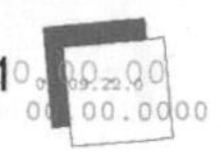

所得的結果，就無法得到分析的正確結論。

第二節 比較財務報表

所謂比較財務報表 (Comparative Financial Statement)，就是指比較資產負債表 (Comparative Balance Statement) 和比較損益表 (Comparative Income Statement) 而言，是以幾個年度的資產負債表和損益表，作一比較增減分析而編製的報表。現在，就永利股份有限公司所編製的比較財務報表，列示如下：

1. 比較資產負債表

永利股份有限公司
比較資產負債表
民國 X5 年 12 月 31 日

項　目	X3年12月31日	X4 年 12 月 31 日			X5 年 12 月 31 日		
	金　額	金　額	與 X3 年比較增減數	增減百分數	金　額	與 X3 年比較增減數	增減百分數
資　產							
現金	$ 34,000	$ 37,900	+ $ 3,900	11.47	$ 30,000	− $ 4,000	−11.76
銀行存款	25,000	29,400	+ 4,400	17.60	39,500	+ 14,500	58
應收票據	13,000	17,500	+ 4,500	34.62	22,000	+ 9,000	69.23
應收帳款	15,000	20,700	+ 5,700	38	27,600	+ 12,600	84
存貨 (12/31)	38,000	42,000	+ 4,000	10.53	47,200	+ 9,200	24.21
流動資產合計	$125,000	$147,500	+ $22,500	18	$166,300	+ $41,300	33.04
房屋	75,000	75,000	0	0	75,000	0	0
器具	35,000	35,000	0	0	39,700	+ 4,700	13.43
固定資產合計	$110,000	$110,000	0	0	$114,700	+ $ 4,700	4.27
資產總額	$235,000	$257,500	+ $22,500	9.57	$281,000	+ $46,000	19.57
負　債							
應付票據	$ 12,700	$ 20,200	+ $ 7,500	59.06	$ 36,300	+ $23,600	185.83
應付帳款	13,000	21,000	+ 8,000	61.54	9,000	− 4,000	−30.77
流動負債合計	$ 25,700	$ 41,200	+ $15,500	60.32	$ 45,300	+ $19,600	76.26
長期借款	16,000	16,000	0	0	20,000	+ 4,000	25

抵押借款	10,000	12,000	+ 2,000	20	15,000	+ 5,000	50
長期負債合計	$ 26,000	$ 28,000	+ $ 2,000	7.69	$ 35,000	+ $ 9,000	34.62
負債總額	$ 51,700	$ 69,200	+ $17,500	33.85	$ 80,300	+ $28,600	55.32
股東權益							
股本	150,000	150,000	0	0	150,000	0	0
資本公積	8,000	10,500	+ 2,500	31.25	13,300	+ 5,300	66.25
本期純益	25,300	27,800	+ 2,500	9.88	37,400	+ 12,100	47.83
股東權益總額	$183,300	$188,300	+ $ 5,000	2.72	$200,700	+ $17,400	9.47
負債和股東權益總額	$235,000	$257,500	+ $22,500	9.57	$281,000	+ $46,000	19.57

2.比較損益表

永利股份有限公司

比較損益表

項目	X3 年度	X4 年度			X5 年度		
	金額	金額	與 X3 年度比較增減數	增減百分數	金額	與 X3 年度比較增減數	增減百分數
銷貨淨額	$250,000	$275,000	+ $25,000	10	$300,000	+ $50,000	20
減：銷貨成本	200,000	220,000	+ 20,000	10	233,300	+ 33,300	16.65
銷貨毛利	50,000	$ 55,000	+ $ 5,000	10	$ 66,700	+ $16,700	33.40
減：營業費用	31,500	34,600	3,100	9.84	37,800	+ 6,300	20
營業純益	18,500	$ 20,400	+ $ 1,900	10.27	$ 28,900	+ $10,400	56.22
加：非營業收益	7,600	8,300	+ 700	9.21	9,100	+ 1,500	19.74
減：非營業費用	800	800	0	0	800	0	0
本期純益	$ 25,300	$ 27,900	+ $ 2,600	10.28	$ 37,200	+ $11,900	47.04

第三節 比較財務報表的分析

根據上述永利股份有限公司比較財務報表，分析各點如下：

1.流動資產

該公司的流動資產 X3 年度為 $125,000.00，X4 年度為 $147,500.00，X5 年度為 $166,300.00；比較的結果，X4 年度比 X3 年度增加 $22,500.00 (18%)，X5 年度

比 X3 年度增加 $41,300.00 (33.04%)。顯然，每年的流動資產都有增加，這是一種良好的現象。即使每年的流動負債也有增加，但該公司仍能維持很強的償債能力。

2. 速變流動資產

該公司的速變流動資產，X3 年度為 $87,000.00，X4 年度為 $105,500.00，X5 年度為 $119,100.00；比較結果，X4 年度比 X3 年度增加 $18,500.00 (21.26%)，X5 年度比 X3 年度增加 $32,100.00 (36.90%)。同樣的，每年的速變流動資產也有增加，速變流動資產增加，對於企業償債能力的加強，以及企業運用資本的提供，都有相當的幫助。

3. 運用資本

該公司的運用資本（流動資產 – 流動負債），X3 年度為 $99,300.00，X4 年度為 $106,300.00，X5 年度為 $121,000.00；比較的結果，X4 年度比 X3 年度增加 $7,000.00 (7.05%)，X5 年度比 X3 年度增加 $21,700.00 (21.85%)。運用資本每年不斷的增加，顯示這一企業的資金運用和財務管理，都有良好的現象。

4. 固定資產

該公司的固定資產 X3 年度為 $110,000.00，X4 年度為 $110,000.00，X5 年度為 $114,700.00；比較的結果，X4 年度沒有增加，X5 年度增加 $4,700.00 (4.27%)，這是一種良好的現象，買賣業的固定資產，在可能範圍內，不要隨便增加。因為固定資產增加，就必須呆滯一部分運用資本，X5 年度雖略有增加，但為數不大，所以，還是一種良好的現象。不過，如果是製造業，固定資產增加，是為營業的擴大而增加，即使固定資產增加，仍不失為良好的現象。

5. 流動負債

該公司的流動負債，X3 年度為 $25,700.00，X4 年度為 $41,200.00，X5 年度為 $45,300.00；比較的結果，X4 年度比 X3 年度增加 $15,500.00 (60.32%)，X5 年度比 X3 年度增加 $19,600.00 (76.26%)，兩年度的流動負債雖有增加，但流動資產同樣的增加，而且流動資產增加的數額，大於流動負債增加的數額，所以該公司的償債能力，仍然保持很強。

6. 銷貨淨額

該公司的銷貨淨額，X3 年度為 $250,000.00，X4 年度為 $275,000.00，X5 年度為 $300,000.00；比較的結果，X4 年度比 X3 年度增加 $25,000.00 (10%)，X5 年度比 X3 年度增加 $50,000.00 (20%)，每年的銷貨淨額都有增加，而且一年比一年好，顯示營業在不斷的擴展，這是一種良好的營業現象。

7.銷貨成本

該公司的銷貨成本，X3 年度為 $200,000.00，X4 年度為 $220,000.00，X5 年度為 $233,300.00；比較的結果，X4 年度比 X3 年度增加 $20,000.00 (10%)，X5 年度比 X3 年度增加 $33,300.00 (16.65%)，雖然兩年都有增加，但銷貨淨額同樣增加，而銷貨成本增加的比數，小於銷貨淨額增加的比數，所以，即使銷貨成本增加，仍然是一種良好的現象，尤其銷貨成本有減低的趨勢，更是難能可貴。

8.銷貨毛利

該公司的銷貨毛利，X3 年度為 $50,000.00，X4 年度為 $55,000.00，X5 年度為 $66,700.00；比較的結果，X4 年度比 X3 年度增加 $5,000.00 (10%)，X5 年度比 X3 年度增加 $16,700.00 (33.4%)。顯然，每年的銷貨毛利都不斷增加，這樣的營業趨勢，可以說是非常的良好。

9.營業費用

該公司的營業費用，X3 年度為 $31,500.00，X4 年度為 $34,600.00，X5 年度為 $37,800.00；比較的結果，X4 年度比 X3 年度增加 $3,100.00 (9.84%)，X5 年度比 X3 年度增加 $6,300.00 (20%)。兩年的營業費用都在繼續增加，該公司營業費用本已偏高（接近最低標準），將來還是否這樣繼續增加，實有加以改善的必要。X3 年度銷貨毛利為 $50,000.00，而營業費用為 $31,500.00，X4 年度銷貨毛利為 $55,000.00，而營業費用為 $34,600.00，X5 年度銷貨毛利為 $66,700.00，而營業費用為 $37,800.00，三年的營業費用都偏高，以致影響營業純益。這種營業費用支出的情形，實有撙節的必要。

10.本期純益

該公司的本期純益，X3 年度為 $25,300.00，X4 年度為 $27,900.00，X5 年度為 $37,200.00；比較的結果，X4 年度比 X3 年度增加 $2,600.00 (10.28%)，X5 年度比 X3 年度增加 $11,900.00 (47.04%)。兩年來的股本並未增加，即使資本公積增加，但本期純益都在不斷的增加，而且增加的百分數很大，這種營業結果，是有長足的進步。

11.結論

上述永利股份有限公司財務報表分析的結果，大體來說，是一種良好的趨勢，因為：

⑴財務狀況不斷的進步，每年所維持的償債能力都很強。

⑵固定資產沒有增加，即使有增加，為數很小，財務的管理很妥善，並沒有將資金呆滯於固定資產。

⑶銷貨淨額在不斷的增加，顯示營業情形有長足的進步。

⑷期內純益也不斷的增加，表示營業情形有良好的發展。

不過，唯一的缺點，就是營業費用偏高（接近最低標準），實有撙節開支的必要。

第四節 比率分析和比較分析的比較

比率分析和比較分析，同為分析財務報表的方法，但兩者各有其利弊。大體來說，比率分析的應用較為迂遠，比較分析則較簡單而迅速。後者的優點，計有：

1.便於統觀全貌

比率分析，是一種橫的分析，著重於**各個項目間關係的分析**，分析時只限於瞭解某一項目的情形。比較分析，是一種縱的分析，著重於**整個企業各項目增減變化的分析**，所以分析時，可以統觀整個企業的全部情形。

2.便於事實的互相比較

比較分析，分析時編製比較資產負債表和比較損益表，而且直接計算各帳戶金額增減變化的比較，對於事實的互相比較，極為有利。

3.變化傾向的表示極為明顯

比較資產負債表和比較損益表，直接計算各帳戶金額的增減變化，這種數字的傾向，可以非常明顯的瞭解此一企業，究竟是趨向於好的方面發展？還是趨向衰落不景氣的現象？

4.數字的解釋極為容易

如果採用比率分析，比率的數字很難解釋企業的發展是好還是壞，例如以100%來說，某一項目，可能由 $50.00 增為 $100.00，而另一項目，則自 $50,000.00 增為 $100,000.00，兩者同樣增加 100%，但前者增加的金額有限，絕不能以後者增加 100% 同等而語。又如前述永利股份有限公司民國 X4 年度流動資產比 X3 年度增加 18% ($22,500.00)，X5 年度流動資產比 X3 年度增加 33.04% ($41,300.00)，而該公司 X4 年度流動負債比 X3 年度增加 60.32% ($15,500.00)，X5 年度流動負債比 X3 年度增加 76.26% ($19,600.00)，如果只憑比率數字來分析，則此一企業財務狀況必然是趨於不好的現象，實際上，該公司的財務狀況，仍然非常良好。所以，用數字的解釋來分析企業的發展如何，極為容易。

5. 計算簡單

比率分析要求出各個項目的比率數字，而比較分析，只須求出各個項目金額的增減即可，所以計算非常簡單。

6. 計算不易發生錯誤

比較分析所算得的百分率，都是同時與實際金額互為比較，數字的錯誤，比較不易發生。

總之，比率分析的作用，在於表示企業財務狀況和營業情形的優劣，而比較分析，僅闡明企業財務狀況和營業情形的趨勢。比較分析雖較優於比率分析，然而欲明悉其現狀，則兼用比率分析，更為確實而可靠。

習　題

一、問答題

1. 比較分析之意義為何？試說明之。
2. 比較分析中，比較財務報表有那幾種方法？
3. 財務報表應用百分數法或增減比率分析法時，計算各百分數或比率有何限制？
4. 試比較比率分析與比較分析的優劣點。
5. 比較財務報表分析時，有那些要注意的地方？試列述之（比較財務報表之限制）。

二、選擇題

（　）1. 下列對比較分析之敘述何者最為正確？　(A)銷貨金額之增加通常有利　(B)比較報表應考慮物價變動之影響　(C)負債增加為不利經營之訊號　(D)擴充廠房必須發行新股來籌措資金。

（　）2. 比較財務報表包括下列那些方法？　(A)絕對數字比較法　(B)絕對數字的增減變動法　(C)增減百分數法　(D)增減比率法　(E)以上皆是。

（　）3. 大華公司 X4 年度之應收帳款為 $218,000，X5 年度應收帳款為 $340,000，則其絕對數字增減變動多少？　(A)減少 $122,000　(B)增加 $122,000　(C)減少 $218,000　(D)增加 $218,000。

（　）4. 同上題，大華公司應收帳款之增減百分數為　(A)減少 55.96%　(B)增加 55.96%　(C)增加 69.55%。

（　）5. 同上題，大華公司應收帳款的增減比率為　(A) 2.61　(B) 1.56　(C) 3.65。

＊ 6.～15.題依下列表格作答：

	X5 年		X4 年		變動
	金　額	百分比	金　額	百分比	百分比
銷貨收入	$900,000	100%		100%	+25%
銷貨成本		60%		65%	
銷貨毛利		40%		35%	
營業費用		28%		20%	
營業淨利		12%		15%	
所得稅		6%		6%	
本期淨利		6%		9%	

( ) 6. X4 年銷貨收入為 (A) $675,000 (B) $540,000 (C) $720,000 (D) $800,000。

( ) 7. X5 年銷貨成本變動百分比為 (A) +13% (B) +15% (C) +54% (D) +4%。

( ) 8. X5 年銷貨毛利變動百分比為 (A) +28% (B) +43% (C) +52% (D) +90%。

( ) 9. X5 年營業費用變動百分比為 (A) +75% (B) +86% (C) +1% (D) +58%。

( ) 10. X5 年營業淨利變動百分比為 (A) +7% (B) +33% (C) −10% (D) 0。

( ) 11. X5 年所得稅變動百分比為 (A) +33% (B) +13% (C) +25% (D) +67%。

( ) 12. X5 年本期淨利變動百分比為 (A) −17% (B) −25% (C) −11% (D) +11%。

( ) 13. 上表之分析屬 (A)靜態分析 (B)動態分析 (C)兩者兼有之 (D)兩者均非。

( ) 14. 根據上面變動百分比分析，造成 X5 年淨利下跌的原因為 (A)營業費用、銷貨成本巨幅提高 (B)營業費用、所得稅大量增加 (C)銷貨收入增加太少 (D)以上均是。

( ) 15. 由兩年共同比的損益表發現，X5 年有改進的是 (A)成本率降低 (B)銷貨收入增加 (C)前兩者均是 (D)以上皆非。

( ) 16. 在趨勢分析中，每一項目以下列何項的百分比表示之？ (A)保留盈餘 (B)淨利 (C)總資產 (D)基年金額。

( ) 17. 金華公司 X3 年至 X5 年之銷貨分別為 $700，$777 及 $847，若以 X3 年為基期，則在趨勢分析中 X5 年的指數為 (A) 100 (B) 111 (C) 121 (D) 83。

( ) 18. 比較報表的水平式分析包括 (A)編共同比報表 (B)計算流動比率 (C)計算每一項目占銷貨的百分比 (D)計算兩年度間各項目金額及百分比之變化。

（選擇題資料：參考歷屆證券商業務員考試試題）

三、綜合題

1. 完成下列永利公司民國 X3 年、X4 年、X5 年之比較損益表：

永利公司

損益表

1 月 1 日至 12 月 31 日

項目	X5 年	X4 年	X3 年
銷貨淨額	(1)	$2,490,000	$2,860,000
銷貨成本	3,210,000	(3)	(5)
毛利	3,670,000	680,000	1,050,000
營業費用	(2)	(4)	(6)
稅前純益	2,740,000	215,000	105,000
純益	1,485,000	145,000	58,000

2. 下列為永宜公司比較資產負債表，試根據此項報表，選擇重要項目，分析其財務狀況發展的趨勢：

永宜公司
資產負債表

項　目	X5 年 12 月 31 日金額		X4 年 12 月 31 日金額	
資　產				
現金		$ 3,000		$ 15,000
應收帳款	$ 46,200		$ 53,500	
減：備抵呆帳	2,200	44,000	2,500	51,000
存貨 (12/31)		93,000		112,000
預付保險費		54,600		28,800
房屋	$214,000		$116,000	
減：累計折舊	17,000	197,000	11,200	104,800
運輸設備	$ 24,000		$ 24,000	
減：累計折舊	9,200	14,800	3,200	20,800
器具	$ 14,000		$ 12,000	
減：累計折舊	3,600	10,400	2,400	9,600
土地		60,000		40,000
專利權		54,000		60,000
資產總額		$530,800		$442,000
負債和股東權益				
應付帳款		$ 77,400		$ 79,800
應付利息		3,600		3,200
抵押借款		80,000		80,000
股本		200,000		200,000
未分配盈餘		169,800		79,000
負債和股東權益總額		$530,800		$442,000

3. 設下列為永新公司財務狀況表，試根據此項報表，編製該公司比較資產負債表和選擇重要項目，分析其財務狀況發展趨勢：

永新公司
資產負債表

項　目	X5 年 12 月 31 日金額	X4 年 12 月 31 日金額
資　產		
流動資產		
現金	$ 21,466	$ 15,748
應收帳款	25,680	23,532
減：備抵壞帳	(1,350)	(1,200)
存貨 (12/31)	50,400	34,940
預付保險費	420	800
流動資產合計	$ 96,616	$ 73,820
固定資產		
房屋	51,128	31,800
減：累計折舊	(9,020)	(5,120)
運輸設備	26,000	0
減：累計折舊	(3,780)	0
固定資產合計	$ 64,328	$ 26,680
其他資產	2,000	4,000
資產總額	$162,944	$104,500
負　債		
流動負債		
應付帳款	$ 19,072	$ 11,200
應付票據	10,772	5,570
應付稅捐	10,000	5,600
應付薪金	2,788	2,590
負債合計	$ 42,632	$ 24,960
股東權益		
股本	78,000	56,000
未分配盈餘	42,312	23,540
股東權益合計	$120,312	$ 79,540
負債和股東權益總額	$162,944	$104,500

4. 設下列為永琦股份有限公司財務報表資料：

永琦股份有限公司
損益表

單位：千元

	X5 年度	X4 年度	X3 年度
銷貨淨額	$24,200	$24,500	$24,900
銷貨成本	16,900	17,200	18,000
銷貨毛利	$ 7,300	$ 7,300	$ 6,900
推銷費用	$ 4,300	$ 4,400	$ 4,600
管理費用	2,300	2,400	2,700
費用合計	$ 6,600	$ 6,800	$ 7,300
所得稅費用或抵減前利益（損失）	$ 700	$ 500	$ (400)
所得稅費用（抵減）	315	225	(180)
純益（損）	$ 385	$ 275	$ (220)

永琦股份有限公司
資產負債表

	X5 年 12 月 31 日	X4 年 12 月 31 日	X3 年 12 月 31 日
資　產			
流動資產			
現金	$ 2,600	$ 1,800	$ 1,600
應收票據	400	200	–
應收帳款（淨額）	8,000	8,500	8,480
存貨	2,800	3,200	2,800
預付費用	700	600	600
流動資產總額	$14,500	$14,300	$13,480
廠房資產（淨額）	4,300	5,400	5,900
資產合計	$18,800	$19,700	$19,380
負債與股東權益			
流動負債			
應付票據	$ 3,200	$ 3,700	$ 4,200
應付帳款	2,800	3,700	4,100
其他負債	915	1,125	1,000
流動負債合計	$ 6,915	$ 8,525	$ 9,300
長期負債	3,000	2,000	1,000
負債合計	$ 9,915	$10,525	$10,300
股東權益	8,885	9,175	9,080
負債與股東權益合計	$18,800	$19,700	$19,380

試根據上述資料，編製該公司：

(1)比較資產負債表。

(2)比較損益表。

(3)分析財務狀況及營業情形發展的趨勢。

5. 某公司於71年初開業，每年定期進貨 $800,000，71年到75年的期末存貨如下：

71	72	73	74	75
$180,000	$100,000	$90,000	$140,000	$200,000

試根據上列資料，以71年為基年，計算該公司72年到75年的銷貨成本趨勢百分數。（小數點後四捨五入）

（76年證券商營業員考試試題）

6. 試為下列資料計算①增減金額，②增減百分數：

	74年	75年
(1)營業費用	$140,000	$160,000
(2)租金收入	15,000	0
(3)利息費用	0	30,000
(4)本期（淨損）純益	(20,000)	10,000

（76年證券商營業員考試試題）

7. 下列是永發公司部分財務報表資料，計有民國X3年、X4年、X5年三年之比較資料：

	民國X5年	民國X4年	民國X3年
銷貨收入	$442,500	$431,250	$375,000
存貨	99,000	93,750	75,000
應收帳款	59,850	57,150	45,000

試求：(1)計算各項目之趨勢百分數（以民國X3年為基期）。

(2)說明永發公司各項目情況是有利或不利。

8. 永達公司各年資料如下：

	X5年	X4年	X3年	X2年	X1年
現金	$ 30,000	$ 40,000	$ 48,000	$ 65,000	$ 50,000
應收帳款	570,000	510,000	405,000	345,000	300,000
存貨	750,000	720,000	690,000	660,000	600,000

流動資產合計	$1,350,000	$1,270,000	$1,143,000	$1,070,000	$ 950,000
流動負債	$ 640,000	$ 580,000	$ 520,000	$ 440,000	$ 400,000
銷貨	$2,250,000	$2,160,000	$2,070,000	$1,980,000	$1,800,000

試求：⑴以 X1 年為基期之資產、負債及銷貨之趨勢百分比。

⑵從上述之趨勢百分比分析結果。

9. 設下列為永華公司比較資產負債表：

永華股份有限公司
比較資產負債表

	X5 年 12 月 31 日	X4 年 12 月 31 日
資　　產		
現金	$ 18,000	$ 12,000
應收票據	6,000	12,000
應收帳款	42,000	30,000
減：備抵壞帳	(12,000)	(6,000)
存貨	27,000	21,000
固定資產	270,000	261,000
減：累計折舊	(69,000)	(60,000)
資產總額	$282,000	$270,000
負債與股東權益		
應付帳款	$ 12,000	$ 15,000
其他流動負債	9,000	3,000
應付公司債，8%	60,000	60,000
特別股，面值 $100	15,000	30,000
普通股，面值 $10	120,000	120,000
保留盈餘	66,000	42,000
負債與股東權益總額	$282,000	$270,000

補充資料：

X5 年之所有銷貨皆為賒銷，金額為 $450,000。銷貨毛利為銷貨的 40%，純益為銷貨的 10%，所得稅費用為稅前純益的 45%。

試作：計算 X5 年的下列各項比率：

⑴ 12 月 31 日總資產報酬率（稅前及利息費用前）。

⑵應收帳款週轉率（以毛額為基礎）。

⑶存貨週轉率。

⑷流動比率。

⑸速動比率。

⑹稅前純益為利息費用（8% 之應付公司債）之倍數（利息保障倍數）。

10.永大公司近 3 年之財務分析資料如下：

	X5 年	X4 年	X3 年
流動比率	2.8:1	2.4:1	2.2:1
速動比率	0.9:1	1.1:1	1.4:1
存貨週轉次數	7 次	8 次	9 次
純益對股東權益百分比	6.8%	6.9%	7.1%
純益對資產總額百分比	6.2%	6.3%	6.4%
純益對固定資產比率	4.1:1	3.9:1	3.4:1
銷貨趨勢	132	121	100
推銷費用占銷貨百分比	15.1%	15.5%	16.1%

試以「是」或「否」回答下列問題，並說明你的理由：

⑴償還短期債務之能力是否漸有進步？

⑵應收帳款之拖欠時間是否漸漸縮短？

⑶應收帳款之金額是否漸有增加？

⑷存貨之金額是否漸有增加？

⑸固定資產是否漸有擴增？

⑹ X5 年之推銷費用是否多於 X3 年？

⑺股東權益投資報酬是否漸有增進？

⑻舉債營利之結果是否對股東有利？

第十一章
綜合比率分析

客戶訂單收入與成本分析表

客戶訂單收入與成本分析表

業務員：
客戶P/O：

口含三個月以上客戶訂單 CO20020509020

客戶訂單號碼	CO20020509020	訂購單位編號	000
客戶編號	0990	訂購單位名稱	板橋分公司
客戶名稱	怡心電信	產品品名	三民帳號密碼卡
產品編號	0012-990-002-211	產品數量	30000
產品單位	張	總金額	360000
單價	12		

收入資訊

原出貨發票資料

出貨單號碼	出貨日期	交貨數量	銷售金額	銷項稅額	銷貨發票金額	銷貨
PI20020509019	2002/05/25	20000	240000	12000	252000	GH55
PI20020509020	2002/05/27	10000	120000	6000	126000	GH66
		0	0	0	0	

新出貨發票資料

出貨單號碼	出貨日期	交貨數量	銷售金額	銷項稅額	銷貨發票金額
		0	0	0	0

銷項稅額 48 0

退貨（折讓）資料

退貨(折讓)單號碼	退貨(折讓)日期	退貨(折讓)金額
PR20020509015	2002/05/30	950
		0

第一節
綜合比率分析的意義

綜合比率分析 (Component Ratio Analysis)，又名共同比率分析，是以財務報表內所列各個項目，對於全部項目所作的百分數來分析。分析時，將資產負債表和損益表的各個項目，分別作成比率加以分析。

綜合比率分析，通常是將同性質兩個以上公司的金額，加以對照分析，藉以瞭解其財務狀況和營業成績的優劣，或者是將同一公司上下年度的金額，加以對照分析，藉以比較其財務狀況和營業成績的優劣。不過，同一公司上下年度財務報表金額的對照分析，是屬於比較分析 (Comparative Analysis)，多不在綜合比率分析中介紹。本章就兩個同性質的公司，將其金額加以對照分析，藉以瞭解其財務狀況和營業成績的優劣。

第二節
資產負債表綜合比率分析

資產負債表的綜合比率分析，分析時，借方是以表內比較重要的項目，對於資產總額作成百分數來分析；貸方則以表內比較重要的項目，對於負債和業主權益總額作成百分數來分析。茲以永利公司和永發公司××年 12 月 31 日資產負債表為例，分析如下：

項　目	永利股份有限公司 資產負債表		永發股份有限公司 資產負債表	
	金　額	百分比(%)	金　額	百分比(%)
資　產				
現金	$ 68,000	14.47	$ 44,000	8.80
銀行存款	50,000	10.64	42,000	8.40
應收票據	26,000	5.53	42,000	8.40
應收帳款	30,000	6.38	44,000	8.80
存貨(12/31)	76,000	16.17	62,000	12.40
流動資產合計	$250,000	53.19	$234,000	46.80
房屋	150,000	31.92	188,000	37.60
器具	70,000	14.89	78,000	15.60
固定資產合計	$220,000	46.81	$266,000	53.20
資產總額	$470,000	100.00	$500,000	100.00
負　債				
應付票據	$ 25,400	5.40	$ 28,000	5.60
應付帳款	26,000	5.54	32,000	6.40
流動負債合計	$ 51,400	10.94	$ 60,000	12.00
長期借款	32,000	6.80	30,000	6.00
抵押借款	20,000	4.26	24,000	4.80
長期負債合計	$ 52,000	11.06	$ 54,000	10.80
負債總額	$103,400	22.00	$114,000	22.80
股東權益				
股本	300,000	63.83	340,000	68.00
資本公積	16,000	3.40	10,000	2.00
本期純益	50,600	10.77	36,000	7.20
股東權益總額	$366,600	78.00	$386,000	77.20
負債和股東權益總額	$470,000	100.00	$500,000	100.00

根據上列永利公司和永發公司資產負債表所獲得的比率，可以分析說明下列幾點：

⑴現金和銀行存款：永利公司的現金占資產總額 14.47%，銀行存款占資產總額 10.64%，兩項合計占 25.11%；永發公司的現金占資產總額 8.80%，銀行存款占資產總額 8.40%，兩項合計占 17.20%。由此可知，永利公司所有直接可以作為支付工具的速動資產 (Quick Assets)，要比永發公司好得多。

⑵應收票據和應收帳款：永利公司的應收票據占資產總額 5.53%，應收帳款占資產總額 6.38%，兩項合計占 11.91%；永發公司的應收票據占資產總額 8.40%，應收帳款占資產總額 8.80%，兩項合計占 17.20%，由此可知，永發公司發生壞帳的可能性，要比永利公司為大。換句話說，永利公司在外滯留的款額，要比永發公司為少。

⑶流動資產：永利公司的流動資產占資產總額 53.19%，永發公司的流動資產占資產總額 46.80%。由此可見，永利公司的流動資產較永發公司的流動資產為多，永利公司的償債能力，也較永發公司為強。

⑷固定資產：永利公司的固定資產占資產總額 46.81%，永發公司的固定資產占資產總額 53.20%，由此可知，永利公司的固定資產較少，也就是說，永利公司呆滯於固定資產的資金，要比永發公司為少；按一般普通買賣業資金運用於設備方面，愈少愈好。

⑸流動負債：永利公司的流動負債，占負債和股東權益總額的 10.94%，永發公司的流動負債，占負債和股東權益總額的 12.00%，由此可知，永發公司的流動負債要比永利公司為多。

⑹長期負債：永利公司的長期負債，占負債和股東權益總額的 11.06%，永發公司的長期負債，占負債和股東權益總額的 10.80%，由此可知，永利公司的長期負債，要比永發公司為多。

⑺股東權益：永利公司的股東權益，占負債和股東權益總額的 78.00%，永發公司的股東權益，占負債和股東權益總額的 77.20%，由此可知，永利公司的股東權益，要較永發公司的股東權益為多。換句話說，永利公司的股東權益，比永發公司的股東權益更為雄厚。

⑻結論：就整個來說，永利公司的財務狀況，優於永發公司的財務狀況，雖然永利公司的長期負債略多於永發公司，但為數不多，所以就整個企業來說，還是沒有什麼多大影響，而兩公司的資本結構，都相當良好。

第三節 損益表綜合比率分析

損益表的綜合比率分析，是以各重要項目對於銷貨淨額的百分數來分析，其所以用銷貨淨額作為損益表內一切百分數的基數，因為買賣業的主要收益來源是靠銷貨；又因為企業的一切成本和費用，都是由銷貨所得的收益來支付。茲以永利公司和永發公司××年度損益表為例，分析如下：

項　目	永利股份有限公司損益表		永發股份有限公司損益表	
	金　額	百分比 (%)	金　額	百分比 (%)
銷貨淨額	$500,000	100.00	$500,000	100.00
減：銷貨成本	400,000	80.00	430,000	86.00
銷貨毛利	$100,000	20.00	$ 70,000	14.00
減：營業費用	63,000	12.60	40,000	8.00
營業純益	$ 37,000	7.40	$ 30,000	6.00
加：非營業收益	15,200	3.04	10,000	2.00
減：非營業費用	1,600	0.32	4,000	0.80
本期純益	$ 50,600	10.12	$ 36,000	7.20

根據上表永利公司和永發公司損益表所獲得的比率，可以分析說明如下：

⑴銷貨成本：永利公司的銷貨成本占銷貨淨額 80%，永發公司的銷貨成本占銷貨淨額 86%，由此可知，永發公司銷貨成本高於永利公司銷貨成本。

⑵銷貨毛利：永利公司的銷貨毛利占銷貨淨額 20%，永發公司的銷貨毛利占銷貨淨額 14%，由此可知，永利公司銷貨毛利高於永發公司。

⑶營業費用：永利公司的營業費用占銷貨淨額 12.60%，永發公司的營業費用占銷貨淨額 8%，由此可知，永利公司的營業費用高於永發公司。

⑷營業純益：永利公司的營業純益占銷貨淨額 7.4%，永發公司的營業純益占銷貨淨額 6%，由此可知，永利公司的營業純益高於永發公司。

⑸本期純益：永利公司的本期純益占銷貨淨額 10.12%，永發公司的本期純益占銷貨淨額 7.20%，由此可知，永利公司的本期純益高於永發公司。

⑹結論：就整個來說，永利公司的營業成績，優於永發公司的營業成績，假使永利公司在營業費用方面能撙節開支，成績當更理想。

綜合比率分析，在一般財務報表分析中，很少採用，這裡，不過提供參考而已。

第四節 綜合比率分析的檢討

綜合比率分析，嚴格來說，在實務上應用較少，因為兩個同性質公司金額的分析，如果某一個公司所提出財務報表的資料不夠真實，則其分析完全失去意義。如果同一公司上下年度金額的分析，多在比較分析中介紹，比較分析在財務報表分析中，占有相當重要的地位，這一點，在第十章比較分析中已經介紹。

習　題

一、問答題

1. 何謂綜合比率分析？其用途如何？試分析之。
2. 資產負債表及損益表在綜合比率分析中，係以何項目為百分比的基數？
3. 綜合比率分析（共同比分析）在應用上有何限制？

二、選擇題

（　）1. 同型損益表是以那一個項目值為 100%？ (A)銷貨收入 (B)賒銷收入 (C)銷貨淨額 (D)營業利益。

（　）2. 同型資產負債表是以那兩個項目值為 100%？ (A)資產總額，負債總額 (B)資產總額減負債總額，股東權益總額 (C)資產總額，股東權益總額 (D)資產總額，負債總額加股東權益總額。

（　）3. 下列那一種報表通常不作同型比（綜合比率）分析？ (A)資產負債表 (B)損益表 (C)股東權益變動表 (D)現金流量表。

（　）4. 共同比報表或同型比報表係屬何種分析？ (A)比較分析 (B)結構分析 (C)趨勢分析 (D)比率分析。

（　）5. 適於作結構分析的分析方法為 (A)趨勢分析 (B)比率分析 (C)共同比報表 (D)增減百分比分析。

（　）6. 分析財務報表中各組織項目之關係可採 (A)水平分析 (B)趨勢分析 (C)共同比分析 (D)比率分析。

（選擇題資料：參考歷屆證券商業務員考試試題）

三、綜合題

1. 永立公司與永中公司民國 X5 年 12 月 31 日之資產負債表如下：

	永立公司	永中公司
流動資產		
現金	$　75,000	$　100,000
應收帳款（淨額）	200,000	100,000
存貨 (12/31)	600,000	300,000
預付保險費	50,000	–

合　計	$ 925,000	$ 500,000
固定資產		
土地	$ 60,000	$ 500,000
房屋（淨額）	1,000,000	800,000
合　計	1,060,000	$1,300,000
其他資產	200,000	100,000
資產總額	$2,185,000	$1,900,000
流動負債		
應付帳款	$ 200,000	$ 250,000
應付費用	150,000	200,000
合　計	$ 350,000	$ 450,000
長期負債		
應付公司債	1,000,000	800,000
負債合計	$1,350,000	$1,250,000
股東權益		
股本	$ 600,000	$ 600,000
保留盈餘	235,000	50,000
合　計	$ 835,000	$ 650,000
負債及股東權益總額	$2,185,000	$1,900,000

試求：為該兩公司作綜合比率比較表（同型百分數），並分析兩公司的得失。

2. 永隆公司及永新公司民國 X5 年底之簡明資產負債表如下：

	永隆公司	永新公司
資　產		
流動資產	$102,000	$ 48,000
固定資產	106,000	160,000
無形資產	12,000	20,000
其他資產	10,000	12,000
資產總額	$230,000	$240,000
負　債		
流動負債	$ 30,000	$ 36,000
長期負債	50,000	60,000
遞延貸項	10,000	14,000
負債總額	$ 90,000	$110,000
股東權益		
特別股	$ 10,000	$ 20,000
普通股	60,000	40,000

資本公積	50,000	37,000
保留盈餘	20,000	33,000
股東權益總額	$140,000	$130,000
負債及股東權益總額	$230,000	$240,000

試求：⑴編製兩公司民國 X5 年度資產負債表之綜合比率（共同比）百分數。

⑵分析說明兩公司的財務狀況。

3. 永大公司與永遠公司經營相類似之業務，兩公司資本額相似，然營業成果卻大不相同，其相關財務資料如下：

	永大公司	永遠公司
銷貨收入	$200,000	$80,000
銷貨成本	50,000	28,000
銷貨毛利	$150,000	$52,000
營業費用	20,000	24,000
營業利益	$130,000	$28,000

試求：編製永大公司與永遠公司之綜合比率（共同比），並說明二公司營業成果不同之原因。

4. 永發公司民國 X5 年度相關財務資料如下：

⑴銷貨退回為銷貨收入的 5%。

⑵銷貨成本為銷貨收入的 45%。

⑶ X5 年稅後純益為 $21,000。

⑷所得稅率 30%。

⑸毛利率為營業利益之 3 倍。

試求：①編製永發公司民國 X5 年度之損益表。

②作永發公司民國 X5 年度損益表之綜合比率（共同比）。

5. 下列為永成股份有限公司和永隆股份有限公司民國 X5 年底資產負債表和 X5 年度損益表：

資產負債表

項　目	永成股份有限公司 民國X5年12月31日	永隆股份有限公司 民國X5年12月31日
現金	$ 91,602	$134,400
應收帳款	108,780	115,200

備抵壞帳	(5,432)	(5,760)
存貨 (12/31)	130,830	144,560
預付房租	0	1,440
機器設備	147,000	150,400
累計折舊	(23,520)	(22,080)
合　計	$449,260	$518,160
應付帳款	$ 52,472	$ 74,320
應付票據	53,704	87,712
應付佣金	3,360	2,880
代收款	0	2,016
應付稅捐	10,080	8,640
應付利息	588	576
長期借款	42,000	58,000
股本	210,000	210,000
資本公積	16,800	15,200
累積盈餘	21,000	16,400
本期純益	39,256	42,416
合　計	$449,260	$518,160

損益表

項　目	永成股份有限公司 民國 X5 年度		永隆股份有限公司 民國 X5 年度	
銷貨	$882,000		$937,600	
銷貨成本	651,000		652,000	
銷貨毛利	$231,000		$285,600	
利息收入（非營業）	1,680		800	
其他收入（非營業）	6,300	$238,980	4,640	$291,040
壞帳損失	$ 5,432		$ 5,760	
機器設備折舊	4,200		4,400	
利息費用（非營業）	18,480		33,280	
佣金支出	52,080		71,792	
房租費用	20,160		25,424	
投資損失（非營業）	1,260		2,056	
稅捐	20,720		2,408	
銷貨運費	26,040		32,160	
銷貨雜費	5,852		8,480	
職員薪金	45,500	199,724	62,864	248,624
本期純益		$ 39,256		$ 42,416

根據上述資料，選擇各重要項目作綜合比率分析，比較兩公司的財務狀況和營業情形。

6. 下列為永興股份有限公司和永昌股份有限公司民國 X5 年底資產負債表和 X5 年度損益表：

資產負債表

項　目	永興股份有限公司 民國X5年12月31日	永昌股份有限公司 民國X5年12月31日
現金	$104,688	$117,600
應收帳款	124,320	100,800
備抵壞帳	(6,208)	(5,040)
存貨 (12/31)	149,520	126,490
預付房租	0	1,260
機器設備	168,000	131,600
累計折舊	(26,880)	(19,320)
合　計	$513,440	$453,390
應付帳款	$ 59,968	$ 56,280
應付票據	61,376	56,748
應付佣金	3,840	2,520
代收款	0	1,764
應付稅捐	11,520	7,560
應付利息	672	504
長期借款	48,000	32,000
股本	240,000	240,000
資本公積	19,200	13,300
累積盈餘	24,000	5,600
本期純益	44,864	37,114
合　計	$513,440	$453,390

損益表

項　目	永興股份有限公司 民國 X5 年度		永昌股份有限公司 民國 X5 年度	
銷貨	$1,008,000		$820,400	
銷貨成本	744,000		570,500	
銷貨毛利	$ 264,000		$249,900	
利息收入（非營業）	1,920		700	
其他收入（非營業）	7,200	$273,120	4,060	$254,660
壞帳損失	$ 6,208		$ 5,040	
機器設備折舊	4,800		3,850	

利息費用（非營業）	21,120		29,120	
佣金支出	59,520		62,818	
房租費用	23,040		22,246	
投資損失（非營業）	1,440		1,799	
稅捐	23,680		2,107	
銷貨運費	29,760		28,140	
銷貨雜費	6,688		7,420	
職員薪金	52,000	$228,256	55,006	$217,546
本期純益		$ 44,864		$ 37,114

根據上述資料，選擇各重要項目作綜合比率分析，比較兩公司的財務狀況和營業情形。

7. 下列為永順股份有限公司和永利股份有限公司民國 X5 年底資產負債表和 X5 年度損益表：

資產負債表

項　目	永順股份有限公司 民國X5年12月31日	永利股份有限公司 民國X5年12月31日
現金	$ 65,430	$ 84,000
應收帳款	77,700	72,000
備抵壞帳	(3,885)	(3,600)
存貨 (12/31)	93,450	90,350
預付房租	0	900
應收票據	45,000	40,000
器具設備	60,000	54,000
累計折舊	(16,800)	(13,800)
資產總額	$320,895	$323,850
應付帳款	$ 37,480	$ 40,200
應付票據	38,360	54,820
應付佣金	2,400	1,800
代收款	0	1,260
應付稅捐	7,200	5,400
應付利息	420	360
長期借款	30,000	30,000
股本	150,000	150,000
法定公積	12,000	9,500
特別公積	15,000	4,000
本期純益	28,035	26,510
負債和業主權益總額	$320,895	$323,850

損益表

項　目	永順股份有限公司 民國 X5 年度		永利股份有限公司 民國 X5 年度	
銷貨	$630,000		$586,000	
銷貨成本	465,000		407,500	
銷貨毛利	$165,000		$178,500	
利息收入（非營業）	1,200		500	
其他收入（非營業）	4,500	$170,700	2,900	$181,900
壞帳損失	$ 3,885		$ 3,955	
器具設備折舊	3,000		2,750	
利息支出（非營業）	13,200		20,800	
佣金支出	37,200		44,870	
房租支出	14,400		15,890	
投資損失（非營業）	900		1,285	
稅捐	14,800		1,150	
銷貨運費	18,600		20,100	
銷貨雜費	4,180		5,300	
職員薪金	32,500	$142,665	39,290	$155,390
本期純益		$ 28,035		$ 26,510

根據上述資料，選擇各重要項目作綜合比率分析，比較兩公司的財務狀況和營業情形。

第十二章

現金流量表的編製與分析

客戶訂單收入與成本分析表

客戶訂單收入與成本分析表

業務員：

客戶P/O：

□ 含三個月以上客戶訂單

客戶訂單號碼	CO20020509020	訂購單位編號	000
客戶編號	0990	訂購單位名稱	板橋分公司
客戶名稱	怡心電信	產品品名	三民銀號密碼卡
產品編號	0012-990-002-211	產品數量	30000
產品單位	張	總金額	360000
單價	12		

收入資訊

原出貨發票資料

出貨單號碼	出貨日期	交貨數量	銷售金額	銷項稅額	銷貨發票金額
PI20020509019	2002/05/25	20000	240000	12000	252000
PI20020509020	2002/05/27	10000	120000	6000	126000
		0	0	0	0

新出貨發票資料

出貨單號碼	出貨日期	交貨數量	銷售金額	銷項稅額	銷貨發票金額
		0	0	0	0

退貨（折讓）資料

退貨(折讓)單號碼	退貨(折讓)日期	退貨(折讓)金額	銷項稅額
PR20020509015	2002/05/30	950	48
		0	0

第一節 現金流量表的意義

我國會計研究發展基金會財務會計準則委員會，於民國 78 年 12 月 28 日發布第十七號公報，公布現金流量表 (Statement of Cash Flow) 的編製原則，規劃各企業在會計年度結束日，編製財務報表時，同時編製現金流量表來代替第四號公報發布的財務狀況變動表，該公報並規定自 79 年 12 月 31 日（含）以後之財務報表適用之，但亦得提前適用。

所謂現金流量表，站在編製財務報表的立場來說，是在期末編製財務報表時，編製：①資產負債表，②損益表，③業主權益變動表，④現金流量表（取代財務狀況變動表）四大報表中的一種報表。但是，站在財務報表分析的立場來說，是對企業於此一會計期間的現金流動情形，作進一步的研究分析。也就是說，對比較資產負債表的現金餘額，再進一步的將全期現金流入 (Cash in Flow) 和現金流出 (Cash out Flow) 作詳細的分析，以便瞭解其增減變化的原因和結果，最後編製一現金流動表，此表即為現金流量表。

在美國未提出現金流量表以前，會計界對現金流動的分析，通常稱為資金 (Funds) 分析，所編製的現金流動表，也稱為資金表 (The Funds Statement)，或稱為資金運用表 (Statement of Application of Funds)，但並不規定在年終編製財務報表時，必須編製資金表。其實，所謂資金表，是由於資金的涵義，包括流動項目的運用資本 (Working Capital) 和非流動項目的運用資金，而流動項目中的現金，非常重要，所以，對比較資產負債表的分析，加編運用資本來源與運用表及現金流動表。運用資本來源與運用表，在我國會計界，實務上早有公司編製此表（目前此表已停止編製），而現金流動表，則演變成今日的現金流量表。

第二節
現金流量表的形成

在 1890 年至 1930 年代，美國會計界，一致強調會計基礎要使用應計基礎 (Accrual Basis)，但當時一般中小企業，卻廣泛使用現金基礎 (Cash Basis)，因而引起會計專業團體，認為現金基礎是改進使用應計基礎的障礙，採取抑制各種現金基礎的財務報表。事實上，現金基礎的財務報表，確是不能正確的衡量企業的資產、負債和收益，因而企業界使用以營運資金為基礎的資金 (Funds)，將其來源和運用，包括在財務報表中，編製一種資金表，到 1930 年至 1940 年間，對資金表的名稱、格式和內容，也作了很大的改變，理論和實務都有很多的爭論。美國會計師公會（American Institute of Certified Public Accountants，簡稱 AICPA）有鑑於此，便進行研究和討論，將研究結果，公布在 *Accounting Research Study* 內，訂為第二號公報，題目稱為「現金流動分析和資金報表」(Cash Flow Analysis & Funds Statement)，此一研究，建議財務報表應包括資金表。到 1963 年，會計原則委員會 (Accounting Principles Board) 又發布第三號公報，題目稱為「資金來源與運用表」(The Statement of Sources and Application of Funds)，但該會表明此一報表是屬於揭露的補充報表，並不強求必須編製。我國企業界，中華開發信託股份有限公司在民國 56 年（1967 年）的財務報表中，也曾編製此一報表，在國內算是最早編製此一報表的企業。

至 1971 年，美國會計界與證券交易所，對資金來源與運用表逐漸感到興趣和樂於接受，於是，會計原則委員會 (APB)，將原來使用的資金表，重新設計而命名為財務狀況變動表 (Statement of Changes in Financial Position)，於 3 月份發布第 19 號意見書，規定企業在年終編製報表時，須編製：①資產負債表，②損益表，③財務狀況變動表。至於財務狀況變動表編製的方法，分別採用運用資本基礎 (Working Capital Basis) 和現金基礎 (Cash Basis) 兩種。我國財務會計準則委員會，亦於民國 72 年（1983 年）9 月發布第四號公報，規定各企業在年終編製財務報表時，必須編製財務狀況變動表，並作編製方法的規範。

財務狀況變動表的編製，是採用運用資本基礎和現金基礎，仍然脫離不了會計上應計基礎的陰影，會計分析家對應計基礎計算的淨利，認為有偏離現金流量的情形。同時，這種財務報表對通貨膨脹所造成的影響，也不如採用現金流量的指標以衡量其營業結果，較切實際。再者，根據美國財務會計準則委員會（Financial Accounting Standards Board，簡稱 FASB）的報導，現金流量表可以幫助投資人、債權人及其他有關人員達到下列幾項目的：

⑴評估企業淨現金流入的能力。

⑵評估企業償債能力、支付股利能力及其是否應向外融資的必要。

⑶解釋淨利與現金收支間差異的原因。

⑷評估某一時期中，現金及非現金投資、融資等交易，對企業財務狀況所產生的影響。

因此，美國財務會計準則委員會，便於 1987 年 11 月發布第九十五號公報，訂定自 1988 年 7 月 15 日以後，各企業在會計年度終了日，編製財務報表時，應編製現金流量表來取代財務狀況變動表。我國財務會計準則委員會也於民國 78 年 12 月 28 日發布第十七號公報，公告自 79 年 12 月 31 日以後編製財務報表時，須編製現金流量表，但亦得提前實施。

第三節 現金流量表編製的理論

現金流量表是由資金來源與運用表演變為財務狀況變動表——現金基礎，再由財務狀況變動表演變為現金流量表。上述三表編製的基本理論，各表立場不同，資金來源與運用表編製的理論，是著重於：資金（運用資本）的來源－資金（運用資本）的運用＝資金（運用資本）增減額，資金的涵義，是流動資產－流動負債後的餘額。財務狀況變動表編製的原理，是將資金劃分為運用資本和現金，著重於財務狀況變動表——運用資本基礎，和財務狀況變動表——現金基礎兩者的增減變化。而現金流量表編製的原理，是著重於下列三點：

1.以現金及約當現金項目為重點

在現金流量表內，使用現金或約當現金 (Cash Equivalents) 的名詞，來代替涵義模糊的資金 (Funds)，而約當現金的項目，指具有下列條件且具有高度性的短期

投資：

⑴隨時可轉換成定額現金者。

⑵即將到期且利率變動對其價值之影響甚小者。如國庫券和商業本票等。

2. 現金流量以總額或淨額表示

約當現金與某些現金流量中，資產及負債的變動，僅以淨額表示即可。例如：

⑴交易目的金融資產（約當現金項目除外）、貸放款項及借入款項，其週轉快、金額大、且原始到期日在 3 個月以內者。

⑵銀行的客戶活期存款及經紀商的應付客戶款等。

3. 現金流入與現金流出的分類

現金流入與現金流出，分為營業活動 (Operating Activities)、投資活動 (Investing Activities)及融資活動 (Financing Activities)❶。茲分述如下：

⑴營業活動現金流量：

①來自營業活動的現金流入：

(A)出售商品或勞務的現金收入，包括應收帳款及長短期應收票據。

(B)收取利息及股利。

(C)由投資或融資活動以外的現金收入，如訴訟賠償收入與投資或融資活動無直接關係的保險賠償。

②運用於營業活動的現金流出：

(A)為購買原料或商品所支付的現金，包括應付帳款及長短期應付票據。

(B)為取得其他財貨而支付給供應商及員工的現金支出。

(C)繳納政府的稅捐、公債與罰金等。

(D)付給債權人的利息支出。

(E)融資與投資活動以外交易的現金支出，如訴訟賠償、慈善捐款及退還顧客款項等。

⑵投資活動現金流量：

①來自投資活動的現金流入：

(A)收回放款、出售不屬於等量現金項目的證券投資。

(B)出售及收回證券投資。

---

❶ 財會會將理財活動修改為融資活動，並將短期投資劃分為因交易目的與非因交易目的而持有的投資，前者列入營業活動，後者列入投資活動。

(C)出售財產、廠房與設備及其他生產性的資產。

②運用於投資活動的現金流出:

(A)支付放款及投資於其他企業的權益債權。

(B)投資權益證券。

(C)購買財產、廠房與設備及其他生產性的資產。

(3)融資活動現金流量:

①來自融資活動的現金流入:

(A)發行權益證券。

(B)發行公司債、抵押借款、票券及其他長短期借款。

②運用於融資活動的現金流出:

(A)支付股東股息及收回權益證券。

(B)償還借款。

(C)償還其他各種長期融資的本金。

依據財務會計準則委員會第十七號公報增補意見,所謂現金,是指庫存現金、活期現金、支票存款、可隨時解約且不損及本金之定期存款、可隨時出售且不損及本金之可轉讓定期存單及約當現金。

至於現金流量表編製的方法,有直接法 (Direct Method) 和間接法 (Indirect Method) 兩種,茲分述如下:

1.直接法

採用直接法編製現金流量表,主要在於直接列出當期營業活動所產生的各項現金流入及現金流出,換句話說,亦即直接將損益表中與營業活動有關的各項目,由應計基礎轉換成現金基礎,以求營業活動的現金流量。其換算方法:

(1)銷貨收入現金流量:銷貨收入 + 應收帳款減少額 − 應收帳款增加額 = 現銷金額(現金收入)。

(2)利息收入及股利收入現金流量:利息收入及股利收入 + 應收利息減少額 − 應收利息增加額 = 利息收入及股利收入金額(現金收入)。

或:利息收入及股利收入 + 公司債投資溢價攤銷 − 公司債折價攤銷 = 利息

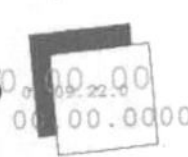

及股利收入金額（現金收入）。

(3)其他收入現金流量：其他收入＋預收收入增加額－預收收入減少額－資產及負債處分利得（損益表單獨列示除外）－投資收益（權益法）＝其他收入金額（現金收入）。

(4)銷貨成本現金流量：銷貨成本＋存貨增加額－存貨減少額＋應付帳款減少額－應付帳款增加額＝現購金額（現金支出）。

(5)薪金費用現金流量：薪金費用＋應付薪金減少額－應付薪金增加額＝薪金費用金額（現金支出）。

(6)利息支出現金流量：利息支出＋應付利息減少額－應付利息增加額＝利息支出金額（現金支出）。

或：利息支出＋應付公司債溢價攤銷－應付公司債折價攤銷＝利息支出金額（現金支出）。

(7)其他費用現金流量：其他費用－預付費用減少額－應付費用增加額＋應付費用減少額－折舊、折耗及攤銷費用（損益表單獨列示除外）－處分資產及負債損失－投資損失（權益法）＝其他費用金額（現金支出）。

(8)所得稅費用現金流量：所得稅費用＋應付所得稅減少額－應付所得稅增加額＋遞延應付所得稅減少額－遞延應付所得稅增加額＝支付所得稅金額（現金支出）❷。

2.間接法

採用間接法編製現金流量表，是從損益表中的本期損益，調整當期不影響現金的損益項目、與損益有關的流動資產及流動負債項目變動金額、資產處分及債務清償的損益項目，以求算當期由營業產生的現金流入與現金流出淨額。其調整方法：由本期純益計算來自營業活動現金流動金額。

本期純益

加

❷ 我國部分學者主張所得稅為盈餘分配。

應收帳款減少額
應收利息減少額
存貨減少額
預付費用減少額
其他有關營業活動流動資產減少額
應付帳款增加額
應付薪金增加額
應付利息增加額
應付所得稅增加額
其他有關營業活動流動負債增加額
折舊、折耗與攤銷費用
攤銷公司債折價
攤銷債券投資溢價
遞延所得稅增加額
處分資產或負債損失（淨額）
處分權益法附屬事業損失

減

應收帳款增加額
應收利息增加額
存貨增加額
預付費用增加額
其他有關營業活動流動資產增加額
應付帳款減少額
應付薪金減少額
應付利息減少額

應付所得稅減少額
其他有關營業活動流動負債減少額
攤銷公司債溢價
攤銷債券投資折價
遞延所得稅減少額
處分資產或負債利益（淨額）
處分權益法附屬事業利益

第四節 現金流量表編製的方法

現金流量表編製的方法，有直接法和間接法兩種，茲以永興股份有限公司資料為例，依照前述編製原理，說明編製方法如下：

1.損益表

永興股份有限公司
損益表
民國 X5 年度

銷貨		$2,225,000
減：銷貨成本		1,162,500
銷貨毛利		$1,062,500
減：營業費用		552,500
營業純益		$ 510,000
減：非營業費用：		
利息費用	$30,000	
出售設備損失	5,000	35,000
稅前純益		$ 475,000
所得稅		162,500
稅後純益		$ 312,500

2.資產負債表

永興股份有限公司
比較資產負債表
民國 X5 年 12 月 31 日

帳戶名稱	X5 年 12 月 31 日	X4 年 12 月 31 日	增減額
資　產			
現金	$ 135,000	$ 92,500	+$ 42,500
應收帳款	170,000	65,000	+ 105,000
存貨	135,000	0	+ 135,000
預付費用	10,000	15,000	− 5,000
土地	112,500	175,000	− 62,500
建築物	500,000	500,000	0
累計折舊	(52,500)	(27,500)	+ 25,000
設備	482,500	170,000	+ 312,500
累計折舊	(70,000)	(25,000)	+ 45,000
合　計	$1,422,500	$965,000	
負債及股東權益			
應付帳款	$ 82,500	$100,000	− 17,500
應付公司債	275,000	375,000	− 100,000
普通股 (@$10)	550,000	150,000	+ 400,000
資本公積	182,500	150,000	+ 32,500
未分配盈餘	332,500	190,000	+ 142,500
合　計	$1,422,500	$965,000	

3.補充資料

X5 年度補充資料：

⑴營業費用中，包括折舊 $82,500，預付費用攤銷 $5,000。

⑵土地照帳面價值出售，收入現金。

⑶ X5 年度支付現金股利 $137,500。

⑷支付利息費用 $30,000。

⑸以現金購買新設備 $415,000；舊設備帳面價值 $90,000，賣得現金 $85,000。

⑹以現金償還公司債本金 $100,000。

⑺發行普通股（每股 $10，計 40,000 股）$400,000，收到現金如數。

根據上述資料，編製現金流量表如下：

1.現金流量表——直接法

永興股份有限公司
現金流量表——直接法
民國 X5 年度

營業活動現金流量：		
現銷及應收帳款收現	$ 2,120,000	
進貨付現	(1,315,000)	
營業費用付現	(465,000)	
利息費用付現	(30,000)	
所得稅付現	(162,500)	
營業活動現金流入淨額		$ 147,500
投資活動現金流量：		
出售土地	$ 62,500	
出售設備	85,000	
購買設備	(415,000)	
投資活動現金流出淨額		(267,500)
融資活動現金流量：		
償還公司債	(100,000)	
發行普通股	400,000	
支付現金股息	(137,500)	
融資活動現金流入淨額		162,500
本期現金及約當現金增加額		42,500
期初現金及約當現金餘額	92,500	
期末現金及約當現金餘額	$ 135,000	

上表有關資料計算如下：

⑴銷貨收入現金流量：		
銷貨		$2,225,000
減：應收帳款增加額		105,000
因銷貨收入現金		$2,120,000
⑵銷貨成本現金流量：		
進貨（銷貨成本）		$1,162,500
加：存貨增加額	$135,000	
應付帳款減少額	17,500	152,500

因進貨支出現金		$1,315,000
(3)營業費用現金流量:		
營業費用		$ 552,500
減: 折舊費用	$ 82,500	
預付費用	5,000	87,500
因營業費用支出現金		$ 465,000

說明: 出售設備損失 $5,000,不直接影響現金。

2.現金流量表——間接法

永興股份有限公司
現金流量表——間接法
民國 X5 年度

營業活動現金流量:		
本期純益		$ 312,500
調整項目:		
折舊費用	$ 82,500	
應收帳款增加額	(105,000)	
存貨增加額	(135,000)	
預付費用減少額	5,000	
應付帳款減少額	(17,500)	
出售設備損失	5,000*	(165,000)
營業活動現金流入淨額		$ 147,500
投資活動現金流量:		
出售土地	$ 62,500	
出售設備	85,000	
購買設備	(415,000)	
投資活動現金流出淨額		(267,500)
融資活動現金流量:		
償還公司債	$(100,000)	
發行普通股	400,000	
支付現金股息	(137,500)	
融資活動現金流入淨額		162,500
本期現金及約當現金增加額		$ 42,500
期初現金及約當現金餘額		92,500
期末現金及約當現金餘額		$ 135,000

*出售設備損失 $5,000,不直接影響現金。

3. 直接法和間接法的比較

直接法，又稱為損益表法，或稱為總額法，是以總收入和總支出來報導營業活動的現金流量內容，此法是因為把損益表上的應計收入和費用，直接轉換為現金基礎，所以稱為直接法。美國財務會計準則委員會，開始時比較贊成直接法。

間接法，又稱為調節法，或稱為淨額法，此法是將營業活動的現金流量，僅報告其變動淨額。也就是說，間接法中損益表上的淨利，是由應計基礎轉換為現金基礎的淨現金流量，所以稱間接法。美國財務會計準則委員會，在發布第九十五號公報時，同意二法均可採用。我國財務會計準則委員會第十七號公報第十九條規定，「企業應就直接法或間接法擇一報導」，所以沒有特別規定使用那一種方法。

第五節
編製現金流量表的工作底稿

編製現金流量表，通常根據前述現金流量表的編製理論，就可以編製。但是，若干會計學者，也常常採用工作底稿和 T 字帳的方法來編製，今分述如下：

1. 工作底稿法（仍以前述永興股份有限公司資料為例）

所謂工作底稿法 (Working Sheet Method) 是將比較資產負債表變動金額，列入工作底稿內，運用前述現金流動分析方法，在工作底稿中，調節列示現金流量金額，並分列為：①營業活動現金流量，②投資活動現金流量，③融資活動現金流量三項，其分錄原理如下：

⑴本期純益 $312,500 產生現金流入：

由營業活動產生現金流入：純益	$312,500	
本期純益		$312,500

⑵非現金費用，建築物折舊 $25,000 產生現金流入：

由營業活動產生現金流入：折舊費用	$25,000	
累計折舊		$25,000

設備折舊 $57,500，出售舊設備沖銷累計折舊 $12,500，產生現金流入：

由營業活動產生現金流入：折舊費用	$57,500	
累計折舊		$57,500

⑶預付費用減少 $5,000，產生現金流入：

由營業活動產生現金流入：預付費用減少	$5,000	
預付費用		$5,000

⑷出售部分舊設備，帳面價值 $90,000，賣得現金 $85,000，損失 $5,000，產生現金流入：

A.由投資活動產生現金收入：出售設備	$85,000	
出售設備損失	5,000	
設備		$90,000
B.由營業活動產生現金收入：出售設備損失	$5,000	
本期純益		$5,000

⑸應收帳款增加 $105,000，產生現金流出：

應收帳款	$105,000	
由營業活動產生現金流出：應收帳款增加		$105,000

⑹存貨增加 $135,000，產生現金流出：

存貨	$135,000	
由營業活動產生現金流出：存貨增加		$135,000

⑺應付帳款減少 $17,500，產生現金流出：

應付帳款	$17,500	
由營業活動產生現金流出：應付帳款減少		$17,500

⑻出售土地 $62,500，產生現金流入：

由投資活動產生現金流入：出售土地	$62,500	
土地		$62,500

(9)出售部分舊設備 $90,000，產生現金流入：

分錄與前述(4) A.相同。

(10)購買設備 $415,000，產生現金流出：

設備	$415,000	
由投資活動產生現金流出：購買設備		$415,000

(11)償還公司債 $100,000，產生現金流出：

應付公司債	$100,000	
由融資活動產生現金流出：償還公司債		$100,000

(12)發行普通股 $400,000，產生現金流入：

由融資活動產生現金流入：發行普通股	$400,000	
普通股		$400,000

(13)支付現金股息 $137,500，產生現金流出：

股息	$137,500	
由融資活動產生現金流出：支付股息		$137,500

根據上述原理，編製工作底稿如下：

工作底稿

帳戶名稱	X5 年 12 月 31 日	X4 年 12 月 31 日	增減金額	調整分錄	
				借　方	貸　方
借　　方					
現金	$ 135,000	$ 92,500	+$ 42,500	$ 42,500	
應收帳款	170,000	65,000	+ 105,000	⑤ 105,000	
存貨	135,000	0	+ 135,000	⑥ 135,000	
預付費用	10,000	15,000	− 5,000		③ $ 5,000
土地	112,500	175,000	− 62,500		⑧ 62,500
建築物	500,000	500,000	0		
設備	482,500	170,000	+ 312,500	④ 312,500	
合　計	$1,545,000	$1,017,500			

貸　方					
累計建築物折舊	$ 52,500	$ 27,500	+ 25,000		② 25,000
累計設備折舊	70,000	25,000	+ 45,000	④ 12,500	② 57,500
應付帳款	82,500	100,000	− 17,500	⑦ 17,500	
應付公司債	275,000	375,000	− 100,000	⑨ 100,000	
普通股 (@$10)	550,000	150,000	+ 400,000		⑩ 400,000
資本公積	182,500	150,000	+ 332,500		① 32,500
未分配盈餘	332,500	190,000	+ 142,500		① 142,500
合　計	$1,545,000	$1,017,500			
營業活動現金流量:					
純益				① 312,500	
加: 累計建築物折舊				② 25,000	
累計設備折舊				② 57,500	
預付費用減少額				③ 5,000	
出售設備損失				④ 5,000	
減: 應收帳款增加額					⑤ 105,000
存貨增加額					⑥ 135,000
應付帳款減少額					⑦ 17,500
營業活動現金流入淨額					
投資活動現金流量:					
出售土地				⑧ 62,500	
出售設備				④ 85,000	
購買設備					④ 415,000
投資活動現金流出淨額					
融資活動現金流量:					
償還公司債					⑨ 100,000
發行普通股				⑩ 400,000	
支付現金股息					① 137,500
融資活動現金流入淨額					

根據上述工作底稿資料，編製現金流量表如下:

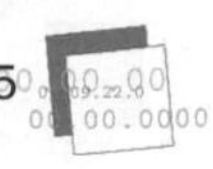

永興股份有限公司
現金流量表——間接法
民國 X5 年度

營業活動現金流量：		
本期純益		$ 312,500
調整項目：		
折舊費用	$ 82,500	
應收帳款增加額	(105,000)	
存貨增加額	(135,000)	
預付費用減少額	5,000	
應付帳款減少額	(17,500)	
出售設備損失	5,000*	(165,000)
營業活動現金流入淨額		$ 147,500
投資活動現金流量：		
出售土地	$ 62,500	
出售設備	85,000	
購買設備	(415,000)	
投資活動現金流出淨額		(267,500)
融資活動現金流量：		
償還公司債	$(100,000)	
發行普通股	400,000	
支付現金股息	(137,500)	
融資活動現金流入淨額		162,500
本期現金及約當現金增加額		$ 42,500
期初現金及約當現金餘額		92,500
期末現金及約當現金餘額		$ 135,000

*①出售設備損失 $5,000，不直接影響現金。
②上表各項活動，可分別列示現金流入和現金流出。

2. T 字帳法（仍以前述永興股份有限公司資料為例）

若干會計工作人員，認為用工作底稿來編製現金流量表，相當費時費力，這種繁雜的工作，沒有特殊的意義，因此，紛紛主張採用 T 字帳來編製現金流量表，這就是所謂 T 字帳法 (T Account Method)。此法所使用的 T 字帳，並非總分類帳的一部分，乃是在編製過程所採用的一種方法。採用此法時，先將比較資產負債表各帳戶的變動金額，一一設置 T 字帳，將其金額記入相關位置，借方金額記入 T 字帳借方，貸方金額記入 T 字帳貸方。然後設置一現金帳戶，先將餘額列入，然後與各T字帳相關金額，一一調節，現金增加記入現金帳戶左方，現金減少記入現金帳戶右方。現金T字帳內，分設：①營業活動現金流入（增加），營業活動現金流出（減少）；②投資活動現金流入（增加），投資活動現金流出（減少）；③融資活動現金流入（增加），融資活動現金流出（減少）。其調節分錄原理如下：

⑴本期純益 $312,500，產生現金流入：

由營業活動產生現金流入	$312,500	
本期純益		$312,500

⑵折舊費用 $82,500，產生現金流入：

由營業活動產生現金流入	$82,500	
累計建築物折舊		$25,000
累計設備折舊		57,500

⑶預付費用減少 $5,000，產生現金流入：

由營業活動產生現金流入	$5,000	
預付費用		$5,000

⑷出售設備損失 $5,000，產生現金流入（構成本期純益減少）：

由投資活動產生現金流入	$85,000	
出售設備損失	5,000	
設備		$90,000

⑸應收帳款增加 $105,000，產生現金流出：

應收帳款（淨額）	$105,000	
由營業活動產生現金流出		$105,000

⑹存貨增加 $135,000，產生現金流出：

存貨	$135,000	
由營業活動產生現金流出		$135,000

⑺應付帳款減少 $17,500，產生現金流出：

應付帳款	$17,500	
由營業活動產生現金流出		$17,500

(8)出售土地 $62,500，產生現金流入：

由投資活動產生現金流入	$62,500	
土地		$62,500

(9)出售設備 $90,000，產生現金流入：

分錄與上述(4)相同。

(10)購買設備 $415,000，產生現金流出：（例為(4)相關分錄）

設備	$415,000	
由投資活動產生現金流出		$415,000

(11)償還公司債 $100,000，產生現金流出：

應付公司債	$100,000	
由融資活動產生現金流出		$100,000

(12)發行普通股 $400,000，產生現金流入：

由融資活動產生現金流入	$400,000	
普通股		$400,000

(13)支付現金股息 $137,500，產生現金流出：

股息	$137,500	
由融資活動產生現金流出		$137,500

根據上述調節分錄，列示各 T 字帳戶資料如下：

現　金

增	加	減	少
變動淨額	$ 42,500		
營業活動		營業活動	
(1)純益	$312,500	(5)應收帳款增加額	$105,000

(2)折舊費用	82,500	(6)存貨增加額	135,000
(3)預付費用減少額	5,000	(7)應付帳款減少額	17,500
(4)出售設備損失	5,000		257,500
	$405,000		
投資活動		投資活動	
(8)出售土地	$ 62,500	(10)購買設備	$415,000
(4)出售設備	85,000		$415,000
	$147,500		
融資活動		融資活動	
(12)發行普通股	$400,000	(11)償還公司債	$100,000
	$400,000	(13)支付現金股息	137,500
			$237,500

應收帳款（淨額）

借		貸	
變動淨額	$105,000		
(5)增加	$105,000		

存　貨

借		貸	
變動淨額	$135,000		
(6)增加	$135,000		

預付費用

借		貸	
		變動淨額	$5,000
		(3)減少	$5,000

土　地

借		貸	
		變動淨額	$62,500
		(8)出售	$62,500

設　備

借		貸	
變動淨額	$312,500		
(10)購置	$415,000	(2)累計折舊	$12,500
		(4)出售	90,000

累計折舊—建築物

借		貸	
		變動淨額	$25,000
		(2)折舊	$25,000

應付帳款

借		貸	
變動淨額	$17,500		
(7)減少	$17,500		

累計折舊—設備

借		貸	
		變動淨額	$45,000
(2)出售設備折舊	$12,500	(2)折舊	$57,500

應付公司債

借		貸	
變動淨額	$100,000		
(11)償還公司債	$100,000		

普通股

借		貸	
		變動淨額	$400,000
		(12)發行普通股	$400,000

資本公積

	變動淨額	$32,500
	(1)純益	$32,500

未分配盈餘

	變動淨額	$142,500
	(1)純益	$142,500

根據上述T字帳調節原理，編製現金流量表如下：

永興股份有限公司
現金流量表——間接法
民國X5年度

營業活動現金流量：		
本期純益		$312,500
調整項目：		
折舊費用	$ 82,500	
應收帳款增加額	(105,000)	
存貨增加額	(135,000)	
預付費用減少額	5,000	
應付帳款減少額	(17,500)	
出售設備損失	5,000*	(165,000)
營業活動現金流入淨額		$ 147,500
投資活動現金流量：		
出售土地	$ 62,500	
出售設備	85,000	
購買設備	(415,000)	
投資活動現金流出淨額		(267,500)
融資活動現金流量：		
償還公司債	$(100,000)	
發行普通股	400,000	
支付現金股息	(137,500)	
融資活動現金流入淨額		162,500
本期現金及約當現金增加額		$ 42,500
期初現金及約當現金餘額		92,500
期末現金及約當現金餘額		$ 135,000

*出售設備損失$5,000，不直接影響現金。

習題

一、問答題

1. 何謂約當現金？必須具備那些條件才算約當現金？試列述之。
2. 現金流入與現金流出如何分類？試列述之。
3. 投資活動的現金流入和現金流出包括那些？試列述之。
4. 融資活動的現金流入和現金流出包括那些？試列述之。
5. 何謂現金流量表？其編製的目的為何？試分述之。
6. 我國在什麼時候公布編製現金流量表公報？從什麼時候開始實施？試列述之。
7. 美國在什麼時候公布編製現金流量表公報？從什麼時候實施？試列述之。
8. 現金流量表的編製原理，著重於那幾點？試簡述之。
9. 來自營業活動的現金流入和現金流出包括那些？試列述之。
10. 現金流量表編製的方法有那二種？試簡述之。

二、選擇題

( ) 1. 股利收入於現金流量表中屬於 (A)融資活動 (B)投資活動 (C)營業活動 (D)以上皆非。

( ) 2. 使用間接法計算來自營業的淨現金流量時，若當期預付費用增加則 (A)作為本期淨利的減項 (B)作為本期淨利的加項 (C)因為不影響本期淨利，所以不用表達 (D)因為不影響本期費用，所以不必表達。

( ) 3. 下列那一項交易於現金流量表中非歸類為融資活動？ (A)購買庫藏股 (B)支付股利 (C)折價發行公司債 (D)購買長期債券投資。

( ) 4. 現金流量表通常不揭露那一種影響？ (A)股票溢價發行 (B)宣告發放股票股利 (C)支付現金股利 (D)股票買回與註銷。

( ) 5. 甲公司借入 $10,000 並簽發 90 天期的應付票據，以間接法編製現金流量表時，此事件的表達方式是 (A)作為來自營業活動現金中調整淨利的項目 (B)來自投資活動的現金流出 (C)來自投資活動的現金流入 (D)來自融資活動的現金流入。

( ) 6. 當以間接法編製現金流量表時，下列那一個不是計算來自營業活動現金流量的調整項目之一？ (A)應付利息的變動 (B)應付股利的變動 (C)應付所得稅的變

動　(D)以上皆為調整項目。

(　) 7.下列那一項現金流入不是營業活動？　(A)現銷商品　(B)應收帳款收現　(C)現金增資　(D)利息收入。

(　) 8.下列那一項現金流出不是營業活動？　(A)取得權益證券　(B)現購商品　(C)支付稅捐　(D)支付利息費用。

(　) 9.下列那一項現金流入為投資活動？　(A)佣金收入　(B)處分固定資產　(C)向銀行借款　(D)股息收入。

(　) 10.下列那一項現金流出為投資活動？　(A)取得固定資產　(B)償還借入款　(C)支付罰款規費　(D)支付應付帳款。

(　) 11.下列那一項現金流入為融資活動？　(A)收回貸款　(B)收得固定資產險理賠款　(C)舉借債務　(D)利息收入。

(　) 12.下列那一項現金流出為融資活動？　(A)支付營業成本　(B)退還顧客款　(C)取得政府公債　(D)支付股息。

(　) 13.下列那一項目在間接法現金流量表上不屬於補充揭露？　(A)本期現金及約當現金增加數，加期初現金及約當現金餘額，等於期末現金及約當現金餘額　(B)利息費用及所得稅費用之付款金額　(C)不影響現金流量之投資金額　(D)不影響現金流量之融資金額。

(　) 14.當以間接法編製現金流量表時，期末存貨的增加係調整項目之一，因為　(A)銷貨成本減少所以現金增加　(B)應計基礎下的銷貨成本低於現金基礎　(C)購買存貨是一種投資活動　(D)在此期間存貨的購買比銷售少，所以現金增加。

(　) 15.臺北公司在最近 1 年依照權益法揭露，並認列來自高雄公司投資淨利 $20,000，但是高雄公司並沒有宣告或發放股利，則在臺北公司的現金流量表（間接法）中，此 $20,000 應該是　(A)不會出現　(B)作為投資活動的現金流入　(C)作為融資活動的現金流出　(D)作為調整淨利至來自營業活動現金流量中的減項。

(　) 16.出售權益證券是一種　(A)營業活動現金流量　(B)投資活動現金流量　(C)融資活動現金流量　(D)無法判斷。

(　) 17.發行股票購買廠房設備是一種　(A)營業活動現金流量　(B)投資活動現金流量　(C)融資活動現金流量　(D)不影響現金之投資與融資活動。

(　) 18.欲知企業投資和融資的全貌可從那一報表得知？　(A)資產負債表　(B)損益表　(C)現金流量表　(D)以上皆非。

(　) 19.應收帳款收現會增加　(A)營業活動現金流量　(B)投資活動現金流量　(C)融資活動現金流量　(D)以上皆非。

（選擇題資料：參考歷屆證券商業務員考試試題）

三、綜合題

1. 設永豐公司的會計資料如下，試以間接法計算其營業活動之現金流量。

淨利（應計基礎）	$125,000
折舊費用	15,000
應付薪資增加	2,500
應收帳款增加	4,500
應付公司債折價攤銷	750
長期負債減少	25,000
專利權攤銷	500
商品存貨減少	5,750
出售股票得款	62,500

2. 永祥公司 X4 年、X5 年之有關資料如下：

	X5 年 12 月 31 日	X4 年 12 月 31 日
應收帳款	$ 94,500	$ 83,750
應付帳款	57,500	70,000
累計折舊	130,000	110,000
存貨	132,500	110,000
短期銀行借款（非營業用）	25,000	15,000
預付費用	6,000	10,000
本期純益	177,500	–

試用間接法計算由營業活動產生的現金流量。

3. 永發公司比較財務報表有關資料如下：

本期純益	$ 45,000
銷貨收入	250,000
銷貨成本（不含折舊費用）	150,000
折舊費用	30,000
商譽攤銷	5,000
短期負債的利息費用	1,750
通過並支付之現金股利	32,500

有關的帳戶餘額如下：

	期　初	期　末
應收帳款（淨額）	$21,500	$15,000
存貨	21,000	25,000
應付帳款	29,700	28,000
應付利息	5,000	0

試以間接法計算由營業產生之現金流量。

4. 永生公司 X5 年的損益表如下：

銷貨收入		$ 375,750
投資收益（權益法）		86,250
利息收入		
交易目的證券投資		11,250
持有至到期日債券投資		11,875
銷貨成本		(200,000)
薪資費用		(25,000)
折舊費用		(45,000)
應付公司債利息費用（含折價攤銷 $3,750）		(22,500)
所得稅費用		
本期	$137,500	
遞延	(32,500)	(105,000)
本期純益		$ 87,625

其他補充資料如下：

(1)應付薪資年底餘額為 $8,125。

(2)應付帳款年底餘額為 $12,500。

(3)期末存貨為 $25,000。

(4)應收帳款年底餘額為 $31,250。

(5)期初應收帳款餘額為 $3,750。

試以直接法計算由營業產生之現金流量。

5. 永利公司民國 X4 年、X5 年 12 月 31 日比較資產負債表如下：

	X5 年 12 月 31 日	X4 年 12 月 31 日
現金	$ 98,000	$ 39,500
應收帳款（淨額）	51,000	60,000
存貨	69,000	92,000
預付費用	10,500	11,000
土地	47,500	47,500
房屋	690,000	625,000
減：累計折舊	(225,000)	(200,000)
設備	954,000	900,000
減：累計折舊	(595,000)	(550,000)
專利權	80,000	100,000
資產總額	$1,180,000	$1,125,000
應付帳款	$ 90,000	$ 75,000
應付票據	50,000	25,000
長期負債	150,000	225,000
普通股股本	525,000	500,000
資本公積	137,500	100,000
保留盈餘	227,500	200,000
負債及股東權益總額	$1,180,000	$1,125,000

補充資料如下：

(1)民國 X5 年之淨利為 $105,000。

(2) X5 年度並無任何房屋及設備出售或報廢情事。

(3)公司將發放 $15,000 現金股利。

試求：依上述資料用間接法編製永利公司民國 X5 年度之現金流量表。

6. 大立公司 80 年度之資產負債表如下：

大立公司
資產負債表
80 年 12 月 31 日

現金	$ 17,000	流動負債	$ 30,000
其他流動資產	58,000	長期應付票據	51,000
投資	40,000	應付公司債	50,000
廠房設備（淨額）	135,000	普通股	150,000
土地	80,000	保留盈餘	49,000
	$330,000		$330,000

81 年度有關資料如下:

㈠以 $18,000 購入一塊土地。

㈡按面額清償 $30,000 的應付公司債。

㈢按面額發行 $20,000 的普通股。

㈣支付 $22,000 的現金股利。

㈤ 81 年度淨利為 $70,500。

㈥折舊費用 $22,500。

㈦發行 $50,000 的公司債交換一塊土地。

㈧出售部分投資，得款 $25,750，公司獲利 $1,750。公司經常從事投資的買賣。

㈨其他流動資產及流動負債於 81 年度內並未改變。

試作：以間接法編製大立公司 81 年度之現金流量表。

(81 年會計師檢覈試題)

7. 下列為永發公司 X5 年度有關帳戶變動資料:

本期純益	$100,000
支付股利	60,000
出售設備得款	50,000
購買設備	20,000
發行普通股得款	100,000
出售設備利得（已在本期純益中）	2,000
折舊	20,000
購買庫藏股	40,000
長期負債增加	120,000
流動項目增（減）數	
應收帳款	(25,000)
應收票據	10,000
存貨	22,000
應付帳款	15,000

補充說明：X5 年初公司有現金 $10,000，期末有現金 $286,000。

試求：根據上述資料編製永發公司之現金流量表。

8. 永豐公司民國 X5 年度比較資產負債表、損益表與補充資料如下:

⑴資產負債表:

	X5 年 12 月 31 日	X4 年 12 月 31 日
現金	$ 200,000	$275,000
應收帳款（淨額）	150,000	212,500
預付保險費	37,500	0
土地	812,500	125,000
建築物	1,500,000	250,000
累計建築物折舊	(68,750)	0
運輸設備	175,000	0
累計運輸設備折舊	(12,500)	0
資產合計	$2,793,750	$862,500
應付帳款	$ 368,750	$150,000
應付票據	150,000	150,000
應付公司債	937,500	0
股本	437,500	437,500
保留盈餘	900,000	125,000
負債與股東權益合計	$2,793,750	$862,500

⑵損益表：

銷貨	$12,800,000
銷貨成本	(9,643,750)
銷貨毛利	$ 3,156,250
營業費用	(1,650,000)
折舊費用	(81,250)
稅前純益	$ 1,425,000
所得稅	(556,250)
稅後淨利	$ 868,750

⑶補充資料：

①X5 年支付現金股利 $93,750。

②發行公司債收現 $937,500。

③土地、建築物、設備均以現金購入。

試用間接法編製永豐公司 X5 年度現金流量表。

第十三章
損益變動分析

客戶訂單收入與成本分析表

業務員：
客戶P/O：

□含三個月以上客戶訂單	CO20020509020	訂購單位編號	000
客戶訂單號碼	CO20020509020	訂購單位名稱	板橋分公司
客戶編號	0990	產品品名	三民預號密碼卡
客戶名稱	怡心電信	產品數量	30000
產品編號	0012-990-002-211	總金額	360000
產品單位	張		
單價	12		

收入資訊

原出貨發票資料

出貨單號碼	出貨日期	交貨數量	銷售金額	銷項稅額	銷貨發票金額	銷貨
PI20020509019	2002/05/25	20000	240000	12000	252000	GH55
PI20020509020	2002/05/27	10000	120000	6000	126000	GH66
		0	0	0	0	

新出貨發票資料

出貨單號碼	出貨日期	交貨數量	銷售金額	銷項稅額	銷貨發票金額
		0	0	0	0

退貨（折讓）資料

退貨(折讓)單號碼	退貨(折讓)日期	退貨(折讓)金額	銷項稅額
PR20020509015	2002/05/30	950	48
		0	0

第一節
損益變動分析的意義

一個企業經營的成績是否良好，業務是否有所進展，在前述比較分析的比較損益表中，可以得到具體的答案。但是，根據比較損益表，只可以瞭解損益增減的情形，而其損益增減的原因和結果，就無法知悉。如果無法瞭解損益增減的原因和結果，就等於在茫茫大海中摸索，無法找到正確的方向，對於企業經理人員，無從改善管理的方針，無從加強業務的決策。為了達到此一目的，就必須加強損益變動分析 (Analysis of Variation in Net Income)。

損益變動的原因，非常複雜，在通常一般情形下，計有下列幾點：

⑴銷貨數量增減的變動。

⑵銷貨價格漲落的變動。

⑶製銷單位成本高低的變動。

⑷營業費用多少的變動。

⑸營業外損益增減的變動。

除上述幾點外，尚有物價變動的影響，往往涉及損益的變動。在幣值不穩定，物價變動劇烈的情形下，對於損益的計算，很難得到正確的結果，常常有歪曲營業盈虧的事實，例如貨幣貶值，物價劇烈的上漲，銷貨金額一定增加，但此種增加，並非營業的進步，也非銷貨數量的增加，而計算損益的結果，就顯然有虛盈實虧的因素存在。因此，有部分學者主張按物價指數來調整損益的計算，損益變動分析時，對這一點，要特別注意。

損益變動分析，又稱為經營分析 (Analysis of Operations)，或稱為營業分析，是屬於補充比較損益表分析的不足。比較損益表是瞭解連續數年損益的進展情形，損益變動分析，是分析此一進展的原因和結果，正如運用資本的來源與運用分析，是補充比較資產負債表分析的不足，同伴理論。

第二節
純益變動分析

1.純益變動的原因

純益變動的原因，通常一般來說，計有下列幾點：

⑴銷貨的變動：由於銷貨的數量或價格的變動，而對純益有所增減。

⑵銷貨成本的變動：由於進貨價格或製造成本的變動，而對純益有所增減。

⑶營業費用的變動：營業費用包括推銷費用和管理費用，由於經營效率的不同，往往對於營業費用撙節或寬鬆，而致影響純益的增減。

⑷其他項目的變動：其他項目諸如非營業收益，非營業費用有所增減，對政府納稅的稅率，會計上處理方法的不同有所變更，都足以影響純益的增減。

此外，遇有貨幣貶值，物價上漲，而且幅度很大時，則銷貨、銷貨成本、毛利、各項費用，以及淨利，勢必同時增加，但由於存貨與折舊等因素的影響，而形成一較高的利潤，此種利潤，乃屬所謂「虛盈」，因為此一利潤，是由一般物價變動而來，不是真正的利潤，是貨幣購買力的減弱，不是購取貨物與勞務的增加。在分析純益變動時，要特別注意這一點，否則，經理人員分析經營效能時，將發生嚴重的錯誤，股東判斷投資報酬率時，也會缺乏正確的準則。

2.純益變動解釋表

純益變動分析，通常是編製一純益變動解釋表 (Statement Accounting for Variation in Net Income)，來加以說明，編製時只要將簡明損益表所列的資料中，足以增加純益或足以減少純益的因素，分別彙列出來即可。如果加列分析百分數及比較百分數或比率，就更加詳細明瞭。

茲以永華股份有限公司民國 X4 年和民國 X5 年比較損益表為例，說明編製方法如下：

永華股份有限公司
比較損益表

項　目	X4 年度	X5 年度	比較增減額	
	金　額	金　額	增　加	減　少
銷貨	$800,000	$1,012,000	$212,000	
銷貨成本	600,000	724,500	124,500	
銷貨毛利	$200,000	$ 287,500	$ 87,500	
營業費用				
推銷費用	80,000	100,000	20,000	
管理費用	40,000	48,000	8,000	
營業純益	$ 80,000	$ 139,500	$ 59,500	
非營業費用	20,000	16,000		$4,000
本期純益	$ 60,000	$ 123,500	$ 63,500	

根據上述比較損益表，編製純益變動解釋表如下：

永華股份有限公司
純益變動解釋表
民國 X5 年 12 月 31 日

純益增加的因素			
1. 銷貨毛利的增加			
①銷貨淨額增加			
民國 X5 年度	$1,012,000		
民國 X4 年度	800,000	$212,000	
②銷貨成本的增加			
民國 X5 年度	$ 724,500		
民國 X4 年度	600,000	124,500	
毛利增加額		$ 87,500	
2. 非營業費用淨額的減少			
民國 X4 年度	$ 20,000		
民國 X5 年度	16,000	4,000	
純益因素增加合計額			$91,500
純益減少的因素			
1. 推銷費用的增加			
民國 X5 年度	$ 100,000		
民國 X4 年度	80,000	$ 20,000	

2. 管理費用的增加			
民國 X5 年度	$ 48,000		
民國 X4 年度	40,000	8,000	
純益因素減少合計額			28,000
純益的增加			
民國 X5 年度	$ 123,500		
民國 X4 年度	60,000		$63,500

上表是根據兩年度增減的金額來編製，如果能將兩年增減的金額，作成比率來分析，就更加詳細。茲就上例再列表說明如下：

永華股份有限公司
純益變動解釋表
民國 X5 年 12 月 31 日

	金額		占銷貨淨額百分數	民國 X5 年對 X4 年所占比率
純益增加的因素				
1. 銷貨毛利的增加				
①銷貨淨額的增加				
民國 X5 年度	$1,012,000			1.27
民國 X4 年度	800,000			
增加額		$212,000		
②銷貨成本的增加				
民國 X5 年度	$ 724,500		71.59	1.21
民國 X4 年度	600,000		75.00	
增加額		124,500	–3.41	
③銷貨毛利的增加				
民國 X5 年度	$ 287,500		28.41	1.44
民國 X4 年度	200,000		25.00	
增加額		$ 87,500	3.41	
2. 非營業費用淨額的減少				
民國 X4 年度	$ 20,000		2.50	
民國 X5 年度	16,000		1.58	0.80
減少額		4,000	–0.92	
純益因素增加合計額		$ 91,500		
純益減少的因素				

1. 推銷費用的增加				
民國 X5 年度	$ 100,000		9.88	1.25
民國 X4 年度	80,000		10.00	
增加額		$ 20,000	0.12	
2. 管理費用的增加				
民國 X5 年度	$ 48,000		4.74	1.20
民國 X4 年度	40,000	8,000	5.00	
增加額				
純益因素減少合計額		$ 28,000	0.26	
分析結果純益增加額				
民國 X5 年度	$ 123,500		12.20	2.06
民國 X4 年度	60,000		7.50	
增加額		$ 63,500	4.70	

上述永華股份有限公司民國 X5 年損益變動解釋表，為說明純益的增加，但有時純益也會減少，下列以永生股份有限公司為例，說明損益變動分析如下：

永生股份有限公司

比較損益表

項　目	X4 年度	X5 年度	比較增減額	
	金　額	金　額	增　加	減　少
銷貨	$2,400,000	$2,052,000		$348,000
銷貨成本	1,800,000	1,587,600		212,400
銷貨毛利	$ 600,000	$ 464,400		$135,600
銷貨費用	209,120	186,940		22,180
管理費用	215,660	178,880		36,780
非營業費用	22,160	16,940		5,220
營業純益	$ 153,060	$ 81,640		$ 71,420

根據上述比較損益表，編製純益變動解釋表如下：

永生股份有限公司
純益變動解釋表
民國 X5 年 12 月 31 日

	金　額		占銷貨淨額百分數	民國 X5 年對 X4 年所占比率
純益減少的因素				
銷貨毛利的減少				
1. 銷貨淨額的減少				
民國 X4 年度	$2,400,000			
民國 X5 年度	2,052,000			0.86
減少額		$348,000		
2. 銷貨成本的減少				
民國 X4 年度	$1,800,000		75.00	
民國 X5 年度	1,587,600		77.37	0.88
減少額		212,400	2.37	
3. 銷貨毛利的減少				
民國 X4 年度	$ 600,000		25.00	
民國 X5 年度	464,400		22.63	0.77
減少額		$135,600	2.37	
純益增加的因素				
1. 銷貨費用的減少				
民國 X4 年度	$ 209,120		8.71	
民國 X5 年度	186,940		9.11	0.89
減少額		22,180	0.40	
2. 管理費用的減少				
民國 X4 年度	$ 215,660		8.99	
民國 X5 年度	178,880		8.72	0.83
減少額		36,780	0.27	
3. 非營業費用的減少				
民國 X4 年度	$ 22,160		0.92	
民國 X5 年度	16,940		0.83	0.76
減少額		5,220	0.09	
純益因素增加合計額		$ 64,180		
分析結果純益減少額				
民國 X4 年度	$ 153,060		6.38	
民國 X5 年度	81,640		3.98	0.53
減少額		$ 71,420	2.40	

第三節
毛利變動分析

上述損益變動分析，是對損益表一種概括的分析，如果要作詳細的分析，就必須對銷貨毛利的變動加以分析，因為銷貨毛利的大小，直接影響本期純益的多少，而銷貨毛利的增加，是由於銷貨的增加而發生？抑或由於銷貨成本的減少而發生？抑或兩者都作同比率的增加？此一解釋，在純益變動分析中，未作明顯的表示。也就是說，分析銷貨毛利變動時，必須注意下列幾點：

⑴銷貨收入的變動：

①是否由銷貨數量而發生變動？

②是否由銷貨價格而發生變動？

③是否由銷貨數量與價格同時發生變動？

⑵銷貨成本的變動：

①是否由成本數量而發生變動？

②是否由成本單價（單位成本）而發生變動？

③是否由成本數量與單價同時發生而變動？

在分析銷貨毛利變動時，通常編製一銷貨、銷貨成本及毛利變動解釋表(Statement Accounting for Changes in Sales, Cost of Goods Sold, and Gross Profit)來分析它的原因和結果，因為分析時，可以採用幾種不同的方式，現在，就一般常用的幾種方法，以永華股份有限公司資料為例，說明毛利變動分析如下：

一、詳細統計法 (Procedures Using Detailed Statistics)

此法分成下列二種情形來分析：

例一：假設數量 (Quantity or in Volume)、售價 (Selling Prices) 及單位成本 (Unit Costs) 都是屬於增加。茲以永華股份有限公司為例，分析如下：

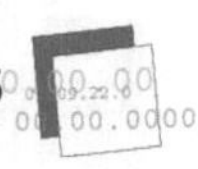

	民國 X5 年度	民國 X4 年度	增加額
銷貨淨額	$1,012,000	$800,000	$212,000
銷貨成本	724,500	600,000	124,500
銷貨毛利	$ 287,500	$200,000	$ 87,500

補充資料如下:

	民國 X5 年度	民國 X4 年度	增加額
銷貨數量(單位)	1,150	1,000	150
單位售價	$880	$800	$80
單位成本	630	600	30

⑴根據上例金額,銷貨淨額增加 $212,000 的原因,列示如下:

數量因素:假設售價不變,只由銷貨數量增加而使銷貨金額增加。

民國 X4 年單位售價	$800	
乘以數量增加額	150	$120,000

價格因素:假設銷貨數量不變,只由售價增加而使銷貨金額增加。

售價的增加	$80	
乘以民國 X4 年的銷貨量	1,000	$ 80,000

數量與價格共同因素:因數量與售價均增加。

	$80 × 150	$ 12,000
銷貨淨額增加額		$212,000

在上述分析中,銷貨淨額增加 $212,000,由數量變動發生 $120,000,但不是數量變動的全部,由價格變動發生 $80,000,也不是價格變動的全部;所以最後應增加一項,由數量與價格共同因素發生變動的 $12,000,一齊計算在內。

此種分析的方法,如果作成圖表來表示,也許更容易瞭解。茲將上述分析,作成圖表如圖 13–1(此法在發生不規則的變動時,無法繪圖)。

⑵根據上例金額,銷貨成本增加 $124,500 的原因,列示如下:

數量因素:假設單位成本不變,只由數量增加而使銷貨成本增加。

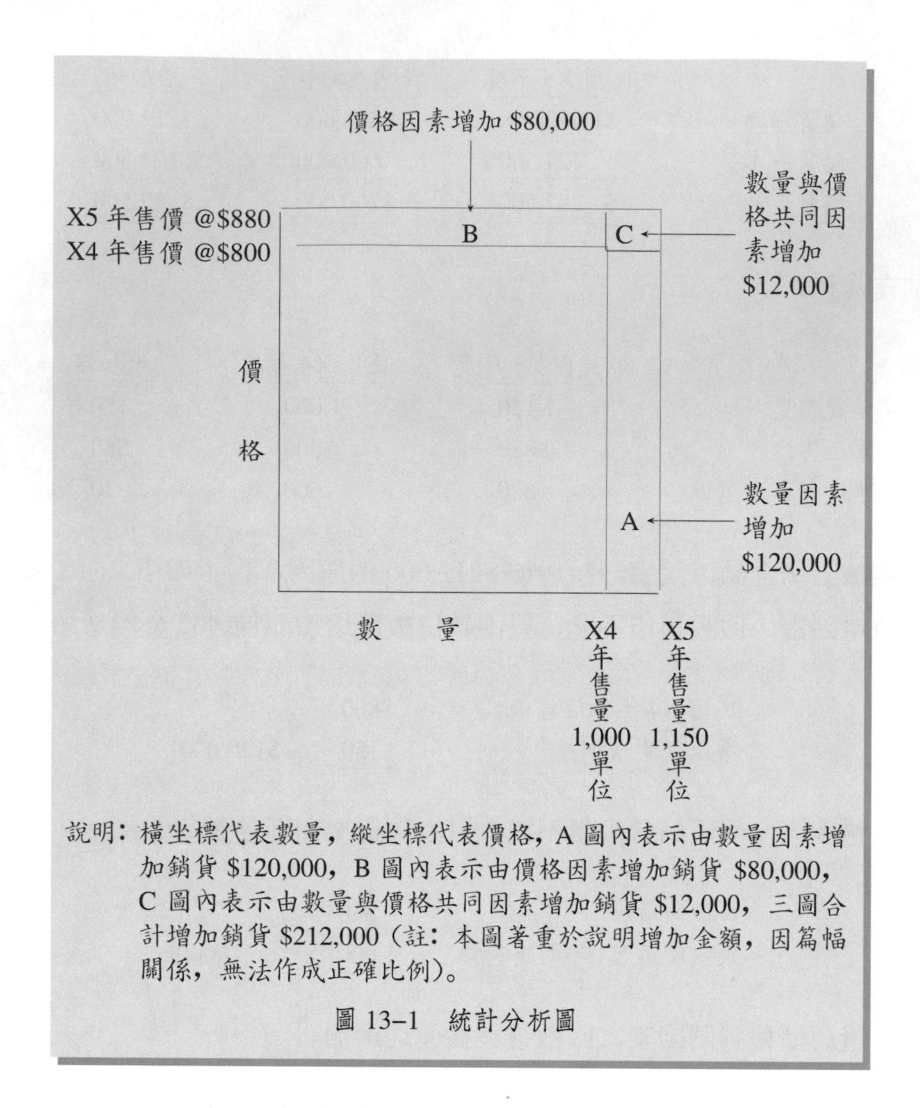

說明：橫坐標代表數量，縱坐標代表價格，A 圖內表示由數量因素增加銷貨 $120,000，B 圖內表示由價格因素增加銷貨 $80,000，C 圖內表示由數量與價格共同因素增加銷貨 $12,000，三圖合計增加銷貨 $212,000（註：本圖著重於說明增加金額，因篇幅關係，無法作成正確比例）。

圖 13–1　統計分析圖

民國 X4 年單位成本	$600	
乘以數量的增加	150	$ 90,000

成本因素：假設銷貨數量不變，只由單位成本增加而使銷貨成本增加。

單位成本的增加	$30	
乘以民國 X4 年數量	1,000	$ 30,000

數量與單位成本共同因素：因單位成本與數量同時增加，而使銷貨成本增加。

	$30 × 150	$ 4,500
銷貨成本增加額		$124,500

上述分析中，銷貨成本增加 $124,500，由數量變動發生 $90,000，但不是數量

變動的全部；由單位成本變動發生 $30,000，也不是成本變動的全部，所以最後應增加數量與單位成本共同因素發生變動的 $4,500，一齊計算在內。此項分析，也可以仿照上述銷貨淨額增加一項，繪製圖表如圖 13–2（註：著重於說明增加金額，數字與圖的比例不正確）。

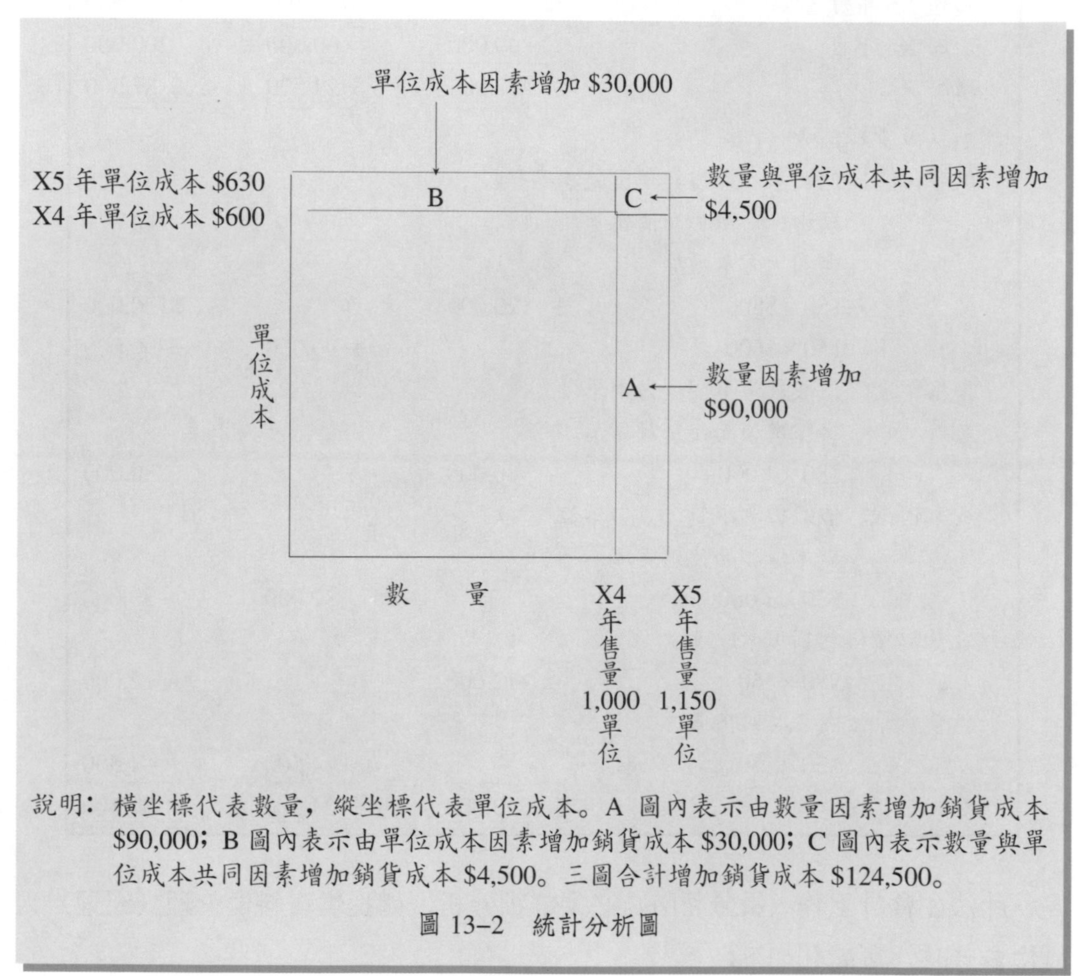

說明：橫坐標代表數量，縱坐標代表單位成本。A 圖內表示由數量因素增加銷貨成本 $90,000；B 圖內表示由單位成本因素增加銷貨成本 $30,000；C 圖內表示數量與單位成本共同因素增加銷貨成本 $4,500。三圖合計增加銷貨成本 $124,500。

圖 13–2　統計分析圖

根據上述銷貨淨額與銷貨成本增加的分析，可以編製銷貨、銷貨成本及毛利變動解釋表如下：

永華股份有限公司
銷貨、銷貨成本及毛利變動解釋表
民國 X5 年 12 月 31 日

		銷貨	銷貨成本	銷貨毛利
民國 X5 年度		$1,012,000	$724,500	$287,500
民國 X4 年度		800,000	600,000	200,000
增加額		$ 212,000	$124,500	$ 87,500
增加（減少）因素				
數量因素：	假設單位售價與單位成本不變，只由數量增加而使銷貨與銷貨成本增加			
	150 × $800	$ 120,000		$120,000
	150 × $600		$ 90,000	–90,000
價格因素：	假設數量不變，只由單位售價增加而使銷貨增加			
	$80 × 1,000	80,000		80,000
成本因素：	假設數量不變，只由單位成本增加而使銷貨成本增加			
	$30 × 1,000		30,000	–30,000
數量與價格共同因素：				
	$80 × 150	12,000		12,000
數量與單位成本共同因素：				
	$30 × 150		4,500	–4,500
合　計		$ 212,000	$124,500	$ 87,500

此法在會計工作人員分析時，必須詳細分析，如提供資料供管理（經理）人員作參考時，可簡化如下：

永華股份有限公司
銷貨、銷貨成本及毛利變動解釋表
民國 X5 年 12 月 31 日

	銷　貨	銷貨成本	銷貨毛利
民國 X5 年度	$1,012,000	$724,500	$287,500
民國 X4 年度	800,000	600,000	200,000
增加額	$ 212,000	$124,500	$ 87,500
增加（減少）因素			
數量因素	$ 120,000	$ 90,000	$ 30,000
價格因素	80,000		80,000
成本因素		30,000	–30,000
數量與價格共同因素	12,000		12,000
數量與單位成本共同因素		4,500	–4,500
合　計	$ 212,000	$124,500	$ 87,500

例二：假設數量、售價及單位成本不是屬於同時增加。上述例一，是假設數量、售價及單位成本都是屬於增加，但有時情形並不完全相同，因為三個因素可能發生：①同屬增加，②同屬減少，③某項增加，某項減少。第二種情形可能性少，這裡不予敘述，茲就第三種情形，即數量減少，售價及單位成本增加的情形下，以永益股份有限公司資料為例，分析如下：

⑴假設永益股份有限公司民國 X4 年度及 X5 年度各項情形如下：

	民國 X5 年度	民國 X4 年度	增減額
銷貨淨額	$734,400	$800,000	–$65,600
銷貨成本	561,600	600,000	–38,400
銷貨毛利	$172,800	$200,000	–$27,200
銷貨單位	900	1,000	–100
單位售價	$ 816	$ 800	$ 16
單位成本	624	600	24

⑵根據上述情形編製銷貨、銷貨成本及毛利變動解釋表如下：

永益股份有限公司
銷貨、銷貨成本及毛利變動解釋表
民國X5年12月31日

	銷　貨	銷貨成本	銷貨毛利
民國X5年度	$734,400	$561,600	$172,800
民國X4年度	800,000	600,000	200,000
增加額	–$ 65,600	–$ 38,400	–$ 27,200
增加（減少）因素			
數量因素：假設單位售價與單位成本不變只由數量減少而使銷貨與銷貨成本減少			
100 × $800	–$ 80,000		–$ 80,000
100 × $600		–$ 60,000	60,000
價格因素：假設數量不變，只由單位售價增加而使銷貨增加			
$16 × 1,000	16,000		16,000
成本因素：假設數量不變，只由單位成本增加而使銷貨成本增加			
$24 × 1,000		24,000	–24,000
數量與價格共同因素：			
$16 × 100（減少）	–1,600		–1,600
數量與單位成本共同因素：			
$24 × 100（減少）		–2,400	2,400
合　計	–$ 65,600	–$ 38,400	–$ 27,200

上述解釋表，也可編製簡略表，讀者請參閱永華公司前例，這裡從略不另編製。

二、百分數法 (Procedures Using Percent)

百分數法是在銷貨及銷貨成本外，如能知道銷貨數量、銷貨價格及單位成本三因素中的任何一種變動百分數時，可求出其他二種因素變動的百分數。茲仍以永華股份有限公司為例，說明如下：

	民國X5年度	民國X4年度	增加額
銷貨淨額	$1,012,000	$800,000	$212,000
銷貨成本	724,500	600,000	124,500
銷貨毛利	$ 287,500	$200,000	$ 87,500

在下列三種情形中，每一種情形如果能知三種變動比率之一，則其他二種變動比率，也可以求出。例如：

	銷　貨	銷貨成本
民國 X4 年度	Ⓐ $ 800,000	ⓐ $600,000
民國 X5 年度	Ⓑ 1,012,000	ⓑ 724,500

⑴已知數量增加 15% 則

價格比率：X5 年數量按 X4 年售價基礎

(Ⓐ × 1.15)	Ⓒ 920,000
價格比率 (Ⓑ ÷ Ⓒ)	1.10

成本比率：X5 年數量按 X4 年成本基礎

(ⓐ × 1.15)	ⓒ 690,000
成本比率 (ⓑ ÷ ⓒ)	1.05

⑵已知價格增加 10% 則

數量比率：X5 年數量按 X4 年價格基礎

(Ⓑ ÷1.10)	Ⓒ 920,000
數量比率 (Ⓒ ÷ Ⓐ)	1.15

成本比率：X5 年數量按 X4 年成本基礎

(ⓐ × 1.15)	ⓒ 690,000
成本比率 (ⓑ ÷ ⓒ)	1.05

⑶已知成本增加 5% 則

數量比率：X5 年數量按 X4 年成本基礎

(ⓑ ÷ 1.05)	ⓒ 690,000
數量比率 (ⓒ ÷ ⓐ)	1.15

價格比率：X5 年數量按 X4 年價格基礎

(Ⓐ × 1.15)	Ⓒ 920,000
價格比率 (Ⓑ ÷ Ⓒ)	1.10

根據上述情形，知道數量、價格及成本三種變動比率後，即可編製銷貨、銷貨成本及毛利變動解釋表如下：

永華股份有限公司
銷貨、銷貨成本及毛利變動解釋表
民國 X5 年 12 月 31 日

	銷　貨	銷貨成本	銷貨毛利
民國 X5 年度	$1,012,000	$724,500	$287,500
民國 X4 年度	800,000	600,000	200,000
增加額	$ 212,000	$124,500	$ 87,500
增加（減少）因素：			
數量因素：假設單位價格與單位成本不變，只由數量增加而使銷貨成本增加			
$800,000（X4 年度銷貨）× 15%	$ 120,000		$120,000
$600,000（X4 年度銷貨成本）× 15%		$ 90,000	−90,000
價格因素：假設數量不變，只由單位價格增加而使銷貨增加			
$800,000（X4 年度銷貨）× 10%	80,000		80,000
成本因素：假設數量不變，只由單位成本增加而使銷貨成本增加			
$600,000（X4 年度銷貨成本）× 5%		30,000	−30,000
數量與價格共同因素：			
〔15%（數量增加）× 10%（價格增加）〕× $800,000（X4 年度銷貨）	12,000		12,000
數量與單位成本共同因素：			
〔15%（數量增加）× 5%（成本增加）〕× $600,000（X4 年度銷貨成本）		4,500	−4,500
合　計	$ 212,000	$124,500	$ 87,500

上述解釋表，也可編製簡略表，讀者請參閱永華股份有限公司前例。

三、數量記錄法 (Procedures Using Quantity Records)

前述詳細統計數字法，是運用有關銷貨數量、單位售價、及單位成本等詳細統計資料來作為分析的基礎。百分數法，是在知道銷貨數量、銷貨價格及單位成本三因素中的任何一種變動百分數時，可求出其他二種因素變動的百分數。數量記錄法，是企業對存貨、進貨或生產有完整記錄，而其記錄又是按數量計列的情形下，可採用此法來分析。現在仍以永華股份有限公司資料為例，說明情形如下：

		民國 X5 年度	民國 X4 年度
銷貨淨額	ⓐ	$1,012,000	$800,000
銷貨成本	ⓑ	724,500	600,000
單位售價	ⓒ	880	800
單位成本	ⓓ	630	600
銷貨數量	ⓔ	1,150	1,000

上述資料中，假設只有ⓐ與ⓑ兩項，則可利用盤存記錄、進貨記錄或生產記錄，求出銷貨數量如下：

		單位數量	
		民國 X5 年度	民國 X4 年度
期初盤存		750	675
本期進貨（期內產量）		1,300	1,075
合　計		2,050	1,750
期末存貨		900	750
銷貨數量	ⓕ	1,150	1,000

因此，又可求出平均單位售價及單位成本如下：

		民國 X5 年度	民國 X4 年度
銷貨			
總額	ⓐ	$1,012,000	$800,000
單位售價（ⓐ÷ⓕ）		880	800
銷貨成本			
總額	ⓑ	724,500	600,000
單位成本（ⓑ÷ⓕ）		630	600

根據上述分析，仍可編製銷貨、銷貨成本及毛利變動解釋表，編製方法，與前述完全相同，這裡不另編製。

四、按商品種類分析法 (Analysis by Commodities)

前述三種分析方法都是假設該企業只經營一種商品，如果經營二種以上商品，在分析銷貨、銷貨成本及毛利變動時，就以採用本法較為適宜。今假設永華股份有限公司係經營二種商品，而其營業情形如下：

	銷　貨	銷貨成本	銷貨毛利
民國 X5 年度			
A 種商品	$1,012,000	$ 724,500	$287,500
B 種商品	734,400	561,600	172,800
合　計	$1,746,400	$1,286,100	$460,300
民國 X4 年度			
A 種商品	$ 800,000	$ 600,000	$200,000
B 種商品	800,000	600,000	200,000
合　計	$1,600,000	$1,200,000	$400,000
增減額			
A 種商品	$ 212,000	$ 124,500	$ 87,500
B 種商品	–65,600	–38,400	–27,200
合　計	$ 146,400	$ 86,100	$ 60,300

根據兩種商品分析的結果，可按二種商品總額編製銷貨、銷貨成本及毛利變動解釋表如下：

	A 種商品	B 種商品	增減額
銷貨			
數量因素	$120,000	–$80,000	$ 40,000
價格因素	80,000	16,000	96,000
數量與價格共同因素	12,000	–1,600	10,400
合　計	$212,000	–$65,600	$146,400
銷貨成本			
數量因素	$ 90,000	–$60,000	$ 30,000
成本因素	30,000	24,000	54,000
數量與成本共同因素	4,500	–2,400	2,100
合　計	$124,500	–$38,400	$ 86,100
銷貨毛利	$ 87,500	–$27,200	$ 60,300

第四節
分部毛利分析

分部毛利分析 (Analysis of Departmental Gross Profit)，是指一個企業分成若干部門經營，年終結算後，對各部有個檢討性的比較，究竟是那一部門營業較為優良進步？那一部門較為落後退步？以作為改進營業的方針，因此對各部門損益加以分析。

因為各部門多不獨立編製損益表，而且各部門營運資金的多少不同，營業人員多寡有異，加以各部分攤費用欠缺絕對正確的標準，所以分析時多以比較毛利的變動，分析歷年來發展的趨勢，較為合理。

由於企業整個的毛利額是隨各部的銷貨總額，各部銷貨分配額，以及各部的毛利率不同而有異，所以，此一企業的整個毛利額與毛利率，也隨那些因素的變動而變動。例如假設永彰股份有限公司最近 3 年中的情形如下，則其分析：

	民國 X3 年度	民國 X4 年度	民國 X5 年度
甲部			
銷貨	$224,800	$131,300	$314,000
銷貨成本	103,200	58,720	133,760
銷貨毛利	$121,600	$ 72,580	$180,240
毛利率	54.09%	55.28%	57.40%
乙部			
銷貨	$138,600	$202,740	$ 83,960
銷貨成本	84,600	129,520	58,200
銷貨毛利	$ 54,000	$ 73,220	$ 25,760
毛利率	38.96%	36.12%	30.68%
丙部			
銷貨	$ 66,300	$ 83,380	$ 55,240
銷貨成本	46,000	57,560	38,220
銷貨毛利	$ 20,300	$ 25,820	$ 17,020
毛利率	30.62%	30.97%	30.81%

就上述永彰股份有限公司資料中：

甲部：X4 年度銷貨雖然大量減少（以 X3 年度為基礎），但銷貨毛利毛利率則增加 1.19%，X5 年度銷貨又大量增加，而銷貨毛利毛利率，則只增加 3.31%，該企業 3 年的平均毛利率為 55.59%，較 X3 年度增加 1.50%，這樣的變動，是屬於一種良好的現象。

乙部：X4 年度銷貨雖然大量增加（以 X3 年度為基礎），但銷貨毛利毛利率則反而減少 2.84%；X5 年度銷貨又大量減少，但銷貨毛利毛利率只減少 8.28%。該企業 3 年的平均毛利率為 35.25%，較 X3 年度減少 3.71%，這樣的變動，是屬於不良的現象。

丙部：X4 年度銷貨略有增加（以 X3 年度為基礎），銷貨毛利毛利率增加 0.35%；X5 年度銷貨又形減少，但銷貨毛利率則反而增加 0.19%，該企業 3 年的平均毛利率為 30.80%，較 X3 年度增加 0.18%，這種變動是屬於平穩的現象。

在上述分析的因素中，有二個問題值得加以分析：

1. 各部銷貨的分布 (Distribution of Sales among Departments)

各部每年銷貨的百分數增加，表示銷貨也增加，各部每年銷貨的百分數減少，表示銷貨也作同樣的減少。例如上述永彰股份有限公司的銷貨情形：

部　門	銷貨金額			占總額百分數		
	X3 年度	X4 年度	X5 年度	X3 年度	X4 年度	X5 年度
甲部	$224,800	$131,300	$314,000	52.31%	31.45%	69.29%
乙部	138,600	202,740	83,960	32.25%	48.57%	18.52%
丙部	66,300	83,380	55,240	15.44%	19.98%	12.19%
合計	$429,700	$417,420	$453,200	100%	100%	100%

2. 各部毛利率與銷貨的分布 (Departmental Rates and Sales Distribution)

各部的毛利率增加，表示銷貨也增加，各部的毛利率減少，表示銷貨也減少。同樣的，企業某部的平均毛利率增加，則該部在全部銷貨中所占的百分數也作增加，如果某部的平均毛利率減少，則該部在全部銷貨中所占的百分數也作減少。因此各部門在營業中的毛利率彼此不相同時，則各部門毛利率的變動，以及各部門銷貨額分布的變動，對於企業整個平均毛利率所產生的影響，也是一致的。例如上述永彰股份有限公司各部毛利率與銷貨分布的情形：

部門	占銷貨總額百分數	各部毛利率	平均毛利率		
			X3 年度	X4 年度	X5 年度
甲部	52.31% ×	54.09% =	28.29%		
	31.45% ×	55.28% =		17.39%	
	69.29% ×	57.40% =			39.77%
乙部	32.25% ×	38.96% =	12.56%		
	48.57% ×	36.12% =		17.54%	
	18.52% ×	30.68% =			5.68%
丙部	15.44% ×	30.62% =	4.73%		
	19.98% ×	30.97% =		6.19%	
	12.19% ×	30.81% =			3.75%
該企業平均毛利率			45.58%	41.12%	49.20%

根據上表所列，得知甲部的平均毛利率為最高的一部（X3 年為 28.29%，X4 年為 17.39%，X5 年為 39.77%），該企業平均毛利率 X3 年 45.58% 降至 X4 年的 41.12%，主要的是甲部毛利率 X3 年為 28.29%，X4 年為 17.39% 遞降所致。相同的，X5 年毛利率增至 49.20%，也是由於甲部毛利率 39.77% 劇增的原因。所以，各部門毛利率的變動，及各部門銷貨額分布的變動，對企業整個平均毛利率所產生的影響，是一致的。

第五節 多種產品的毛利分析

產銷多種產品對毛利的分析，可用下列兩法提出討論：

⑴上下年度產銷毛利變動的分析。

⑵實際產銷與預算（標準）產銷毛利變動的分析。

一、上下年度產銷毛利變動分析

茲以永成股份有限公司資料為例，分析如下：

1. 損益表

	民國 X4 年度	民國 X5 年度	增加額
銷貨淨額	$960,000	$1,120,000	$160,000
銷貨成本	800,000	880,000	80,000
銷貨毛利	$160,000	$ 240,000	$ 80,000

2. 銷貨及銷貨成本補充資料

(1)民國 X4 年度銷貨及銷貨成本：

		民國 X4 年度銷貨		民國 X4 年度銷貨成本	
產品名稱	數量（件）	單　價	金　額	單　價	金　額
A	8,000	$40.00	$320,000	$32.00	$256,000
B	7,000	32.00	224,000	28.00	196,000
C	20,000	20.80	416,000	17.40	348,000
			$960,000		$800,000

(2)民國 X5 年度銷貨及銷貨成本：

		民國 X5 年度銷貨		民國 X5 年度銷貨成本	
產品名稱	數量（件）	單　價	金　額	單　價	金　額
A	10,000	$52.80	$ 528,000	$32.00	$320,000
B	4,000	28.00	112,000	28.00	112,000
C	20,000	24.00	480,000	22.40	448,000
			$1,120,000		$880,000

根據上述資料，分析如下：

(1)銷貨：

數量差異：假設售價不變，只由銷貨數量變動而增減。

A: (10,000 − 8,000) × $40 =	$ 80,000	
B: (4,000 − 7,000) × $32 =	(96,000)	
C: (20,000 − 20,000) × $20.8 =	0	$(16,000)

價格差異：假設數量不變，只由售價變動而增減。

A: (\$52.8 – \$40) × 8,000 =	\$102,400	
B: (\$28 – \$32) × 7,000 =	(28,000)	
C: (\$24 – \$20.8) × 20,000 =	64,000	138,400

組合差異：數量與價格共同變動而發生的差異。

A: (10,000 – 8,000) × (\$52.8 – \$40) =	\$25,600	
B: (4,000 – 7,000) × (\$28 – \$32) =	12,000	
C: (20,000 – 20,000) × (\$24– \$20.8) =	0	37,600
銷貨增加		\$160,000

(2)成本：

數量差異：假設單位成本不變，只由數量變動而增減。

A: (10,000 – 8,000) × \$32 =	\$ 64,000	
B: (4,000 – 7,000) × \$28 =	(84,000)	
C: (20,000 – 20,000) × \$17.4 =	0	\$(20,000)

價格差異：假設數量不變，只由單位成本變動而增減。

A: (\$32 – \$32) × 8,000 =	\$ 0	
B: (\$28 – \$28) × 7,000 =	0	
C: (\$22.4 – \$17.4) × 20,000 =	100,000	100,000

組合差異：數量與價格共同變動而發生的差異。

A: (10,000 – 8,000) × (\$32 – \$32) =	0	
B: (4,000 – 7,000) × (\$28 – \$28) =	0	
C: (20,000 – 20,000) × (\$22.4 – \$17.4) =	0	0
成本增加		\$ 80,000

根據上述資料，可以編製銷貨、銷貨成本及毛利變動解釋表如下：

永成股份有限公司
銷貨、銷貨成本及毛利變動解釋表
民國 X5 年 12 月31日

	產品名稱	銷貨淨額	銷貨成本	銷貨毛利
民國 X5 年度:	A 種	$ 528,000	$320,000	$208,000
	B 種	112,000	112,000	0
	C 種	480,000	448,000	32,000
		$1,120,000	$880,000	$240,000
民國 X4 年度:	A 種	$ 320,000	$256,000	$ 64,000
	B 種	224,000	196,000	28,000
	C 種	416,000	348,000	68,000
		$ 960,000	$800,000	$160,000
	合計	$ 160,000	$ 80,000	$ 80,000
增加(減少)原因:				
數量差異:	A 種	$ 80,000	$ 64,000	$ 16,000
	B 種	(96,000)	(84,000)	(12,000)
	C 種	0	0	0
		$ (16,000)	$ (20,000)	$ 4,000
價格差異:	A 種	$ 102,400	$ 0	$102,400
	B 種	(28,000)	0	(28,000)
	C 種	64,000	100,000	(36,000)
		$ 138,400	$100,000	$ 38,400
組合差異:	A 種	$ 25,600	$ 0	$ 25,600
	B 種	12,000	0	12,000
	C 種	0	0	0
		$ 37,600	$ 0	$ 37,600
	合計	$ 160,000	$ 80,000	$ 80,000

如果編製下列銷貨、銷貨成本及毛利變動分析表,則更為明顯,容易瞭解。

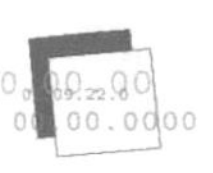

永成股份有限公司
銷貨、銷貨成本及毛利變動分析表
民國 X5 年 12 月 31 日

項　目	營業年度	A 種產品	B 種產品	C 種產品	合　計
銷貨	X5 年度	$528,000	$ 112,000	$480,000	$1,120,000
	X4 年度	320,000	224,000	416,000	960,000
	合　計	$208,000	$(112,000)	$ 64,000	$ 160,000
銷貨成本	X5 年度	$320,000	$ 112,000	$448,000	$ 880,000
	X4 年度	256,000	196,000	348,000	800,000
	合　計	$ 64,000	$ (84,000)	$100,000	$ 80,000
銷貨毛利		$144,000	$ (28,000)	$ (36,000)	$ 80,000
	增（減）因素				
銷貨	數量差異	$ 80,000	$ (96,000)	0	$ (16,000)
	價格差異	102,400	(28,000)	64,000	138,400
	組合差異	25,600	12,000	0	37,600
	合　計	$208,000	$(112,000)	$ 64,000	$ 160,000
銷貨成本	數量差異	$ 64,000	$ (84,000)	0	$ (20,000)
	價格差異	0	0	100,000	100,000
	組合差異	0	0	0	0
	合　計	$ 64,000	$ (84,000)	$100,000	$ 80,000
銷貨毛利		$144,000	$ (28,000)	$ (36,000)	$ 80,000

二、實際產銷與預算（標準）產銷毛利變動分析

茲以永隆股份有限公司民國 X5 年資料為例，分析如下：

1.損益表（預算）

產品名稱	數　量	銷　貨		銷貨成本		銷貨毛利	
		單　價	金　額	單　價	金　額	每單位	金　額
甲種	6,000	$60	$360,000	$48	$288,000	$12	$ 72,000
乙種	3,500	48	168,000	40	140,000	8	28,000
丙種	1,000	40	40,000	35	35,000	5	5,000
	10,500	$54.09*	$568,000	$44.09*	$463,000	$10.00*	$105,000

*為加權平均。

2.損益表（實際）

產品名稱	數　量	銷　貨		銷貨成本		銷貨毛利	
		單　價	金　額	單　價	金　額	每單位	金　額
甲種	5,112	$64	$327,168	$55.92	$285,864	$8.08	$41,304
乙種	4,208	48	201,984	38.88	163,608	9.12	38,376
丙種	1,105	36	39,780	35.32	39,028	0.68	752
	10,425	$54.57*	$568,932	$46.85*	$488,500	$7.72*	$80,432

*為加權平均。

根據上述資料，分析如下：

(1)銷貨：

數量差異：假設售價不變，只由銷貨數量變動而增減。

甲種：(5,112 − 6,000) × $60 = $(53,280)
乙種：(4,208 − 3,500) × $48 = 33,984
丙種：(1,105 − 1,000) × $40 = 4,200　　$ (15,096)

價格差異：假設數量不變，只由售價變動而增減。

甲種：($64 − $60) × 6,000 = $24,000
乙種：($48 − $48) × 3,500 = 0
丙種：($36 − $40) × 1,000 = (4,000)　　20,000

組合差異：數量與價格共同變動而發生的差異。

甲種：(5,112 − 6,000) × ($64 − $60) = $(3,552)
乙種：(4,208 − 3,500) × ($48 − $48) = 0
丙種：(1,105 − 1,000) × ($36 − $40) = (420)　　(3,972)
銷貨增加　　$ 932

(2)成本：

數量差異：假設單價不變，只由數量變動而增減。

甲種：(5,112 − 6,000) × $48 = $(42,624)
乙種：(4,208 − 3,500) × $40 = 28,320
丙種：(1,105 − 1,000) × $35 = 3,675　　$ (10,629)

價格差異：假設數量不變，只由單位成本變動而增減。

甲種：($55.92 – $48) × 6,000 =	$47,520	
乙種：($38.88 – $40) × 3,500 =	(3,920)	
丙種：($35.32 – $35) × 1,000 =	320	43,920

組合差異：數量與價格共同變動而發生的差異。

甲種：(5,112 – 6,000) × ($55.92 – $48) =	$(7,032.96)	
乙種：(4,208 – 3,500) × ($38.88 – $40) =	(792.96)	
丙種：(1,105 – 1,000) × ($35.32 – $35) =	33.60	(7,792.32)
成本增加		$ 25,498.68

根據上述資料，可以編製銷貨、銷貨成本及毛利變動解釋表如下：

永隆股份有限公司
銷貨、銷貨成本及毛利變動解釋表
民國 X5 年 12 月 31 日

	產品名稱	銷貨淨額	銷貨成本	銷貨毛利
實際產銷：	甲種	$327,168	$285,864	$ 41,304
	乙種	201,984	163,608	38,376
	丙種	39,780	39,028	752
		$568,932	$488,500	$ 80,432
預算產銷：	甲種	$360,000	$288,000	$ 72,000
	乙種	168,000	140,000	28,000
	丙種	40,000	35,000	5,000
		$568,000	$463,000	$105,000
	合計	$ 932	$ 25,500	$ (24,568)
增加（減少）原因：				
數量差異：	甲種	$ (53,280)	$ (42,624)	$ (10,656)
	乙種	33,984	28,320	5,664
	丙種	4,200	3,675	525
	合計	$ (15,096)	$ (10,629)	$ (4,467)
價格差異：	甲種	$ 24,000	$ 47,520	$ (23,520)
	乙種	0	(3,920)	3,920
	丙種	(4,000)	320	(4,320)
	合計	$ 20,000	$ 43,920	$ (23,920)
組合差異：	甲種	$ (3,552)	$ (7,033)	$ 3,481
	乙種	0	(793)	793
	丙種	(420)	33	(453)

合計	$ (3,972)	$ (7,793)	3,821
	$ 932	$ 25,498	$ (24,566)*

*金額差 $2，係小數點誤差所致。

如果編製下列銷貨、銷貨成本及毛利變動分析表，則更為明顯，容易瞭解。

永隆股份有限公司
銷貨、銷貨成本及毛利變動分析表
民國 X5 年 12 月 31 日

項　目	營業情形	甲種產品	乙種產品	丙種產品	合　計
銷貨	實際金額	$327,168	$201,984	$39,780	$568,932
	預算金額	360,000	168,000	40,000	568,000
	差異金額	$ (32,832)	$ 33,984	$ (220)	$ 932
銷貨成本	實際金額	$285,864	$163,608	$39,028	$488,500
	預算金額	288,000	140,000	35,000	463,000
	差異金額	$ (2,136)	$ 23,608	$ 4,028	$ 25,500
銷貨毛利		$ (30,696)	$ 10,376	$ (4,248)	$ (24,568)

第六節
損益變動分析的功用

一個公司的內部組織，主要的是各銷貨部門（經營部門）和生產部門。如何發揮銷貨功能，銷貨部門平時對銷貨價格增減的變動，銷貨數量增減的原因，以及銷貨組合的搭配，都要非常密切的注意，損益變動分析的主要作用，就是要尋求當年度經營的缺點，提供主管當局作為加強管理和改進營業的參考。同樣的，生產部門對於生產成本因素價格的增減，數量的變動，其所發生的差異，都要隨時不斷的檢討，損益變動分析時對成本變動的分析，也就是要尋求當年度生產的缺失，提供主管當局作為改進的參考依據。公司為了發揮更大的經營效果，獲得更高的營業利益，對損益變動分析是非常重視的。

習題

一、問答題

1. 試述損益變動分析的意義。
2. 試述損益變動的原因，在通常一般情況下，可能是那些原因引起損益變動？
3. 構成純益變動的因素有那些？試述之。
4. 毛利變動分析的方法有那幾種？
5. 何謂分部毛利分析？
6. 試述損益變動分析的功用。

二、選擇題

試依下列資料回答 1. ～ 5. 題。

X4 年銷貨毛利數據如下：

銷貨（45,250 單位）	$380,100
銷貨成本	226,250
銷貨毛利	$153,850

X5 年預計銷售 50,000 單位，每單位售價 $8.20，單位成本約 $4.70，銷貨成本均為變動成本。

（　）1. X4 年毛利變動分析表的分析因素中，因銷售量增加而增加的銷貨收入與銷貨成本為 (A) $39,900 及 $23,750 (B) $38,950 及 $22,325 (C) $29,900 及 $18,750 (D) $48,900 及 $35,000。

（　）2. X4 年毛利變動分析表中，因單位價格減少而引起銷貨收入及銷貨成本的變動數為 (A)銷貨減少 $10,000，成本減少 $15,000 (B)銷貨減少 $950，成本減少 $1,425 (C)銷貨減少 $9,050，成本減少 $13,575 (D)銷貨減少 $11,500，成本減少 $2,500。

（　）3. X4 年毛利變動分析表中因銷售數及單位價格的綜合變動而引起的銷貨及成本之變動為 (A)銷貨減少 $950，成本減少 $1,425 (B)銷貨增加 $950，成本減少 $1,425 (C)銷貨增加 $950，成本增加 $1,425 (D)銷貨減少 $1,050，成本減少 $1,350。

( ) 4. X5 年預計毛利增加的最大原因是 (A)單位成本減少額，超過單位售價減少額 (B)銷售數量增加 (C)單位成本降低 (D)銷貨成本均為變動成本。

( ) 5. 銷貨毛利變動分析表的編製者為 (A)財務會計人員 (B)內部財務分析人員 (C)查帳人員 (D)外部財務分析人員。

( ) 6. 壞帳收回 (Recovery) 將 (A)增加盈餘 (B)減少壞帳費用 (C)增加備抵壞帳 (D)增加應收帳款。

( ) 7. 公司的盈餘品質最可能受到那項因素影響？ (A)會計方法的選擇 (B)所屬產業 (C)會計師的選擇 (D)所屬國別。

( ) 8. 下列何者不屬於營業費用？ (A)銷貨成本 (B)辦公用品 (C)租金支出 (D)廣告費。

( ) 9. 下列何者不屬於銷售費用？ (A)銷售運費 (B)廣告費 (C)銷售人員薪資 (D)銷貨退回。

（選擇題資料：參考歷屆證券商業務員考試試題）

三、綜合題

1. 下列為永裕股份有限公司民國 X4 年度和 X5 年度損益表，試根據其損益表編製：

①比較損益表。

②純益變動解釋表。

永裕股份有限公司

損益表

項　目	X4 年度金額	X5 年度金額
銷貨	$792,000	$1,027,500
銷貨成本	570,300	698,700
銷貨毛利	$221,700	$ 328,800
營業費用		
推銷費用	81,000	128,250
管理費用	95,250	96,300
	$176,250	$ 224,550
營業純益	$ 45,450	$ 104,250
非營業收益	19,500	18,000
	$ 64,950	$ 122,250
非營業費用	57,750	63,750
本期純益	$ 7,200	$ 58,500

2. 設下列為永發股份有限公司民國 X5 年度預算及實際營業情形，試根據該公司部分損

益表資料，分析其毛利變動差異及編製銷貨、銷貨成本及毛利變動解釋表。

產品名稱	數量（件）	銷貨淨額		銷貨成本		銷貨毛利	
		單價	金　額	單位成本	金　額	每單位	金　額
預算數							
甲種產品	6,400	$120	$　768,000	$96	$614,400	$24	$153,600
乙種產品	3,360	84	282,240	72	241,920	12	40,320
合　計			$1,050,240		$856,320		$193,920
實際數							
甲種產品	6,000	126	$　756,000	99	$594,000	27	$162,000
乙種產品	3,600	81	291,600	69	248,400	12	43,200
合　計			$1,047,600		$842,400		$205,200

3. 設下列為永盛股份有限公司民國 X4 年度和 X5 年度部分損益表。

民國 X4 年度：

產品名稱	數量（件）	銷貨收入		銷貨成本		銷貨毛利
		單價	金　額	單位成本	金　額	
A 種產品	24,000	$40.8	$　979,200	$32	$　768,000	$211,200
B 種產品	12,000	31.2	374,400	22.4	268,800	105,600
合　計			$1,353,600		$1,036,800	$316,800

民國 X5 年度：

產品名稱	數量（件）	銷貨收入		銷貨成本		銷貨毛利
		單價	金　額	單位成本	金　額	
A 種產品	30,000	$41.2	$1,236,000	$32.08	$　962,400	$273,600
B 種產品	19,200	32.0	614,400	23.44	450,048	164,352
合　計			$1,850,400		$1,412,448	$437,952

試根據上述資料，分析該公司毛利變動差異，並編製銷貨、銷貨成本及毛利變動解釋表。

4. 下列為永隆股份有限公司民國 X4 年度和 X5 年度損益表與補充資料，試根據此項資料，編製：

①銷貨、銷貨成本及毛利變動解釋表。

②銷貨及銷貨成本統計分析圖。

⑴損益表：

永隆股份有限公司

損益表

項　目	X4 年度金額	X5 年度金額
銷貨	$1,200,000	$1,518,000
銷貨成本	900,000	1,086,750
銷貨毛利	$ 300,000	$ 431,250

(2)補充資料:

銷貨數量	10,000	11,500
單位售價	$120	$132
單位成本	90	94.5

5. 設下列為茂昌實業股份有限公司 74 年度和 75 年度部分損益表資料，試根據此項資料，分析該公司毛利變動情形，並編製銷貨、銷貨成本及毛利變動解釋表。

註：本題分析與編表，必須就每種產品的數量因素、價格因素和數量與價格共同因素，分別列算。

74 年度:

產品名稱	單位數量（件）	單位售價	銷貨總額	單位成本	成本總額	銷貨毛利
甲種產品	1,800	$28	$ 50,400	$16	$ 28,800	$21,600
乙種產品	4,800	18	86,400	14	67,200	19,200
丙種產品	7,200	14	100,800	8	57,600	43,200
合　計			$237,600		$153,600	$84,000

75 年度:

產品名稱	單位數量（件）	單位售價	銷貨總額	單位成本	成本總額	銷貨毛利
甲種產品	1,400	$30	$ 42,000	$18	$ 25,200	$16,800
乙種產品	5,000	20	100,000	14	70,000	30,000
丙種產品	8,000	18	144,000	12	96,000	48,000
合　計			$286,000		$191,200	$94,800

（76 年會計師考試試題）

6. 永興公司 68 年度之營業預算及實際營業結算之資料如下:

(1)預算:

	每件		總數		
	A產品	B產品	A產品	B產品	合計
售價	$10	$20	$100,000	$100,000	$200,000
成本	5	14	50,000	70,000	120,000
毛利	$ 5	$ 6	$ 50,000	$ 30,000	$ 80,000

⑵實際：

售價	$12	$24	$120,000	$180,000	$300,000
成本	6.5	16	65,000	120,000	185,000
毛利	$ 5.5	$ 8	$ 55,000	$ 60,000	$115,000

試依：①價格差異（包括售價及成本），②數量差異，③組合差異等分析該公司預算與實際銷貨毛利之差異，證明有利或不利差異。

（68年政大會研所試題）

7.某公司製銷甲、乙、丙三種產品，80年度乙產品產生帳面虧損，公司管理當局擬停止其製銷，有關損益資料如下：

	甲產品	乙產品	丙產品	合計
銷貨收入	$200,000	$30,000	$50,000	$280,000
銷貨成本				
直接材料	$ 30,000	$ 4,000	$ 6,000	$ 40,000
直接人工	60,000	8,000	10,000	78,000
製造費用	30,000	4,000	5,000	39,000
	$120,000	$16,000	$21,000	$157,000
銷貨毛利	$ 80,000	$14,000	$29,000	$123,000
銷管費用	50,000	18,000	16,000	84,000
純益（損）	$ 30,000	$(4,000)	$13,000	$ 39,000

其他補充資料如下：

⑴製造費用按直接人工成本基礎分攤，其中固定部分每年$23,400，可直接歸屬至甲、乙、丙產品各為$7,600、$8,000、$5,000。

⑵銷管費用除銷貨員佣金係占銷貨收入之5%外，均屬固定成本。固定成本中可直接歸屬於各產品的廣告費計：甲產品$8,000，乙產品$10,000，丙產品$3,000。

試作：①管理當局決定停產乙產品之決策是否正確？請輔以計算說明之。

②生產乙產品部門經理懷疑報表資料之公平合理性，若報表真的不公平合理，

最可能之原因為何？你有何建議？

③若用對內報表分析，凸顯乙產品最重要的兩點缺失為何？

（81 年會計師考試試題）

8. 大信公司 76 年及 77 年部分損益表資料如下：

	76 年度		
	甲產品	乙產品	合　計
銷售單位	300	200	500
銷貨收入	$180,000	$200,000	$380,000
銷貨成本	90,000	150,000	240,000
銷貨毛利	$ 90,000	$ 50,000	$140,000

	77 年度		
	甲產品	乙產品	合　計
銷售單位	260	260	520
銷貨收入	$156,000	$247,000	$403,000
銷貨成本	78,000	195,000	273,000
銷貨毛利	$ 78,000	$ 52,000	$130,000

試根據上列資料作下列事項：

就每種產品價格、數量及產品的組合三個因素加以分析，解釋何以 77 年度銷貨數量增加，銷貨毛利反較 76 年度減少 $10,000。

（77 年會計師考試試題）

9. 下列為永春股份有限公司民國 X3、X4、X5 年度 A 部、B 部、及 C 部營業情形：

A 部

	民國 X5 年度	民國 X4 年度	民國 X3 年度
銷貨	$1,465,500	$1,339,500	$1,276,800
銷貨成本	1,125,504	1,052,847	957,600
銷貨毛利	$ 339,996	$ 286,653	$ 319,200

B 部

銷貨	$729,000	$801,000	$887,700
銷貨成本	480,411	524,655	585,882
銷貨毛利	$248,589	$276,345	$301,818

C 部

銷貨	$481,200	$347,100	$397,500
銷貨成本	307,968	225,615	254,400
銷貨毛利	$173,232	$121,485	$143,100

試根據上述資料，編製：

①各部毛利率表。

②各部銷貨金額及百分數分布表。

③試求各年平均毛利率。

10.設下列為永彰股份有限公司民國 X4 年度和 X5 年度各種產品銷售情形：

	銷　貨	銷貨成本	銷貨毛利
民國 X5 年度			
A 種產品	$1,214,400	$　850,080	$364,320
B 種產品	881,280	685,440	195,840
C 種產品	93,600	70,720	22,880
合　計	$2,189,280	$1,606,240	$583,040
民國 X4 年度			
A 種產品	$　960,000	$　720,000	$240,000
B 種產品	960,000	645,000	315,000
C 種產品	75,000	57,000	18,000
合　計	$1,995,000	$1,422,000	$573,000

補充資料：

	A 種產品		B 種產品		C 種產品	
	X4 年	X5 年	X4 年	X5 年	X4 年	X5 年
銷貨數量	1,000	1,012	1,500	1,224	125	130
單位售價	$960	$1,200	$640	$720	$600	$720
單位成本	$720	$　840	$430	$560	$456	$544

試根據上述資料，按產品種類，分析該公司毛利變動差異，並編製銷貨、銷貨成本及毛利變動解釋表。

第十四章
損益兩平點與利潤分析

客戶訂單收入與成本分析表

客戶訂單收入與成本分析表

業務員：

客戶P/O：

□ 含三個月以上客戶訂單

客戶訂單號碼	CO20020509020	訂購單位編號	000
客戶編號	0990	訂購單位名稱	板橋分公司
客戶名稱	怡心電信	產品品名	三民級號密碼卡
產品編號	0012-990-002-211	產品數量	30000
產品單位	張	總金額	360000
單價	12		

收入資訊

原出貨發票資料

出貨單號碼	出貨日期	交貨數量	銷售金額	銷項稅額	銷貨發票金額
PI20020509019	2002/05/25	20000	240000	12000	252000
PI20020509020	2002/05/27	10000	120000	6000	126000
		0	0	0	0

新出貨發票資料

出貨單號碼	出貨日期	交貨數量	銷售金額	銷項稅額	銷貨發票金額
		0	0	0	0

退貨（折讓）資料

退貨(折讓)單號碼	退貨(折讓)日期	退貨(折讓)金額	銷項稅額
PR20020509015	2002/05/30	950	48
		0	0

第一節
損益兩平點與利潤分析的意義

一個企業經營的結果，不外乎有三種情形：①有盈餘（發生純益），②有虧損（發生純損），③不盈不虧（既未發生純益，也未發生純損）。構成這三種情形的兩大因素，就是營業收入與營業費用（成本）的大小和增減變化。在上述三種情形中，第三種情形較少（幾乎沒有），其次是第二種，第一種情形則較普遍而且多。

所謂損益兩平點分析 (Break-even Point Analysis)，又稱為盈虧兩平分析，並不是指上述第三種情形的分析，而是指在研討售價、成本、數量與利潤四者間的平衡關係，著重於求出兩平點 (Break-even Point)，在某種情形下，將發生盈餘，在某種情形下，將發生虧損，並以簡明的兩平圖來表達其間關係的一種方法。

近年來，企業的經營，有兩大革新，一是利潤計畫 (Profit Planning)，一是利潤控制 (Control of Profit)，也就是說，在可能瞭解的情況下，事先計畫一預期可以獲得的利潤，而後管理部門遵循這一計畫，實施控制，以便經營結果，確能達成此一預期的目標。損益兩平點分析，也就是要達到此一目的而須瞭解其間關係的分析，所以又稱為盈虧點分析。

最早的損益兩平點分析，分析時先將成本分為固定成本 (Fixed Cost) 和變動成本 (Variable Cost)。但有若干學者，認為成本中有半固定成本和半變動成本，或者如果還沒有劃分為固定成本和變動成本時，分析起來，就會覺得困難。到了現在，這種分析方法，演變成可以用統計方法求出成本線，或以最小二乘方 (Least Square Method) 的數學方法求出成本線，同樣可以達到分析的目的。原先分析的成本線，完全是用直線，由於學術的進步，現在則進一步運用高等統計或高等數學來求出高次的成本曲線，這樣一來，對於損益兩平點分析，當然更為精確。但這是高等成本會計學 (Advanced Cost Accounting) 的範疇，本書損益兩平點分析，仍然是採用目前慣於使用的簡單成本直線，以作簡明的表達。

損益兩平點分析，主要是求出損益兩平點，而後用損益兩平圖，簡單明顯的表示售價、成本、數量和利潤四者間的平衡關係。在售價、成本、數量和利潤四者之間，成本隨數量而固定或變動，這種固定或變動的情形，既已知道，假設對未來的利潤，事先有所預計，則售價和數量二者的關係，就很容易明白了。所謂售價，係指銷貨總額，或指單位售價。所謂數量，係指售貨數量，但銷量與產量有密切的關係，在作損益兩平線時，就要將銷量與產量，一同計及。同時，成本為已知數，而售價與數量予以假定，則利潤額就可以推算得到。現在，就損益兩平點分析的幾個重要問題，分述如後。

第二節
損益兩平點的計算

會計上的基本原則，是收入減去成本（費用）以後，所得的餘額，就是利潤。損益兩平點分析，初步是以收入等於成本為假定，而後計算損益兩平點。如果收入高於此點，便有盈餘；如果收入低於此點，便有虧損。所以損益兩平點，也稱為盈虧兩平點。

損益兩平點的計算，有二種方法：一為圖解法，一為計算法。茲將這二種方法，分述如下：

1. 圖解法

圖解法，就是將兩平點（盈虧點）作出兩平圖，由圖中兩平點的位置，在其坐標上看出該點的數字，藉以瞭解其損益的情形。例如圖 14–1。

由圖 14–1 可以得知，損益兩平點在銷貨收入 \$120,000 時，正好和成本 \$120,000 相等（匯合於一點），銷貨低於 \$120,000，便發生虧損，銷貨高於 \$120,000，便發生盈餘。由此一點垂直，就可求得損益兩平點的銷貨量。

2. 計算法

計算法所應用的公式很多，茲一一列述如下：

⑴計算銷貨量的公式：

$$損益兩平點 = \frac{F}{S_u - V_u}$$

F 為固定成本總額（假設是 \$48,000）。

S_u 為每單位售價（假設是 \$12.00）。

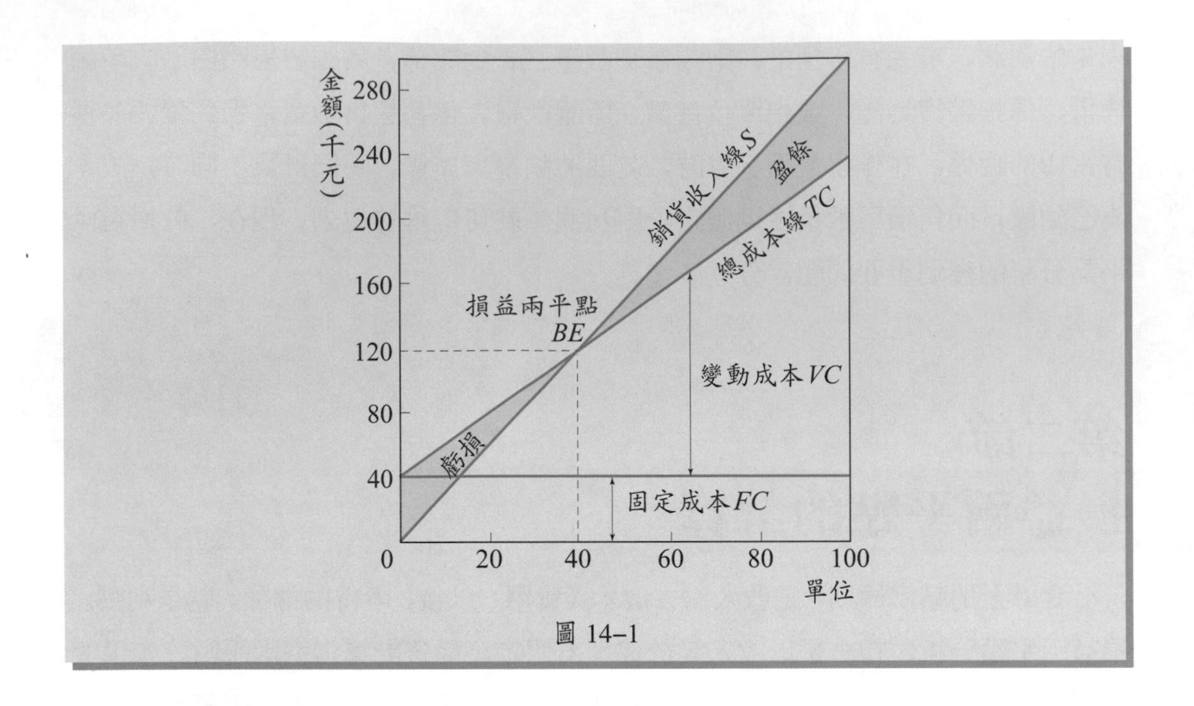

圖 14–1

V_u 為每單位變動成本（假設是 \$7.20）。

則：$\dfrac{48,000}{12.00-7.20}=10,000$ 單位

上式的意思，是表示固定成本為 \$48,000，單位售價為 \$12.00，每單位的變動成本是 \$7.20，因而銷貨量要 10,000 個單位，損益才能兩平。

⑵計算銷貨額的公式：

$$S=\frac{F}{1-V_P}$$

S 為損益兩平點的銷貨額。

V_P 為變動成本對銷貨的百分比（即變動成本比）。

上例：$V_P=\dfrac{7.20}{12.00}=\dfrac{3}{5}$

所以：$S=\dfrac{48,000}{1-\dfrac{3}{5}}=\$120,000$

上一公式，一般多寫為：

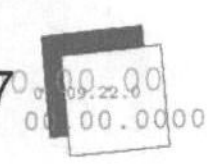

$$S_E = \frac{F}{1 - \frac{V}{S}}$$

S_E 代表損益兩平點時的銷貨額。

V 為變動成本。

S 為現在的銷貨額。

V/S 為由現在的銷貨與成本的情況所已知的變動成本比。

(3)計算損益兩平點時的產能：

$$r = \frac{F}{(1 - V/S)C} \quad 即\ r = \frac{S_E}{C}$$

C 為以最大銷貨量所表示的生產能力。

假設上例按生產能力的最大銷貨量達 \$150,000

則：$r = \frac{S_E}{C} = \frac{120,000}{150,000} = 80\%$

r 愈小，則損益兩平點愈容易達到；r 愈大，則損益兩平點愈難達到，r 如果大於 1，則須增加產能。在另一方面，C 也可以代表目前市場銷售情況下的最大銷貨額，此時如果 r 大於 1，便須設法擴展市場。

第三節
損益兩平圖與利潤圖的繪製

通常一般損益兩平點分析和損益兩平分析圖，是作為管理上的重要參考資料。不過，其所預計的利潤，往往和實際利潤不相符，因為損益兩平點分析，必須以下列基本假設為前提，這些假設是：

(1)全部成本分為固定成本和變動成本。這種劃分忽略了有些成本是屬於半固定、半變動的性質，而且劃分時很難確定它的歸屬。根據成本的習性(Behavior)，有時固定成本會變為變動，或者由變動成本變為固定。

(2)變動成本按一定的比率而變動，是作直線的變動。事實上，一方面它的變動可能為曲線的變動，他方面變動率的本身，也常常會發生標準差誤

(Standard Error)。

(3)成本受到控制，而且始終保持一定的關係。

(4)各種銷量並不影響銷價。但事實上銷量與銷價每每相互影響，而且有時產量影響銷量，銷量影響售價。

(5)各種生產因素的內容與支付價格不發生變動。

(6)生產技術、操作方法與生產效率不發生變動。

(7)生產量和銷量，完全一致。

(8)產銷的產品組合 (Product Mix) 比例，實際與預計完全吻合。例如甲乙兩種產品，預計產銷各一半，不過實際結果，往往一多一少。

任何一項預計，都必須基於若干假設，在假定上，使若干變動因素，受到限制。因此，損益兩平點分析和損益兩平圖，並不會因其有多項假設而喪失了其運用的價值。不過，在運用的時候，必須瞭解這些假定的存在，以便解釋原先預計的情況，和實際發生不符的原因，藉以作為隨時修正分析的依據。

損益兩平圖 (Break-even Chart) 和利潤圖 (Profit Graph)，同是以簡明的方法來表達損益兩平點 (Break-even Point)，同是在銷貨、成本、數量、和利潤四者的分析上，以圖表來解答和顯示預計的方法。現在就一般所繪的兩平圖，列示於後：

1.只畫成本線和銷貨收入線的損益兩平圖

圖 14–2S 線為：$y = a_1x$

TC 線為：$y = a_2x + b$

所以損益兩平點為：$a_1x = a_2x + b$

$$x = \frac{b}{a_1 - a_2}$$

說明：a_1 為銷貨的單價。

a_2 為每單位的變動成本。

$a_1 - a_2$ 為每單位售價減每單位變動成本，即為每單位的變動利潤，去除固定成本 b，即可求得損益兩平點的銷貨量。如果 a_1 是銷貨每元，a_2 是銷貨每元中的變動成本數，則上式所求的，就是損益兩平點的銷貨金額。

2.一般所用的損益兩平圖

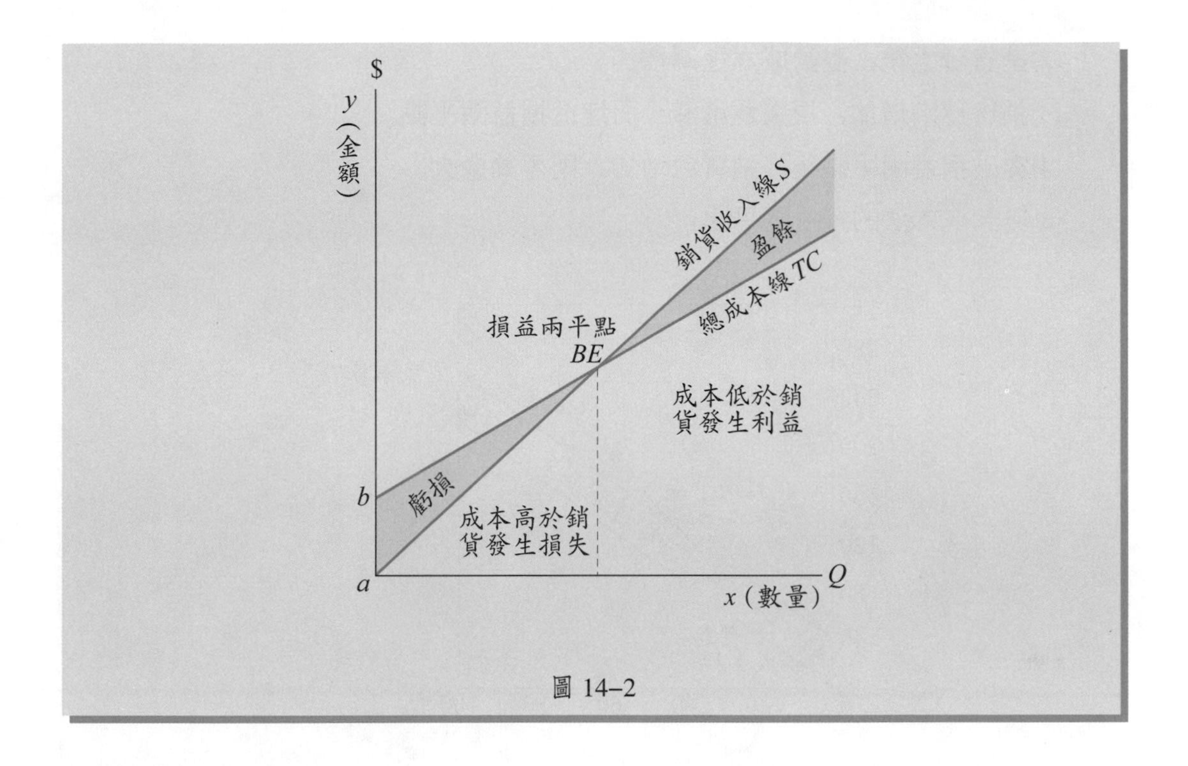

圖 14–2

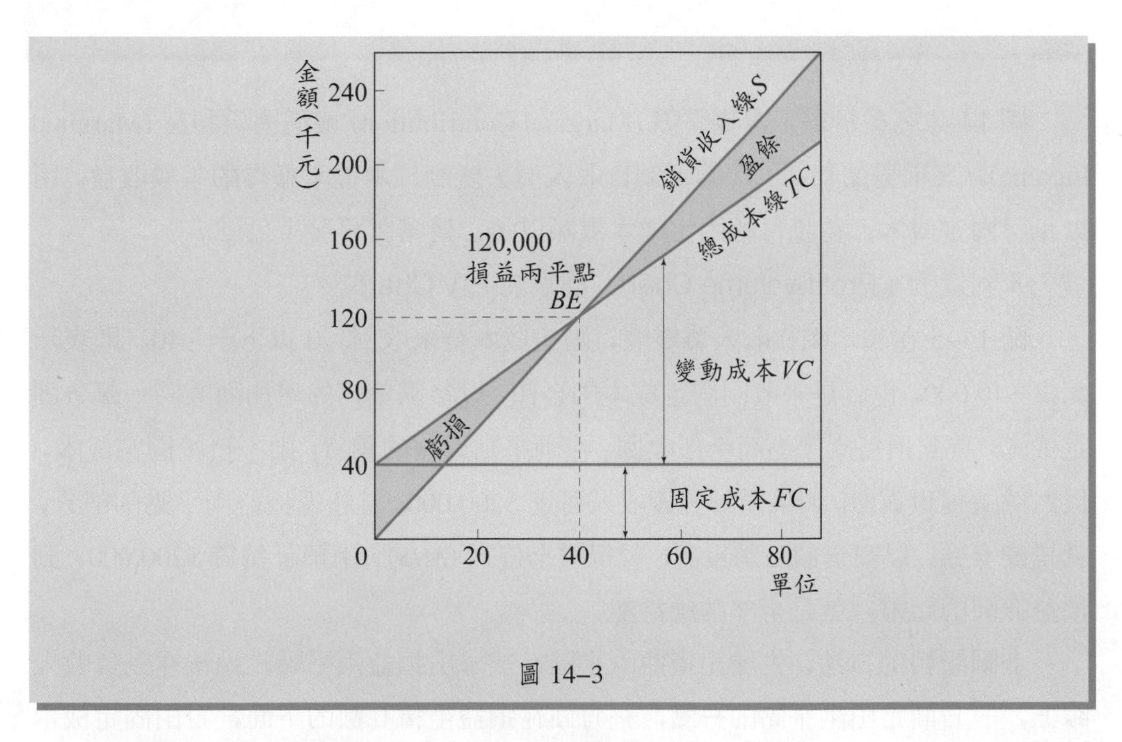

圖 14–3

圖 14–3 為最基本的損益兩平圖，主要的特點是：

(1)不論有沒有銷貨，固定成本始終存在。

⑵銷貨發生後，變動成本逐漸增加。

⑶銷貨逐漸增加，損失逐漸減少而達於損益兩平點。

⑷突破損益兩平點後，銷貨愈增加，則盈餘愈大。

3.變動成本法的損益兩平圖

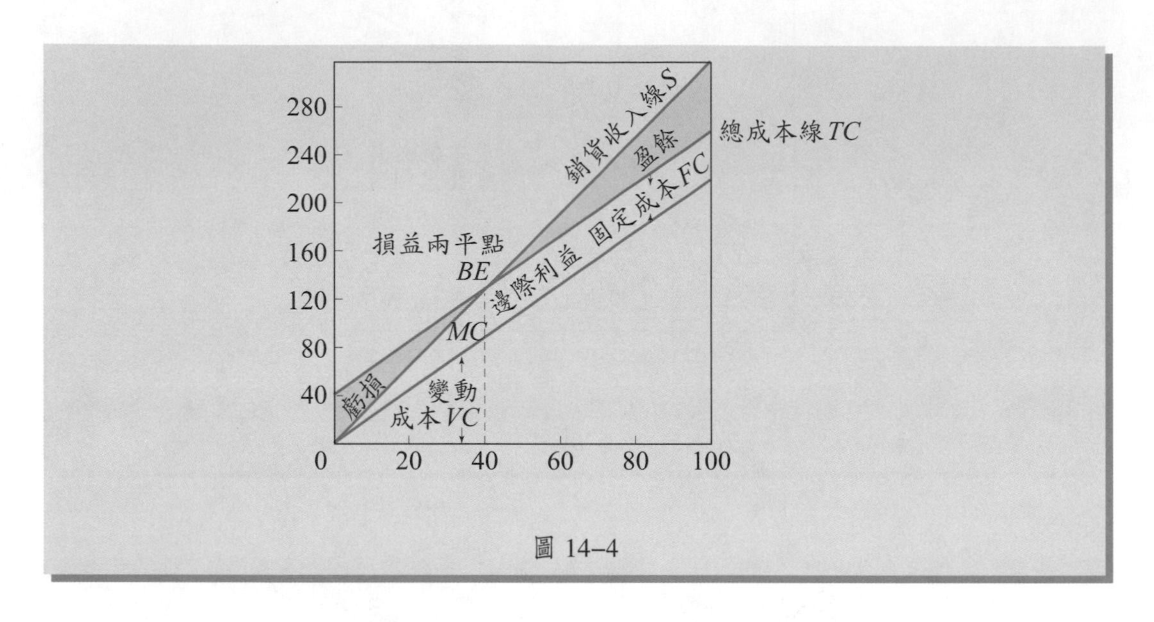

圖 14–4

圖 14–4 著重於表示邊際貢獻 (Marginal Contribution) 或稱邊際利益 (Marginal Income)，又稱變動利潤。即顯示銷貨收入減去變動成本後所獲得的差額收益，用以抵付固定成本，待抵付的固定成本滿額以後，營業就可發生盈餘。

4.利量圖（Profit-volume Chart，簡寫為 *P/V* Chart）

圖 14–5 在表示銷貨收入為零時，固定成本全未收回。0 以下至 –40，即表示虧損 $40,000，也就是未收回固定成本的金額，以後隨銷貨的增加而收回一部分固定成本，直到損益兩平點而全部收回。在兩平點以後的銷貨，則不負擔固定成本，且對純益提供貢獻。如果預計銷貨收入可達 $200,000，其超過損益兩平點的部分，就是安全額，以安全額除銷貨額，就得安全邊際 (*M*/*S*)。由預計銷貨 $200,000，到損益線間的距離，就是全部的純益額。

上圖繪製的方法，先繪出損益兩平圖，或求出損益兩平點，然後在銷貨收入線上，一方面定出兩平點的一點，一方面在損益坐標 0 數的下面，定出固定成本額的一點，最後將兩點畫成一直線，便得利量圖。

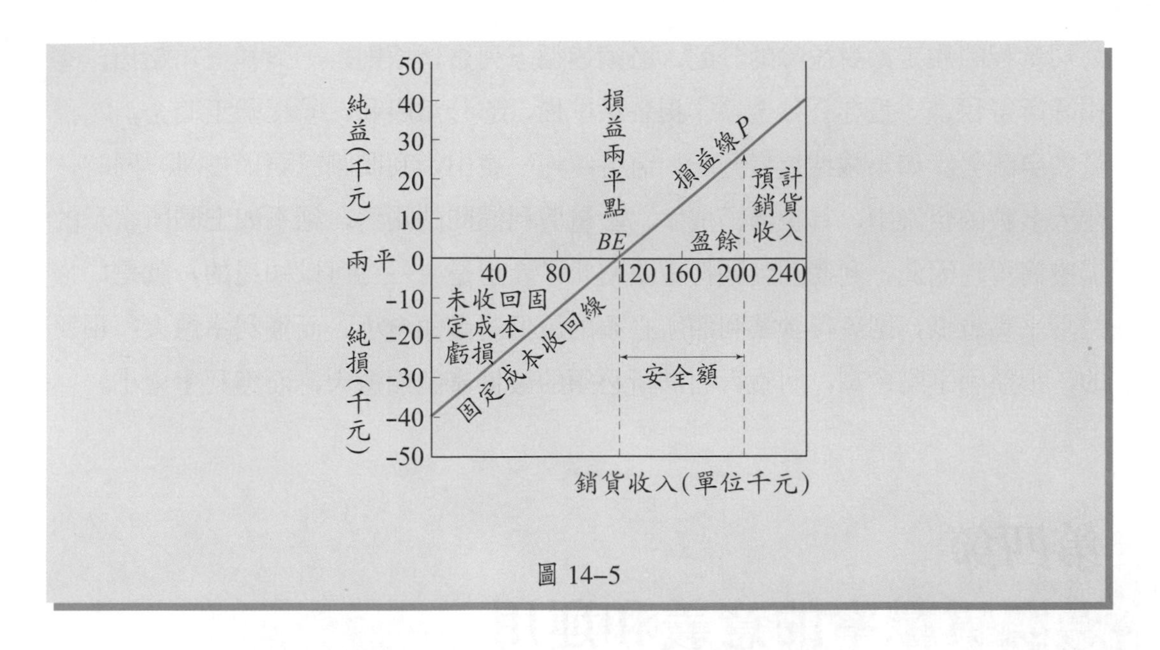

圖 14-5

5.利潤圖 (Profit Graph)

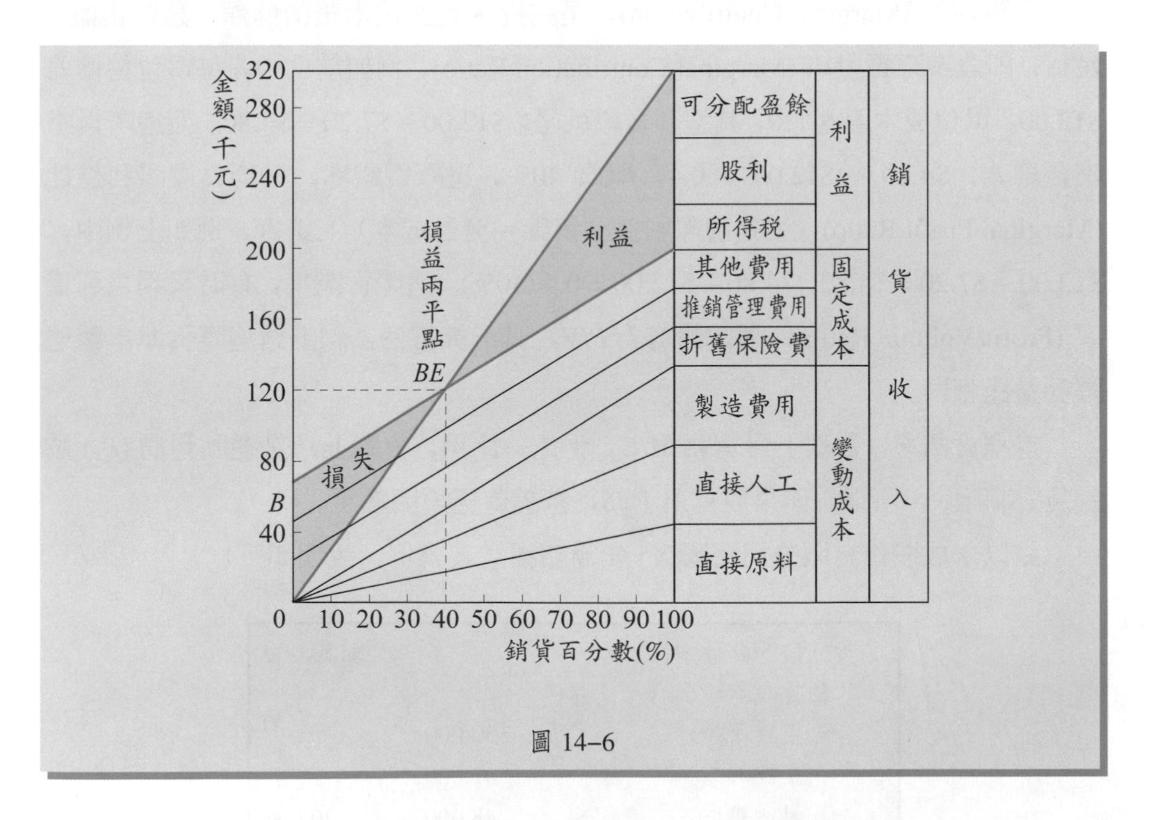

圖 14-6

上圖著重於表示各項成本及損益分配的情形，不過，我國對盈餘的分配，獨資企業與合夥企業，較為簡單，公司對盈餘的分配較為複雜。依照我國公司法和公司章程的規定，對盈餘的分配，必須遵循下列幾個原則：①彌補上年虧損，②扣除所得稅，③提存公積金，④提各項準備，⑤分派股利，⑥提職工獎金，⑦提董監事酬勞。如果根據這樣分配，將各線一一畫出，利潤圖就更形複雜。同時，在大多數的企業中，其售價、成本、數量與利潤間的關係，絕不如上圖所表示的那麼簡單，因此，利潤圖就顯得更為複雜了。但是有一點可以知道的，就是：損益兩平點愈低，則獲得營業利潤所必須的最低產銷額愈小，而獲利率愈大；相反的，損益兩平點愈高，則獲得利潤所必須的最低產銷額愈大，而獲利率愈小。

第四節 邊際貢獻率的意義和運用

邊際貢獻 (Marginal Contribution)，是銷貨 – 變動成本後的餘額，邊際貢獻 ÷ 銷貨，即為邊際貢獻率 (Marginal Contribution Ratio)，例如前例中，每單位售價為 \$12.00，單位成本為 \$7.20，其邊際貢獻就是：\$12.00 – \$7.20 = \$4.80。而邊際貢獻率，則為：\$4.80 ÷ \$12.00 = 0.4，即為 40%。邊際貢獻率，又稱為邊際利益比 (Marginal Profit Ratio)，就是邊際利益（銷貨 – 變動成本）÷ 銷貨，例如上例中，\$12.00 – \$7.20 = \$4.80，\$4.80 ÷ \$12.00 = 0.4 (40%)。邊際貢獻率，有時又稱為利量率 (Profit/Volume Ratio)，通常簡寫為 P/V，其計算方法，和上述邊際貢獻率與邊際利益比相同。

邊際貢獻率，習慣上可寫為 M/C，但這一比例，實際上乃是變動利潤 (P_v) 被銷貨 (S) 所除，所以，如果簡寫為 P_v/S，意義就更為明顯了。

茲以永成股份有限公司民國 X5 年簡略損益表為例，說明如下：

銷貨（12,500 件 @\$12.00）		\$150,000
減：銷貨成本		
直接原料	\$30,000	
直接人工	42,000	
製造費用	48,000	120,000
銷貨毛利		\$ 30,000
減：營業費用		

推銷費用	$10,500	
管理費用	7,500	18,000
營業純益		$ 12,000

上述各項成本，按其固定與變動性質，列示如下：

項　目	總　額	固　定	變　動
直接原料	$ 30,000		$30,000
直接人工	42,000		42,000
製造費用	48,000	$36,000	12,000
推銷費用	10,500	6,000	4,500
管理費用	7,500	6,000	1,500
合　計	$138,000	$48,000	$90,000

根據上列數字，則其：

變動成本比（變動成本 / 銷貨）為 60%。

變動邊際貢獻率（變動利潤 / 銷貨）為 40%。

（註：變動利潤為 12,500 件 × ($12.00 − $7.20) = $60,000）

代入公式：$S_E = \frac{F}{M/C} = \frac{\$48,000}{40\%} = \$120,000$

上述公式，即銷貨額達 $120,000 時，損益就可兩平。

上一計算方法，可以核算如下：

銷貨 (*S*)	$120,000
減：變動成本（*S* 的 60%）	72,000
邊際貢獻	$ 48,000
減：固定成本	48,000
營業純益	0

根據上述計算方法，則永成股份有限公司簡略損益表，可編列如下：

銷貨	$150,000
減：變動成本（S 的 60%）	90,000

邊際貢獻	$ 60,000
減：固定成本	48,000
營業純益	$ 12,000

在利潤已經知道了以後，要計算損益兩平點的銷貨或其他希望的利潤數時，如果忘記了公式，則可運用下面的比例法來計算。根據上例假設現在邊際貢獻率為 40% (0.4)，固定成本為 $48,000，可計算損益兩平點時的銷貨額如下：

$$1:0.4 = X:\$48,000 \qquad X = \frac{\$48,000}{0.4} = \$120,000$$

假設每件銷貨金額為 $12.00，則損益兩平點時的銷貨量為：

$$1:0.4 = X:\frac{\$48,000}{\$12.00} \qquad X = \frac{4,000}{0.4} = 10,000 \text{ 件}$$

假設下期不但希望損益兩平，而且希望獲利 $12,000 時，則：

$$1:0.4 = X:(\$48,000 + \$12,000)$$

$$X = \frac{\$60,000}{0.4} = \$150,000$$

此時，獲利 $12,000 時的銷貨量為：

$$1:0.4 = X:\frac{\$48,000 + \$12,000}{\$12.00}$$

$$X = \frac{5,000}{0.4} = 12,500 \text{ 件}$$

如果每期銷貨為 $150,000 為正常銷貨量，則：

$$\frac{\text{兩平銷量}}{\text{正常銷量}} = \text{損益兩平點時所需的產能}$$

亦即：$\frac{\$120,000}{\$150,000} = 80\%$

此一意義，即為：如果銷售情形能達平時的八成 (80%)，損益就可兩平。從八

成到正常銷量之間的這一部分，一般稱為安全邊際（Margin of Safety，簡寫為 *M/S*）。

邊際貢獻率這名詞，因為是變動利潤對銷貨的比例，實際上稱為變動利量率或稱為利潤比，比較名副其實，從上述計算情形，就可知道。此一比率，所能計算出來的，乃是銷貨的邊際貢獻或邊際利益，並不是損益的淨額。例如就上例來說，邊際貢獻率是 40%，其邊際利益情形為：

⑴銷貨 $150,000 時，邊際貢獻率為 40%，邊際利益為 $60,000。

⑵銷貨 $120,000 時，邊際貢獻率為 40%，邊際利益為 $48,000。

⑶銷貨 $90,000 時，邊際貢獻率為 40%，邊際利益為 $36,000。

因為邊際利益減掉固定成本以後，才是營業的損益。前例固定成本為 $48,000，所以在上述的情形，就應為：①有盈餘（發生利益），②不盈不虧，③有虧損（發生損失）。但是，邊際貢獻率都是相同，如果不知道固定成本的數額，只以邊際貢獻率直接從銷貨額來計算損益，是無法求到的。可是，若求出銷貨與損益兩平點之間的差額，則可用邊際貢獻率直接計算損益。

茲以下列二例為證：

例一：

銷貨	$150,000
損益兩平點銷貨額	120,000
超過兩平點銷貨額	$ 30,000
邊際貢獻率	40%
利潤（盈餘）	$ 12,000

例二：

銷貨	$ 90,000
損益兩平點銷貨額	120,000
不足兩平點銷貨額	$ 30,000
邊際貢獻率	40%
虧損	$ 12,000

如果已經求出損益兩平點的銷貨額，再預計本期希望銷貨的目標，預期的損益，也就可由此而迅速求到。例如上述第二例，假使營業部估計本期銷貨只能達

到 \$90,000，勢將虧損 \$12,000，這時候，管理部門就必須速謀對策，譬如降低變動成本，加強某種成本控制，設法擴展市場，增加銷貨數額等，以便盡可能減少虧損。

邊際貢獻率，通常又稱為利量率 (P/V)，根據利量率的公式，則：

$$P/V = \frac{S - V}{S}$$

$S - V$，是銷貨減變動成本，可以是總額，也可以是每單位的銷貨和變動成本。這是因為在一般的盈虧兩平分析中，銷貨金額和變動成本二者對數量的變化，都是屬於直線的關係。

上一公式，根據數學的原理，可以寫為：

$$P/V = 1 - \frac{V}{S}$$

V/S 就是變動成本比，在變動成本比和利量率兩者間，假使知道其中之一，就可求出另外一個。前例的利量率是 40%，所以其變動成本比則為：1 − 40% = 60%。

因為：銷貨等於變動成本 + 固定成本 + 利潤

所以：$S - V = (V + F + P) - V = F + P$

利量率的公式，因而又可改為：

$$\because \frac{S - V}{S} = \frac{F + P}{S}, \frac{S - V}{S} = \frac{P}{V}$$

$$\therefore P/V = \frac{F + P}{S}$$

這一公式，適用於從固定成本和預計利潤額來計算利量率。求得利量率以後，又可以求出變動成本。

如果知道兩個不同銷貨額的營業利潤額時，也可以用下列方法來計算利量率。例如：

銷貨額	營業利潤額
\$6,600	\$1,620
6,000	1,350
\$ 600	\$ 270

根據上列金額，可知：

(1)二者銷貨間的變化為 \$600。

(2)二者營業利潤額間的變化為 \$270。

則利量率為：$P/V = \frac{\$270}{\$600} = 45\%$

數學上對兩個數間的變化，用 Δ (Delta) 符號來表示，所以利量率又可寫為：

$$\frac{P}{V} = \frac{P\text{ 的變化}}{V\text{ 的變化}} = \frac{\Delta P}{\Delta V}$$

注意：此一公式的 V，是指銷貨額 (Sales Volume in Dollars)，不是指前述公式中的變動成本。

用此一公式，可計算前述永成股份有限公司的利量率如下：

在銷貨 \$150,000 與 \$90,000 之間，銷貨變化為 \$60,000，利潤變化為自盈餘 \$12,000 變為虧損 \$12,000，合計 \$24,000，因此：

$$\frac{P}{V} = \frac{\$24,000}{\$60,000} = 40\%$$

營業利益 (Operating Income) 計算出來以後，如果另外沒有非營業收益、非營業費用和前期損益的調整等事項，則營業利益，就是本期純益。損益兩平分析，習慣上是以營業利益額作為本期純益，以使問題簡化。如果在營業利益額以外，另有調整增減，可以在求得營業利益後再作增減；或從已知的淨益額中，將其增減而得正常的營業利益，以作為分析的依據。

第五節
安全邊際的意義和計算方法

安全邊際 (Margin of Safety) 又稱為安全度，通常簡寫為 M/S，其公式為：

$$M/S = \frac{S - S_E}{S} = \frac{\text{安全額}}{\text{銷貨額}}$$

S 為正常銷貨或實際銷貨。

S_E 為損益兩平點時的銷貨。

前例永成股份有限公司的安全邊際為：

$$M/S = \frac{\$150,000 - \$120,000}{\$150,000} = 20\%$$

安全邊際愈大，損益兩平愈容易達到，安全邊際愈小，達到損益兩平就比較困難。

但是，安全邊際不能只根據算出的比率來觀察，應該參照該企業過去銷貨的情形，現在情況的變化，以及推算時期情況的演變來推定其標準差，然後就安全邊際來換算標準差的倍數。例如前述永成股份有限公司，平時銷貨的出入，根據過去的經驗，標準差為 5%，現在或短期內的將來，預測不致有太大的變化，則 20% 的安全邊際，等於標準的 4 倍，便可以知道甚為安全。如果標準差為 15%，則 20% 的安全邊際，只等於 1.33 倍的標準差，這樣就不算很安全了。如果標準差高達 25%，則 20% 的安全邊際，只有 0.8 倍的標準差，這樣，就必須提高警覺。

安全邊際與邊際貢獻率的乘積，就是獲利率 (Profit Ratio)，其公式為：

$$P = M/S \times M/C$$

以前述永成股份有限公司資料為例：$M/S = 20\%$，$M/C = 40\%$

其獲利率為：$P = 20\% \times 40\% = 8\%$

獲利額為：$\$150,000 \times 8\% = \$12,000$

如果銷貨額減為 $130,000 時，則：

$$M/S = \frac{\$130,000 - \$120,000}{\$130,000} = 7.7\%$$

而其獲利率為：$7.7\% \times 40\% = 3.08\%$

此時獲利額為：$\$130,000 \times 3.08\% = \$4,000$

通常計算獲利額，都是直接以超過損益兩平點的數額乘邊際貢獻率而求得。因此，上述獲利額，可直接用下列方法計算：

$(\$150{,}000 - \$120{,}000) \times 40\% = \$12{,}000$

$(\$130{,}000 - \$120{,}000) \times 40\% = \$4{,}000$

但也可以運用利潤指標 (Profit Indicator) 的公式來計算，計算利潤指標的公式為：

獲利額 = 銷貨 × 邊際貢獻率 − 固定成本

亦即：$P = S \times M/C - F$

固定成本和邊際貢獻率，往往是已知數，所以只要知道銷貨額，即可計算獲利額。上例獲利額也可計算如下：

$\$150{,}000 \times 40\% - \$48{,}000 = \$12{,}000$

$\$130{,}000 \times 40\% - \$48{,}000 = \$4{,}000$

從上述安全邊際的計算，可以知道安全邊際和損益兩平點時的金額，有密切的關係。假設損益兩平點能夠降低，則兩平點到銷貨額間的金額就大，安全邊際也就增加，譬如上例損益兩平點是 \$120,000，而其安全邊際則為：

銷貨 \$150,000 時，安全邊際為 $\dfrac{\$150{,}000 - \$120{,}000}{\$150{,}000} = 20\%$

銷貨 \$130,000 時，安全邊際為 $\dfrac{\$130{,}000 - \$120{,}000}{\$130{,}000} = 8\%$

銷貨 \$120,000 時，安全邊際為 0

如果損益兩平點能夠降低到 \$100,000，則：

銷貨 \$150,000 時，安全邊際為 $\dfrac{\$150{,}000 - \$100{,}000}{\$150{,}000} = 33\%$

銷貨 \$130,000 時，安全邊際為 $\dfrac{\$130{,}000 - \$100{,}000}{\$130{,}000} = 23\%$

銷貨 \$120,000 時，安全邊際為 $\dfrac{\$120{,}000 - \$100{,}000}{\$120{,}000} = 17\%$

要降低損益兩平點，與減低固定成本有關，因為固定成本低，兩平點就低。在另一方面，與邊際貢獻率 M/C 也有關係，前面曾經說過，$S_E = \dfrac{F}{M/C}$，所以，如果要增加安全邊際，可以從下列三方面來著手：

⑴增加銷貨。

⑵減低固定成本。

⑶提高邊際貢獻率。換句話說，也就是減低變動成本與銷貨的比例。

對於增加銷貨，有時必須增加成本才足以促進銷貨。對於減低固定成本和變動成本，則必須著手於成本控制，在成本會計方面，應積極發揮效能，才能有濟於事。

安全邊際大的企業，經營上比較經得起風險，對於經理人員，可以盡量計畫擴展業務。但是，安全邊際並不是一種靜態的比例，而是常常隨銷貨額的增減而變動，常常隨損益兩平點的改變而變動，所以，最好經常加以計算，以便提高警覺而加以改進。

第六節 損益兩平點與商品售價的變動

商品售價的變動，對邊際貢獻率 (*M/C*) 將產生兩種影響，也就是說，對損益兩平點發生兩種新的現象。

⑴售價發生變動，將建立一個新的損益兩平點。

⑵在盈餘上面的損益兩平點，和在虧損下面的損益兩平點，其銷貨量是不相同的。現在，就商品售價發生增加和減少兩種情形，列述如下：

1. 售價增加

假設售價增加，邊際貢獻率則較高，而固定成本的收回，也較為快速；在這種情形下，損益兩平點下降，超出損益兩平點的利益比較大，低於損益兩平點的損失較小。

2. 售價減少

假設售價減少，邊際貢獻率則較低，而固定成本的收回也較為緩慢；在這種情形下，損益兩平點上升，超出損益兩平點的利益比較小，低於損益兩平點的損失較大。

例如：假設永利公司生產某種產品，每單位售價為 \$10.00，每單位變動成本

為 $4.00（邊際貢獻率為 60%），每年固定成本為 $36,000，照現在售價增加 20% 和減少 20% 時，對損益兩平點的影響，列表如下：

	售價減少 20%	現在售價	售價增加 20%
單位售價	$ 8.00	$ 10.00	$ 12.00
變動成本	4.00	4.00	4.00
邊際貢獻	$ 4.00	$ 6.00	$ 8.00
邊際貢獻率	50%	60%	66.67%
固定成本	$36,000	$36,000	$36,000
損益兩平點銷貨額	72,000	60,000	54,000
單位數量	9,000	6,000	4,500
數量增減百分數	+50%	0	–25%

由上表可知，售價減少 20%，損益兩平點的單位數量就增加 50%，售價增加 20%，損益兩平點的單位數量就減少 25%，如果該公司過去的邊際貢獻率再低一點，其影響將更為劇烈。

上表售價變動後的損益兩平點銷貨額，可用下列公式來計算：

$$S_E = \frac{F}{1 - \dfrac{V}{S(1 \pm r)}}$$

r 為增減率。

以上表金額代入公式，售價減少 20% 後的銷貨額，則為：

$$\frac{\$36,000}{1 - \dfrac{\$24,000}{\$60,000(1-20\%)}} = \frac{\$36,000}{0.5} = \$72,000$$

售價增加 20% 後的銷貨額，則為：

$$\frac{\$36,000}{1 - \dfrac{\$24,000}{\$60,000(1+20\%)}} = \frac{\$36,000}{\dfrac{2}{3}} = \$36,000 \times \frac{3}{2} = \$54,000$$

茲以上列損益兩平點變動情形，列圖如下：

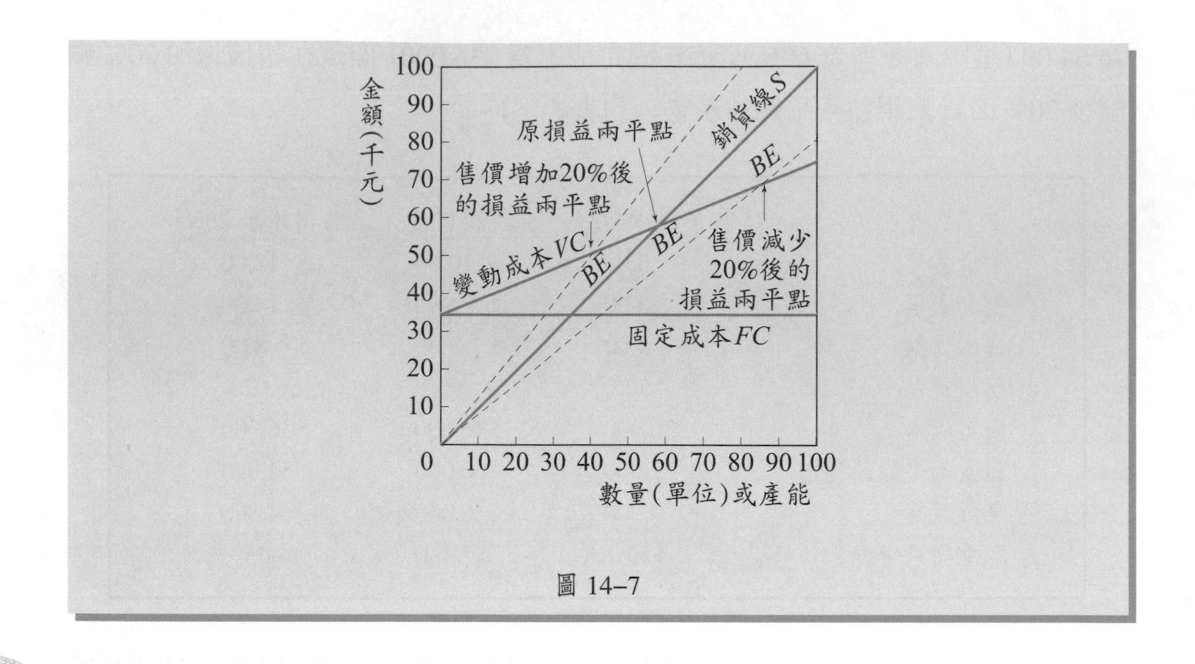

圖 14–7

第七節 損益兩平點與產品成本的變動

因為產品成本通常分為變動成本和固定成本兩種,所以變動的情形也有兩種,現在,就變動成本的變動和固定成本的變動分述如下:

一、變動成本的變動

變動成本增減的變動,也和售價增減情形一樣,同樣改變邊際貢獻率 (*M*/*C*) 和影響損益兩平點兩者金額的變動。現在就變動成本增減變動的情形,分述如下:

1. 變動成本增加

變動成本增加,產生的影響和售價減少相同,將縮小邊際貢獻率的區域。在固定成本金額要收回的情況下,損益兩平點的位置升高,位於損益兩平點上面的利益較小,位於損益兩平點下面的損失較大。

2. 變動成本減少

變動成本減少,產生的影響和售價增加相同,將增大邊際貢獻率的區域,固定成本收回的比率相同,損益兩平點的位置下降,在損益兩平點上面的利益較大,

在損益兩平點下面的損失較小。

例如：假設永利公司某種產品的售價每單位為 $20，變動成本每單位為 $10，固定成本每年總額為 $48,000，在變動成本減少 20% 和增加 20% 時，對損益兩平點的影響，列表如下：

	變動成本減少 20%	現在變動成本	變動成本增加 20%
單位售價	$ 20.00	$ 20.00	$ 20.00
每單位變動成本	8.00	10.00	12.00
邊際貢獻	$ 12.00	$ 10.00	$ 8.00
邊際貢獻率	60%	50%	40%
固定成本	$48,000	$48,000	$ 48,000
損益兩平點銷貨額	$80,000	$96,000	$120,000
單位數量	4,000	4,800	6,000
數量增減百分數	−16.67%	0	+25%

由上表可知，變動成本減少 20%，損益兩平點的單位數量就減少 16.67%，變動成本增加 20%，損益兩平點的單位數量就增加 25%，如果該公司過去的邊際貢獻率再低一點，其影響更為巨大。

上表變動成本增減後的損益兩平點銷貨額，可用下列公式計算：

$$S_E = \frac{F}{1 - \frac{V(1 \pm r)}{S}}$$

r 代表變動率。

以上表金額代入公式，變動成本增加 20% 後的銷貨額，則為：

$$S_E = \frac{\$48,000}{1 - \frac{\$48,000(1+20\%)}{\$96,000}} = \frac{\$48,000}{\frac{2}{5}}$$

$$= \$48,000 \times \frac{5}{2} = \$120,000$$

變動成本減少 20% 後的銷貨額，則為：

$$\frac{\$48,000}{1-\frac{\$48,000(1-20\%)}{\$96,000}}=\frac{\$48,000}{\frac{3}{5}}$$

$$=\$48,000\times\frac{5}{3}=\$80,000$$

茲以上例損益兩平點變動情形，列圖如下：

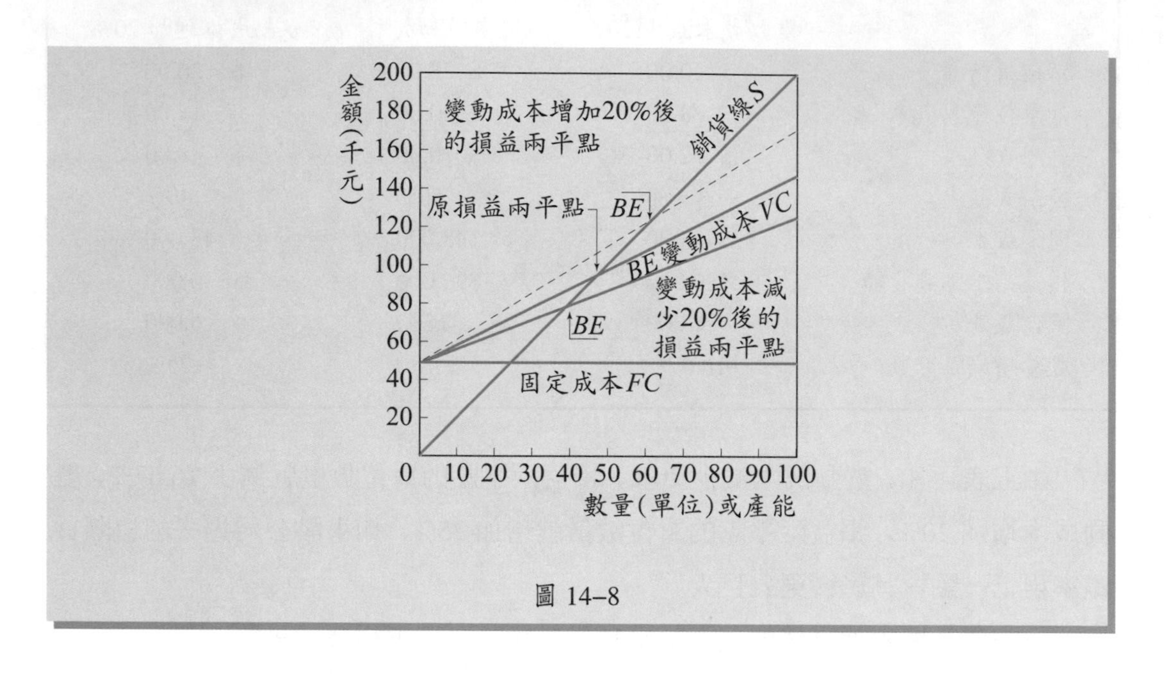

圖 14–8

二、固定成本的變動

固定成本發生變動，對邊際貢獻率 (*M*/*C*) 並不發生影響，但對損益兩平點則發生變動，相同的邊際貢獻率，固定成本收回線，是保持相同的斜度。固定成本線與損益兩平點的距離往上移，則固定成本愈趨高；固定成本線與損益兩平點的距離往下移，則固定成本愈趨低。因而固定成本發生變動，有下列兩點影響：

1. 固定成本增加

假設固定成本增加，損益兩平點則比較高，高於損益兩平點所發生的利益額比較小，低於損益兩平點所發生的損失額比較大。

2. 固定成本減少

假設固定成本減少，損益兩平點則比較低，高於損益兩平點所發生的利益額比較大，低於損益兩平點所發生的損失額比較小。

例如：假設永利公司的邊際貢獻率是 40%，而現在的固定成本每年為 $42,000，在增加固定成本 $6,000，和減少固定成本 $6,000 時，對損益兩平點的影響，列表如下：

	固定成本減少	現在固定成本	固定成本增加
	\$ 6,000	\$ 42,000	\$ 6,000
固定成本	\$ 36,000	\$ 42,000	\$ 48,000
邊際貢獻率	40%	40%	40%
損益兩平點銷貨額	\$ 90,000	\$105,000	\$120,000
銷貨增減額	\$−15,000	0	\$+15,000

邊際貢獻率相同的情形下，損益兩平點變動的金額，可用下列方法來計算：

$$\frac{\text{變動固定成本額}}{\text{邊際貢獻率}} = \frac{\$6{,}000}{40\%} = \$15{,}000$$

如果邊際貢獻率較小，則損益兩平點變動的金額較大，今假設邊際貢獻率為 30%，則其金額為：$\frac{\$6{,}000}{30\%} = \$20{,}000$。

茲以上列損益兩平點變動情形，列圖如圖 14–9。

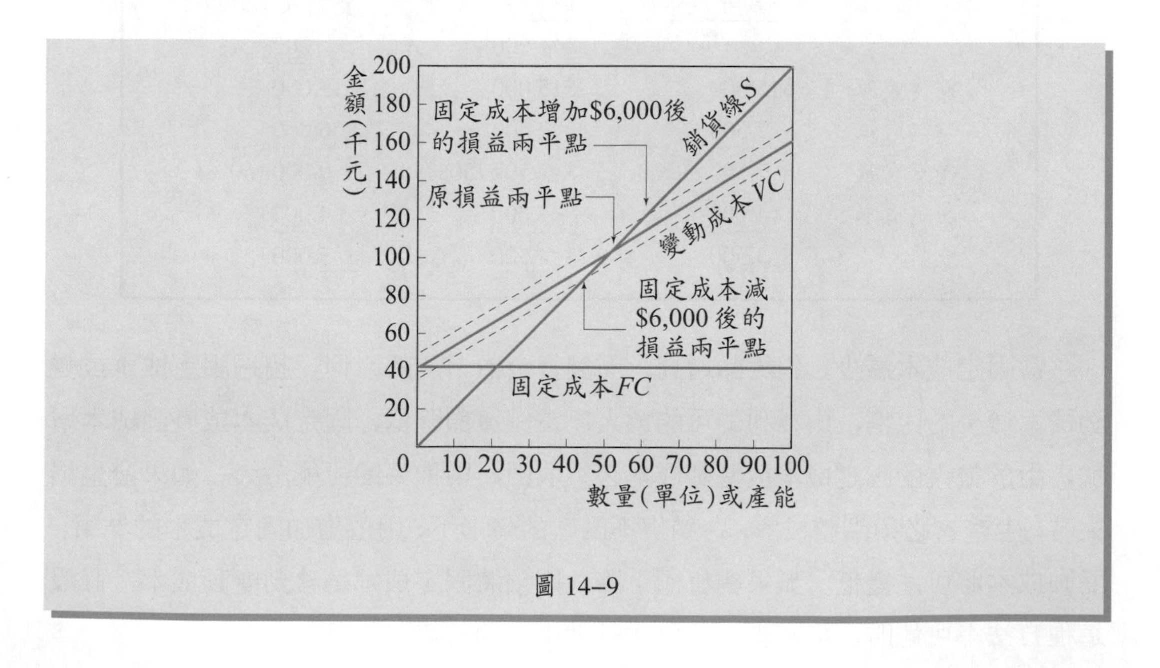

圖 14–9

三、變動成本和固定成本相對變動

變動成本和固定成本相對變動，對利益的影響，作相對的變動，今以永利公司資料為例，說明變動情形如下：

	現在成本	固定成本減少	變動成本減少
		$ 1,000	$ 1,000 (20%)
銷貨收入	$10,000	$10,000	$10,000
變動成本	5,000	5,000	4,000
邊際貢獻	$ 5,000 (50%)	$ 5,000 (50%)	$ 6,000 (60%)
固定成本	4,000	3,000	4,000
純益	$ 1,000	$ 2,000	$ 2,000

當銷貨額在 $10,000 時，現在利益額為 $1,000，如果固定成本或變動成本減少 $1,000 時，則利益額為 $2,000，不論固定成本或變動成本減少都是一樣。但銷貨額高於 $10,000 和銷貨額低於 $10,000 的利益和損失是不同的，例如銷貨 $15,000 時，則其利益情形如下：

	現在成本	固定成本減少	變動成本減少
		$ 1,000	20%
銷貨收入	$15,000	$15,000	$15,000
變動成本	7,500	7,500	6,000
邊際貢獻	$ 7,500 (50%)	$ 7,500 (50%)	$ 9,000 (60%)
固定成本	4,000	3,000	4,000
純益	$ 3,500	$ 4,500	$ 5,000

當固定成本減少，銷貨額增高，而銷貨金額增加的比例，超過固定成本或變動成本減少的比例，則獲利的可能愈大；當銷貨額降低，固定成本或變動成本增加，由於較大的固定成本或變動成本必須收回，則損失的可能愈大。如果發生損失時，生產者必須調整成本，在銷貨不困難的情形下，由於增加固定成本的結果，變動成本將可能變低。如果銷貨額下降，則須將固定成本轉移到變動成本，假設這種方法不可能時，生產者必須另作其他更好的打算。

第八節 損益兩平點與售價、成本的變動

售價與成本同時發生變動，有下列兩種情形的影響：

⑴成本增加（減少），售價也增加（減少），導致同一方向的變動。此一情形，兩者自行抵銷，對損益兩平點可能發生少許影響，或許不發生影響；同樣的，對利益可能發生影響，亦或許不發生影響。

⑵成本增加，售價減少，或成本減少，售價增加，兩者作相反方向的變動。此時，對損益兩平點或其利益發生顯著的影響，今舉例說明如下：

假設下列為永利公司各項資料：

現在每單位產品售價	$　8.00
現在每單位變動成本	$　5.00
每單位邊際貢獻	$　3.00
邊際貢獻率	37.5%
現在每年固定成本額	$12,000
現在損益兩平點銷貨額	$32,000
單位數量	4,000

今假設變動成本每單位增加 $1.00，售價每單位也增加 $1.00，其他因素不變，在這種情形下，並不發生影響，茲證明如下：

	變動前	變動後
每單位售價	$　8.00	$　9.00
每單位變動成本	5.00	6.00
邊際貢獻	3.00	3.00
邊際貢獻率	37.5%	37.5%
固定成本	$12,000	$12,000
損益兩平點銷貨額	$32,000	$32,000
單位數量	4,000	4,000

如果在同一邊際利益額，銷貨量即使增加，除了邊際貢獻率降低外所獲得的利益或損失，也將不發生變動。

如以出售 $10,000 單位的利益為例，列表如下：

	變動前	變動後
銷貨收入	$80,000	$90,000
邊際貢獻率	37.5%	33.33%
邊際貢獻	$30,000	$30,000
固定成本	12,000	12,000
純益	$18,000	$18,000

上述兩種情形，都是成本增加，售價也增加，兩者作相同方向的增減。但是，如果成本增加，售價降低，作相反方向增減變動時，則邊際貢獻率劇烈下降，損益兩平點顯著升高，利益也相形降低。茲仍以上述永利公司為例，假設每單位變動成本增加 $1.00，售價減少 $1.00，則損益兩平點的變動如下（如果成本減少，售價增高時，其情形正好相反）：

	變動前	變動後
每單位售價	$ 8.00	$ 7.00
每單位變動成本	5.00	6.00
邊際貢獻	$ 3.00	$ 1.00
邊際貢獻率	37.5%	14.28%
固定成本	$12,000	$12,000
損益兩平點銷貨額	$32,000	$84,000
單位數量	4,000	12,000

根據上表分析的結果，銷貨數量增加 200%，這是一種很明顯的現象。

第九節 損益兩平點與售價、數量的變動

企業的經理人員，常常企圖減低售價，增加銷貨數量，藉以獲得更高的利益。其實，事情並不簡單，假設此一企業原有的邊際貢獻率很低的話，如果採用這種方法，將會遭遇到嚴重的後果。因為降低售價來增加銷貨量，其所增加的銷貨量，須出乎意外的高，對損益兩平點不容易達到，達到損益兩平點的利益也很困難。現在，就下列兩種情形來分析便可以知道。假設甲公司的邊際貢獻率為 55%，乙公司的邊際貢獻率為 30%，甲公司的各項資料如下：

每單位產品售價	$1.00
每單位變動成本	0.45
邊際貢獻	$0.55
邊際貢獻率	55%

甲公司假設減低售價 5%，10%，15% 所需要的銷量為：

	售　價			
	現　在	減低 5%	減低 10%	減低 15%
每單位售價	$1.00	$0.95	$0.90	$0.85
每單位變動成本	0.45	0.45	0.45	0.45
邊際貢獻	$0.55	$0.50	$0.45	$0.40
減低現有利益	0.00	0.05	0.10	0.15
抵銷減價時應增加現有的銷貨額	–	10%	22.2%	37.5%

上列表式，減低售價後，將減低邊際貢獻的百分率為：

售價減低 5% = $0.05 ÷ $0.50 = 10%

售價減低 10% = $0.10 ÷ $0.45 = 22.2%

售價減低 15% = $0.15 ÷ $0.40 = 37.5%

上述百分數的意思，就是說：假設售價減低 5%，每單位的邊際貢獻減少了 \$0.05，新邊際貢獻為 \$0.50，須增加 10% 的銷貨量來彌補此一差異，才可維持原有 \$0.55 的邊際貢獻；售價減低 10%，每單位的邊際貢獻減少了 \$0.10，新邊際貢獻為 \$0.45，須增加 22.2% 的銷貨量來彌補此一差異，才能維持原有 \$0.55 的邊際貢獻；售價減低 15%，每單位的邊際貢獻減少了 \$0.15，新邊際貢獻為 \$0.40，須增加 37.5% 的銷貨量來彌補此一差異，才能維持原有的 \$0.55 的邊際貢獻。

今又假設乙公司的各項資料如下：

每單位產品售價	\$1.00
每單位變動成本	0.70
邊際貢獻	0.30
邊際貢獻率	30%

乙公司同樣假設減低售價 5%，10%，15% 所需的銷貨量是：

	售價			
	現在	減低 5%	減低 10%	減低 15%
每單位售價	\$1.00	\$0.95	\$0.90	\$0.85
每單位變動成本	0.70	0.70	0.70	0.70
邊際貢獻	\$0.30	\$0.25	\$0.20	\$0.15
減低現有利益	0.00	0.05	0.10	0.15
抵銷減價時應增加現有的銷貨額	–	20%	50%	100%

上列表式，減低售價後，將減低邊際貢獻的百分率為：

售價減低 5% = \$0.05 ÷ \$0.25 = 20%

售價減低 10% = \$0.10 ÷ \$0.20 = 50%

售價減低 15% = \$0.15 ÷ \$0.15 = 100%

上述百分數的意思，就是說：假設售價減低 5%，每單位的邊際貢獻減少了 \$0.05，新邊際貢獻為 \$0.25，須增加 20% 的銷貨量來彌補此一差異，才能維持原

有 $0.30 的邊際貢獻；售價減低 10%，每單位的邊際貢獻減少了 $0.10，新邊際貢獻為 $0.20，須增加 50% 的銷貨量來彌補此一差異，才能維持原有 $0.30 的邊際貢獻；售價減低 15%，每單位的邊際貢獻減少了 $0.15，新邊際貢獻為 $0.15，須增加 100% 的銷貨量來彌補此一差異，才能維持原有 $0.30 的邊際貢獻。

第十節 損益兩平點與商品種類的變動

前面所述各種變動，是假設只產銷一種產品，如果企業產銷多種產品時，情形就比較複雜了。不同的售價，不同的變動成本，導致不同的邊際貢獻率，邊際貢獻較高的產品，收回固定成本較易，比其他邊際貢獻較低的產品，利益較大。成本較大的產品，所產生的邊際貢獻率不同，當然，損益兩平點也不一致。相反的，邊際貢獻較低的產品，收回固定成本較難，比其他邊際貢獻較高的產品，利益較小。例如假設永華公司生產 A、B 兩種產品，每年固定成本合計為 $25,000，A、B 兩種產品的邊際貢獻率為：

	A 種產品	B 種產品
每單位成本	$1.00	$2.00
變動成本	0.40	1.60
邊際貢獻	0.60	0.40
邊際貢獻率	60%	20%

根據上例，可知 A 種產品的變動成本較低，所獲得的邊際貢獻率比較高 (60%)，收回固定成本後所獲得的利益也較高；B 種產品的變動成本較高，所獲得的邊際貢獻率比較低 (20%)，收回固定成本後獲得的利益也較低。雖然 B 種產品售價多於 A 種產品 1 倍，但以逐項的利益來比較，A 種產品的邊際貢獻，等於 B 種產品的 1 倍半，如果 A、B 兩種產品混合計算，則邊際貢獻率將發生變動而逐項降低。

上例假設全年銷貨額 $100,000，A、B 兩種產品各占一半，則其純益為 $15,000，今計算如下：

	A 種產品	B 種產品	合　計
銷貨百分數	50%	50%	100%
銷貨額	$50,000	$50,000	$100,000
邊際貢獻率	60%	20%	40%
邊際貢獻	$30,000	$10,000	$ 40,000
固定成本	–	–	25,000
營業純益			$ 15,000

A、B 兩種產品混合計算的邊際貢獻率 40%，計算如下：

$$\frac{\text{邊際貢獻}}{\text{銷貨收入}} = \frac{\$40,000}{\$100,000} = 40\%$$

A、B 兩種產品銷貨額比例相等時，則損益兩平點的銷貨為 \$62,500，計算方法如下：

$$\frac{\text{固定成本}}{\text{邊際貢獻率}} = \frac{\$25,000}{40\%} = \$62,500$$

假設依照商品種類的變動比例，A 種產品銷貨為 60%，B 種產品銷貨為 40%，則銷貨額 \$100,000 的利益，將增加為 \$19,000，其計算方法如下：

	A 種產品	B 種產品	合　計
銷貨百分數	60%	40%	100%
銷貨額	$60,000	$40,000	$100,000
邊際貢獻率	60%	20%	44%
邊際貢獻	$36,000	$ 8,000	$ 44,000
固定成本	–	–	25,000
營業純益			$ 19,000

根據 A 種產品占 60%，B 種產品占 40% 的比例計算，則損益兩平點的銷貨額為 \$56,818 (\$25,000 ÷ 44%)。

假設依照 A 種產品銷貨額為 40%，B 種產品銷貨額為 60%，則銷貨額 \$100,000 的利益，將減為 \$11,000，其計算方法如下：

	A 種產品	B 種產品	合　計
銷貨百分數	40%	60%	100%
銷貨額	$40,000	$60,000	$100,000
邊際貢獻率	60%	20%	36%
邊際貢獻	$24,000	$12,000	$ 36,000
固定成本	–	–	25,000
營業純益			$ 11,000

根據 A 種產品占 40%，B 種產品占 60% 的比例計算，則損益兩平點的銷貨額為 $69,444 ($25,000 ÷ 36%)。

各種商品的邊際貢獻率知道了以後，要計算各種不同銷貨量的損益是很容易的，例如運用上述各種邊際貢獻率，計算銷貨 $80,000 的利益為：

銷貨百分數		邊際貢獻率（註）	邊際貢獻	固定成本	營業純益	損益兩平點銷貨額
A 種產品	B 種產品					
60%	40%	44%	$44,000	$25,000	$19,000	$56,818
50%	50%	40%	40,000	25,000	15,000	62,500
40%	60%	36%	36,000	25,000	11,000	69,444

註：上表各項邊際貢獻率可以用加權平均法計算如下：

銷貨百分數 A 種產品占 60%，B 種產品占 40% 者：

A 種產品 $60 \times 60\% = 3{,}600\%$

B 種產品 $40 \times 20\% = 800\%$

$100 \times 44\% = 4{,}400\%$

$4{,}400\% \div 100 = 44\%$

銷貨百分數 A 種產品占 50%，B 種產品占 50% 者：

A 種產品 $50 \times 60\% = 3{,}000\%$

B 種產品 $50 \times 20\% = 1{,}000\%$

$100 \times 40\% = 4{,}000\%$

$4{,}000\% \div 100 = 40\%$

銷貨百分數 A 種產品占 40%，B 種產品占 60% 者：

A 種產品 $40 \times 60\% = 2{,}400\%$

B 種產品 $60 \times 20\% = 1{,}200\%$

$100 \times 36\% = 3{,}600\%$

$3{,}600\% \div 100 = 36\%$

第十一節 損益兩平點分析與利潤策劃

所謂利潤策劃，是指企業在營業上事先擬訂若干可行的計畫，根據這些計畫的執行，可以獲得未來預期的利潤。這些計畫，通常包括：

1. 利潤計畫 (Profit Plan)

此一計畫，包括擬訂：

(1)銷貨預算。

(2)銷貨成本預算。

(3)營業費用預算。包括：①推銷費用預算。②管理費用預算。

(4)非營業費用預算。

(5)預期利潤預算。

2. 利潤改進計畫 (Profit Improvement Plan)

此一計畫，包括擬訂：

(1)增加銷貨計畫。

(2)改進銷貨技術計畫。

(3)降低成本計畫。

(4)提高利潤計畫。

(5)提高投資報酬率計畫。

3. 資金流動設計 (Fund Flow Projection)

此一設計，包括擬訂：

(1)營運資金預算。包括：①資金流出預算。②資金流入預算。

(2)投資報酬率利潤總額預算。

4. 資本支出預算 (Capital Investment Budget)

此一預算，包括擬訂：

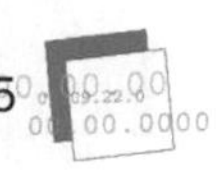

⑴更換設備計畫。

⑵擴充設備計畫。

⑶改進產品計畫。

⑷新出產品計畫。

⑸其他資本支出計畫。

上述四者互相運用，構成整個利潤策劃，用以確定營業方針，謀求預期的利潤。

損益兩平點分析，是用以顯示利潤策劃的簡明工具。茲以永隆股份有限公司和永發股份有限公司為例，說明兩者情形如下：

假設永隆股份有限公司製銷 PP 肥皂粉一種，目前每月銷售量為 244,000 包，每包售價 \$2.70，現在每月產能為 320,000 包，每月成本為：

	固定成本	變動成本
直接原料		\$ 36,000
電費	\$ 4,000	17,000
製造費用	180,000	163,000
推銷管理費用	168,000	28,000
合　計	\$352,000	\$244,000

根據上述資料，可知每包的變動成本為 $\frac{\$244,000}{244,000} = \$1.00$，每包銷貨的固定成本與邊際貢獻為 \$2.70 − \$1.00 = \$1.70，此時，損益兩平點為 $\frac{\$352,000}{\$1.70} = 207,000$ 包（約計數）。

在銷售 244,000 包時的利潤為 244,000 × \$1.70 − \$352,000 = \$62,800，其損益兩平圖如圖 14–10。

今假設永發股份有限公司與永隆股份有限公司營業性質相同，該公司目前每月銷售量為 400,000 包，每包售價 \$2.50，現在每月產能為 600,000 包，每月固定成本為 \$484,000，變動成本為 \$480,000，其每包變動成本為 \$1.20，而每包銷貨的固定成本與邊際貢獻為 \$2.50 − \$1.20 = \$1.30，此時損益兩平點為 $\frac{\$484,000}{\$1.30} =$ 372,300 包（約計數）。

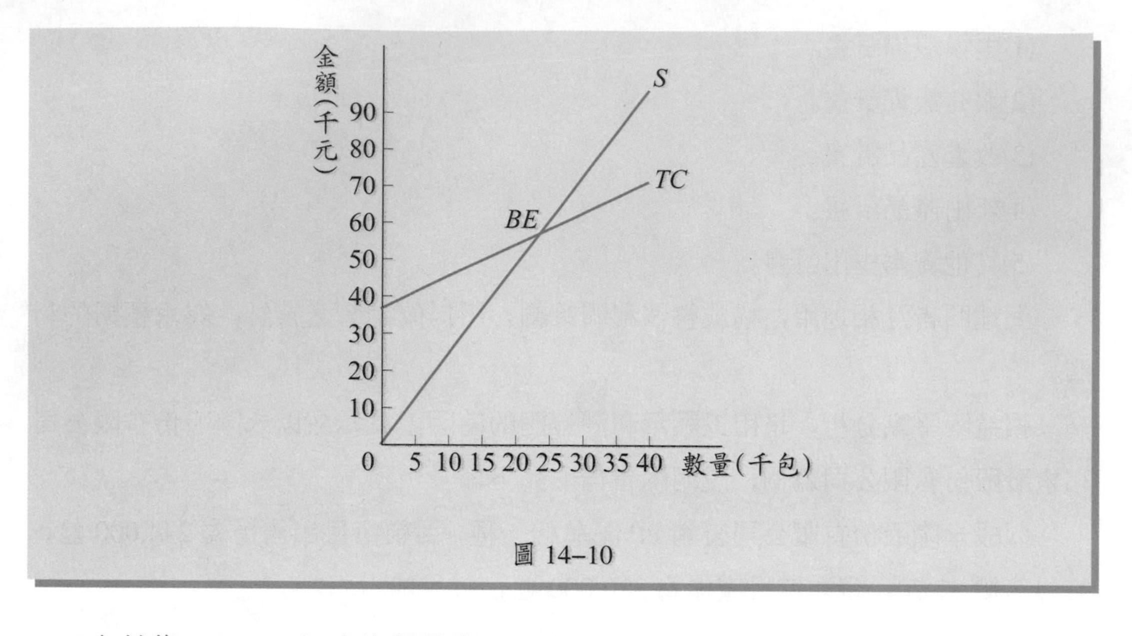

圖 14–10

在銷售 400,000 包時的利潤為 400,000 × \$1.30 − \$484,000 = \$36,000，其損益兩平圖為：

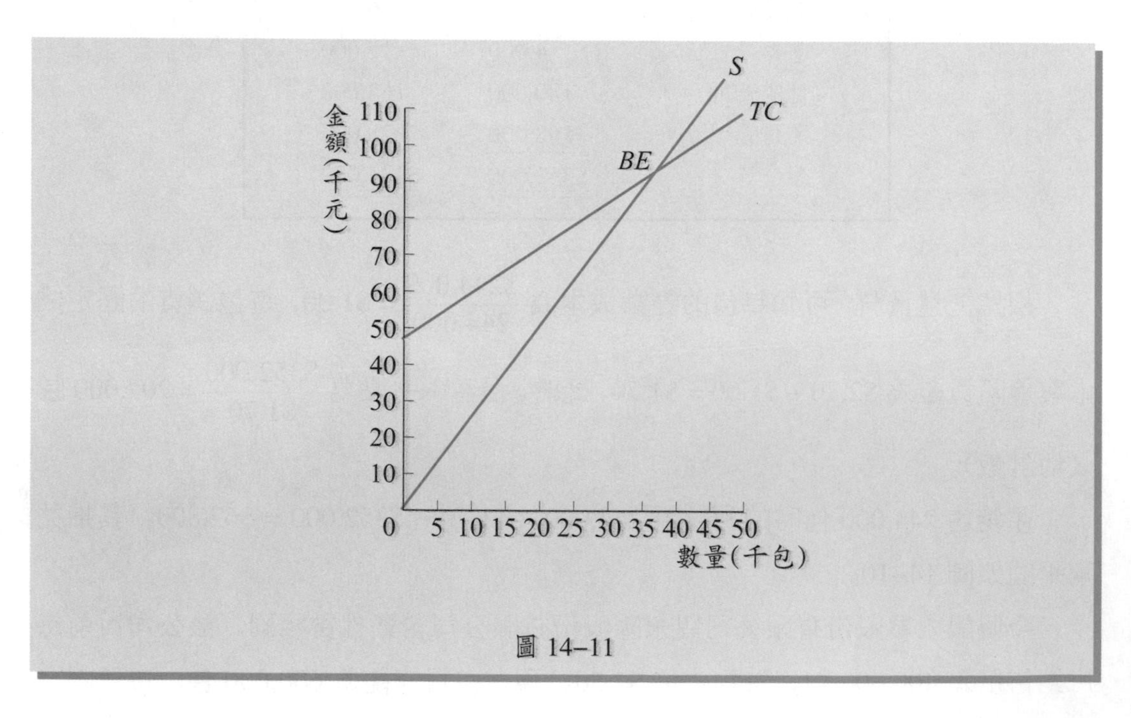

圖 14–11

茲將上述兩公司情形，比較如下：

	永隆公司	永發公司
現在每月銷貨量（包）	244,000	400,000
每包售價	$ 2.70	$ 2.50
每包變動成本	$ 1.00	$ 1.20
固定成本總額	$352,000	$484,000
兩平點銷量（包）	207,000	372,300
現在銷量利潤	$ 62,800	$ 36,000
銷量增加 10% 時利潤	$104,280	$ 88,000
銷量增加 20% 時利潤	$145,760	$140,000
現在每月產能	320,000	600,000
銷量達全部產能時利潤	$192,000	$296,000

上述二公司獲利情形計算如下：

永隆公司	永發公司
$M/C = \$2.7 - \$1.0 = \$1.7$	$M/C = \$2.5 - \$1.2 = \$1.3$
$244,000 \times \$1.7 - \$352,000 = \$62,800$	$400,000 \times \$1.3 - \$484,000 = \$36,000$
$268,400 \times \$1.7 - \$352,000 = \$104,280$	$440,000 \times \$1.3 - \$484,000 = \$88,000$
$292,800 \times \$1.7 - \$352,000 = \$145,760$	$480,000 \times \$1.3 - \$484,000 = \$140,000$
$320,000 \times \$1.7 - \$352,000 = \$192,000$	$600,000 \times \$1.3 - \$484,000 = \$296,000$

根據上述資料分析，如果大廠產銷愈多，愈為有利，但損益兩平點太高，通常不容易達到。所以，在利潤策劃時，要多考慮各方面有利的條件，才足以獲得預期的利潤。

第十二節　損益兩平點分析與企業擴充

企業的經營，在一般的情形下，通常是保持現狀，但營業的目的，總是希望能增加利潤，不斷擴充。當一個企業決定是否要擴充以前，損益兩平點分析可以提供有利的分析和正確的答案。當然，這也是利潤策劃和利潤控制的一環。

運用損益兩平點分析來確定企業是否需要擴充，必須瞭解下列幾個要素：①損益兩平點銷貨額，②維持原有利潤的銷貨額，③增資後預期合理利潤的銷貨額，④增資後的最高利潤額。現在，以永安股份有限公司資料為例，分析如下：

假設永安股份有限公司民國 XX 年經營情形如下：

銷貨淨額	$1,000,000
減：變動成本（S 的 60%）	600,000
邊際貢獻	$ 400,000
減：固定成本	200,000
營業純益	$ 200,000

今假設該公司希望擴充營業，擬增加收益 20% ($40,000)，但如照計畫進行時，必須增加固定成本 50%（即 $100,000），擴充後的新企業，工廠最大生產額為 $1,600,000。根據上述資料，計算各項金額如下：

1. 損益兩平點銷貨額

(1)擴充前：

$$\frac{\text{固定成本}}{\text{邊際貢獻率}} = \frac{\$200,000}{0.4} = \$500,000$$

(2)擴充後：

$$\frac{\text{原有固定成本} + \text{新增固定成本}}{\text{邊際貢獻率}} = \frac{\$200,000 + \$100,000}{0.4} = \$750,000$$

2. 擴充後維持原有利潤的銷貨額

$$\frac{\text{原有固定成本} + \text{新增固定成本} + \text{原有利潤}}{\text{邊際貢獻率}}$$

$$= \frac{\$200,000 + \$100,000 + \$200,000}{0.4} = \$1,250,000$$

3. 擴充後預期合理利潤的銷貨額

$$\frac{\text{原有固定成本} + \text{新增固定成本} + \text{原有利潤} + \text{增資後預期合理利潤}}{\text{邊際貢獻率}}$$

$$= \frac{\$200,000 + \$100,000 + \$200,000 + \$40,000}{0.4} = \frac{\$540,000}{0.4}$$

$$= \$1,350,000$$

4. 擴充後的最高利潤額

銷貨	$1,600,000
減：變動成本（*S* 的 60%）	960,000
邊際貢獻	$ 640,000
減：固定成本	300,000
營業純益	$ 340,000

將上述計算各項金額，彙集如下：

項　目	擴充前金額	擴充後金額	增加金額
損益兩平點銷貨額	$ 500,000	$ 750,000	$250,000
擴充後維持原有利潤銷貨額	1,000,000	1,250,000	250,000
擴充前和擴充後利潤額	200,000	240,000	40,000
擴充後預期合理利潤銷貨額		1,350,000	
最高利潤額	200,000	340,000	140,000
希望獲得最高利潤銷貨額	1,000,000	1,600,000	600,000

綜觀上述資料，企業是否可以擴充，必須根據下列幾個因素來決定：

(1)來年的銷貨，是否可以達到 $1,250,000 以上，因為擴充後維持原有利潤銷貨額須達 $1,250,000，如果不能達到此一銷貨額時，不必考慮擴充的問題。

(2)如果來年的銷貨能夠達到 $1,350,000 時，毫無疑義的可以加以擴充，因為擴充後可以獲得預期合理的利潤。

(3)如果銷貨能夠達到相當於工廠的最大生產量時，則企業加以擴充遠比企業不加以擴充更為有利。

習題

一、問答題

1. 何謂損益兩平點分析？試說明之。
2. 計算損益兩平點的基本公式為何？試列述之。
3. 何謂邊際貢獻率？基本公式為何？試列述之。
4. 何謂安全邊際？其基本公式為何？試列述之。
5. 何謂利潤策劃？試簡述之。

二、選擇題

(　) 1. 損益兩平點高的企業，係因該企業 (A)銷貨金額大 (B)變動成本大 (C)固定成本大 (D)營業費用大。

(　) 2. 設 SP = 每單位售價，FE = 總固定費用，及 VE = 每單位變動費用，則損益平衡點銷售量之公式為 (A) $\frac{SP}{FE/VE}$ (B) $\frac{FE}{VE/SP}$ (C) $\frac{VE}{SP/FE}$ (D) $\frac{FE}{SP-VE}$。

(　) 3. 若銷貨價格與單位變動成本各增加 10%，而固定成本不變，則對單位邊際貢獻，以及邊際貢獻率兩者之影響 (A)單位邊際貢獻與邊際貢獻率均增加 (B)單位邊際貢獻增加，而邊際貢獻率不變 (C)單位邊際貢獻率增加，而邊際貢獻率減少 (D)單位邊際貢獻與邊際貢獻率兩者均不變。

(　) 4. 假設固定成本總額為 $48,000，利量率為 40%，請問銷貨總金額要達多少，才能盈虧兩平？ (A) $80,000 (B) $90,000 (C) $100,000 (D) $120,000。

(　) 5. 設利量率為 40%，若實際銷貨額為 $150,000 時，其邊際利益為多少？ (A) $60,000 (B) $48,000 (C) $36,000 (D) $24,000。

(　) 6. 某公司每年之銷貨為 $500,000，固定成本及費用為 $30,000，變動成本及費用為 $420,000，則其收支平衡點為 (A) $175,000 (B) $84,500 (C) $187,500 (D) $105,000。

(　) 7. 某公司每月平均銷貨淨額 $500,000，變動成本 $300,000，固定成本 $120,000，該公司的損益平衡點為銷貨收入 (A) $200,000 (B) $300,000 (C) $250,000 (D)以上皆非。

(　) 8. 每單位售價 $12.00，變動成本為 $7.20，則其利量率 (Profit/Volume Ratio) 為多

少？　(A) $\frac{3}{5}$　(B) $\frac{1}{5}$　(C) $\frac{2}{5}$　(D) $\frac{4}{5}$。

(　) 9. 固定成本總額為 $48,000，變動成本對銷貨的百分比是 $\frac{3}{5}$，請問銷貨總金額要達多少才能損益兩平？　(A) $80,000　(B) $100,000　(C) $120,000　(D) $150,000。

(　) 10. 大同公司之固定成本 $200,000，該公司銷售兩種產品，T 與 M，其比率係 2T : 1M，單位邊際貢獻 T 是 $1 而 M 係 $2，則 M 之損益兩平銷貨量為　(A) 50,000　(B) 40,000　(C) 85,000　(D) 100,000。

(　) 11. 邊際收益表如下：

銷貨收入（每件 $10）	$500,000
變動成本（每件 $6）	300,000
邊際收益	$250,000
固定成本	150,000
稅前純益	$ 50,000

則邊際收益率為　(A) 40%　(B) 66.7%　(C) 25%　(D) 20%。

(　) 12. 同上題，損益兩平點時的銷貨額為　(A) $250,000　(B) $450,000　(C) $500,000　(D) $375,000。

(　) 13. 同上題，安全邊際額為　(A) $0　(B) $50,000　(C) $125,000　(D) $250,000。

(　) 14. 同上題，設所得稅率為 20%，則欲達成稅後純益為 $75,000，應有的銷貨收入為　(A) $575,000　(B) $593,750　(C) $609,375　(D) $743,750。

(　) 15. 同上題，若單位售價降低 10%，則為彌補減價損失，應增加銷售數量百分比為　(A) 11%　(B) 20%　(C) 22%　(D) 33%。

（選擇題資料：參考歷屆證券商業務員考試試題）

三、綜合題

1. 永裕公司產銷一種產品，其有關資料如下：

(1)單位售價 $100。

(2)單位變動成本：

直接材料	$ 30
直接人工	20
製造費用	15
銷管費用	15
	$ 80

⑶每年固定成本：

製造費用	$200,000
銷管費用	100,000
	$300,000

⑷所得稅率 20%。

試求：①損益兩平銷售額及銷售量。

②達成預計稅後純益 $50,000 應有之銷售量及銷售額。

③若直接人工成本增加 25%，求其損益兩平銷售額及銷售量。

④若直接人工成本增加 25%，希望維持原有之邊際貢獻率之單位售價該訂為多少？

2. 設永昌製造公司預算明年的 X 產品銷量將為 50,000 單位，每單位售價 $10。管理當局考慮將售價降為 $9，希望銷量和利潤都會增加。但是，該產品的需求彈性頗有問題，估計最少可增加 2,000 單位，最高可增加 30,000 單位。每單位變動製造成本為 $5，非變動製造成本估計為銷貨收入之 10%。在最高需求彈性的銷售水準下，每年固定製造和非製造成本，將分別增加 $5,000 和 $1,000。

試作：若售價降低，當銷量增加⑴ 2,000 單位，⑵ 30,000 單位時，對稅前利益的變化。

3. 永正公司生產一種產品，每單位售價 $10，目前該公司每年產銷 50,000 單位，每單位變動製造成本及銷售費用分別為 $5 及 $1，固定製造成本為 $140,000，固定銷管費用為 $60,000，銷貨部經理建議每單位售價提高為 $12，但為維持目前的銷售量，必須增加廣告費，而該公司之利潤目標為銷貨收入之 15%。

試求：⑴若採銷貨部經理建議，則永正公司所能承擔額外廣告費的最高限額為若干？

⑵若按銷貨部經理建議，並依⑴所得之廣告費，試求損益兩平銷貨額及銷貨量。

4. 設永隆公司灌錄並銷售唱片給全國的經銷商，近年來競爭者大量增加，該公司覺得價格下跌可能刺激營業利益及銷貨數量。

針對下年度的估計資料如下：

銷貨（937,500 單位，@$5）	$4,687,500
變動成本	2,250,000
固定成本	2,000,000

管理當局估計減價 8% 將增加 20% 的銷量，減價 15% 將增加 40% 的銷量。總固定成本及單位變動成本在數量增加 50% 以下時不會變動。

試作：就下述每一情況，算出下年的預期營業利益：

(1)價格不變，(2)售價減 8%，及(3)售價減 15%。

5. 設永成公司某一產品的損益表如下：

銷貨（100 單位，@$100）		$10,000
銷貨成本		
直接人工	$1,500	
直接原料	1,400	
變動製造費用	1,000	
固定製造費用	500	
銷貨成本總額		4,400
銷貨毛利		$ 5,600
行銷費用		
變動	$ 600	
固定	1,000	
管理費用		
變動	500	
固定	1,000	
銷管費用總計		3,100
營業利益		$ 2,500

試作：計算(1)兩平點的單位數。

(2)若銷貨增加 25%，營業利益為何？

(3)固定製造費用增加 $1,700 時的兩平點銷貨額。

（美國 AICPA 試題）

6. 永東公司生產 A、B、C 三種產品，其有關資料如下：

	A 產品	B 產品	C 產品
單位售價	$2.0	$3.0	$5.0
單位變動成本	1.5	2.0	2.5
單位邊際貢獻	$0.5	$1.0	$2.5

補充資料：

(1) A、B、C 三產品的銷貨比例為 1 : 2 : 3。

(2)永東公司的固定成本為 $13,000。

試求：要達到損益兩平時，A、B、C 三產品的銷量至少要各達到多少？

7. 設永華公司民國 X5 年度之邊際貢獻式損益表如下：

永華公司
損益表
民國 X5 年度

銷貨（銷售 100 單位）	$100,000
變動成本	80,000
邊際貢獻	$ 20,000
減：固定成本	10,000
淨利	$ 10,000

試求：(1)變動成本率。(2)邊際貢獻率。(3)損益兩平銷貨額。(4)損益兩平銷貨量。(5)安全邊際。(6)安全邊際率。

8. 甲、乙兩公司產銷相同之產品一種，惟甲公司係以人工生產為主，而乙公司則以機器生產為主，故二者之成本結構不同，兩公司 73 年度及 74 年度之簡明損益表內容如下：

	甲公司		乙公司	
	73 年度	74 年度	73 年度	74 年度
銷貨收入	$200,000	$300,000	$200,000	$250,000
成本及費用	180,000	260,000	180,000	200,000
稅前純益	$ 20,000	$ 40,000	$ 20,000	$ 50,000
所得稅 (20%)	4,000	8,000	4,000	10,000
純益	$ 16,000	$ 32,000	$ 16,000	$ 40,000

試作下列事項：

(1)設 74 年及 73 年產品售價及兩公司之成本結構等均相同，試用數字解釋為何甲公司 74 年度銷貨較多，而稅前純益反較乙公司少 $10,000。

(2)若甲公司欲獲稅前純益 $50,000，其銷貨收入應有若干？

(3)若乙公司欲獲稅後純益 $50,000，其銷貨收入應有若干？

（75 年會計師考試試題）

9. 某生產企業整廠機器設備成本 76,600,000 元，估計可以使用 20 年，殘值 1,000,000 元，採直線法折舊，該生產企業 70 年度未包括上項折舊在內之其他有關資料如下：

銷貨收入	$20,400,000
變動成本	12,240,000

固定成本	5,060,000
銷貨數量	17,000 單位

⑴試分別為該生產企業計算 71 年度「銷貨金額」及「銷貨數量」之損益平衡點。

⑵有人說如果該生產企業將上列機器設備出售四分之一，產品之部分零件採進口方式，估計每單位產品須增加變動成本 30 元，將有助於改善以上兩種損益平衡點，試計算驗證之。

⑶有人認為如果上列機器設備改採生產數量法折舊，將更有助於改善該生產企業之兩種損益平衡點，此說確否？亦請計算驗證。假設上列機器設備估計總計可以生產產品 1,500,000 單位，殘值 1,000,000 元。（請列出計算式，否則不給分。小數點後計算到第二位四捨五入）

（72 年會計師考試試題）

10.濟南公司依直接成本法編製之損益表，列示如下：

銷貨收入（20,000 件）	$300,000
減：變動成本	180,000
邊際貢獻	$120,000
減：固定成本	105,000
營業利益	$ 15,000

該公司目前產能達 85%。目前企劃部門提出一擴充方案，預期將可增加營業利益 30%，但同時必須增加固定成本 60%。擴充後，該公司最高產能為 50,000 件。試作：

⑴計算濟南公司之損益兩平點。（分別列示擴充前及擴充後）

⑵擴充後維持原利潤之銷售額及銷售量。

⑶擴充後獲得預期利潤之銷售額及銷售量。

⑷擴充後達最高產能之利潤。

⑸是否應該擴充？

（84 年高考二級試題）

11.設下列為永成製造公司，依照直接成本法所編製的部分損益表：

銷貨（30,000 件，每件 $25）	$750,000
減：變動成本	450,000
邊際貢獻（利益）	300,000
減：固定成本	225,000
營業利益	$ 75,000

該公司目前產能已超過 80%，為了增加利益，必須擴充設備，企劃部門提出方案，擬增加營業收益 25%，但必須增加固定成本 60%，擴充後新工廠最大生產力可達 50,000 件，試根據上述資料，求作下列有關問題：

⑴損益兩平點銷貨額（擴充前）。

⑵擴充後維持原有利潤的銷貨額。

⑶擴充後獲得預期利潤的銷貨額。

⑷擴充後達到最高產能的利潤額。

⑸是否應該擴充？作一正確的評估分析。

（76 年會計師考試試題）

12.設下列為永隆公司民國 X5 年度損益表：

銷貨（9,600,000 單位）		$160,000,000
銷貨成本		
直接原料	$38,400,000	
直接人工	28,800,000	
製造費用	48,000,000	115,200,000
毛利		$ 44,800,000
銷管費用		28,800,000
營業利益		$ 16,000,000

現有機器的生產能量是 12,000,000 單位。公司管理當局察覺到有大量的未利用產能。但是，市場是否能吸收比目前更多的數量，尚不能得知。評估市場需求的工作，交由一市場研究顧問公司進行。研究結果，預測出下列價格—數量關係：

每單位售價	需求數量
$16.00	10,000,000
$15.50	12,000,000
$14.50	14,000,000
$14.25	18,000,000

製造費用分析顯示，X5 年固定製造費用為 $28,800,000，固定銷管費用是 $19,200,000。如果要裝置新機器，以達到 18,000,000 單位的生產能量，還要額外的資本支出 $100,000,000，將使每年固定製造費用增加 $10,000,000。

試根據上述資料，求算那一種情況最為有利？

13. M 公司產銷單一產品，其售價與成本資料列示如下：

每單位售價	$ 25.00
每單位變動成本	
原料	$ 11.00
直接人工	5.00
製造費用	2.50
銷管費用	1.30
每單位變動成本合計	$ 19.80
每年固定成本	
製造費用	$192,000
銷管費用	276,000
	$468,000
所得稅率	40%

試作：⑴求算損益兩平單位數。

⑵計算為賺取 $156,000 稅後利益所需的銷售單位數。

⑶計算直接人工成本提高 8% 時的損益兩平單位數。

⑷如果 M 公司的直接人工成本上漲 8%，請算出每單位售價多少才能維持同樣的邊際貢獻率？

（美國 CMA 試題）

14.永茂公司生產一種產品，每單位售價 $6 時，利量率為 20%，每年銷量 160,000 單位，獲得淨利 $42,000，該公司欲增加利潤，擬將單位售價提高為 $8 或 $10，但總經理對此方案未決定。營業部估計售價提高銷量將減少，估計結果如下：

⑴售價提高為 $8，銷量將減少 30%。

⑵售價提高為 $10，銷量將減少 60%。

試求：①售價分別為 $8，$10 時之損益兩平銷售額。

②分析總經理應採那一個方案？

③若不調整售價，如每年欲增加利潤 $30,000，應增加銷售量若干？

15.設永昌生產一種新產品，計畫每年銷售 60,000 單位，其估計成本資料如下：

	金　額	單位成本
原料	$240,000	$4.0
直接人工	36,000	0.6
固定製造費用	60,000	1.0
固定管理費用	72,000	1.2
合　計	$408,000	$6.8

其中推銷費用預估占銷貨額的 20%，每單位淨利 $1.5。

試求：(1)每單位銷售價格。

(2)永昌公司損益兩平點的銷售額。

(3)編製該年度估計損益表。

16.南一公司之產品每單位售價 $70，單位變動成本 $40，每年固定成本為 $360,000，目前年銷售量 20,000 單位。

試求：(1)損益兩平數量。

(2)若利潤目標為 $90,000，則應產售多少單位？（不用考慮所得稅）

(3)在目前年銷售量下之營業利益多少？

(4)已知單位變動成本中包括 $1 之佣金，若管理當局希望以廣告代替佣金，每年廣告費將使固定成本增加 $30,000，但銷量仍維持目前水準，試問這種改變是否恰當？為什麼？

(5)若不取消佣金，但每年仍花費 $30,000 之廣告費，則銷量應增加多少才能維持目前利潤水準？（假設銷量仍在攸關範圍內）

（83 年高考試題）

17.設下列為永隆公司民國 80 年度損益表資料：

銷貨（100 單位，每單位 $1,800）		$180,000
減：銷貨成本		
直接材料	$25,200	
直接人工	27,000	
變動製造費用	18,000	
固定製造費用	17,820	88,020
銷貨毛利		$ 91,980
減：營業費用		
變動費用	$18,000	
固定費用	18,000	36,000
管理費用		
變動費用	$ 9,000	
固定費用	18,000	27,000
營業純益		$ 28,980

試根據上述資料，求算：

(1)邊際貢獻率。

(2)損益兩平點銷貨額。

(3)安全邊際率。

(4)固定製造費用增加 25% 時，損益兩平點銷貨額為多少？

(5)銷貨增加 25% 時，營業純益為多少？

(81 年會計師檢覈試題)

18. 永生公司的兩大客戶甲與乙，最近改用及時生產 (Just-in-time) 方式。為了因應客戶之要求，臺北公司必須改變送貨方式，由目前每週一次改為每日送貨一次。以下是永生公司各部門之資料：

	甲顧客	乙顧客
營業部門：		
銷貨單位（週）	1,780	860
單位售價	$15	$15
製造部門：		
單位變動成本	$ 4	$ 4
單位固定成本	2	2
倉庫部門：		
單位運費	$ 2	$ 1.4
單位固定成本（註）	0.9	0.9
管理部門與營業部門：		
單位固定成本	$ 4	$ 4

註：包括每單位所分攤之倉儲費 $0.6，及人員費用 $0.3。

永生公司管理部門檢討上述資料後，提出下列兩方案：

第一案：每天由倉庫部門直接送貨一次，因送貨次數增加，運費大幅增加；甲顧客之運費，每單位增加 $3，乙顧客之運費，每單位增加 $2。

第二案：在甲、乙兩顧客工廠附近的適當地點承租一倉庫，每週向該倉庫送貨一次，再由該倉庫每天向甲、乙送貨一次，運費每單位分別增加 $0.3（甲顧客）及 $0.2（乙顧客）。倉儲費用方面，永生公司除了新承租之倉庫外，原來倉庫仍需繼續使用，方能配合，使得每單位倉儲費用增加 $0.4（甲、乙皆然），人員費用則無改變。

試求：管理部門所提之第一案及第二案，何者較佳？列出計算式說明之。

(81 年會計師考試試題)

19. 正和鋼鐵公司預定於民國 85 年正式開工生產，工廠籌備人員向總經理提出兩個不同的生產方案。

提案甲：生產內銷用的一般鍍鋅鐵皮以及外銷用的彩色鍍鋅鐵皮，這兩種產品的銷售預測與成本結構如下：

產品名稱	該產品銷售額占總銷售額之百分比	單位變動成本（呎）	單位售價（呎）
一般鍍鋅鐵皮	50%	80 元	100 元
彩色鍍鋅鐵皮	50%	90 元	150 元

提案乙：生產內銷用的一般塑鋼鐵皮以及外銷用的彩色塑鋼鐵皮，這兩種產品的銷售預測與成本結構如下：

產品名稱	該產品銷售額占總銷售額之百分比	單位變動成本（呎）	單位售價（呎）
一般塑鋼鐵皮	40%	90 元	100 元
彩色塑鋼鐵皮	60%	100 元	200 元

無論選擇提案甲或提案乙，工廠的固定成本皆為 420,000 元。總經理選擇提案的準則是看那一個提案達到損益平衡點 (Break-even Point) 所需要的總銷售額較低。

問題：(1)請提供具體的計算分析，以幫助正和鋼鐵公司總經理作決策，亦即選擇甲案或選擇乙案較佳？（必須明確算出兩種提案損益平衡之總銷售額）

(2)根據題(1)你所選擇的提案，計算要多高的銷售額才能達到令該公司稅前盈餘達到 500,000 元的目標？

(3)根據題(1)你所選擇的提案，如果單位變動成本上漲 10%，固定成本下降 10%，試問新的損益平衡點為多少？

（83 年會計師考試試題）

20.已知永新公司銷售額與稅前純益關係如下：

銷售額	稅前純益
$500,000	$100,000
400,000	60,000

試求：(1)利量率（邊際貢獻率）。(2)變動成本率。(3)固定成本。(4)損益兩平銷售額。(5)銷售額 $500,000 時的安全邊際率。

第十五章
物價水準變動分析

客戶訂單收入與成本分析表

客戶訂單收入與成本分析表

業務員：
客戶P/O：

□含三個月以上客戶訂單 CO20020509020

客戶訂單號碼	CO20020509020	訂購單位編號	000
客戶編號	0990	訂購單位名稱	板橋分公司
客戶名稱	怡心電信	產品品名	三民級號密碼卡
產品編號	0012-990-002-211	產品數量	30000
產品單位	張	總金額	360000
單價	12		

收入資訊

原出貨發票資料

出貨單號碼	出貨日期	交貨數量	銷售金額	銷項稅額	銷貨發票金額
PI20020509019	2002/05/25	20000	240000	12000	252000 GH55
PI20020509020	2002/05/27	10000	120000	6000	126000 GH66
		0	0	0	0

新出貨發票資料

出貨單號碼	出貨日期	交貨數量	銷售金額	銷項稅額	銷貨發票金額
		0	0	0	0

退貨（折讓）資料

退貨(折讓)單號碼	退貨(折讓)日期	退貨(折讓)金額	銷項稅額
PR20020509015	2002/05/30	950	48
		0	0

第一節
物價水準變動分析的意義

會計上的記錄，一直是以幣值不變 (Stable Dollar) 作為記帳的基本假定 (Basis Assumption)，在各企業中，對於一切交易都以法定貨幣作為記帳的本位，記帳時假定幣值不變，這一觀念，已沿用多年，而且很廣泛的被會計界所接受。但是，由於購買力的不同而影響其幣值，以致有部分會計學者，對這種傳統的觀念，引起了不同的非議，兩派的主張，各派有各派的意見，在未認定誰是誰非以前，先就兩派的理論，分述如後：

擁護傳統觀念者的理論，他們認為：

⑴傳統會計觀念（假定幣值不變）與實務，已經使用多年，而且成效卓著，根據傳統觀念所編製的財務報表，已被廣泛採用和普遍重視。

⑵一般法律規章和契約都是依照多數公認會計體制而訂立，對於債權債務的處理，從不考慮幣值變動的因素。

⑶當期財務報表上所列各帳戶餘額，其包括的舊幣成分，並不為多，貨幣尺度雖有所變動，但也不能說財務報表已受重大的影響，因為需提折舊或攤銷的固定資產，其耐用年數多採穩健的估計，而不提折舊或攤銷的固定資產，又不參與各期損益的決定。

⑷物價水準變動時，對財務狀況和營業情形，加以解釋就可，如果遇有特殊目的和需要，會計人員可以加以調整和修正。

⑸經理人員對於業主（股東）的關係，猶如一種管家身分，接受若干資產的託付，從事企業的經營，其責任在於運用各項資產，為業主謀求利益。企業經營的結果，藉財務報表以明辨其得失，假使所編的財務報表，按物價水準或現時價值來逐期修正，則決策的執行，價值的判斷，以及物價的變動，分析時勢必混淆不清，對於經營的成果，黯然不明，對於經營的績效，亦將無法明辨。

⑹成本是決定損益的重要因素，如果會計處理上採用現時價值物價水準變動，則財務報表在性質上更具主觀成分。例如各項固定資產的估價，勢必採用

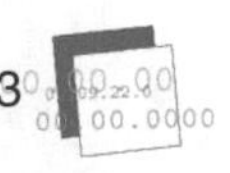

物價指數，但物價指數是以批發物價指數抑或採用建造成本指數？各人主觀見解將不一致，則所編的財務報表，就將失去比較和分析的意義。

批評傳統觀念者的理論，他們認為：

⑴幣值的不穩定是眾所周知的事實，此種事實，足以顛撲現行會計的處理方法。按現行會計處理方法，只重視貨幣的金額，將所有貨幣價值，視為相等。換句話說，即對不同尺度貨幣相加減而不注意其差異，以致最後收益額與各帳戶的餘額發生實質上的差別。這種處理，無異於將美元和歐元相加，尺與碼相加，其處理失當，顯然人盡皆知。

⑵股東對於企業經營所發生的支付能力至為關切。例如：以分配紅利來說，如果期末分配紅利後的財務狀況，能夠保持期初的財務水準，或者有更好的表現，則表示此一企業發生了真正的收益。這種可分配的收益，如果是因物價水準變動而獲得，則其所表現是報表上的收益，並不是真正的收益。

⑶絕大多數會計學者，主張收益與費用相配合，是整個會計處理程序中，極為重要的事實。在傳統觀念的處理下，例如職工薪津和租金支出，若干費用是以現時貨幣來表示，但又有若干費用，例如折舊和部分的銷貨成本，則以舊貨幣來表示，在若干收益中，也有相類似的事實，這種收益與費用相配合處理的矛盾程序，極待改善❶。

⑷在繼續營業情形下，固定資產所提折舊的金額，不足以支付固定資產的重置。例如購入器具一套，原價為 $10,000；按平均法計算折舊，使用期限假設為 4 年，4 年後無殘餘價值，則其處理情形，分析如下：

購置成本	期次	物價指數	原提折舊額	應提折舊額
$10,000	1	100%	$ 2,500	$ 2,500
10,000	2	105%	2,500	2,625
10,000	3	110%	2,500	2,750
10,000	4	115%	2,500	2,875
			$10,000	$10,750

❶ 美國會計傳統觀念學者認為：①後進先出法下，銷貨成本的金額表示比先進先出法下存貨盤存的金額表示，較為接近當期的貨幣 (Current Dollar)，②固定資產以時價計算折舊，只要將後進先出法應用於繼續購入的資產和其他類似項目，就可達到目的。

根據上述分析，在物價輕微的變動下，原提折舊 $10,000，不足以重置 $10,750 的器具。

綜觀上述兩派意見後，作者認為還是以傳統觀念的假定較為適宜。事實上，到目前為止，會計上處理的原則，還是以假定幣值不變為準則，當然，反對者的意見，主要是希望尋求一比較合理而可行的處理方法，用以代替假定幣值不變的理論，尤其各國幣值都在不斷的貶值，貨幣購買力，一天一天地在下降，似乎確有革新的必要。但揆諸情理，傳統觀念的假定，固然有其不是的地方，但反對者的意見，又何嘗沒有重新考慮的餘地呢？例如以上述器具來說，所購置的成本 $10,000，是在未來的 4 年中提列折舊，4 年後購買此項器具須 $10,750，則其金額又在以後若干年內提完，準此而論，似乎沒有按現時幣值調整的必要。

贊成採用一種比較合理而且可行的會計方法，用以代替假定幣值不變的理論，這些學者，他們主張使用指數來調整帳面金額，將所有的記錄，成為共同貨幣的一致性。他們也自辯無意破壞會計上的成本基礎，無意破壞原有收益與費用相配合的良好制度，而目的在於將數種價值性質不同的貨幣，予以消除其所產生的差誤而已。他們認為成本乃表示業主提供購買力的數額，如果衡量尺度發生變動，則其所提供的購買力，也應依現時幣值尺度來表示，假使不按現時貨幣來表示，則會計資料，將使人發生誤解。例如在報表上列固定資產折舊 $10,000，則此項金額，當被認為現時貨幣 $10,000 的表示，事實上，這項成本的發生，是若干年前的貨幣。因此，他們認為以物價指數調整貨幣金額（即帳面金額），可以使財務報表所作比較和分析的金額，都能按統一尺度的貨幣來表示。

當期財務報表上，固定資產和折舊的金額，多半是以歷史貨幣的金額，它對於資產負債表上的影響，不如對損益表上的影響那麼嚴重。因為資產負債表的功用，是表示一企業的財務狀況，在繼續營業假定的前提下，固定資產餘額乃屬於殘餘價值，原不必按現時貨幣來表示，何況資產負債表有漸漸視為次要報表的趨勢。多年來，重視損益表有比重視資產負債表的趨勢，在另一方面，對損益表中的純益（純損）來說，折舊是歷史貨幣的混合體，就一般原則來說，一個企業的收益，是按當時貨幣收入，除折舊外，多數費用，也是按當時貨幣的金額予以支付，而損益表中，包括兩種以上不能確切表示的統一貨幣，會計上將兩種不能相加的數字而使其相加，影響的結果，是可以想像得到的。若干會計界人士，認為損益表資料所以被人誤解的根本原因，即在於未將貨幣金額調整為統一貨幣的緣故，所以，他們贊成使用指數來決定折舊費用的多少，是唯一可以使人對於純益（純損）資料不致發生誤解的良好方法。

用物價指數來調整統一貨幣的方法，通常是將折舊費用換算為現時貨幣，為了明瞭起見，特舉一例以說明其換算的方法。例如：某企業有下列各項資產，每項資產使用年限為 10 年，10 年後無殘餘價值，資產總額合計為 $750,000，各項資產購入年份及物價指數如下：

資產別	購入時金額	購入時該年物價指數
A	$300,000	100
B	120,000	110
C	135,000	120
D	90,000	130
E	105,000	140

假設換算折舊費用時的物價指數為 150%，則依歷史貨幣的折舊應為 $75,000，而依物價指數換算後的金額應為 $99,873，其計算方法如下：

資產成本	折舊金額 (10%)	換算比率	依指數換算的金額
$300,000	$30,000	$\frac{150}{100}$	$45,000
120,000	12,000	$\frac{150}{110}$	16,363
135,000	13,500	$\frac{150}{120}$	16,875
90,000	9,000	$\frac{150}{130}$	10,385
105,000	10,500	$\frac{150}{140}$	11,250
$750,000	$75,000		$99,873

$$換算率 = \frac{當期物價指數}{取得年度物價指數}$$

此一理論，是使用一般物價指數，將歷史貨幣換算為現時貨幣而編製的補充財務報表，為目前比較進步的方法，美國會計師公會及美國會計學會都表示支持，補充財務報表，是屬於傳統式財務報表的附表，作者根據此一理論，作為研討的依據。

第二節
美國會計界對物價水準變動的意見

美國會計界，對物價水準變動影響財務報表的意見，曾先後發表不同的聲明書，茲將其聲明書，簡述如下：

⑴美國會計原則委員會（Accounting Principles Board，簡稱 APB），曾於 1969 年 10 月，發布第三號聲明書 (APB Statement No. 3)，定名為「一般物價水準重編財務報表」(Financial Statement Restated for General Price-level Changes)，其主要目的，在於鼓勵一般企業在編製財務報表時，按照一般物價水準的變動，予以重編，作為原有財務報表的補充財務報表，並對重編補充財務報表時，提供若干指導原則。該項聲明對物價水準變動的會計處理，提供了下列各點完整而詳盡的說明：

①按一般物價水準重編的財務報表，可提供若干極為有用的資訊，而此種資訊，將無法從歷史成本財務報表中獲得。

②按一般物價水準重編的財務報表，可用作基本財務報表（按歷史成本編製）的補充報表。但不能作為基本財務報表使用。

③編製歷史成本財務報表所使用的會計原則，仍然適用於一般物價水準的財務報表，其所不同的，在於後者主要是為反映貨幣一般購買力的變動。

④當編製一般物價水準的財務報表時，是採用一般物價水準指數，而不是特定物價指數。

⑤一般物價水準的財務報表，是以最近財務報表編製日的貨幣購買力為基礎來編製。

⑥按一般物價指數重編財務報表所產生的物價水準換算利益 (Gains) 或換算損失 (Losses)，在一般物價水準損益表中，應單獨列為一項。

⑵美國財務會計準則委員會（Financial Accounting Standards Board，簡稱 FASB)，於 1979 年 9 月公布第三十三號聲明書 (FASB Statement No. 33) 定名為「財務報告與物價變動」(Financial Reporting and Changing Prices)，其主要目的，在於建立物價變動對企業影響的若干報導準則，以協助財務報

表使用者，評估企業未來現金流量、經營績效、物價變動對營運能力的腐蝕情形，以及一般購買力變動的浸蝕影響。該項聲明的主要結論，有下列幾項：

①該項聲明的適用範圍，被限於具有下列條件之一的上市公司 (Public Enterprise)：

a.存貨、財產、廠房及設備（未減除累計折舊）的總值，超過 1 億 2,500 萬美元者。或：

b.總資產超過 10 億美元者（減除累計折舊後的淨額）。

②根據物價變動所編製的報表，只作為年度報表的補充報表，至於基本財務報表，則不予改變。

③依照該項聲明書規定所表達的補充報表，只須衡量物價變動對存貨、財產、房屋、廠房、設備、銷貨成本、折舊、折耗、以及攤銷費用等項目的影響，至於其他項目，例如收入、費用、利益、及損失等，則不必加以調整。

④衡量物價變動的影響時，分為兩種型態來表達，一為一般物價變動的影響，一為特定物價 (Specific Prices)，或稱現時成本 (Current Cost) 變動的影響。其所採用的一般物價指數，為都市消費者物價指數 (Consumer Price Index for All Urban Consumers)。

第三節
物價水準變動對貨幣換算的項目與標準

一、貨幣換算的項目

通常在資產負債表上的項目，依照它的性質來說，可以分為幣值項目 (Monetary-value Items)和非幣值項目 (Nonmonetary-value Items) 二種，今分述如下：

1. 幣值項目

幣值項目又稱為固定圓幣項目 (Fixed-dollar Items) 或稱為固定貨幣項目，就是指資產負債表上的現金、應收票據、應收帳款等固定圓幣資產，以及應付票據、應付帳款、短期借款、長期負債和應收回的優先股等固定圓幣負債。這些項目，是隨物價水準變動而自動調整為現時貨幣，所以又稱為現時圓幣項目 (Current-dollar Items)。在傳統會計上，這些項目不作換算的表示，可是，往往又因為貨幣購買力的增減，而結果發生幣值變動的損益。

例如就現金來說，是屬於幣值項目，假設上年度期末（12 月 31 日）餘額為 $10,000，到本年度期初（1 月 1 日）的購買力還是相同，可是，到了本年度期末（12 月 31 日）的物價水準有了變動，則購買力就不同了，假設到了期末的物價指數是上升了 10%，則期末持有現金所能購買的商品或勞務，較期初持有時，即發生了 $1,000 購買力的損失。

至於應付票據等圓幣負債所發生的幣值損益，正好和圓幣資產作相反的變動，因為清算時所需的購買力，是隨物價水準的升降而變動。例如上年度期末（12 月 31 日）應付票據的餘額是 $10,000，到本年度期初（1 月 1 日）的購買力還是相同，如果到了本年度期末（12 月 31 日）物價水準發生了變動，則購買力就不同了，假設到了期末的物價指數上升 10%，依物價指數的購買力計算，應該償還 $11,000，可是，債權人仍是要求償還 $10,000，因此，就發生了 $1,000 的幣值利益。

以交易為目的的股票、公司債、公債等有價證券，因為可以在市場隨時出售變成現金而列在流動資產，但這些資產的成本記錄，並不隨當時的物價水準變動來計算幣值損益，而是隨市場價格的漲落而計算投資損益，因此，在幣值換算時，作為固定圓幣來處理。

2.非幣值項目

非幣值項目，又稱為實值項目 (Real-value Items)，就是指房屋、土地、機器設備等固定資產，以及固定資產的抵銷帳戶。存貨與對附屬公司的投資，也是屬於非幣值項目。這些項目，各具有特別物價水準，其本身價值，並不是和幣值項目一樣，嚴密地定著於圓幣的固定數額內。

房屋、土地及機器設備等，是屬於設備和生產工具，其所受物價水準變動的影響，是隨該項目特定時價的變動而升降，對於所具的購買力，只是在市價變動幅度額超過或不及一般物價水準變動幅度時，才有增減。例如有房屋一幢，期初成本價值是 $100,000，到了期末假設物價指數是上升了 10%，依物價指數的計算，

應調整為 $110,000，其中增加的 $10,000 是屬於增值 (Appreciation)，此一增值，係屬於總額，不是淨額，因為在提折舊，也要增提 10%。

包括材料等盤存在內的存貨，雖然是屬於流動資產，作為運用資本的一種，但其性質，仍然是非幣值項目，本身所記的成本記錄，也是受當時市價變動的影響，而調整其金額。

至於實值負債，一般比較少有，例如借米還米，借煤還煤，借布還布的實值負債，即使有這一類的事實，但其對物價水準變動，並不發生影響。

在股東權益項目中，已發行的股本，因其具有證券市場特定價格，雖然可以視為非幣值項目，但就公司立場來說，並不因股票市價的漲落而調整其金額。但為了表示股東投資在幣值下跌時，在購買力上所受到的損失，仍然按照一般物價水準來調整其金額。

實值項目，也可以包括若干收益和若干費用。銷貨是按定價標準來處理，而定價又是屬於變動性質，所以是屬於實值收益 (Real-value Income)。合約銷貨，有時訂有允許調整售價的承諾。其他如原料的消耗、固定資產的折舊，在當期來說，是屬於實值費用。

二、貨幣換算的標準

貨幣換算的標準，是以貨幣對於購買一切商品或勞務的力量來衡量，換句話說，也就是以貨幣購買力作為換算標準的依據。當幣值發生變動時，是以物價水準變動的方向和幅度，來測定購買力的變動，所謂物價，因為商品的種類繁多，誰取誰捨，當屬很難確定，在一般學者中，有主張以消費者（生活費用）物價指數 (The Cost-of-living Index) 作為衡量的尺度，也有主張以躉售物價指數 (The Whole-sale Index) 作為衡量的尺度，依照我國所得稅法的規定，物價有劇烈變動時，以躉售物價指數作為計算增值的標準，準此而論，貨幣換算的標準，可以用躉售物價指數作為衡量的尺度。當然，假使企業經理人員要採用消費者物價指數作為衡量的尺度，也未嘗不可，不過，以後各年度，也要採用一致的標準，不能兩者反覆互相交替使用，否則，比較資產負債表和比較損益表分析結果，就失去了正確性。

美國會計界對於選擇物價指數問題，和我國比較，略有不同的地方，《美國會計研究公報》第六期，將各種可用以調整財務資料的指數，曾作一全盤研討，他們認為「財務報表上的金額，倘須照一般圓幣 (Dollars in General) 購買力同樣表示，則有採用一般物價水準指數的必要」。但一般物價指數，究竟是指消費者物價指數，抑或是躉售物價指數，沒有明顯的指出。

財務報表依物價指數水準調整的目的，在於將各年（各期）報表所列圓幣，按一般購買力單位所列示各項資料，在同一基圓的基礎上，作較為合理的比較，所以，在換算時，必須先行選定一基期，而後以該期幣值的圓幣，作為換算的標準。至於究竟選擇以往某期貨幣購買力，或者是選擇最近一期的貨幣購買力作為基礎，在理論上，兩者並無不可。不過，一般企業家和會計界人士的觀念，大多數主張，採用當期物價水準下的圓幣，認為較為妥當，本書也是採用此一意見。

第四節 補充財務報表

補充財務報表 (Supplementary Financial Statement)，是運用一般物價指數，將歷史貨幣換算為現時貨幣，把原編製的財務報表，另編製一新的報表，作為其補充說明的資料，用以表示衡量所有貨幣購買力的一般物價指數。補充財務報表的編製，通常來說，有下列幾項優點：

⑴不致擾亂傳統式財務報表。

⑵合乎傳統式會計原則。

⑶表明物價水準變動時對於財務現狀的影響。

⑷說明物價水準變動對於經營結果的關係。

⑸提供重置成本或現值的資料。

⑹在短期內解決幣值變動下，修正若干會計基本觀念的有關問題。

⑺不致脫離會計上的成本基礎。

至於編製補充財務報表的方法，舉例說明如後：

下列為永順股份有限公司，民國 X4 年和 X5 年比較資產負債表與比較損益表：

永順股份有限公司
比較資產負債表
民國 X5 年 12 月 31 日

項　目	民國 X4 年 12 月 31 日		民國 X5 年 12 月 31 日	
	借方金額	貸方金額	借方金額	貸方金額
資　產				
流動資產				
現金	$ 20,000		$ 16,000	
應收帳款	50,400		60,000	
存貨 (12/31)	24,000		32,000	
流動資產合計	$ 94,400		$108,000	
固定資產				
設備（總額）	96,000		96,000	
減：累計折舊	34,800		44,400	
固定資產合計	$ 61,200		$ 51,600	
資產總額	$155,600		$159,600	
負　債				
流動負債				
應付帳款		$ 16,000		$ 20,000
固定負債				
抵押借款		24,000		16,000
負債合計		$ 40,000		$ 36,000
股東權益				
股本		80,000		80,000
盈餘		35,600		43,600
股東權益合計		$115,600		$123,600
負債和股東權益總額		$155,600		$159,600

永順股份有限公司
比較損益表
民國X5年12月31日

項　目	民國X4年度		民國X5年度	
	小　計	合　計	小　計	合　計
銷貨淨額		$192,000		$200,000
銷貨成本	$120,000		$128,000	
折舊（總額每年10%）	9,600		9,600	
各項費用	48,000	177,600	50,400	188,000
本期純益		$ 14,400		$ 12,000

補充資料：

1.永順公司創立後經過情形

年　度	物價指數	事實說明
民國X0年	155	公司於本年度設立
民國X1年	155	購入設備$84,000，向銀行借款$24,000
民國X2年	157	
民國X3年	161	期末存貨$22,000
民國X4年	164	購入設備$12,000
民國X5年	164	抵押借款，因係固定貨幣，截至本年度止，不必換算

註：上例物價指數，係假設指數，與實際指數有所出入。

2.民國X5年各帳戶餘額換算為現時貨幣

年度別	在各該年度所列餘額		換算比率	X4年度貨幣金額
X0年	股本	$80,000	164/155	$ 84,645
X0年	設備（最初購入部分）	84,000	164/155	88,877
	累計折舊（5年）	42,000	164/155	44,439
	折舊(10%)	8,400	164/155	8,888
	銀行抵押借款，雖自本年度開始，因為借款是固定貨幣債務，可以不必換算，假設自X4年度起，自願表示以現時貨幣償還，則加以換算。			
X4年	設備（添購部分）	12,000	164/164	12,000

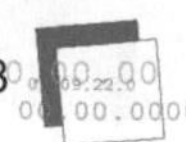

	累計折舊（2 年）	2,400	164/164	2,400
	折舊（添購部分）	1,200	164/164	1,200
	期初存貨（銷貨成本）	22,000	164/164	22,000
X5 年	本年度為現時貨幣，不必換算部分：			
	現金			16,000
	應收帳款			60,000
	存貨 (12/31)			32,000
	應付帳款			20,000
	抵押借款			16,000
	銷貨			200,000
	銷貨成本　$128,000			
	減：期初存貨　24,000			104,000
	各項費用			50,400
	股息			4,000

3.民國 X3 年各帳戶餘額換算為現時貨幣

年度別	在各該年度所列餘額		換算比率	X5 年度貨幣金額
X0 年	股本	$ 80,000	164/155	$ 84,645
	盈餘	35,600	164/164	35,600
X0 年	設備（最初購入部分）	84,000	164/155	88,877
	累計折舊（4 年）	33,600	164/155	35,550
	折舊 (10%)	8,400	164/155	8,887
X3 年	期末存貨（銷貨成本）	22,000	164/161	22,410
X4 年	現金	20,000	164/164	20,000
	應收帳款	50,400	164/164	50,400
	存貨 (12/31)	24,000	164/164	24,000
	設備（添購部分）	12,000	164/164	12,000
	累計折舊（1 年）	1,200	164/164	1,200
	折舊（添購部分）	1,200	164/164	1,200
	應付帳款	16,000	164/164	16,000
	抵押借款	24,000	164/164	24,000
	銷貨	192,000	164/164	192,000
	銷貨成本　$120,000			
	減：期初存貨　22,000	98,000	164/164	98,000
	各項費用	48,000	164/164	48,000

4.發生在前後各年度各帳戶餘額換算為現時貨幣

摘 要	民國 X0 年度金額	民國 X4 年度金額	民國 X5 年度金額
設備			
最初購入部分	$84,000		$ 88,877
添購部分		$12,000	12,000
合 計			$100,877
累計折舊（X4 年）			
最初購入部分	33,600		35,550
添購部分		1,200	1,200
合 計			$ 36,750
累計折舊（X5 年）			
最初購入部分	42,000		$ 44,439
添購部分		2,400	2,400
合 計			$ 46,839
折舊			
最初購入部分	8,400		$ 8,887
添購部分		1,200	1,200
合 計			$ 10,087
銷貨成本（X4 年）			
期初存貨	22,000		22,000
本期進貨		98,000	98,000
合 計			$120,000
銷貨成本（X5 年）			
期初存貨		24,000	$ 24,000
本期進貨			104,000
合 計			$128,000

根據上述資料，編製永順股份有限公司補充財務報表如下：

永順股份有限公司
補充比較資產負債表
民國 X5 年 12 月 31 日

項　目	民國 X4 年 12 月 31 日		民國 X5 年 12 月 31 日	
	借方金額	貸方金額	借方金額	貸方金額
資　產				
流動資產				
現金	$ 20,000		$ 16,000	
應收帳款	50,400		60,000	
存貨 (12/31)	22,000		32,000	
流動資產合計	$ 92,400		$108,000	
固定資產				
設備（總額）	100,877		100,877	
減：累計折舊	36,750		46,839	
固定資產合計	$ 64,127		$ 54,038	
資產總額	$156,527		$162,038	
換算損益	3,718		2,207	
	$160,245		$164,245	
負　債				
流動負債				
應付帳款		$ 16,000		$ 20,000
固定負債				
抵押借款		24,000		16,000
負債合計		$ 40,000		$ 36,000
股東權益				
股本		84,645		84,645
盈餘		35,600		43,600
股東權益合計		$120,245		$128,245
負債和股東權益總額		$160,245		$164,245

永順股份有限公司
補充比較損益表
民國 X5 年 12 月 31 日

項　目	民國 X4 年度		民國 X5 年度	
	小　計	合　計	小　計	合　計
銷貨淨額		$192,000		$200,000
銷貨成本	$120,000		$128,000	
折舊	10,087		10,087	
各項費用	48,000	178,087	50,400	188,487
本期純益		$ 13,913		$ 11,513

第五節 補充財務報表編製的檢討

傳統會計觀念的基本假定，是以幣值不變為前提，在幣值發生變動以後，財務報表並不加以表露，這確實是一缺點，因而有若干學者，主張按現時一般貨幣購買力，加編一補充財務報表，以補救此一事實的真象。贊成者認為這並不是脫離成本基礎的表示，而只是以現時尺度的貨幣表示成本而已。但反對者，則認為依物價水準調整並發布補充財務報表並不妥當，因為這種報表的用途不大，而且一般人對於依據幣值不變假定所編製的財務報表，可能導致若干誤解。也有人認為傳統報表與補充財務報表同時發布，彼此對財務狀況與營業情形，作不同的表現，其結果不但不能臻於明朗，反而更形混亂，甚至使人對依一般公認會計學原則所編的標準報表，也失去了信心。依作者的意見：「如果物價水準變動的幅度不太大時，還是堅守傳統的會計觀念較為適宜，不必加編補充財務報表；如果物價水準變動的幅度略為較大時，在不辦理資產重估價的前提下，加編補充財務報表，而補充財務報表對外並不發布，僅作為內部管理人員的參考資料；如果物價水準變動的幅度很劇烈時，則辦理資產重估價，辦理資產重估價後所編的財務報表，作為合理的財務報表，此外，無須另編補充報表。」當然，這雖然是一實際問題，但也是一理論問題，究竟如何處理，見仁見智，各有不同見解，辦理時，無妨作慎重決裁。

習題

一、問答題

1. 試述物價水準變動分析的意義。
2. 擁護幣值不變傳統觀念的學者主張如何？試列述之。
3. 在物價水準變動下，採用傳統會計上的歷史成本原則，有何缺點？
4. 何謂貨幣性項目？包括那些項目？試說明之。
5. 何謂非貨幣性項目？試說明之。
6. 試比較物價上漲時，先進先出法及後進先出法對於損益的影響。
7. 編製補充財務報表有何優點？試列述之。

二、選擇題

（　）1. 在物價上漲情況下，最易受到指責之一般公認會計原則是　(A)繼續經營假設　(B)企業個體假設　(C)幣值不變假設　(D)會計期間假設。

（　）2. 編製一般物價水準變動之財務報表時，所謂貨幣性項目係包括　(A)金額受契約所固定，或不隨物價水準變動而依帳列貨幣單位之資產與負債　(B)流動資產與負債　(C)現金加所有固定到期之應收帳款　(D)現金、等值現金或流動負債。

（　）3. 在物價穩定上漲期間，最能節省所得稅費用的存貨成本流動假設為　(A)先進先出法　(B)加權平均法　(C)後進先出法　(D)移動平均法。

（　）4. 假設物價持續上漲，下列何種評價法下存貨價值最高？　(A)先進先出法　(B)移動平均法　(C)後進先出法　(D)加權平均法。

（　）5. 我國現行實務上，在處理幣值變動分析時，依法令規定之方法為　(A)重置成本法　(B)固定資產重估價法　(C)特定物價指數法　(D)現值會計法。

（　）6. 一般物價水準上升，持有貨幣性資產超過貨幣性負債時，將發生　(A)一般物價水準變動損失　(B)一般物價水準變動利益　(C)以上皆是。

（　）7. 依物價水準指數重編財務報表時　(A)貨幣性項目　(B)非貨幣性項目　(C)以上兩者皆是　需按一般物價指數分別比例調整。

（　）8. 某公司有一塊土地，在一般物價水準指數 125 時以 $500,000 購入，若干年後該公司希望獲得出售利益 $100,000，當時一般物價指數為 150，請問應以何價格出售？　(A) $600,000　(B) $650,000　(C) $700,000　(D)以上皆非。

（ ） 9. 永維公司在 X1 年購入機器一部，其成本為 $1,000，該機器估計可使用 10 年，無殘值。該公司欲編製一般物價水準調整之補充財務報表。
下列係編製該報表適用之指數：

年度	指數（X0 年 = 100）
X1	148
X2	159
X3	175
X4	181
X5	185

該部機器在 X5 年底之重編報表中，折舊金額應為 (A) $100×181/185 (B) $100 (C) $100×185/181 (D) $100×185/148。

（ ） 10. 同上題，該機器之成本在 X5 年底之重編報表中金額為 (A) $1,000×181/185 (B) $1,000 (C) $1,000×185/181 (D) $1,000×185/148。

（ ） 11. 通貨膨脹期間持有何項對企業較有利？ (A)長期應收票據 (B)短期應收票據 (C)固定資產 (D)現金。

（ ） 12. 物價上漲期間，存貨計價方法由 FIFO 改為 LIFO 則 (A)流動比率與存貨週轉率均增加 (B)流動比率與存貨週轉率均減少 (C)流動比率增加，存貨週轉率減少 (D)流動比率減少，存貨週轉率增加。

（選擇題資料：參考歷屆證券商業務員考試試題）

三、綜合題

1. 試將下列各年度銷貨換成最近 1 年（X5 年）的幣值金額（平均物價指數為假設指數）。

年　份	平均物價指數	銷貨金額
民國 X1 年	120	$200,000
民國 X2 年	125	210,000
民國 X3 年	150	240,000
民國 X4 年	200	400,000
民國 X5 年	250	520,000

2. X5 年 1 月 1 日永祥公司於甲銀行存入 $300,000，X5 年 12 月 31 日的餘額是 $318,000，該年度永祥公司未提取帳戶中之存款，X5 年初之一般物價水準指數是 110，年底為 121，且當年的物價是穩定上漲的。

試求：(1)計算利率和利息收入。

(2)計算本金因通貨膨脹所受的損失。

(3)包括利息在內，計算該筆儲蓄淨增加或減少永祥公司之財富。

3. 永和公司於 X1 年以 $200,000 購入一部機器，估計耐用年限為 10 年，無殘值，該公司管理人員深知物價水準波動對傳統財務報表的衝擊，因此，編製一般物價水準為補充財務報表，假設各年度的物價水準指數如下：

年度	X1	X2	X3	X4	X5
指數	148	159	175	181	185

試求：(1)永和公司編製 X5 年一般物價水準損益表時，該部機器的折舊為若干？

(2)永和公司編製 X5 年底一般物價水準資產負債表時，該部機器的金額（不減除累計折舊）為若干？

4. 永隆公司編製 X5 年度現時成本資產負債表，其部分帳戶金額如下：

有價證券	$ 50,000
存貨	75,000
機器	125,000
累計機器折舊	25,000
專利權（淨額）	12,500

其他資料如下：

(1)

證　券	成　本	市　價
甲公司股票	$25,000	$30,000
乙公司股票	20,000	15,000
丙公司股票	7,500	5,000

(2)存貨採平均法，本年存貨單位成本由 $1.2 上漲到 $1.8。

(3)機器係 X5 年初購入，採倍數餘額遞減法提列折舊，X5 年間該機器現時成本下跌 10%。

(4)專利權在 X1 年初以 $25,000 入帳，估計如於目前購買該專利權其成本為 $62,500。

試求：在現時成本資產負債表中，上述各科目 X5 年底之金額為多少？

5. 下列為永華公司民國 X4 年、X5 年二年度的部分損益表及補充資料（該公司採曆年制會計制度）：

	X5 年度		X4 年度	
銷貨收入		$770,000		$500,000
期初存貨	$ 112,500		0	
進貨	600,000		$ 450,000	
可供銷售商品	$ 712,500		$ 450,000	
期末存貨	(150,000)		(112,500)	
銷貨成本		562,500		337,500
毛利		$207,500		$162,500

⑴公司存貨採先進先出法。

⑵全年度均勻進貨。

⑶該公司只經營一種商品，銷貨收入為全年度均勻銷售，計 X4 年度售出商品 10,000 單位，X5 年度售出商品 14,000 單位。

⑷ X4 年度、X5 年度相關之一般物價指數如下：

X4 年初	100	X5 年平均	120
X4 年平均	105	X5 年底	130
X4 年底	110		

試求：重編上列兩年度的部分損益表（以 X5 年底一般物價水準為基礎）。

6. 永興公司民國 X4 年及民國 X5 年的比較資產負債表如下：

	X5 年	X4 年
現金	$ 100,000	$ 50,000
應收帳款	200,000	100,000
存貨	300,000	200,000
設備	400,000	300,000
資產合計	$1,000,000	$650,000
流動負債	$ 200,000	$100,000
長期負債	300,000	200,000
股東權益	500,000	350,000
負債及股東權益合計	$1,000,000	$650,000

補充說明如下：

⑴ X4 年、X5 年指數如下：

X4 年	平均 120	年終 150
X5 年	平均 175	年終 200

⑵假定各貨幣性帳戶之變動全年均勻發生。

試求：①將帳戶區分為貨幣性與非貨幣性並求其淨額。

②求 X5 年平均物價水準之購買力損益。

③求 X5 年底物價水準之購買力損益。

7. 下列資料係自協進公司最初二個營業年度的有關資料：

	預計耐用年數	66 年度	67 年度
期初存貨		$150,000	$200,000
進貨		550,000	500,000
期末存貨		200,000	160,000
房屋（66 年 1 月 1 日購入）	25 年	400,000	–
辦公設備（66 年 7 月 1 日購入）	12 年	30,000	–
機器（66 年 10 月 1 日購入）	8 年	16,000	–

有關物價指數如下：

	66 年度	67 年度
1 月 1 日	190	202
12 月 31 日	202	214

試求：⑴假定 66 年度之期初存貨係於 66 年 1 月 1 日購入；存貨係按後進先出的成本流程為準，且任何增加的部分，均按平均物價水準計算。試按各年底時之物價水準計算 66 年度及 67 年度之銷貨成本。

⑵假定各項折舊性資產係採用平均法提列折舊，不計殘值。試分別按 66 年底及 67 年底之物價水準，求算各項折舊性資產之折舊額。

（67 年會計師考試試題）

8. 仁愛公司 81 年底、82 年底之傳統資產負債表如下：

	12 月 31 日	
	81 年	82 年
現金	$ 8,000	$ 7,600
應收帳款	19,000	31,000
存貨	20,000	18,000

設備	21,000	29,400
累積折舊	(11,000)	(17,400)
	$ 57,000	$ 68,600
應付帳款	$ 24,000	$ 29,000
股本	25,000	30,000
保留盈餘	8,000	9,600
	$ 57,000	$ 68,600

82 年度之傳統損益表如下：

銷貨		$ 80,000
銷貨成本		
期初存貨	$ 20,000	
進貨	42,000	
期末存貨	(18,000)	(44,000)
銷貨毛利		$ 36,000
費用		
薪資費用	$ 15,000	
折舊費用	6,400	
其他費用	9,000	(30,400)
淨利		$ 5,600

其他資料：

(1)存貨計價採用後進先出法。

(2)銷貨、進貨、薪資及其他費用均係全年均勻發生。

(3) 81 年 12 月 31 日增購設備。

(4) 82 年 6 月 30 日增資。

(5)每年年中及年底各發放股利 $2,000。

(6)有關之物價指數如下：

81 年 12 月 31 日	120
82 年 6 月 30 日（平均）	125
82 年 12 月 31 日	132

試求：以 82 年期末物價水準編表計算仁愛公司 82 年度之購買力損益。

（82 年會計師考試試題）

附錄　財務會計觀念及財務報表之編製

財團法人中華民國會計研究發展基金會財務會計準則委員會於民國71年發布「一般公認會計原則」第一號公報「一般公認會計原則彙編」，作為企業界財務報表編製之指導原則，經中華民國94年2月第四次修訂，正式定名為「財務會計觀念及財務報表之編製」，今將此項準則列述如後，用作重要參考資料：

壹、財務報表之目的

1. 財務報表應真實報導企業之財務狀況、經營績效及財務狀況之變動，俾能達成下列基本目的：
   (1)幫助財務報表使用者之投資、授信及其他經濟決策。
   (2)幫助財務報表使用者評估其投資與授信資金收回之金額、時間與風險。
   (3)報導企業之經濟資源、對經濟資源之請求權及資源與請求權變動之情形。
   (4)報導企業之經營績效。
   (5)報導企業之流動性、償債能力及現金流量。
   (6)幫助財務報表使用者評估企業管理當局運用資源之責任及績效。

貳、財務報表之基本假設

權責發生基礎

2. 為達成財務報表之目的，企業應採權責發生基礎（或稱應計基礎）編製財務報表。在該基礎下，交易及其他事項（以下統稱交易事項）之影響應於發生時（而非於現金或約當現金收付時）予以辨認、記錄及報導。採權責發生基礎編製之財務報表，不但可讓使用者獲知企業過去收付現金之交易，同時亦可讓使用者瞭解企業未來支付現金之義務及收取現金之權利。因此，此種資訊對於使用者作成經濟決策幫助最大。
3. 在權責發生基礎下，企業應依配合原則將收入及其直接相關之成本同時認列。

繼續經營

4. 企業財務報表通常係基於繼續經營假設編製，如企業意圖或必須解散清算者，應以不同基礎（如清算價值）編製。當企業繼續經營之能力有重大疑慮時，應予以揭露。企業財務報表如未採繼續經營假設編製時，應揭露不採用之原因及其所採用之基礎。
5. 企業應以所有可得之資訊，並依個案事實判斷，評估資產負債表日後至少十二個月內能否繼續經營。當一企業擁有經營獲利之歷史且可隨時獲得財務資源，不須詳細分析，即可推論其採繼續經營假設尚屬適當。但在其他情況下，管理當局可能需要更廣泛考慮有關目前及預期獲利能力之因素、償還債務時間及用以償債之潛在融資來源，以判斷採用繼續經營假設是否適當。

參、財務報表之品質特性

6.品質特性係指使財務報表所提供之資訊有助於使用者作成經濟決策之屬性。財務報表之主要品質特性包括可瞭解性、攸關性、可靠性及比較性。

可瞭解性

7.財務報表之資訊應讓使用者便於瞭解。為達到此目的，假設使用者對企業與經濟活動及會計具有合理認知，並願意用心研讀該資訊。但較為複雜之資訊，如係攸關使用者作成經濟決策所需者，仍應包含於財務報表中，不得僅因部分使用者不易瞭解而捨棄該資訊。

攸關性

8.財務報表之資訊必須與使用者所作經濟決策之需求攸關。具攸關性之資訊可幫助使用者評估過去、現在或未來之事項，確認或修正其過去之評估，因而影響使用者所作之經濟決策。

9.資訊之預測與確認功能相互關聯，例如現有資產之金額與結構，不但有助於使用者預測該企業掌握機會及處理不利情況之能力，而且有助於使用者確認過去有關企業財務結構與經營績效之預測。

10.財務狀況與經營績效之歷史資訊經常作為預測未來財務狀況、經營績效及其他使用者所關心事項（如股利及薪資支付、股價變動及企業如期履行承諾之能力等）之基礎。為具有預測能力，資訊不必然須以預測之形式表達，若以適當之方式表達過去之交易事項，亦能提升財務報表之預測能力。例如非常損益項目單獨表達，可增進損益表之預測價值。

重要性

11.資訊之攸關性受其性質與重要性之影響。有時資訊之性質即可單獨決定其攸關性，例如有關新部門之報導可能影響企業即將面臨之風險與機會之評估，而與該報導期間新部門營業績效之金額是否重要無關。惟有時性質與重要性兩者對資訊之攸關性均屬重要，例如企業存貨之報導宜考量每一主要類別之存貨金額。

12.資訊之遺漏或誤述如可能影響使用者以該財務報表為基礎所作之經濟決策，則該資訊具有重要性。重要性依遺漏或誤述之項目或金額所發生之情況加以判斷決定之。重要性僅提供一門檻或分界點，而非資訊有用性所需具備之主要品質特性。

13.財務報表係就大量交易依其性質或功能加以彙總後之結果。重要項目應於財務報表上單獨表達，非重要項目之金額則得彙總表達，但仍須視其相對重要性在附註中單獨揭露。

可靠性

14.資訊須具備可靠性方屬有用。當資訊無重大錯誤或偏差，且使用者可信賴其已忠實表達時，則該資訊具可靠性。例如資產負債表應忠實表達交易事項所產生之資產、負債及業主權益。

15.某些資訊可能具攸關性但不具可靠性，致認列該資訊可能造成誤導。例如訴訟之賠償金額若有重大不確定性，該賠償金額可能不宜全數認列於資產負債表中，而應於財務報表附註揭露。

忠實表達

16.忠實表達係指財務報導與交易事項完全一致或吻合。

17.財務資訊可能含有無法完全忠實表達之風險，此非因偏差使然，而係因辨認或衡量交易事項有其固有困難所致。在某些情況下，衡量一項目之財務影響具重大不確定性，以致企業通常未於財務報表中認列該項目，例如企業內部逐期產生商譽，通常難以可靠辨認或衡量，而未於財務報表認列。但在其他情況下，因交易事項之認列具攸關性而須予以認列，並將該認列及衡量可能錯誤之風險予以揭露。

實質重於形式

18.交易事項之經濟實質與其法律形式不一致時，會計上應依其經濟實質處理之。

中立性

19.為使資訊具可靠性，財務報表中之資訊應具中立性以避免偏差。若為達到預定之結果，藉由資訊之選擇或表達以影響使用者之決策或判斷，則該財務報表即不具中立性。

審慎性

20.財務報表編製者應處理各種交易事項之不確定性，如應收帳款之回收性、廠房及設備之使用年限及依保固條款之申訴件數等。對該不確定性，在財務報表上應揭露其性質、範圍，並審慎評估認列。審慎性係指於不確定情況下之估計判斷必須注意之程度，以免資產、收益高估或負債、費損低估。惟審慎性之運用，並非允許蓄意低估資產、收益或高估負債、費損，使得財務報表不具中立性，而喪失其可靠性。

完整性

21.為使資訊具可靠性，財務報表在考量重要性與成本限制下應具完整性。資訊遺漏可能造成財務報表錯誤或誤導使用者，並使該資訊喪失可靠性及攸關性。

比較性

22.企業當期及不同期之財務報表對相同交易事項之財務影響，應以一致之方法衡量與表達，以利使用者比較企業各期間之財務報表，辨認各期財務狀況及經營績效之趨勢。不同企業之各期財務報表對相同交易事項之財務影響，宜以一致之方法衡量與表達，以利使用者比較各企業之財務報表，評估其相對之財務狀況、經營績效及財務狀況之變動。

23.基於比較性之品質特性，企業於編製財務報表時應告知使用者所採用之會計政策、會計政策之改變及其影響，俾使用者能辨認同一企業於不同期間及不同企業對相同交易事項採用不同會計政策之差異。依照財務會計準則之規定編製財務報表，包括揭露企業所採用之會計政策，有助於達成比較性。

24.企業各期財務報表採用一致之會計政策不代表其不能改變，如依原會計政策產生之資訊未具攸關性或可靠性，則為維持一致性而繼續沿用原會計政策並不能增加比較性。當其他會計政策產生之資訊較具攸關性或可靠性時，比較性不應成為引進較佳會計準則之障礙。

25. 財務報表除新成立之企業外，應採兩期對照方式，俾使用者比較企業前後兩期財務狀況、經營績效及財務狀況之變動。

攸關性與可靠性資訊之限制

時效性

26. 延遲財務報導可能使資訊喪失攸關性，故管理當局須權衡資訊之時效性及可靠性。具時效性之資訊通常須於交易事項所有狀況已知前報導，因而可能損及可靠性；反之，如報導延遲至所有狀況已確知，該資訊雖具高度可靠性，但對報導前即須作成決策之使用者而言，攸關性大為減少，為達成攸關性與可靠性之均衡，應優先考量如何能滿足使用者作成經濟決策之需求。

成本與效益之均衡

27. 成本與效益之均衡雖非品質特性但仍屬廣泛性之限制，資訊所產生之效益應大於提供該資訊所需之成本。成本與效益之評估，實質上為一判斷過程。成本不一定為享受效益之使用者所承擔，享受效益之使用者不一定為資訊編製者。基於上述理由，成本效益測試不易適用，惟準則訂定者、財務報表編製者及使用者仍應考慮此項限制。

品質特性間之均衡

28. 品質特性間常須適當權衡取捨，以達成財務報表之目的。品質特性之相對重要性係屬一項專業判斷。

肆、財務報表要素之定義、認列與衡量

29. 財務報表係描述交易事項之財務影響，依其經濟特性予以分類，此等類別稱為財務報表之組成要素。直接與資產負債表中財務狀況衡量有關之要素為資產、負債及業主權益。直接與損益表中經營績效之衡量有關之要素為收益與費損。現金流量表及業主權益變動表通常反映損益表要素與資產負債表要素之變動，因此本公報不另列該等報表之要素。

30. 資產負債表與損益表要素之表達須進一步分類，俾有助於使用者作成經濟決策。

財務狀況

31. 直接與財務狀況之衡量有關之要素包括資產、負債及業主權益，其定義如下：

(1)資產係指企業所控制之資源，該資源係由過去交易事項所產生，且預期未來可產生經濟效益之流入。

(2)負債係指企業之現有義務，該義務係由過去交易事項所產生，且預期未來清償時將產生經濟資源之流出。

(3)業主權益係指企業之資產扣除其所有負債後之剩餘權益。

32. 評估某一項目是否符合資產、負債及業主權益之定義時，應依該交易事項之經濟實質而非

僅依其法律形式判斷。例如資本租賃之經濟實質係承租人在資產主要效益期間取得租賃資產使用之經濟效益，並以租金形式支付相當於該資產之公平價值加上相關財務費用。資本租賃之結果符合資產及負債之定義，故應於承租人之資產負債表中認列該項資產及負債。

資　產

33. 資產之未來經濟效益，係指使現金及約當現金直接或間接流入企業之潛能。該潛能可能是營業活動之生產性資源，亦可能係具有可轉換為現金或約當現金或可減少現金流出之能力者。

34. 企業通常運用其資產提供顧客所需之商品或勞務，因該商品或勞務能滿足顧客需求而使顧客願意支付現金或約當現金。

35. 資產之未來經濟效益可能以各種方式流入企業，例如資產可供：

(1)單獨使用或與其他資產結合使用，而生產商品或提供勞務以供銷售。

(2)用以交換其他資產。

(3)用以清償負債。

(4)分配予業主。

36. 許多資產具有實體形式，如廠房設備等固定資產。惟實體形式並非構成資產之必要因素，例如專利權及著作權雖未具有實體形式，若其未來經濟效益預期流入企業且由企業所控制者，即屬企業之資產。

37. 許多資產與所有權等法定權利有關，例如應收帳款、土地及廠房設備。但所有權並非決定資產之必要因素，例如資本租賃之租賃物亦為承租人之資產。

38. 企業之資產來自於過去之交易事項，企業通常藉由購買或生產方式取得資產，亦可由其他交易事項取得，例如政府為鼓勵經濟發展而贈與企業資產。惟預期未來發生之交易事項本身並不產生資產，例如購買存貨之意圖，並不符合資產之定義。

39. 支出之發生與資產之認列二者關係密切，但非指二者一定同時發生。當企業發生一項支出，雖可能為其追求未來經濟效益之證明，但並不必然符合資產之定義；反之，認列資產並不一定須有相關支出，如企業受領贈與。

負　債

40. 負債係企業之現有義務，該義務必須以某一方式履行。義務可能係依合約或法律規定而依法要求須予履行，如購買商品或勞務之應付帳款；義務亦可能來自商業慣例及基於維持良好商業關係或公平之考量，例如企業對產品之保固政策，雖逾產品保固期間仍予免費維修，則該企業之應計保固負債應包含該展延期間之維修費用。

41. 現有義務與未來承諾應予區分。負債通常發生於對方交付資產時，當企業僅預定於未來取得資產時，其現有義務尚未發生。負債亦可能因企業簽訂不可撤銷之購買資產合約而發生，所稱不可撤銷係指未履行義務而造成違約之經濟後果重大，例如合約中訂有重大處罰規定，致使企業僅有些微之裁量權可避免經濟資源流至他方。

42.負債之清償通常以下列方式進行：

⑴支付現金。

⑵轉讓現金以外之資產。

⑶提供勞務。

⑷以負債交換另一負債。

⑸負債轉為業主權益。

負債亦可能因其他方式而消滅，如債權人免除或放棄債權。

43.負債之金額可能已確定或必須予以估計，後者如應計保固負債及採確定給付退休辦法之應計退休金負債。

業主權益

44.業主權益可能再分類為資本（股本）、資本公積、保留盈餘（或累積虧損）及其他依財務會計準則公報（含解釋，以下同）規定直接認列於業主權益之項目。上述分類與財務報表使用者決策之需求攸關，因該分類指出法律或其他規定對該企業分配或使用其權益能力之限制，亦可能反映企業所有權者擁有收取股利或收回資本之不同權利。

經營績效

45.盈餘通常作為經營績效之衡量指標或作為其他衡量（如投資報酬率或每股盈餘）之基礎。盈餘之構成要素包括收益及費損。收益及費損之認列及衡量與本公報第63段之資本及資本維持觀念之採用有關。

46.收益及費損項目之區分與組合得有多種方式及不同明細程度，以表達企業之經營績效。例如損益表可表達銷貨毛利、繼續營業部門稅前純益、繼續營業部門稅後純益及本期純益。

收　益

47.收益係指當期經濟效益增加之部分，以資產之流入、資產之增值或負債之減少等方式，造成業主權益之增加，而該增加非屬業主所投入者。收益包括收入與利益。收入包括銷貨、利息、股利、權利金及租金等。利益包括處分非流動資產之利益、未實現之外幣兌換利益及金融商品未實現利益等。就經濟效益之增加而言，利益與收入之性質並無不同。各項利益通常於損益表中分別表達，因該項資訊有助於使用者作成經濟決策。利益通常以減除相關費損後之淨額表達。

費　損

48.費損係指當期經濟效益減少之部分，以資產之流出、資產之耗用或負債之增加等方式，造成業主權益之減少，而該減少非屬分配予業主者。費損包括費用及損失。費用包括銷貨成本、薪資及折舊等，通常以資產（如現金、存貨等）之流出或資產（如廠房及設備）之折舊等方式發生；損失包括因颱風、火災等意外所產生之損失、處分非流動資產之損失、未實現之外幣兌換損失及金融商品未實現損失等。就經濟效益之減少而言，損失與費用之性質並無不同。各項損失通常於損益表中分別表達，因該資訊有助於使用者作成經濟決策。

損失通常以減除相關收益後之淨額表達。

財務報表要素之認列

49.認列係指將同時符合財務報表要素定義及認列標準者，列入資產負債表或損益表之過程，包括以文字及金額表達該項目。符合認列標準之項目應於資產負債表或損益表中認列，不得以財務報表附註或其他揭露方式予以修正或替代。

50.財務報表項目同時符合下列標準時，應予認列：

(1)特定項目之未來經濟效益流入或流出企業係很有可能。

(2)該項目之成本或價值能可靠衡量。

51.評估特定項目是否符合財務報表要素定義及認列標準時，須依本公報第 11 段至第 13 段之規定考量其重要性。

52.財務報表要素間係相互攸關，亦即認列某特定項目時，將同時認列其他項目，例如認列資產時，將同時認列收益或負債等項目。

未來經濟效益之可能性

53.可能性係指該項目之未來經濟效益流入或流出企業之不確定程度。不確定程度之評估係基於財務報表編製時對所有可得證據所作之評估，例如企業評估應收帳款之收回係很有可能時，應收帳款認列為資產即屬合理。惟該項應收帳款若估計有部分無法收回時，對於該預期經濟效益之減少，應認列為費用。

衡量之可靠性

54.成本或價值有時必須加以估計，使用合理之估計數係編製財務報表不可或缺之程序，並不致損及財務報表之可靠性。無法合理估計之項目不得於資產負債表或損益表認列，例如預期可由訴訟獲得之賠償，雖已符合資產及收益之定義，且已達認列之可能性標準，但若該項請求權無法可靠衡量時，亦不得認列為資產及收益，而應於附註揭露該項請求權。

55.符合財務報表要素之定義，但未符合認列標準之項目，若與財務報表使用者評估財務狀況、經營績效及財務狀況之變動攸關者，須於附註揭露。

資產之認列

56.資產應於其未來經濟效益流入企業係很有可能，且其成本或價值能可靠衡量時，於資產負債表認列。支出如已經發生但其未來經濟效益流入企業並非很有可能，則不應於資產負債表認列為資產，而應於損益表認列為費損。

負債之認列

57.當企業為清償其現有義務致使具經濟效益之資源很有可能流出，且金額能可靠衡量時，應於資產負債表認列負債。實務上，必須雙方同時履行之義務，在履行前通常不認列為負債，如未來進貨之訂購合約。惟若於特定情況下符合認列標準時，仍應認列為負債，並同時認列相關資產或費損。估計負債應依合理估計之金額予以列帳。

收益之認列

58.收益應於未來經濟效益之增加能可靠衡量時，於損益表認列。收益認列之同時，亦認列資產之增加或負債之減少，例如商品之銷售或勞務之提供導致資產之淨增加或負債之減少。

費損之認列

59.費損應於未來經濟效益之減少能可靠衡量時，於損益表認列。費損認列之同時，亦認列負債之增加或資產之減少，例如認列應付員工薪資導致負債之增加或提列設備折舊導致資產之減少。

60.費損通常與直接攸關之收益項目同時認列。支出若僅廣泛或間接與收益攸關，其經濟效益及於以後各期者，應以合理而有系統之方法逐期於損益表認列為費損。資產之耗用必須認列為費損，例如廠房與設備、專利權及商標之耗用，應認列折舊或攤銷費用。

支出若無法產生未來經濟效益，或該未來經濟效益不符合資產之認列標準時，應於損益表認列為費損。

財務報表要素之衡量

61.衡量係指決定財務報表要素於資產負債表及損益表認列金額之過程，包括特定衡量基礎之選擇。財務報表要素之衡量基礎，包括：

(1)歷史成本——取得資產時所支付現金或約當現金之金額，或所支付對價之公平價值，為該資產之歷史成本；在正常營業下產生負債所收到現金之金額，或在若干情況下（如所得稅），為清償負債而預期將支付現金或約當現金之金額，為該負債之歷史成本。

(2)現時（重置或重製）成本——目前若取得相同或近似資產所須支付之現金或約當現金之金額，為該資產之現時成本。目前若清償負債所須支付之現金或約當現金之未折現金額，為該負債之現時成本。

(3)變現（清償）價值——在正常營業下，處分資產所能獲得現金或約當現金之金額，為該資產之變現價值；在正常營業下，預期清償負債所須支付之現金或約當現金之未折現值，為該負債之清償價值。

(4)折現值——在正常營業下，預期資產未來可能產生之淨現金流入之折現值，為該資產之折現值；在正常營業下，預期清償負債所須支付之未來現金流出之折現值，為該負債之折現值。

62.企業編製財務報表時，通常採用歷史成本為衡量基礎，惟亦常結合其他衡量基礎，例如商品存貨通常以成本與市價孰低者衡量，市價可能為現時成本或淨變現價值（變現價值減除直接成本後之餘額），退休金負債則以折現值衡量。

伍、資本與資本維持之觀念

63.企業編製財務報表時應以採用財務資本之觀念為原則。本公報所稱財務資本係指以貨幣單位衡量之投入金額，亦即企業之業主權益。

企業期末業主權益加當期分配予業主之金額，減當期業主投資之金額，並調整其他直接列

入業主權益項目後，超過期初業主權益之餘額，為本期純益；反之，則為本期純損。

64.企業因資產價格上漲所產生之持有利益，在觀念上雖屬利益，但必須符合認列標準時方得認列。

陸、財務報表之編製

65.財務報表之內容，包括下列各報表及附註：

⑴資產負債表。

⑵損益表。

⑶業主（股東）權益變動表。

⑷現金流量表。

66.企業之財務報表應清楚表達報導之個體及各報表之名稱，下列各項應顯著標示以利使用者瞭解：

⑴報導個體之名稱。

⑵財務報表所涵蓋之單一企業或數個企業。

⑶資產負債表日或其他財務報表報導之期間。

⑷財務報表所報導之幣別。

⑸財務報表所表達數字之單位。

67.財務報表至少一年應編製一次。在若干例外情況下，如企業之資產負債表日改變，或年度報表表達之期間可能長於或短於一年時，該企業應揭露財務報表所涵蓋之期間及下列事項：

⑴資產負債表日改變及報導期間非為一年之原因。

⑵損益表、業主權益變動表、現金流量表及其相關附註之比較性金額無法直接比較之事實。

資產負債表

流動與非流動之區分

68.資產及負債應作適當之分類。流動資產與非流動資產及流動負債與非流動負債應予以劃分，但特殊行業不宜按流動性質劃分者，不在此限。資產及負債未區分流動與非流動者，應依其相對流動性之順序排列。

69.企業不論其資產與負債是否區分流動與非流動，或其流動與非流動之分類標準為何，均應將預期於資產負債表日後十二個月內回收或償付之總金額，及超過十二個月後回收或償付之總金額，分別在財務報表表達或附註揭露。

流動資產

70.資產符合下列條件之一者，應列為流動資產：

⑴企業因營業所產生之資產，預期將於企業之正常營業週期中變現、消耗或意圖出售者。

⑵主要為交易目的而持有者。

⑶預期於資產負債表日後十二個月內將變現者。

(4)現金或約當現金（依財務會計準則公報第十七號「現金流量表」之定義），但於資產負債表日後逾十二個月用以交換、清償負債或受有其他限制者除外。

資產不屬於流動資產者為非流動資產。

71. 企業之營業週期係指自取得資產，進入生產程序，至其實現為現金所經過之時間。企業之正常營業週期若無法明確辨認，則視為十二個月。若資產之銷售、消耗及變現，屬正常營業週期構成之一部分者，例如存貨及應收帳款，即使不預期於資產負債表日後十二個月內變現亦應列為流動資產。若資產之銷售、消耗及變現非屬正常營業週期構成之一部分者，例如備供出售金融資產，如預期於資產負債表日後十二個月內變現者，應列為流動資產，否則應列為非流動資產。

流動資產亦包括交易目的之金融資產（依財務會計準則公報第三十四號「金融商品之會計處理準則」之定義）及非流動金融資產中屬十二個月內到期之部分。

72. 現金及約當現金之用途受限制者，應於財務報表中為適當之表達。基金內之現金，除於資產負債表日後十二個月內用以交換或清償負債者外，不得列為流動資產。

應收帳款之評價，應扣除估計之備抵呆帳。因營業而發生之應收帳款及應收票據，應與非因營業而發生之其他應收款及票據分別列示。應收關係人之帳款及票據，應為適當之表達。

存貨應按成本與市價孰低者評價，並註明成本計算方法。跌價損失應列入當期損益。

流動負債

73. 負債符合下列條件之一者，應列為流動負債：

(1)企業因營業而發生之債務，預期將於企業之正常營業週期中清償者。

(2)主要為交易目的而發生者。

(3)須於資產負債表日後十二個月內清償者。

(4)企業不能無條件延期至資產負債表日後逾十二個月清償之負債。

負債不屬於流動負債者為非流動負債。

73–1. 企業對資產負債表日後十二個月內到期之金融負債，若於資產負債表日後，始完成長期性之再融資或展期者，仍應列為流動負債。

74. 因營業而發生之應付帳款及應付票據，應與非因營業而發生之其他應付款及票據分別列示。應付關係人之帳款及票據，應為適當之表達。

非流動資產

75. 固定資產為供營業上長期使用之資產，其非為營業使用者，應按其性質列為長期投資或其他資產。

固定資產中土地、折舊性資產及折耗性天然資源，應分別列示。

固定資產除特殊情形外，應按取得或建造之成本入帳。所謂建造成本，包括直接成本及應分攤之間接成本、稅捐及其他至建造完成止所發生必要而合理之支出。

不同種類固定資產之交換，應按公平價值入帳，認列換出資產之交換損益。同種類固定資產之交換，如無另收現金者，應按換出資產之帳面價值（或加計另支付之現金）或公平價值較低者作為換入資產之成本入帳。如有另收現金者，則現金部分應視為出售，按比例認列利益，換入資產部分應視為交換，不認列利益。但如有損失，仍應全額認列。

受贈資產按取得時之公平價值入帳。

76.折舊性資產及折耗性天然資源，其累計折舊及累計折耗應分別列為各該資產之減項。

77.無形資產如商譽、商標權、專利權、著作權、特許權等，均應分別列示。

向外購買之無形資產，應按實際成本予以入帳。自行發展無形資產之支出除符合條件應資本化者外，應作為當期費用。

商譽不得攤銷，商譽以外之無形資產應在其效益年限內攤銷，除有明確證據者外，其攤銷期限不得超過二十年。

78.用於抵押或質押之資產，應於財務報表附註中說明其性質、範圍與金額。

79.固定資產及無形資產可依法令規定辦理重估價。重估增值應列為未實現重估增值。

經重估價之固定資產及無形資產，自重估基準日翌日起，其折舊、折耗、攤銷或減損之計提，均以重估價值為基礎。

80.固定資產發生閒置或已無使用價值時，應轉列適當科目。

非流動負債

81.金融負債於資產負債表日後十二個月內到期者，如同時符合下列條件時，應列為非流動負債：

(1)原始借款合約期間超過十二個月。

(2)企業意圖長期性再融資。

(3)在資產負債表日前已完成長期性之再融資或展期，或基於目前之融資合約有裁決能力將金融負債再融資或展期至資產負債表日後逾十二個月。

金融負債因符合上述條件而未列為流動負債者，應於財務報表附註揭露其金額及事實。

82.如違反借款合約特定條件，致使金融負債依約須即期予以清償，該負債應列為流動負債。但如同時符合下列條件者，列為非流動負債：

(1)雖然違反合約規定，但於資產負債表日前經債權人同意不予追究，並展期至資產負債表日後逾十二個月。

(2)於展期期間，企業有能力改正違約情況，債權人亦不得要求立即清償。

83.長期負債應註明其性質、償還期限、利率及重要之限制條款。公司債之溢價或折價，應列為公司債之加項或減項，並按有效利率於債券流通期間內予以攤銷。

84.遞延收益應按其性質，分別列為資產之減項（如應收租賃款之未實現利息收入）、流動負債或非流動負債。

業主權益

85.公司組織之業主權益稱為股東權益，應區分為資本（股本）、資本公積及保留盈餘（或累積虧損）及其他。

資本（股本）係指向主管機關辦理登記之資本額。但依法令規定得發行股份，再辦理資本額變更登記者，亦為資本（股本）。

資本公積係指公司與股東間之股本交易所產生之溢價，包括發行股票溢價、受領股東贈與及其他依財務會計準則公報規定產生者，例如超過面額發行普通股或特別股之溢價、公司因企業併購而發行股票取得他公司股權或資產淨值所產生之股本溢價、庫藏股票交易之溢價、受領股東贈與、長期股權投資所產生之資本公積等。

保留盈餘包括依法令規定指撥之法定盈餘公積，依法令、契約、章程之規定或股東會決議提撥之特別盈餘公積，及未經指撥之未分配盈餘（或待彌補虧損）。

其他項目包括未實現重估增值、金融商品未實現損益、未認列為退休金成本之淨損失、換算調整數及庫藏股票等。

86.股份有限公司應將普通股及各種特別股之股本分別在資產負債表中予以列示，並於資產負債表或附註揭露每股面額、額定股數及發行股數。又各種不同股份之股東所享有之權利及所受之限制，累積特別股之積欠股利暨各種股東在分配股利及剩餘財產上之優先次序，均應於財務報表附註中予以適當揭露。

87.公司之盈餘分配應俟股東會決議後方可列帳，但於財務報表提出日前有盈餘分配或彌補虧損之議案者，應在財務報表附註中予以說明。

資產負債表應表達之資訊

88.資產負債表上至少應包括下列各項：

(1)現金及約當現金。

(2)應收帳款及其他應收款項。

(3)存貨。

(4)採權益法之長期股權投資。

(5)除(1)、(2)及(4)以外之金融資產。

(6)固定資產。

(7)無形資產。

(8)遞延所得稅資產或負債。

(9)當期應付所得稅或應收所得稅退稅款。

(10)應付帳款及其他應付款項。

(11)估計負債。

(12)除(10)及(11)以外之金融負債。

(13)少數股權。

(14)資本（股本）、資本公積及保留盈餘（或累積虧損）。

89.除第 88 段規定者外，企業如因財務會計準則公報規定，或為允當表達企業財務狀況，應於資產負債表上增加額外項目、類別名稱及合計數。企業應評估下列事項以判斷是否有額外項目應分別表達：

⑴資產之性質、流動性及重要性。

⑵資產之功能。

⑶負債之性質、到期日及重要性。

90.資產與負債應分別列示，不得相互抵銷，但有法定抵銷權者或財務會計準則公報另有規定者，不在此限。

91.除互抵方可反映交易事項之實質者外，互抵將減損使用者瞭解交易及評估企業未來現金流量之能力。資產以扣除備抵評價科目後之淨額列示（如存貨之備抵跌價損失及應收帳款之備抵呆帳）並非互抵。

損益表

92.損益表上至少應包括下列各項：

⑴營業收入。

⑵營業成本。

⑶營業費用。

⑷營業損益。

⑸利息費用。

⑹採用權益法認列之投資損益。

⑺所得稅費用。

⑻繼續營業部門損益。

⑼非常損益項目。

⑽少數股權損益。

⑾本期損益。

除前項規定者外，企業如因財務會計準則公報規定，或為允當表達企業經營績效，應於損益表上增加額外項目、類別名稱及合計數。

營業成本及營業費用不能分別列示者，得合併之。

收入抵銷項目不得列為費用，費用抵銷項目不得列為收入。非常損益項目係指性質特殊且非經常發生之項目，例如因新頒法規禁止營業或外國政府之沒收而發生之損失。

93.費損除財務會計準則公報另有規定者外，應依功能別表達，但用人、折舊、折耗及攤銷等費用應予以揭露。（附錄）

94.損益表上或附註應揭露企業於財務報表涵蓋期間宣布或提議之每股股利金額。

95.收益與費損項目僅於符合下列情況之一者，始應相互抵銷：

⑴依財務會計準則公報規定應抵銷者。

⑵由同一或類似交易事項所產生之利益、損失及相關費用，且不具重要性者。

業主權益變動表

96.企業應於業主權益變動表單獨表達下列項目：

(1)本期損益。

(2)依財務會計準則公報規定直接列於業主權益之項目及其合計數。

(3)依照財務會計準則公報第八號「會計變動及前期損益調整之會計處理」規定所作之前期損益調整。

(4)投入資本變動及分配予業主。

(5)期初及期末之累積盈虧，及其當期變動數。

(6)資本（股本）、資本公積、法定盈餘公積、特別盈餘公積、未分配盈餘（或待彌補虧損）及其他依財務會計準則公報規定直接認列於業主權益項目之期初、期末金額之調節。

現金流量表

97.現金流量表係以現金及約當現金流入與流出，彙總說明企業於特定期間之營業、投資及融資活動，其編製應依財務會計準則公報第十七號「現金流量表」之規定處理。

財務報表之附註

98.財務報表附註應揭露下列事項：

(1)重要會計政策。

(2)財務會計準則公報規定應揭露之資訊。

(3)為允當表達所須額外提供之資訊。

會計政策

99.會計政策係指企業編製財務報表所採用之基本假設、基本原則、詳細準則、程序及方法等。對同一會計事項有不同之會計政策可供選擇時，為使財務報表能允當表達財務狀況、經營績效及財務狀況之變動情形，企業應選用最適當之會計政策。

100.管理當局採用會計政策應依財務會計準則公報之規定。

如財務會計準則公報未規定者，管理當局應擬定會計政策，以提供攸關且可靠之資訊。管理當局擬定會計政策時應按下列順序考量：

(1)財務會計準則公報對類似或相關議題之規定。

(2)本公報對資產、負債、收益及費損之定義、認列及衡量基準。

(3)國際會計準則及其他權威機構發布之財務會計準則或會計文獻，但僅限與上述(1)及(2)二項規定之意旨一致者。

101.財務報表附註應以有系統之方式揭露，資產負債表、損益表、業主權益變動表及現金流量表之各項目應與附註之相關資訊交互索引。財務報表附註包括對資產負債表、損益表、業主權益變動表及現金流量表之金額與事項（如或有負債及承諾事項）所作之文字說明或分析，其中包括財務會計準則公報要求揭露之資訊、鼓勵揭露之資訊，及其他為允當表達所須揭露之資訊。

102.為幫助使用者瞭解財務報表，且易於與其他企業之財務報表作比較，財務報表附註應依下列順序揭露：

⑴聲明財務報表依照一般公認會計原則編製。（附錄）

⑵說明所採用之會計政策及衡量基礎。

⑶財務報表各項目之補充資訊。

⑷其他揭露，包括：

①或有事項、承諾及其他財務性資訊。

②非財務性之資訊。

附註通常按報表及項目之順序揭露，必要時得更改揭露之順序，但應維持有系統之架構。

103.下列事項如未包含於企業所公開之資訊中時，應予以揭露：

⑴公司名稱及地址。如登記之地址與主要事業經營之地址不同者，其主要事業經營之地址。

⑵說明企業營運之性質及其主要活動。

⑶母公司及最終母公司之名稱。

⑷期末員工人數或該期間員工之平均人數。

柒、附　則

104.本公報於中華民國七十一年七月一日發布，中華民國七十三年十月十八日第一次修訂，中華民國九十一年十月三十一日第二次修訂，中華民國九十三年十二月三十日第三次修訂，中華民國九十四年十二月二十二日第四次修訂。

第四次修訂條文對會計年度開始日在中華民國九十五年一月一日（含）以後之財務報表適用之，不得提前適用。原已依本號公報規定處理者，適用第四次修訂條文時，不得追溯調整，亦即不得於適用年度及以後年度轉回以前年度已攤銷之商譽及轉列閒置或已無使用價值資產之已認列損失。

105.本公報第二次修訂條文生效後，財務會計準則公報第八號「會計變動及前期損益調整之處理準則」第 2 段條文及第十號「存貨之評價與表達」第 18 段條文之規定不再適用。

106.本公報第二次修訂條文生效後，財務會計準則公報第二十三號「期中財務報表之表達及揭露」第 2 段第 2 項條文修正如下：

「2.……前項所述期中財務報表，其內容準用財務會計準則公報第一號『財務會計觀念架構及財務報表之編製』第 65 段之規定辦理。」

參考書目

1. Charles H. Gibson & Patricia A. Frishkoff, *Financial Statement Analysis*, 1986.
2. Leopold A. Bernstein, *Financial Statement Analysis Theory, Application & Interpretation*, 1989.
3. Ralph Pale Kennedy & Stewart Yarwood McMullen, *Financial Statements-form, Analysis & Interpretation*, 1968.
4. Myer, John N., *Financial Statement Analysis*, 1965.
5. Foulke, Roy A., *Practical Financial Statement Analysis*, 1963.
6. Gilman, Stephen, *Analyzing Financial Statement*, 1960.
7. Guthmann, Harry, G., *Analysis of Financial Statement*, 1964.
8. Usry, Hammer, Matz, *Cost Accounting-planning & Control*, 1988.
9. Uester E. Heitger & Serge Matulich, *Cost Accounting*, 1985.
10. Charles T. Horngern, *Cost Accounting*, 1986.
11. Moscove, Crowningshield, Gormon, *Cost Accounting with Managerial Applications*, 1985.
12. Gerald R. Crowingshield, *Cost Accounting-principles & Managerial Applications*.
13. Larry N. Killough & Wayne E. Leininger, *Cost Accounting-concepts and Techniques for Management*, 1981.
14. Glenn A. Welsch & Charles T. Zlakovich, *Intermediate Accounting*, 1987.
15. Dividson, Hanouille, Stickney, Weil, *Intermediate Accounting*, 1985.
16. A. N. Mosich, *Intermediate Accounting*, 1989.
17. Miller, Searfoss, Smith, *Intermediate Accounting*, 1979.
18. AICPA Accounting Research Bulletin.
19. AICPA APB Opinions.
20. AICPA APB Statement.
21. FASB Statement.
22. 我國財務會計準則公報。
23. 拙著《成本會計》77 年 9 月增訂四版。
24. 鄭丁旺博士，《中級會計》第五版。

成本與管理會計　王怡心／著

由於資訊科技的發展以及作業流程的再造，成本會計和管理會計兩者間的區別愈來愈不明顯。本書討論成本與管理會計的重要主題，從傳統產品成本的計算方法到一些創新的主題，包括作業基礎成本法 (ABC)、平衡計分卡 (BSC) 等。在重要觀念說明部分，搭配淺顯易懂的實務應用，並有配合章節主題的習題演練，期望讀者能認識正確的成本與管理會計觀念，更有助於實務應用。

稅務會計　卓敏枝、盧聯生、劉夢倫／著

本書之編寫，建立在全盤租稅架構與整體節稅理念上，係以營利事業為經，各相關稅目為緯，綜合而成一本理論與實務兼備之「稅務會計」最佳參考書籍，對研讀稅務之大專學生及企業經營管理人員，有相當之助益。再者，本書對（加值型）營業稅之申報、兩稅合一及營利事業所得稅結算申報均有詳盡之表單、說明及實例，對讀者之研習瞭解，可收事半功倍之宏效。

會計學（上）（下）　幸世間／著　洪文湘／修訂

近年我國財務會計準則委員會陸續發布公報，期與國際會計準則接軌。本書以最新公報之內容為依據，依序介紹會計學的相關概念及運用，且每章末均附習題，使學子於演練中得以釐清觀念。習題有問答、選擇及解析三類題型，其中選擇大多為近年普考、特考及初考考古試題。適合大學、專科及技術學院教學使用，亦可供社會一般人士自修會計之所需。

政府會計——與非營利會計　張鴻春／著

迥異於企業會計的基本觀念，政府會計乃是以非營利基金會計為主體，且其施政所需之基金，須經預算之審定程序。為此，本書便以基金與預算為骨幹，對政府會計的原理與會計實務，做了相當詳盡的介紹；而有志進入政府單位服務或對政府會計運作有興趣的讀者，本書必能提供你相當大的裨益。

經濟學　賴錦璋／著

本書利用大量生活狀況實例，帶出經濟學的觀念，將經濟融入生活。作者用輕鬆幽默的筆調，平易近人的語言講解經濟學，讓經濟不再是經常忘記。內容涵蓋個體及總體經濟學的重要議題，並將較困難章節標示，學生可視自身需求選擇閱讀內容。介紹臺灣各發展階段的經濟狀況，更透過歷年實際的統計數據，幫助學生學習如何運用統計資料分析經濟現況。

貨幣與金融體系　賈昭南／著

總覽貨幣與金融體系的特徵並引述其發展歷史，使讀者能夠全方位掌握當前貨幣與金融體系的現況與未來發展趨勢。並引用資訊經濟學理論介紹金融機構的特徵，使讀者更深入瞭解貨幣與金融體系的重要性與其在經濟體系中的地位。另外介紹歐美日等先進國家的貨幣與金融體系發展現況，供讀者相互比較並加深印象。